나눔
전기 기능사 필기

12개년 기출문제 분석을 통한
핵심 이론과 문제 풀이 수록

- 초단기 합격을 위한 전략 수험서
- 실전 대비를 위한 다양한 문제와 친절한 해설
- 부록: 과년도 기출문제 모의고사 5회분

Craftsman Electricity

목차

PART 1
전기이론

CHAPTER 1	직류 회로	6
CHAPTER 2	정전계와 정자계	32
CHAPTER 3	교류 회로	88
CHAPTER 4	전열 및 전기 화학	152

PART 2
전자기기
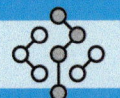

CHAPTER 1	직류기	168
CHAPTER 2	동기기	219
CHAPTER 3	변압기	252
CHAPTER 4	유도기	291
CHAPTER 5	정류기	324

PART 3
전기설비

CHAPTER 1	배선 재료 및 공구	350
CHAPTER 2	전선로	383
CHAPTER 3	접지 및 절연	403
CHAPTER 4	옥내 배선 공사	424
CHAPTER 5	전기사용장소의 시설	463
CHAPTER 6	수전 및 배전설비	479
CHAPTER 7	조명 설비	501

부록
과년도 기출문제 모의고사(5회분)

과년도 기출문제 모의고사(5회분)   510

PART 1
전기이론

CHAPTER 1 직류 회로
CHAPTER 2 정전계와 정자계
CHAPTER 3 교류 회로
CHAPTER 4 전열 및 전기 화학

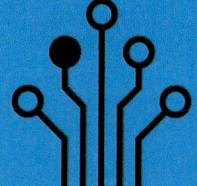

CHAPTER 1 직류 회로

제1절 직류 기본 회로

1 용어 및 공식 정리

❶ 전압(전위, 전위차) : 전하를 이동시키는 전기적인 압력

  1) 기호 및 단위 : V[V] 볼트

  2) 전압 : $V = \dfrac{W}{Q} = \dfrac{Q}{C}$ [V]

   여기서, W : 에너지[J], Q : 전기량[C], C : 정전용량[F]

   > ※ 전압과 같은 단위 : [V] = [J/C] = [C/F]

❷ 전류 : 도체 내에 존재하는 전하의 이동

  1) 기호 및 단위 : I[A] 암페어

  2) 전류 : $I = \dfrac{Q}{t}$ [A]

   여기서, W : 에너지[J], Q : 전기량[C], t : 시간[s]

   > ※ 전류과 같은 단위 : [A] = [C/s]

❸ 저항 : 도선의 전류 흐름을 방해하는 성분

  1) 기호 및 단위 : R[Ω] 옴

  2) 전기 저항 : $R = \rho \dfrac{l}{A}$ [Ω]

   여기서, ρ : 고유 저항[Ω·m], l : 도체 길이[m], A : 단면적[m²]

  3) 고유저항 : $\rho = \dfrac{R \cdot A}{l} = \dfrac{1}{\sigma}$ [Ω·m]

   ① 단위 : [Ω·m] = $10^6 \left[\dfrac{\Omega \cdot mm^2}{m}\right]$

   ② 도전율(전도율, 전도도) : $\sigma = \dfrac{1}{\rho}$ [℧/m] [s/m] [Ω^{-1}/m]

4) 저항의 직렬 접속

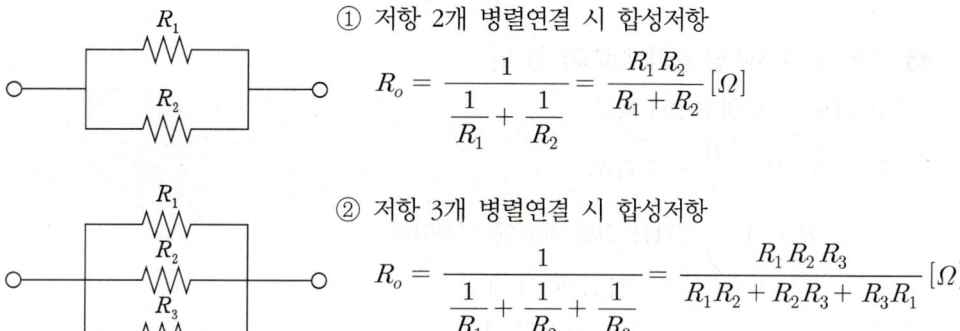

① 합성 저항 : $R_0 = R_1 + R_2 + R_3 \ldots R_n$ [Ω]
② $R[\Omega]$의 저항 n개를 직렬연결 시 합성저항 : $R_0 = nR$ [Ω]

5) 저항의 병렬 접속

① 저항 2개 병렬연결 시 합성저항

$$R_o = \cfrac{1}{\cfrac{1}{R_1} + \cfrac{1}{R_2}} = \cfrac{R_1 R_2}{R_1 + R_2} [\Omega]$$

② 저항 3개 병렬연결 시 합성저항

$$R_o = \cfrac{1}{\cfrac{1}{R_1} + \cfrac{1}{R_2} + \cfrac{1}{R_3}} = \cfrac{R_1 R_2 R_3}{R_1 R_2 + R_2 R_3 + R_3 R_1} [\Omega]$$

③ $R[\Omega]$의 저항 n개를 병렬연결 시 합성저항 : $R_o = \cfrac{R}{n}$ [Ω]

6) 저항의 직·병렬 접속

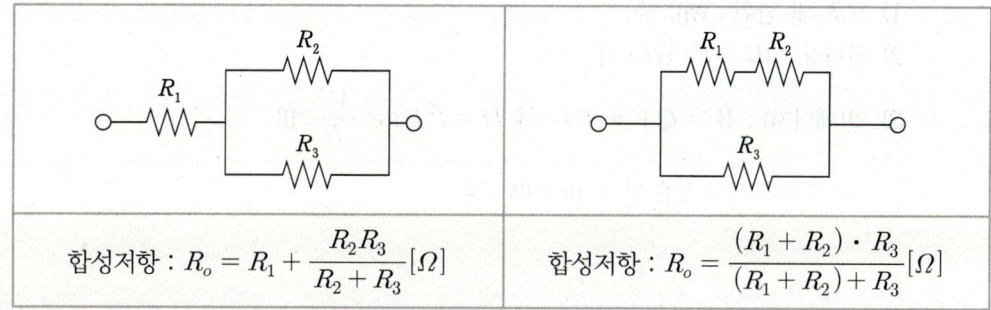

| 합성저항 : $R_o = R_1 + \cfrac{R_2 R_3}{R_2 + R_3}$ [Ω] | 합성저항 : $R_o = \cfrac{(R_1 + R_2) \cdot R_3}{(R_1 + R_2) + R_3}$ [Ω] |

7) $t_1[℃] \to t_2[℃]$로 온도 변화에 따른 저항계산
① 저항 : $R_{t2} = R_{t1}[1 + \alpha(t_2 - t_1)]$ [Ω]
　여기서, R_{t1} : 온도변화 전 저항[Ω], α : 온도 계수,
　　　　t_1 : 변화 전 온도[℃], t_2 : 변화 후 온도[℃]

❹ 전기량 : 대전된 물체의 전하

   1) 기호 및 단위 : Q[C] 쿨롱

   2) 전기량 : $Q = \dfrac{W}{V} = It = CV$ [C]

      여기서, W : 에너지[J], V : 전압[V], I : 전류[A], t : 시간[s],
             C : 정전용량[F]

> ※ 전기량과 같은 단위 : [C] = [J/V] = [A · s] = [F · V]

❺ 전력 : 단위 시간당 전기에너지가 한 일

   1) 기호 및 단위 : P[W] 와트

   2) 전력 : $P = \dfrac{W}{t} = VI$ [W]

     ① $P \propto V^2$: 전력은 전압 제곱에 비례한다.

> ※ 전력과 같은 단위 : [W] = [J/s]
>
> ※ 전력 : $P = VI = I^2R = \dfrac{V^2}{R}$ [W]

❻ 전력량 : 전기가 일정 시간동안 하는 일의 양

   1) 기호 및 단위 : W[J] 줄

   2) 전력량 : $W = Pt$ [W · s]

   3) 일(에너지) : $W = QV = Pt = VIt = I^2Rt = \dfrac{V^2}{R}t$ [J]

> ※ 일(에너지)과 같은 단위 : [J] = [W · s]

문제 풀이 ✓

1 고유저항 ρ의 단위로 맞는 것은?

① $[\Omega]$ ② $[\Omega \cdot m]$
③ $[AT/Wb]$ ④ $[\Omega^{-1}]$

[해설] 고유저항 : $\rho = \dfrac{R \cdot A}{l} [\Omega \cdot m]$

2 $1[\Omega \cdot m]$는 몇 $[\Omega \cdot cm]$인가?

① 10^2 ② 10^{-2}
③ 10^6 ④ 10^{-6}

[해설] 고유 저항 : $\rho = 1[\Omega \cdot m] = 100 [\Omega \cdot cm] = 10^2 [\Omega \cdot cm]$

3 $1[\Omega \cdot m]$와 같은 것은?

① $1[\mu \Omega \cdot cm]$ ② $10^6[\Omega \cdot mm^2/m]$
③ $10^2[\Omega \cdot mm]$ ④ $10^4[\Omega \cdot cm]$

[해설] 고유 저항 : $\rho = 1[\Omega \cdot m] = 10^6 \left[\dfrac{\Omega \cdot mm^2}{m}\right]$

4 다음 중 도전율을 나타내는 단위는?

① $[\Omega]$ ② $[\Omega \cdot m]$
③ $[\mho \cdot m]$ ④ $[\mho/m]$

[해설] 도전율(전도율, 전도도) : $\sigma = \dfrac{1}{\rho} [\mho/m][s/m][\Omega^{-1}/m]$

정답 **1** ② **2** ① **3** ② **4** ④

5 도체의 전기저항에 대한 설명으로 옳은 것은?

① 길이와 단면적에 비례한다. ② 길이와 단면적에 반비례한다.
③ 길이에 비례하고 단면적에 반비례한다. ④ 길이에 반비례하고 단면적에 비례한다.

[해설] 전기저항 $R = \rho \dfrac{l}{A} [\Omega]$이므로 도체 길이($l$)에 비례하고, 단면적($A$)에 반비례한다.

6 어떤 도체의 길이를 n배로 하고 단면적을 $\dfrac{1}{n}$로 하였을 때의 저항은 원래 저항보다 어떻게 되는가?

① n배로 된다. ② n^2배로 된다.
③ $\sqrt{n}$배로 된다. ④ $\dfrac{1}{n}$로 된다.

[해설] 전기저항 $R = \rho \dfrac{l}{A} [\Omega]$에서 도체 길이 $l = n$배, 단면적 $A = \dfrac{1}{n}$배 하였으므로

전기저항 : $R = \rho \dfrac{l\,n}{A\,\dfrac{1}{n}} = \rho \dfrac{l}{A} \cdot n^2 [\Omega]$ ∴ n^2배로 된다.

7 동선의 길이를 2배로 늘리면 저항은 처음의 몇 배가 되는가? (단, 동선의 체적은 일정함)

① 2배 ② 4배
③ 8배 ④ 16배

[해설] 체적이 일정할 경우 길이를 2배로 늘리면 단면적은 $\dfrac{1}{2}$로 감소하게 된다.

전기저항 : $R = \rho \dfrac{l}{A} = \rho \dfrac{2l}{\dfrac{1}{2}A} = \rho \dfrac{l}{A} \cdot 2^2 [\Omega]$ ∴ $2^2 = 4$배로 된다.

8 길이 1[m]인 도선의 저항값이 20[Ω]이었다. 이 도선을 고르게 2[m]로 늘렸을 때 저항값은?

① 10[Ω] ② 40[Ω]
③ 80[Ω] ④ 140[Ω]

[해설] 체적이 일정할 경우 길이를 1[m]에서 2[m]로 2배로 늘리면 단면적은 $\dfrac{1}{2}$로 감소하게 된다.

전기저항 : $R' = \rho \dfrac{l}{A} = \rho \dfrac{2l}{\dfrac{1}{2}A} = \rho \dfrac{l}{A} \cdot 2^2 = R \times 2^2 = 20 \times 2^2 = 80 [\Omega]$

[정답] 5 ③ 6 ② 7 ② 8 ③

9 저항의 병렬접속에서 합성저항을 구하는 설명으로 옳은 것은?

① 연결된 저항을 모두 합하면 된다.
② 각 저항값의 역수에 대한 합을 구하면 된다.
③ 저항값의 역수에 대한 합을 구하고 다시 그 역수를 취하면 된다.
④ 각 저항값을 모두 합하고 저항 숫자로 나누면 된다.

[해설] 저항 병렬접속 시 합성저항 : 저항값의 역수에 대한 합을 구하고 다시 그 역수를 취하면 된다.

합성 저항 : $R_o = \dfrac{1}{\dfrac{1}{R_1} + \dfrac{1}{R_2}} = \dfrac{R_1 R_2}{R_1 + R_2} [\Omega]$

10 3[Ω]의 저항이 5개, 7[Ω]의 저항이 3개, 114[Ω]의 저항이 1개 있다. 이들을 모두 직렬로 접속할 때의 합성저항은 몇 [Ω]인가?

① 120[Ω]
② 130[Ω]
③ 150[Ω]
④ 160[Ω]

[해설] 직렬 접속 시 합성저항
$R_0 = nR_1 + nR_2 + nR_3 = 5 \times 3 + 3 \times 7 + 1 \times 114 = 150 [\Omega]$

11 4[Ω], 6[Ω], 8[Ω]의 3개 저항을 병렬 접속할 때 합성저항은 약 몇 [Ω]인가?

① 1.8[Ω]
② 2.5[Ω]
③ 3.6[Ω]
④ 4.5[Ω]

[해설] 병렬 접속 시 합성저항
$R_o = \dfrac{R_1 R_2 R_3}{R_1 R_2 + R_2 R_3 + R_3 R_1} = \dfrac{4 \times 6 \times 8}{4 \times 6 + 6 \times 8 + 8 \times 4} = 1.8 [\Omega]$

정답 9 ③ 10 ③ 11 ①

12 그림과 같이 R_1, R_2, R_3의 저항 3개가 직·병렬 접속되었을 때 합성저항은?

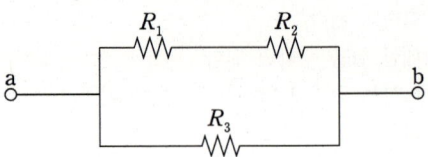

① $R = \dfrac{(R_1+R_2)R_3}{R_1+R_2+R_3}$ ② $R = \dfrac{(R_2+R_3)R_1}{R_1+R_2+R_3}$

③ $R = \dfrac{(R_1+R_3)R_2}{R_1+R_2+R_3}$ ④ $R = \dfrac{R_1R_2R_3}{R_1+R_2+R_3}$

[해설] 저항 R_1과 R_2가 직렬연결이고, R_3가 병렬연결일 경우 합성 저항을 구하면

합성저항 : $R_o = \dfrac{(R_1+R_2) \cdot R_3}{R_1+R_2+R_3}[\Omega]$

13 그림과 같은 회로에서 합성저항은 몇 [Ω]인가?

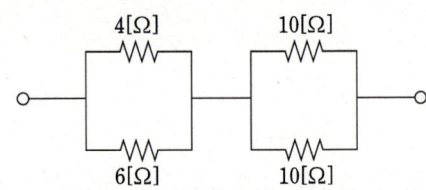

① 6.6[Ω] ② 7.4[Ω]
③ 8.7[Ω] ④ 9.4[Ω]

[해설] 합성저항 : $R_o = \dfrac{4 \times 6}{4+6} + \dfrac{10}{2} = 7.4\,[\Omega]$

정답 12 ① 13 ②

14 그림과 같은 회로 AB에서 본 합성저항은 몇 [Ω]인가?

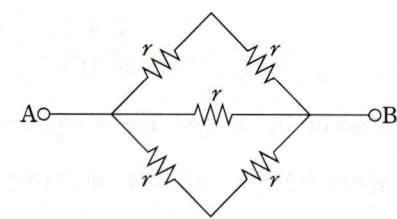

① $\dfrac{r}{2}$
② r
③ $\dfrac{3}{2}r$
④ $2r$

[해설] 등가 회로

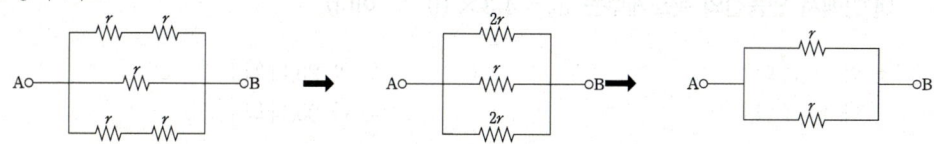

AB에서 본 합성저항 : $R_o = \dfrac{r}{2}\,[\Omega]$

15 1[Ω], 2[Ω], 3[Ω]의 저항 3개를 이용하여 합성 저항을 2.2[Ω]으로 만들고자 할 때 접속 방법을 옳게 설명한 것은?

① 저항 3개를 직렬로 접속한다.
② 저항 3개를 병렬로 접속한다.
③ 2[Ω]과 3[Ω]의 저항을 병렬로 연결한 다음 1[Ω]의 저항을 직렬로 접속을 한다.
④ 1[Ω]과 2[Ω]의 저항을 병렬로 연결한 다음 3[Ω]의 저항을 직렬로 접속을 한다.

[해설]

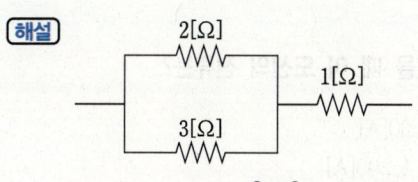

합성 저항 : $R_o = \dfrac{2\times 3}{2+3}+1 = 2.2\,[\Omega]$

정답 14 ① 15 ③

16 동일한 저항 4개를 접속하여 얻을 수 있는 최대 저항값은 최소 저항값의 몇 배인가?

① 2
② 4
③ 8
④ 16

[해설] 동일한 저항 4개를 접속하여 얻을 수 있는 최대 저항값(직렬) : $R_m = nR = 4R$
동일한 저항 4개를 접속하여 얻을 수 있는 최소 저항값(병렬) : $R_S = \dfrac{R}{n} = \dfrac{R}{4}$

$\therefore \dfrac{R_m}{R_S} = \dfrac{4R}{\dfrac{R}{4}} = 16$ 배

17 주위온도 0[℃]에서의 저항이 20[Ω]인 연동선이 있다. 주위 온도가 50[℃]로 되는 경우 저항은?(단, 0[℃]에서 연동선의 온도계수는 $a_0 = 4.3 \times 10^{-3}$ 이다)

① 약 22.3[Ω]
② 약 23.3[Ω]
③ 약 24.3[Ω]
④ 약 25.3[Ω]

[해설] 온도 변화 후 저항
$R_{t2} = R_{t1}[1 + \alpha(t_2 - t_1)] = 20 \times [1 + 4.3 \times 10^{-3} \times (50 - 0)] \fallingdotseq 24.3[\Omega]$

18 5[Ah]는 몇 [C]인가?

① 300
② 3,600
③ 18,000
④ 36,000

[해설] 전기량 $Q = It$ [C][A·s]
$Q = It = 5[A] \times 1[h] = 5[A] \times 3600[s] = 18000[C]$

19 2분 동안에 전류를 흘려 72,000[C]의 전하가 이동했을 때 이 도선의 전류는?

① 10[A]
② 20[A]
③ 600[A]
④ 1,200[A]

[해설] 전기량 $Q = It$ [C]에서 전류를 구하면
전류 : $I = \dfrac{Q}{t} = \dfrac{72000}{2 \times 60} = 600[A]$

정답 16 ④   17 ③   18 ③   19 ③

20 2[C]의 전기량이 두 점 사이를 이동하여 48[J]의 일을 하였다면 이 두 점 사이의 전위차는 몇 [V]인가?

① 12[V]　　　　　　　　　② 24[V]
③ 48[V]　　　　　　　　　④ 96[V]

[해설] 전압(전위차) : $V = \dfrac{W}{Q} = \dfrac{48}{2} = 24\,[\text{V}]$

21 4[Ω]의 저항에 200[V]의 전압을 인가할 때 소비되는 전력은?

① 20[W]　　　　　　　　　② 400[W]
③ 2.5[kW]　　　　　　　　④ 10[kW]

[해설] 전력 $P = VI = I^2 R = \dfrac{V^2}{R}$ [W]에서 저항과 전압이 주어졌으므로 전력을 구하면

전력 : $P = \dfrac{V^2}{R} = \dfrac{200^2}{4} = 10000\,[\text{W}] = 10\,[\text{kW}]$

22 같은 저항 4개를 그림과 같이 연결하여 a−b 간에 일정전압을 가했을 때 소비전력이 가장 큰 것은 어느 것인가?

① 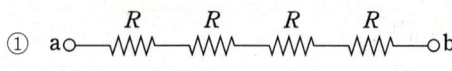　　②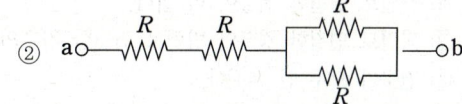

③ 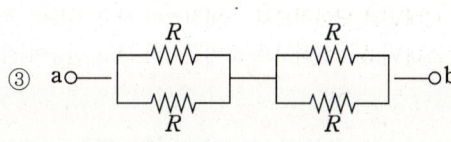　　④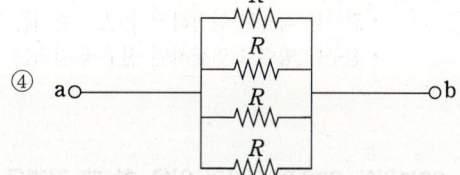

[해설] 소비 전력 $P = \dfrac{V^2}{R}$ [W]에서 전력(P)과 저항(R)은 반비례하므로 저항이 가장 작은 것이 소비전력이 가장 크다.

① 합성저항 : $R_0 = nR = 4R$　　② 합성저항 : $R_0 = R + R + \dfrac{R}{2} = 2.5R$

③ 합성저항 : $R_0 = \dfrac{R}{2} + \dfrac{R}{2} = R$　　④ 합성저항 : $R_0 = \dfrac{R}{n} = \dfrac{R}{4}$

[정답] 20 ②　21 ④　22 ④

23 200[V], 500[W]의 전열기를 100[V] 전원에 사용하였다면 이때의 전력은?

① 125[W]
② 250[W]
③ 375[W]
④ 500[W]

해설 전력은 전압 제곱에 비례하므로 $P \propto V^2 = (\frac{100}{200})^2 = \frac{1}{4}$

100[V]일 때 전력 : $P = \frac{1}{4} \times 500 = 125[W]$

24 정격전압에서 1[kW]의 전력을 소비하는 저항에 정격의 90[%] 전압을 가했을 때, 전력은 몇 [W]가 되는가?

① 630[W]
② 780[W]
③ 810[W]
④ 900[W]

해설 전력은 전압 제곱에 비례하므로 $P \propto V^2 = (0.9)^2 = 0.81$
전력 : $P = 0.81 \times 1000 = 810[W]$

25 220[V]용 24[W] 2개의 전구를 직렬과 병렬로 전원 220[V]에 연결하면?

① 직렬로 연결한 전등이 더 밝다.
② 병렬로 연결한 전등이 더 밝다.
③ 직렬로 연결한 경우와 병렬로 연결한 경우의 밝기가 같다.
④ 전구가 모두 안 켜진다.

해설 $P \propto V^2$ 전력은 전압 제곱에 비례한다.
• 전구를 직렬로 연결하면 전구에 걸리는 전압이 110[V]로 낮아지므로 소비전력이 작고 전등이 흐려진다.
• 전구를 병렬로 연결하면 전구에 걸리는 전압이 220[V]로 동일하므로 소비전력이 크고 전등이 밝아진다.

26 20분간에 876,000[J]의 일을 할 때 전력은 몇 [kW] 인가?

① 0.73
② 7.3
③ 73
④ 730

해설 시간과 에너지가 주어졌으므로 전력을 구하면
전력 : $P = \frac{W}{t} \times 10^{-3} = \frac{876000}{20 \times 60} \times 10^{-3} = 0.73[\text{kW}]$

정답 23 ① 24 ③ 25 ② 26 ①

2 옴의 법칙

❶ 옴의 법칙

1) 전압 : $V = IR$ [V]
2) 전류 : $I = \dfrac{V}{R}$ [A]
3) 저항 : $R = \dfrac{V}{I}$ [Ω]

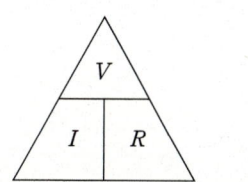

※ $I \propto \dfrac{1}{R}$: 전류와 저항은 반비례한다.

❷ 컨덕턴스 : $G = \dfrac{1}{R}$ [℧][S] 지멘스

1) 전압 : $V = \dfrac{I}{G}$ [V]
2) 전류 : $I = GV$ [A]
3) 컨덕턴스 : $G = \dfrac{I}{V}$ [℧]

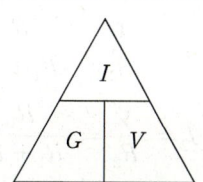

❸ 직렬 접속 회로 : 전류 일정 ($I = I_1 = I_2$)

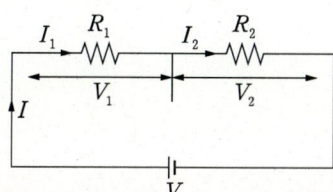

1) 합성저항 : $R_o = R_1 + R_2$ [Ω]

2) 전류 : $I = \dfrac{V}{R_o} = \dfrac{V}{R_1 + R_2}$ [A]

3) 전압 : $V = IR_o = I(R_1 + R_2) = V_1 + V_2$ [V]

4) 분배전압

① $V_1 = IR_1 = \dfrac{R_1}{R_1 + R_2} V$ [V]

② $V_2 = IR_2 = \dfrac{R_2}{R_1 + R_2} V$ [V]

❹ 병렬 접속 회로 : 전압 일정 ($V = V_1 = V_2$)

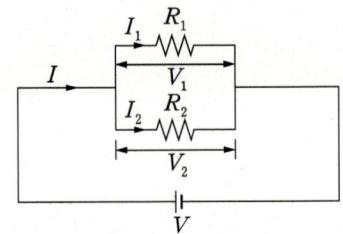

1) 합성저항 : $R_o = \dfrac{R_1 \cdot R_2}{R_1 + R_2} [\Omega]$

2) 전류 : $I = \dfrac{V}{R_o} = I_1 + I_2 [\text{A}]$

3) 분배전류

① $I_1 = \dfrac{V}{R_1} = \dfrac{R_2}{R_1 + R_2} I [\text{A}]$

② $I_2 = \dfrac{V}{R_2} = \dfrac{R_1}{R_1 + R_2} I [\text{A}]$

4) 전압 : $V = IR_o = I \cdot \left(\dfrac{R_1 R_2}{R_1 + R_2} \right) [\text{V}]$

문제 풀이 ✓

1 다음 ( )안의 알맞은 내용으로 옳은 것은?

> 회로에 흐르는 전류의 크기는 저항에 (㉮)하고, 가해진 전압에 (㉯)한다.

① ㉮ 비례, ㉯ 비례
② ㉮ 비례, ㉯ 반비례
③ ㉮ 반비례, ㉯ 비례
④ ㉮ 반비례, ㉯ 반비례

[해설] 전류 $I = \dfrac{V}{R}$ [A]이므로 전류(I)는 전압(V)에 비례하고 저항(R)에 반비례한다.

2 어떤 저항(R)에 전압(V)를 가하니 전류(I)가 흘렀다. 이 회로의 저항(R)을 20[%] 줄이면 전류(I)는 처음의 몇 배가 되는가?

① 0.8
② 0.88
③ 1.25
④ 2.04

[해설] 전류 $I = \dfrac{V}{R}$ [A]에서 전류는 저항에 반비례하므로 저항이 감소하면 전류는 증가한다.

$I \propto \dfrac{1}{R} = \dfrac{1}{0.8} = 1.25$ 배

3 그림과 같은 회로의 저항 값이 $R_1 > R_2 > R_3 > R_4$일 때 전류가 최소로 흐르는 저항은?

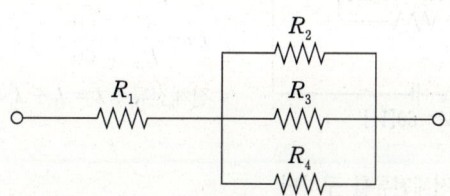

① R_1
② R_2
③ R_3
④ R_4

[해설] 직렬에서는 전류가 일정하므로 R_1에 최대 전류가 흐르고 전류(I)와 저항(R)은 반비례하므로 저항이 $R_2 > R_3 > R_4$이면 전류는 $I_4 > I_3 > I_2$가 된다. 따라서 전류의 크기 순서는 $I_1 > I_4 > I_3 > I_2$가 되므로 전류가 최소로 흐르는 저항은 R_2가 된다.

4 100[V]에서 5[A]가 흐르는 전열기에 120[V]를 가하면 흐르는 전류는?

① 4.1[A] ② 6.0[A]
③ 7.2[A] ④ 8.4[A]

해설 전압 100[V], 전류 5[A]가 흐를 경우 저항을 구하면 $R = \dfrac{V}{I} = \dfrac{100}{5} = 20[\Omega]$

저항이 일정한 전열기에서 전압을 120[V]로 높일 경우 전류를 구하면

전류 : $I = \dfrac{V}{R} = \dfrac{120}{20} = 6 [A]$

> 저항이 일정할 때 간단하게 구하는 방법
> 전압 : V = IR[V]에서 전압과 전류는 비례하므로
> 전압이 100[V]에서 120[V]로 1.2배 증가하였으므로 전류도 똑같이 1.2배를 증가시키면
> 전류 : I = 5[A] × 1.2배 = 6[A]

5 20[Ω], 30[Ω], 60[Ω]의 저항 3개를 병렬로 접속하여 여기에 60[V]의 전압을 가했을 때, 이 회로에 흐르는 전체 전류는 몇 [A]인가?

① 3[A] ② 6[A]
③ 30[A] ④ 60[A]

해설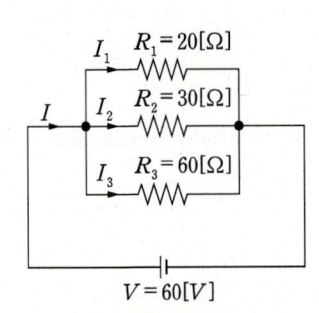

$I_1 = \dfrac{V}{R_1} = \dfrac{60}{20} = 3 [A]$

$I_2 = \dfrac{V}{R_2} = \dfrac{60}{30} = 2 [A]$

$I_3 = \dfrac{V}{R_3} = \dfrac{60}{60} = 1 [A]$

전체전류 : $I = I_1 + I_2 + I_3 = 3 + 2 + 1 = 6 [A]$

다른 방법으로 전체전류를 구하면

합성저항 : $R_o = \dfrac{R_1 R_2 R_3}{R_1 R_2 + R_2 R_3 + R_3 R_1} = \dfrac{20 \times 30 \times 60}{20 \times 30 + 30 \times 60 + 60 \times 20} = 10 [\Omega]$

전체전류 : $I = \dfrac{V}{R_0} = \dfrac{60}{10} = 6 [A]$

정답 4 ② 5 ②

6 그림과 같은 회로에서 저항 R_1에 흐르는 전류는?

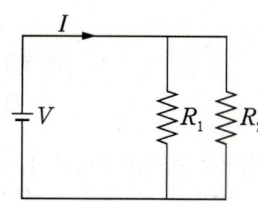

① $(R_1+R_2)I$
② $\dfrac{R_2}{R_1+R_2}I$
③ $\dfrac{R_1}{R_1+R_2}I$
④ $\dfrac{R_1 R_2}{R_1+R_2}I$

[해설] 병렬회로에서 분배 전류를 구하면
- R_1에 흐르는 전류 : $I_1=\dfrac{R_2}{R_1+R_2}I\,[A]$
- R_2에 흐르는 전류 : $I_2=\dfrac{R_1}{R_1+R_2}I\,[A]$

7 그림의 회로에서 모든 저항값은 2[Ω]이고, 전체전류 I는 6[A]이다. I_1에 흐르는 전류는?

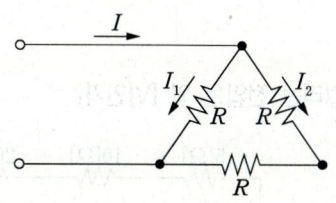

① 1[A]
② 2[A]
③ 3[A]
④ 4[A]

[해설] 등가회로

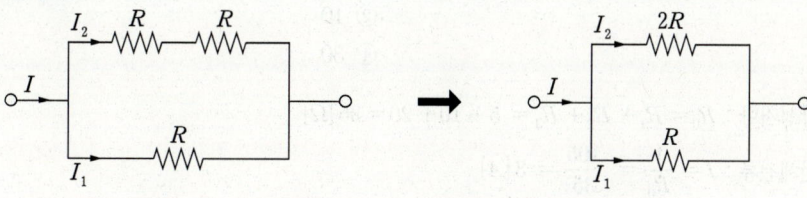

I_1에 흐르는 전류 : $I_1=\dfrac{2R}{2R+R}\cdot I=\dfrac{2\times 2}{2\times 2+2}\times 6=4\,[A]$

[정답] 6 ② 7 ④

8 10[Ω]의 저항과 R[Ω]의 저항이 병렬로 접속되고 10[Ω]의 전류가 5[A], R[Ω]의 전류가 2[A]라면 저항 R[Ω]은?

① 10
② 20
③ 25
④ 30

[해설] 병렬 접속 시 전압이 일정하므로 전압을 구하면 $V = 10 \times 5 = 50[V]$이다.

전류가 2[A] 흐르는 회로에 저항을 구하면 $R = \dfrac{V}{I} = \dfrac{50}{2} = 25[\Omega]$이 된다.

9 직류 250[V]의 전압에 두 개의 150[V]용 전압계를 직렬로 접속하여 측정하면 각 계기의 지시값 V_1, V_2는 각각 몇 [V]인가?(단, 전압계의 내부저항은 $R_1 = 15[k\Omega]$, $R_2 = 10[k\Omega]$이다)

① $V_1 = 250[V]$, $V_2 = 250[V]$
② $V_1 = 150[V]$, $V_2 = 100[V]$
③ $V_1 = 100[V]$, $V_2 = 150[V]$
④ $V_1 = 150[V]$, $V_2 = 250[V]$

[해설] 직렬 회로에서 분배전압을 구하면

V_1 전압계 지시값 : $V_1 = \dfrac{R_1}{R_1 + R_2} V = \dfrac{15}{15 + 10} \times 250 = 150[V]$

V_2 전압계 지시값 : $V_2 = \dfrac{R_2}{R_1 + R_2} V = \dfrac{10}{15 + 10} \times 250 = 100[V]$

10 다음 회로에서 10[Ω]에 걸리는 전압은 몇 [V]인가?

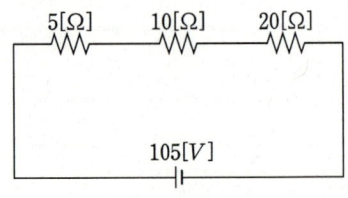

① 2
② 10
③ 20
④ 30

[해설] 합성저항 : $R_0 = R_1 + R_2 + R_3 = 5 + 10 + 20 = 35[\Omega]$

전체전류 : $I = \dfrac{V}{R_0} = \dfrac{105}{35} = 3[A]$

5[Ω]에 걸리는 전압 : $V_5 = IR_1 = 3 \times 5 = 15[V]$
10[Ω]에 걸리는 전압 : $V_{10} = IR_2 = 3 \times 10 = 30[V]$
20[Ω]에 걸리는 전압 : $V_{20} = IR_3 = 3 \times 20 = 60[V]$

정답 **8** ③ **9** ② **10** ④

11 컨덕턴스 $G[\mho]$, 저항 $R[\Omega]$, 전압 $V[V]$, 전류를 $I[A]$라 할 때 G와의 관계가 옳은 것은?

① $G = \dfrac{R}{V}$ ② $G = \dfrac{I}{V}$

③ $G = \dfrac{V}{R}$ ④ $G = \dfrac{V}{I}$

[해설] 컨덕턴스 : $G = \dfrac{1}{R} = \dfrac{I}{V} [\mho]$

12 저항 $2[\Omega]$과 $3[\Omega]$을 직렬로 접속했을 때의 합성컨덕턴스는?

① $0.2[\mho]$ ② $1.5[\mho]$
③ $5[\mho]$ ④ $6[\mho]$

[해설] 직렬회로에서 합성 저항 $R_0 = 2 + 3 = 5[\Omega]$이므로 컨덕턴스를 구하면

컨덕턴스 : $G_0 = \dfrac{1}{R_0} = \dfrac{1}{5} = 0.2[\mho]$

13 $0.2[\mho]$의 컨덕턴스 2개를 직렬로 접속하여 $3[A]$의 전류를 흘리려면 몇 $[V]$의 전압을 공급하면 되는가?

① 12 ② 15
③ 30 ④ 45

[해설] 직렬회로에서 합성 컨덕턴스 : $G_0 = \dfrac{0.2}{2} = 0.1[\mho]$이므로 전압을 구하면

전압 : $V = \dfrac{I}{G_0} = \dfrac{3}{0.1} = 30[V]$

정답 **11** ② **12** ① **13** ③

3 키르히호프 법칙

❶ 키르히호프의 제1법칙 (전류 법칙)

: 전기 회로의 어느 한 점을 기준으로 흘러 들어온 전류의 합과 흘러 나간 전류의 합은 같다.

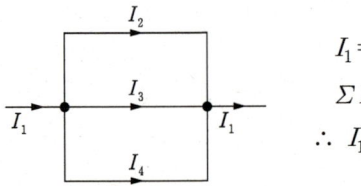

$$I_1 = I_2 + I_3 + I_4$$
$$\Sigma I = 0$$
$$\therefore I_1 - I_2 - I_3 - I_4 = 0$$

❷ 키르히호프의 제2법칙 (전압 법칙)

: 임의의 폐회로에서의 기전력 총 합은 회로소자에서 발생하는 전압 강하의 총합과 같다.

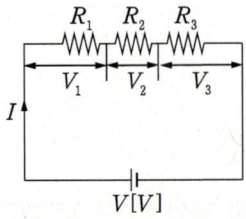

$$\Sigma V = \Sigma IR$$
$$V = IR_1 + IR_2 + IR_3 = V_1 + V_2 + V_3$$

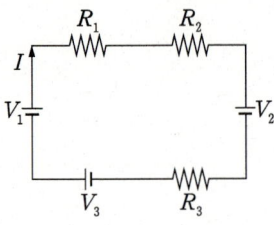

$$\Sigma V = V_1 - V_2 + V_3 \, (V_2 만 \; 극성이 \; 반대)$$
$$\Sigma IR = IR_1 + IR_2 + IR_3$$
$$\therefore V_1 - V_2 + V_3 = IR_1 + IR_2 + IR_3$$

전류 : $I = \dfrac{V_0}{R_0} = \dfrac{V_1 - V_2 + V_3}{R_1 + R_2 + R_3} [A]$

4 전 지

❶ 전지의 접속

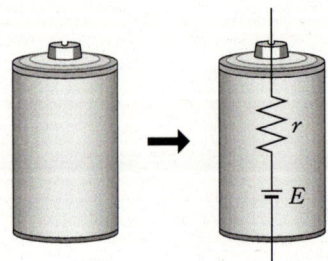

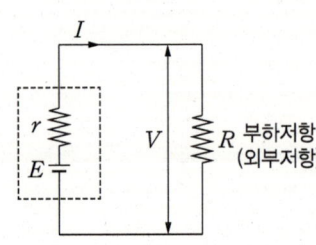

R 부하저항 (외부저항)

❷ 전지 n개 직렬 접속

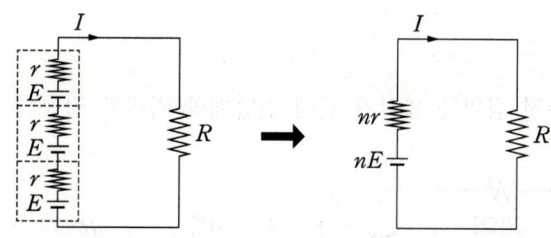

1) 합성 기전력 : $E_o = nE$ [V]

2) 합성 저항 : $R_o = nr + R$ [Ω]

3) 전류 : $I = \dfrac{E_o}{R_o} = \dfrac{nE}{nr+R}$ [A]

❸ 전지 n개 병렬 접속

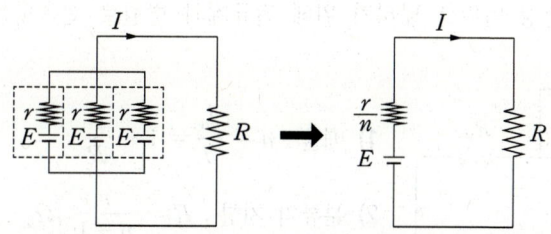

1) 합성 기전력 : $E_o = E$ [V]

2) 합성저항 : $R_o = \dfrac{r}{n} + R$ [Ω]

3) 전류 : $I = \dfrac{E_o}{R_o} = \dfrac{E}{\dfrac{r}{n}+R}$ [A]

※ 전지의 직렬 접속 : 용량 일정, 전압 n배 증가
※ 전지의 병렬 접속 : 용량 n배 증가, 전압 일정

5 배율기 및 분류기

❶ 배율기

: 전압계의 측정 범위를 넓히기 위해 전압계와 직렬로 접속하는 저항기

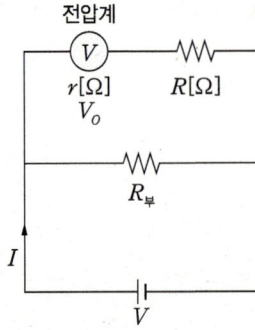

1) 배율 : $m = \dfrac{V_o}{V} = 1 + \dfrac{R}{r}$

2) 배율기 저항 : $R = r(m-1)\,[\Omega]$

3) 최대 측정전압 : $V_o = \left(1 + \dfrac{R}{r}\right)V\,[\text{V}]$

❷ 분류기

: 전류계의 측정 범위를 넓히기 위해 전류계와 병렬로 접속하는 저항기

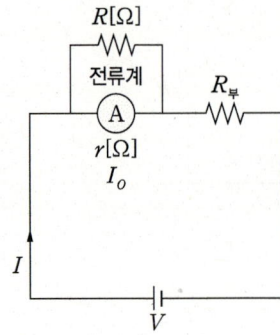

1) 배율 : $n = \dfrac{I_o}{I} = 1 + \dfrac{r}{R}$

2) 분류기 저항 : $R = \dfrac{r}{n-1}\,[\Omega]$

3) 최대 측정전류 : $I_o = \left(1 + \dfrac{r}{R}\right)I\,[\text{A}]$

※ 전압측정 시 전압계는 부하와 병렬로 연결(병렬 : 전압일정)
※ 전류측정 시 전류계는 부하와 직렬로 연결(직렬 : 전류일정)

문제 풀이 ✓

1 "임의의 폐회로에서의 기전력 총합은 회로소자에서 발생하는 전압강하의 총합과 같다"라고 정의되는 법칙은?

① 키르히호프의 제1법칙 ② 키르히호프의 제2법칙
③ 플레밍의 오른손 법칙 ④ 앙페르의 오른나사 법칙

[해설] 키르히호프의 제2법칙 (전압 법칙)
: 임의의 폐회로에서의 기전력 총 합은 회로소자에서 발생하는 전압 강하의 총합과 같다.

2 임의의 폐회로에서 키르히호프의 제2법칙을 가장 잘 나타낸 것은?

① 기전력의 합 = 합성 저항의 합 ② 기전력의 합 = 전압 강하의 합
③ 전압 강하의 합 = 합성 저항의 합 ④ 합성 저항의 합 = 회로전류의 합

[해설] 키르히호프의 제2법칙 (전압 법칙)
: 임의의 폐회로에서의 기전력 총 합은 회로소자에서 발생하는 전압 강하의 총합과 같다.

3 "회로의 접속점에서 볼 때, 접속점에 흘러들어오는 전류의 합은 흘러나가는 전류의 합과 같다"라고 정의되는 법칙은?

① 키르히호프의 제1법칙 ② 키르히호프의 제2법칙
③ 플레밍의 오른손 법칙 ④ 앙페르의 오른나사 법칙

[해설] 키르히호프의 제1법칙 (전류 법칙)
: 전기 회로의 어느 한 점을 기준으로 흘러 들어온 전류의 합과 흘러 나간 전류의 합은 같다.

4 회로망의 임의의 접속점에 유입되는 전류는 $\sum I = 0$라는 법칙은?

① 쿨롱의 법칙 ② 패러데이의 법칙
③ 키르히호프의 제1법칙 ④ 키르히호프의 제2법칙

[해설] 키르히호프의 제1법칙 (전류 법칙)
: 전기 회로의 어느 한 점을 기준으로 흘러 들어온 전류의 합과 흘러 나간 전류의 합은 같다.

정답 1 ② 2 ② 3 ① 4 ③

5 키르히호프의 법칙을 이용하여 방정식을 세우는 방법으로 잘못된 것은?

① 키르히호프의 제1법칙을 회로망의 임의의 한 점에 적용한다.
② 각 폐회로에서 키르히호프의 제2법칙을 적용한다.
③ 각 회로의 전류를 문자로 나타내고 방향을 가정한다.
④ 계산 결과 전류가 (+)로 표시된 것은 처음에 정한 방향과 반대 방향임을 나타낸다.

[해설] 처음에 정한 방향과 같은 방향 : +로 표시
처음에 정한 방향과 반대 방향 : -로 표시

6 그림에서 단자 A-B 사이의 전압은 몇 [V]인가?

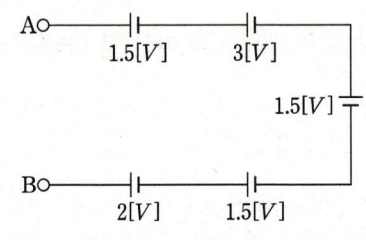

① 1.5
② 2.5
③ 6.5
④ 9.5

[해설] 정방향 합성전압 : 1.5 + 3 + 1.5 = 6[V]
역방향 합성전압 : 2 + 1.5 = 3.5[V]
A-B 사이의 전압 : V = 6 - 3.5 = 2.5[V]

7 그림에서 폐회로에 흐르는 전류는 몇 [A]인가?

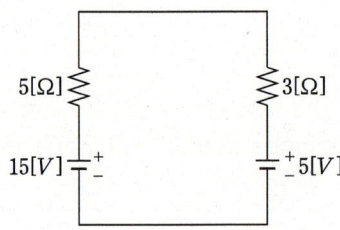

① 1
② 1.25
③ 2
④ 2.5

[해설] 합성저항 : $R_0 = 5 + 3 = 8[\Omega]$
합성전압 : $V_0 = 15 - 5 = 10[V]$
전류 : $I = \dfrac{V_0}{R_0} = \dfrac{10}{8} = 1.25[A]$

정답 5 ④ 6 ② 7 ②

8 동일 전압의 전지 3개를 접속하여 각각 다른 전압을 얻고자 한다. 접속 방법에 따라 몇 가지의 전압을 얻을 수 있는가?(단, 극성은 같은 방향으로 설정한다)

① 1가지 전압 ② 2가지 전압
③ 3가지 전압 ④ 4가지 전압

[해설] 전압을 얻을 수 있는 전지 접속방법 (3가지) : 직렬 접속, 병렬 접속, 직·병렬 접속

9 기전력이 V_0[V], 내부저항이 r[Ω]인 n개의 전지를 직렬 연결하였다. 전체 내부저항을 옳게 나타낸 것은?

① $\dfrac{r}{n}$ ② nr
③ $\dfrac{r}{n^2}$ ④ nr^2

[해설] 전기 n개를 직렬 연결시 내부 합성저항 : $r_0 = nr[\Omega]$
전기 n개를 병렬 연결시 내부 합성저항 : $r_0 = \dfrac{r}{n}[\Omega]$

10 내부저항이 0.1[Ω]인 전지 10개를 병렬 연결하면, 전체 내부저항은?

① 0.01[Ω] ② 0.05[Ω]
③ 0.1[Ω] ④ 1[Ω]

[해설] 전지 10개를 병렬 연결시 내부 합성저항 : $r_0 = \dfrac{r}{n} = \dfrac{0.1}{10} = 0.01[\Omega]$

11 기전력 E, 내부저항 r인 전기 n개를 직렬로 연결하여 이것에 외부저항 R을 직렬연결하였을 때 흐르는 전류 I[A]는?

① $I = \dfrac{E}{nr+R}$[A] ② $I = \dfrac{nE}{r+R}$[A]
③ $I = \dfrac{nE}{r+nR}$[A] ④ $I = \dfrac{nE}{nr+R}$[A]

[해설] 전기 n개를 직렬 연결하고 외부저항을 직렬 연결할 경우 전체전류
전류 : $I = \dfrac{E_o}{R_o} = \dfrac{nE}{nr+R}$[A]

[정답] 8 ③ 9 ② 10 ① 11 ④

12 기전력 4[V], 내부저항 0.2[Ω]의 전지 10개를 직렬로 접속하고 두 극 사이에 부하저항을 접속하였더니 4[A]의 전류가 흘렀다. 이때 외부저항은 몇 [Ω]이 되겠는가?

① 6
② 7
③ 8
④ 9

[해설] 합성 기전력 : $E_o = nE = 10 \times 4 = 40\,[V]$

합성 저항 : $R_o = \dfrac{E_0}{I} = \dfrac{40}{4} = 10\,[\Omega]$

합성 저항 $R_o = nr + R\,[\Omega]$에서 외부 저항을 구하면

외부 저항 : $R = R_0 - nr = 10 - 10 \times 0.2 = 8\,[\Omega]$

13 기전력 1.5[V], 내부저항 0.2[Ω]인 전지 5개를 직렬로 연결하고 이를 단락하였을 때의 단락전류[A]는?

① 1.5
② 4.5
③ 7.5
④ 15

[해설] 외부 저항이 없으므로 단락 전류를 구하면

단락 전류 : $I = \dfrac{E_o}{R_o} = \dfrac{nE}{nr} = \dfrac{5 \times 1.5}{5 \times 0.2} = 7.5\,[A]$

14 규격이 같은 축전지 2개를 병렬로 연결하였다. 다음 설명 중 옳은 것은?

① 용량과 전압이 모두 2배가 된다.
② 용량과 전압이 모두 1/2배가 된다.
③ 용량은 불변이고 전압은 2배가 된다.
④ 용량은 2배가 되고 전압은 불변이다.

[해설] 전지 2개를 직렬 접속 : 용량 일정(불변), 전압 2배
전지 2개를 병렬 접속 : 용량 2배, 전압 일정(불변)

15 부하의 전압과 전류를 측정하기 위한 전압계와 전류계의 접속방법으로 옳은 것은?

① 전압계 : 직렬, 전류계 : 병렬
② 전압계 : 직렬, 전류계 : 직렬
③ 전압계 : 병렬, 전류계 : 직렬
④ 전압계 : 병렬, 전류계 : 병렬

[해설] 전압계 : 부하와 병렬연결
전류계 : 부하와 직렬연결

정답 12 ③ 13 ③ 14 ④ 15 ③

문제 풀이

16 전압계의 측정 범위를 넓히기 위한 목적으로 전압계에 직렬로 접속하는 저항기를 무엇이라 하는가?

① 배율기　　　　　　　　② 분류기
③ 정압기　　　　　　　　④ 정류기

[해설] 배율기 : 전압계의 측정 범위를 넓히기 위해 전압계와 직렬로 접속하는 저항기

17 전류계의 측정범위를 확대시키기 위하여 전류계와 병렬로 접속하는 것은?

① 분류기　　　　　　　　② 배율기
③ 검류계　　　　　　　　④ 전위차계

[해설] 분류기 : 전류계의 측정 범위를 넓히기 위해 전류계와 병렬로 접속하는 저항기

18 어떤 전압계의 측정 범위를 10배로 하자면 배율기의 저항을 전압계 내부저항의 몇 배로 하여야 하는가?

① 10　　　　　　　　　　② 1/10
③ 9　　　　　　　　　　　④ 1/9

[해설] 배율기 저항 : $R = r(m-1) = r(10-1) = 9r[\Omega]$
∴ 배율기저항(R)은 내부저항(r)의 9배가 된다.

19 100[V]의 전압계가 있다. 이 전압계를 써서 200[V] 전압을 측정하려면 최소 몇 [Ω]의 저항을 외부에 접속해야 하는가?(단, 전압계의 내부저항은 5,000[Ω]이다)

① 10,000　　　　　　　　② 5,000
③ 2,500　　　　　　　　　④ 1,000

[해설] 배율기 저항 : $R = r(m-1) = r(\frac{V_0}{V}-1) = 5000 \times (\frac{200}{100}-1) = 5000[\Omega]$

20 최대눈금 1[A], 내부저항 10[Ω]의 전류계로 최대 101[A]까지 측정하려면 몇 [Ω]의 분류기가 필요한가?

① 0.01　　　　　　　　　② 0.02
③ 0.05　　　　　　　　　④ 0.1

[해설] 분류기 저항 : $R = \frac{r}{n-1} = \frac{r}{(\frac{I_0}{I}-1)} = \frac{10}{(\frac{101}{1}-1)} = 0.1[\Omega]$

[정답] 16 ①　17 ①　18 ③　19 ②　20 ④

CHAPTER 2 정전계와 정자계

제1절 정전계

1 전기의 기초

❶ 물질의 구성

물질은 원자 또는 분자의 결합으로 이루어졌으며, 원자는 양(+)전기를 가진 원자핵과 음(-)전기를 가진 전자로 구성되었으며, 원자핵은 양전기를 가진 양성자와 전기적 중성인 중성자로 구성되어 있다.

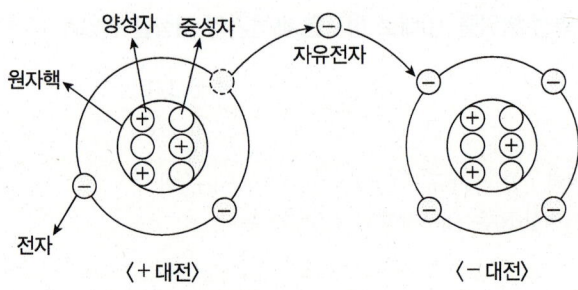

1) 전자 : 음(-)전기를 가지며 원자핵 주위를 일정한 궤도에 따라 돈다.
   ① 전자의 전기량 : -1.60219×10^{-19} [C]
   ② 전자의 질량 : 9.109×10^{-31} [kg]
   ③ 양자의 전기량 : 1.60219×10^{-19} [C]
   ④ 양자의 질량 : 1.673×10^{-27} [kg] (전자의 약 1,840배)
2) 자유전자 : 원자핵의 구속력을 벗어나서 물질 내에서 자유로이 이동할 수 있는 전자
   ① 1[eV] : 전자 1개가 가지는 에너지의 양

> ※ 1[eV] = 1.602×10^{-19}[C] × 1[V] = 1.602×10^{-19}[J]
> 100[eV] = 1.602×10^{-19}[C] × 100[V] = 1.602×10^{-17}[J]

❷ 전하와 대전 현상

1) 대전 : 절연체를 마찰시켜 물체가 전기를 띠게 되는 현상
    ① + 대전 : 전자수가 양성자수 보다 부족하게 되어 +극성을 띠게 되는 현상
    ② - 대전 : 전자수가 양성자수 보다 많아지게 되어 -극성을 띠게 되는 현상

2) 전하 : 전기적인 성질을 띤 대전된 입자가 가지는 전기

❸ 정전 유도

대전되지 않은 도체에 대전된 대전체를 가까이 대면 대전체의 가까운 쪽으로 대전체와 반대 극성을 갖는 전하가 모이고, 대전체와 먼 쪽으로 대전체와 같은 극성의 전하가 모이게 되는 현상을 정전 유도라고 한다.

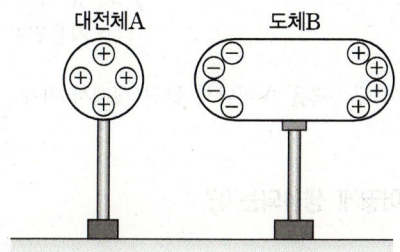

❹ 도체와 절연체

1) 도체 : 전하의 이동이 용이하여 전기가 통하기 쉬운 물질
    ① 종류 : 금, 은, 구리, 철, 알루미늄 등 금속체
    ② 일반 금속체는 온도가 높아지면 저항이 증가하는 정(+)저항 온도계수 값을 갖는다.

2) 부도체(절연체) : 전하의 이동이 어려워 전기가 통하기 힘든 물질
    ① 종류 : 종이, 나무, 유리, 고무, 운모, 플라스틱 등 절연체
    ② 유전체 : 절연체 중 전기적으로 분극 현상이 일어나는 물체

3) 반도체 : 조건에 따라 도체와 부도체의 양쪽 성질을 모두 가지는 물질
    ① 진성(순수) 반도체 : 규소, 게르마늄 등의 4가 원소 물질
    ② 불순물 반도체 : 진성반도체에 3가 불순물 또는 5가 불순물 등을 섞어서 만든 반도체
    ③ 반도체 소자는 일반적으로 불순물이 증가하면 저항값이 감소하게 된다.

문제 풀이 ✓

1 어떤 물질이 정상 상태보다 전자수가 많아져 전기를 띠게 되는 현상을 무엇이라 하는가?

① 충 전 ② 방 전
③ 대 전 ④ 분 극

[해설] 절연체를 마찰시켜 전자의 수가 많아지거나 부족하게 되면서 전기적인 극성을 띠게 되는 현상을 대전현상이라고 한다.

2 원자핵의 구속력을 벗어나서 물질 내에서 자유로이 이동할 수 있는 것은?

① 중성자 ② 양 자
③ 분 자 ④ 자유전자

[해설] 자유전자 : 원자핵의 구속력을 벗어나서 물질 내에서 자유로이 이동할 수 있는 전자

3 반도체 내에서 정공은 어떻게 생성되는가?

① 결합전자의 이탈 ② 자유전자의 이동
③ 접합불량 ④ 확산용량

[해설] 원자핵의 구속력 안에 있던 결합전자가 이탈하여 만들어진 빈 공간(홀)을 정공이라고 한다.

4 "물질 중의 자유전자가 과잉된 상태"란?

① (−)대전상태 ② 발열상태
③ 중성상태 ④ (+)대전상태

[해설] + 대전 : 전자수가 양성자수 보다 부족하게 되어 +극성을 띠게 되는 현상
− 대전 : 전자수가 양성자수 보다 많아지게 되어 −극성을 띠게 되는 현상

5 다음 중 가장 무거운 것은?

① 양성자의 질량과 중성자의 질량의 합 ② 양성자의 질량과 전자의 질량의 합
③ 원자핵의 질량과 전자의 질량의 합 ④ 중성자의 질량과 전자의 질량의 합

[해설] 가장 무거운 것 : 원자핵(양성자+중성자) 질량 + 전자 질량

[정답] 1 ③ 2 ④ 3 ① 4 ① 5 ③

6 정상상태에서의 원자를 설명한 것으로 틀린 것은?

① 양성자와 전자의 극성은 같다.
② 원자는 전체적으로 보면 전기적으로 중성이다.
③ 원자를 이루고 있는 양성자의 수는 전자의 수와 같다.
④ 양성자 1개가 지니는 전기량은 전자 1개가 지니는 전기량과 크기가 같다.

[해설] 양성자의 극성은 +이고, 전자의 극성은 -로 서로 반대이다.

7 1개의 전자 질량은 약 몇 [kg]인가?

① 1.679×10^{-31}
② 9.109×10^{-31}
③ 1.67×10^{-27}
④ 1.679×10^{-27}

[해설] 전자의 1개의 질량 : $9.109 \times 10^{-31} [kg]$

8 100[V]의 전위차로 가속된 전자의 운동에너지는 몇 [J]인가?

① $1.6 \times 10^{-20} [J]$
② $1.6 \times 10^{-19} [J]$
③ $1.6 \times 10^{-18} [J]$
④ $1.6 \times 10^{-17} [J]$

[해설] 전자1개의 전기량이 $1.60219 \times 10^{-19} [C]$이므로 100[V]의 전위차에서 운동에너지를 구하면
운동에너지 : $W = QV = 1.60219 \times 10^{-19} [C] \times 100[V] = 1.6 \times 10^{-17} [J]$
※ 1[eV]의 에너지 : $W = 1.602 \times 10^{-19} [C] \times 1[V] = 1.602 \times 10^{-19} [J]$

9 다음 중에서 일반적으로 온도가 높아지게 되면 전도율이 커져서 온도계수가 부(-)의 값을 가지는 것이 아닌 것은?

① 구리
② 반도체
③ 탄소
④ 전해액

[해설] 일반 금속체(도체)인 구리는 온도가 높아지면 저항이 증가하는 정(+)저항 온도계수 값을 갖는다.

정답 6 ① 7 ② 8 ④ 9 ①

10 절연체 중에서 플라스틱, 고무, 종이, 운모 등과 같이 전기적으로 분극 현상이 일어나는 물체를 특히 무엇이라 하는가?

① 도 체
② 유전체
③ 도전체
④ 반도체

[해설] 유전체 : 절연체 중 전기적으로 분극 현상이 일어나는 물체

11 반도체의 특성이 아닌 것은?

① 전기적 전도성은 금속과 절연체의 중간적 성질을 가지고 있다.
② 일반적으로 온도가 상승함에 따라 저항은 감소한다.
③ 매우 낮은 온도에서 절연체가 된다.
④ 불순물이 섞이면 저항이 증가한다.

[해설] 반도체 소자는 일반적으로 불순물이 증가하면 저항값이 감소하게 된다.

정답 10 ② 11 ④

2 콘덴서

전하의 축적작용을 하기 위해 만들어진 전기소자

❶ 콘덴서 종류 : 전해 콘덴서, 세라믹 콘덴서, 바리콘

   1) 전해 콘덴서 : 전기 분해를 응용하여 금속표면에 산화피막을 만들어 이것을 유전체로 이용한 것으로 (+), (-) 극성을 가지는 콘덴서로 비교적 큰 정전용량을 얻을 수 있는 콘덴서

   2) 세라믹 콘덴서 : 비유전율이 큰 산화티탄 등의 세라믹 재료로 만들며, 극성이 없고, 가격에 비해 성능이 우수하여 널리 사용되는 콘덴서

   3) 바리콘 : 용량을 조절할 수 있는 가변 용량 콘덴서

❷ 평행판 콘덴서 용량

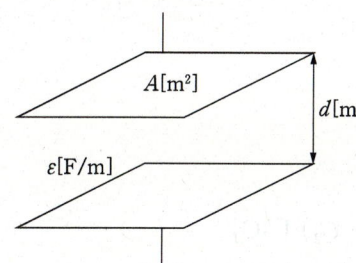

콘덴서 용량 : $C = \varepsilon \dfrac{A}{d}$ [F]

여기서, ε : 유전율[F/m], A : 면적[m²],
       d : 극판 사이 간격[m]

※ 콘덴서 용량은 극판이 넓을수록, 극판 간의 간격이 좁을 수록 커진다.

❸ 콘덴서의 접속

   1) 직렬 접속

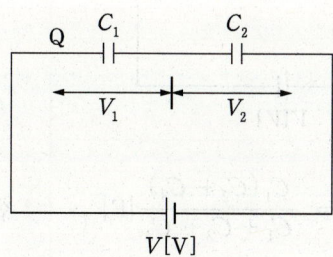

    ① 합성 콘덴서 : $C = \dfrac{1}{\dfrac{1}{C_1} + \dfrac{1}{C_2}} = \dfrac{C_1 C_2}{C_1 + C_2}$ [F]

    ② 분배전압 : $V_1 = \dfrac{C_2}{C_1 + C_2} V$ [V], $V_2 = \dfrac{C_1}{C_1 + C_2} V$ [V]

③ 전하량 : $Q = C_1 V_1 = C_2 V_2 [\text{C}]$

※ 콘덴서 여러개를 직렬 연결하고 전압을 높이면 용량이 작은 것부터 파괴된다.

2) 병렬 접속

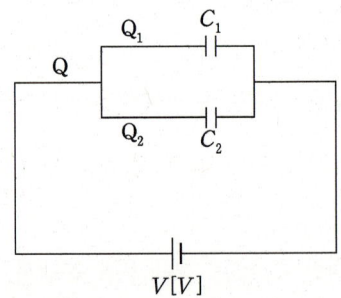

① 합성 콘덴서 : $C = C_1 + C_2 [\text{F}]$
② 분배 전하량

㉠ $Q_1 = \dfrac{C_1}{C_1 + C_2} Q = C_1 V [\text{C}]$

㉡ $Q_2 = \dfrac{C_2}{C_1 + C_2} Q = C_2 V [\text{C}]$

③ 전하량 : $Q = Q_1 + Q_2 = C_1 V + C_2 V = (C_1 + C_2) V [\text{C}]$

3) 직·병렬 접속

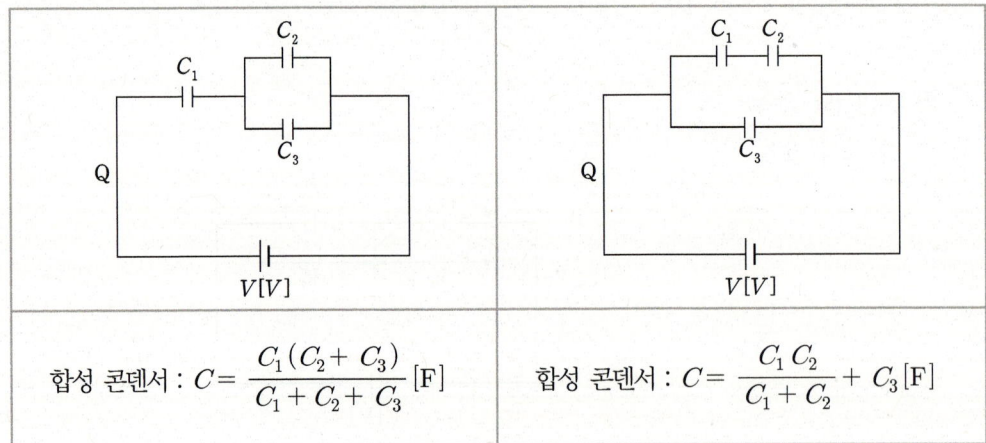

| 합성 콘덴서 : $C = \dfrac{C_1(C_2 + C_3)}{C_1 + C_2 + C_3} [\text{F}]$ | 합성 콘덴서 : $C = \dfrac{C_1 C_2}{C_1 + C_2} + C_3 [\text{F}]$ |

❹ 정전에너지 : 콘덴서에 전하를 Q[C]까지 축적되는 데 필요한 에너지

1) 정전에너지 : $W = \dfrac{1}{2}QV = \dfrac{1}{2}CV^2 = \dfrac{Q^2}{2C}$ [J]

> ※ 전기량 : $Q = CV$ [C],　전압 : $V = \dfrac{Q}{C}$ [V]

2) 전압 : $V = \sqrt{\dfrac{2W}{C}}$ [V],　콘덴서 용량 : $C = \dfrac{2W}{V^2}$ [F]

문제 풀이 ✓

1 비유전율이 큰 산화티탄 등을 유전체로 사용한 것으로 극성이 없으며 가격에 비해 성능이 우수하며 널리 사용되고 있는 콘덴서의 종류는?

① 전해 콘덴서　　　　　　　② 세라믹 콘덴서
③ 마일러 콘덴서　　　　　　④ 마이카 콘덴서

[해설] 세라믹 콘덴서 : 비유전율이 큰 산화티탄 등의 세라믹 재료로 만들며 극성이 없고, 가격에 비해 성능이 우수하여 널리 사용되는 콘덴서

2 전기 분해하여 금속의 표면에 산화피막을 만들어 이것을 유전체로 이용한 것은?

① 전해 콘덴서　　　　　　　② 세라믹 콘덴서
③ 마일러 콘덴서　　　　　　④ 마이카 콘덴서

[해설] 전해 콘덴서 : 전기 분해를 응용하여 금속표면에 산화피막을 만들어 이것을 유전체로 이용한 것으로 (+), (−) 극성을 가지는 콘덴서로 비교적 큰 정전용량을 얻을 수 있는 콘덴서

3 용량을 변화시킬 수 있는 콘덴서는?

① 바리콘　　　　　　　　　　② 마일러 콘덴서
③ 전해 콘덴서　　　　　　　④ 세라믹 콘덴서

[해설] 바리콘 : 용량을 조절할 수 있는 가변 용량 콘덴서

4 콘덴서의 정전용량에 대한 설명으로 틀린 것은?

① 전압에 반비례한다.　　　　② 이동 전하량에 비례한다.
③ 극판의 넓이에 비례한다.　　④ 극판의 간격에 비례한다.

[해설] 콘덴서 용량 : $C = \varepsilon \dfrac{A}{d} = \dfrac{Q}{V}$ [F]이므로 콘덴서 용량은 유전율(ε), 극판의 넓이(A), 전하량(Q)에 비례하고, 극판의 간격(d), 전압(V)에 반비례한다.

[정답] 1 ②　2 ①　3 ①　4 ④

✅ 문제 풀이

5 콘덴서 용량 0.001[F]과 같은 것은?

① 10[μF] ② 1,000[μF]
③ 10,000[μF] ④ 100,000[μF]

[해설] 콘덴서 용량 : 0.001[F] = 1[mF] = 1,000[μF]

6 다음 회로에서 $C_1 = 1[\mu F]$, $C_2 = 2[\mu F]$, $C_3 = 2[\mu F]$일 때 합성 정전용량은 몇 [μF]인가?

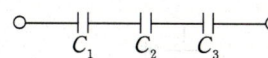

① 1/2 ② 1/5
③ 2 ④ 5

[해설] 콘덴서 직렬연결 시 합성 정전용량
$$C_0 = \frac{C_1 C_2 C_3}{C_1 C_2 + C_2 C_3 + C_3 C_1} = \frac{1 \times 2 \times 2}{1 \times 2 + 2 \times 2 + 2 \times 1} = \frac{1}{2}[\mu F]$$

7 3[μF], 4[μF], 5[μF]의 3개의 콘덴서를 병렬로 연결된 회로의 합성 정전용량은 얼마인가?

① 1.2[μF] ② 3.6[μF]
③ 12[μF] ④ 36[μF]

[해설] 콘덴서 병렬연결 시 합성 정전용량
$C_0 = C_1 + C_2 + C_3 = 3 + 4 + 5 = 12[\mu F]$

8 다음 설명 중에서 틀린 것은?

① 코일은 직렬로 연결할수록 인덕턴스가 커진다. ② 콘덴서는 직렬로 연결할수록 용량이 커진다.
③ 저항은 병렬로 연결할수록 저항치가 작아진다. ④ 리액턴스는 주파수의 함수이다.

[해설] 콘덴서 병렬 연결시 합성 콘덴서 용량 : $C_0 = nC$ [F]
(콘덴서는 병렬로 연결할수록 용량이 커진다.)

콘덴서 직렬 연결시 합성 콘덴서 용량 : $C_0 = \frac{C}{n}$ [F]
(콘덴서는 직렬로 연결할수록 용량이 작아진다.)

정답 5 ② 6 ① 7 ③ 8 ②

9 정전용량이 같은 콘덴서 10개가 있다. 이것을 직렬 접속할 때의 값은 병렬 접속할 때의 값보다 어떻게 되는가?

① $\dfrac{1}{10}$로 감소한다. ② $\dfrac{1}{100}$로 감소한다.
③ 10배로 증가한다. ④ 100배로 증가한다.

[해설] 콘덴서 10개 직렬 연결시 합성 용량 : $C_{직} = \dfrac{C}{n} = \dfrac{C}{10}$

콘덴서 10개 병렬 연결시 합성 용량 : $C_{병} = nC = 10\,C$

$\dfrac{C_{직}}{C_{병}} = \dfrac{\frac{C}{10}}{10\,C} = \dfrac{1}{100}$ ∴ $\dfrac{1}{100}$배

10 동일한 용량의 콘덴서 5개를 병렬로 접속하였을 때의 합성 용량을 C_p라고 하고, 5개를 직렬로 접속하였을 때의 합성 용량을 C_s라 할 때 C_p와 C_s의 관계는?

① $C_p = 5\,C_s$ ② $C_p = 10\,C_s$
③ $C_p = 25\,C_s$ ④ $C_p = 50\,C_s$

[해설] 콘덴서 5개 직렬 연결시 합성 용량 : $C_s = \dfrac{C}{n} = \dfrac{C}{5}$

콘덴서 5개 병렬 연결시 합성 용량 : $C_p = nC = 5\,C$

$\dfrac{C_p}{C_s} = \dfrac{5\,C}{\frac{C}{5}} = 25$ ∴ $C_p = 25\,C_s$배

11 A-B 사이 콘덴서의 합성정전 용량은 얼마인가?

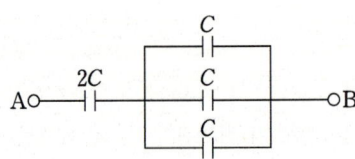

① $1C$ ② $1.2C$
③ $2C$ ④ $2.4C$

[해설] 합성 콘덴서 용량

$C_0 = \dfrac{2C \times (C+C+C)}{2C+(C+C+C)} = \dfrac{2C \times 3C}{2C+3C} = \dfrac{6C^2}{5C} = 1.2C$

[정답] 9 ② 10 ③ 11 ②

12 그림과 같이 $C = 2[\mu F]$의 콘덴서가 연결되어 있다. A점과 B점 사이의 합성 정전용량은 얼마인가?

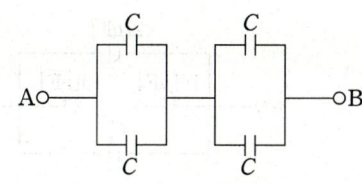

① $1[\mu F]$ ② $2[\mu F]$
③ $4[\mu F]$ ④ $8[\mu F]$

[해설] 합성 콘덴서 용량

$$C_0 = \frac{(C+C)\times(C+C)}{(C+C)+(C+C)} = \frac{2C\times 2C}{2C+2C} = \frac{4C^2}{4C} = C = 2\,[\mu F]$$

13 다음 회로의 합성 정전용량$[\mu F]$은?

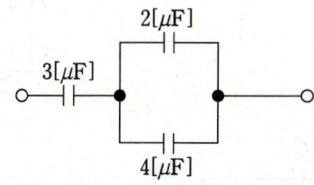

① 5   ② 4
③ 3   ④ 2

[해설] 합성 콘덴서 용량

$$C_0 = \frac{C_1\times(C_2+C_3)}{C_1+(C_2+C_3)} = \frac{3\times(2+4)}{3+(2+4)} = 2\,[\mu F]$$

정답 12 ② 13 ④

14 그림에서 a-b 간의 합성 정전 용량은 10[μF]이다. C_x의 정전용량은?

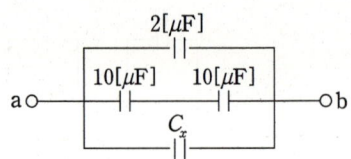

① 3[μF]
② 4[μF]
③ 5[μF]
④ 6[μF]

 합성 콘덴서 용량이 10[μF]이므로 합성 콘덴서 용량 $C_0 = 2 + \dfrac{10}{2} + C_X = 10$ 에서

$C_X = 10 - 2 - 5 = 3\,[\mu F]$

15 두 콘덴서 C_1, C_2를 직렬연결하고 그 양 끝에 전압을 가한 경우 C_1에 걸리는 전압[V]은?

① $\dfrac{C_1}{C_1 + C_2} \times V$

② $\dfrac{C_2}{C_1 + C_2} \times V$

③ $\dfrac{C_1 + C_2}{C_1} \times V$

④ $\dfrac{C_1 + C_2}{C_2} \times V$

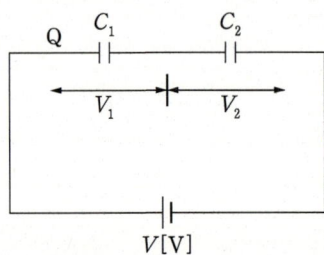

C_1에 분배되는 전압 : $V_1 = \dfrac{C_2}{C_1 + C_2}\, V[V]$

C_2에 분배되는 전압 : $V_2 = \dfrac{C_1}{C_1 + C_2}\, V[V]$

정답 14 ① 15 ②

16 $C_1 = 5[\mu F]$, $C_2 = 10[\mu F]$의 콘덴서를 직렬로 접속하고 직류 30[V]를 가했을 때 C_1의 양단의 전압[V]은?

① 5
② 10
③ 20
④ 30

[해설] C_1에 양단에 걸리는 분배전압 : $V_1 = \dfrac{C_2}{C_1 + C_2} V = \dfrac{10}{5+10} \times 30 = 20 [V]$

17 Q_1으로 대전된 용량 C_1의 콘덴서에 용량 C_2를 병렬 연결할 경우 C_2가 분배 받는 전기량은?

① $\dfrac{C_1 + C_2}{C_2} Q_1$
② $\dfrac{C_1}{C_1 + C_2} Q_1$
③ $\dfrac{C_1 + C_2}{C_1} Q_1$
④ $\dfrac{C_2}{C_1 + C_2} Q_1$

[해설]

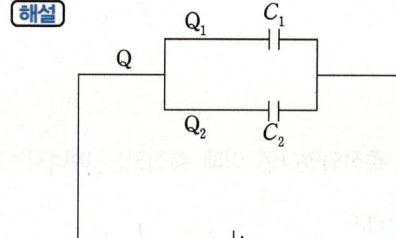

분배 전하량 : $Q_1 = \dfrac{C_1}{C_1 + C_2} Q [C]$, $Q_2 = \dfrac{C_2}{C_1 + C_2} Q [C]$

문제에서 대전된 전체 전기량을 Q_1으로 주어졌으므로 위의 공식에서 $Q = Q_1$이 되므로

C_2가 분배 받는 전기량 : $Q_2 = \dfrac{C_2}{C_1 + C_2} Q_1 [C]$

18 $2[\mu F]$과 $3[\mu F]$의 직렬회로에서 $3[\mu F]$의 양단에 60[V]의 전압이 가해졌다면 이 회로의 전 전기량은 몇 [μC]인가?

① 60
② 180
③ 240
④ 360

[해설] 콘덴서 직렬회로에서 전 전기량을 구하면
전기량 : $Q = C_1 V_1 = C_2 V_2 = 3 \times 60 = 180 [\mu C]$

[정답] 16 ③ 17 ④ 18 ②

19 30[μF]과 40[μF]의 콘덴서를 병렬로 접속한 후 100[V]의 전압을 가했을 때 전 전하량은 몇 [C]인가?

① 17×10^{-4}
② 34×10^{-4}
③ 56×10^{-4}
④ 70×10^{-4}

[해설] 콘덴서 병렬회로에서 전 전하량을 구하면
전하량 : $Q = Q_1 + Q_2 = (C_1 + C_2)V = (30 + 40) \times 10^{-6} \times 100 = 70 \times 10^{-4}$ [C]

20 어떤 콘덴서에 V[V]의 전압을 가해서 Q[C]의 전하를 충전할 때 저장되는 에너지[J]는?

① $2QV$
② $2QV^2$
③ $\frac{1}{2}QV$
④ $\frac{1}{2}QV^2$

[해설] 콘덴서에 축적되는 에너지
$$W = \frac{1}{2}QV = \frac{1}{2}CV^2 = \frac{Q}{2C} \text{ [J]}$$

21 어떤 콘덴서에 전압 20[V]를 가할 때 전하 800[μC]이 축적되었다면 이때 축적되는 에너지는?

① 0.008[J]
② 0.16[J]
③ 0.8[J]
④ 160[J]

[해설] 콘덴서에 축적되는 에너지
$$W = \frac{1}{2}QV = \frac{1}{2} \times 800 \times 10^{-6} \times 20 = 0.008 \text{[J]}$$

22 정전에너지 W[J]를 구하는 식으로 옳은 것은?(단, C는 콘덴서용량[μF], V는 공급전압[V]이다)

① $W = \frac{1}{2}CV^2$
② $W = \frac{1}{2}CV$
③ $W = \frac{1}{2}C^2V$
④ $W = 2CV^2$

[해설] 정전에너지
$$W = \frac{1}{2}QV = \frac{1}{2}CV^2 = \frac{Q}{2C} \text{ [J]}$$

정답 **19** ④ **20** ③ **21** ① **22** ①

23 5[μF]의 콘덴서를 1,000[V]로 충전하면 축적되는 에너지는 몇 [J]인가?

① 2.5
② 4
③ 5
④ 10

[해설] 콘덴서에 축적되는 에너지
$$W = \frac{1}{2}CV^2 = \frac{1}{2} \times 5 \times 10^{-6} \times 1000^2 = 2.5 \,[J]$$

24 200[μF]의 콘덴서를 충전하는데 9[J]의 일이 필요하였다. 충전 전압은 몇 [V]인가?

① 200
② 300
③ 450
④ 900

[해설] 콘덴서에 축적되는 에너지 $W = \frac{1}{2}CV^2$ 에서 충전 전압을 구하면

전압 : $V = \sqrt{\dfrac{2W}{C}} = \sqrt{\dfrac{2 \times 9}{200 \times 10^{-6}}} = 300 \,[V]$

25 2[kV]의 전압으로 충전하여 2[J]의 에너지를 축적하는 콘덴서의 정전용량은?

① 0.5[μF]
② 1[μF]
③ 2[μF]
④ 4[μF]

[해설] 콘덴서에 축적되는 에너지 $W = \frac{1}{2}CV^2$ 에서 콘덴서 정전용량을 구하면

정전용량 : $C = \dfrac{2W}{V^2} \times 10^{-6} = \dfrac{2 \times 2}{2000^2} \times 10^{-6} = 1\,[\mu F]$

정답 23 ① 24 ② 25 ②

3 정전계

❶ 쿨롱의 법칙(정전력) : 두 전하 사이에 작용하는 힘

$+Q_1[C] \longrightarrow$ 흡인력 $\longleftarrow -Q_2[C]$ $\longleftarrow r[m] \longrightarrow$	$\longleftarrow +Q_1[C]$ 반발력 $+Q_2[C] \longrightarrow$ $\longleftarrow r[m] \longrightarrow$
극성이 다를 경우 : 흡인력 작용	극성이 같을 경우 : 반발력 작용

1) 정전력(힘) : $F = \dfrac{1}{4\pi\varepsilon_o} \cdot \dfrac{Q_1 Q_2}{r^2} = 9 \times 10^9 \times \dfrac{Q_1 Q_2}{r^2}$ [N]

> ※ $F \propto Q_1 Q_2$: 정전력은 두 전하의 곱에 비례한다.
>
> ※ $F \propto \dfrac{1}{r^2}$: 정전력은 두 전하 사이의 거리 제곱에 반비례한다.

2) 유전율 : $\varepsilon = \varepsilon_s \varepsilon_o$ [F/m]

① 비유전율 : ε_s (진공, 공기 : $\varepsilon_s = 1$)

② 진공(공기) 중의 유전율 : $\varepsilon_o = 8.855 \times 10^{-12}$ [F/m]

❷ 전계의 세기 : 전계 내의 임의의 한 점에 단위정전하(+1[C])를 놓았을 때 이 단위정전하에 작용하는 힘

$+Q_1[C] \quad\quad +1[C]$
$\longleftarrow r[m] \longrightarrow$

1) 전계의 세기 : $E = \dfrac{1}{4\pi\varepsilon_o} \cdot \dfrac{Q}{r^2} = 9 \times 10^9 \times \dfrac{Q}{r^2}$ [V/m]

> ※ 전계의 세기 = 전장의 세기 = 전기장의 세기

❸ 전위

1) 전위 : $V = \dfrac{1}{4\pi\varepsilon_o} \cdot \dfrac{Q}{r} = 9 \times 10^9 \times \dfrac{Q}{r}$ [V]

❹ 전속밀도 : 면적당 발산되는 전속의 수

1) 전속밀도 : $D = \dfrac{Q}{A} = \varepsilon E$ [C/m²]

2) 대전된 도체 내부의 전속밀도 : $D = 0$ [C/m²]

> ※ 정전력 : $F = EQ$ [N], 전위 : $V = Er$ [V]
> ※ 전계(전장)의 세기 : $E = \dfrac{F}{Q} = \dfrac{V}{r} = \dfrac{D}{\varepsilon}$ [V/m]

❺ 전기력선 성질

1) 전기력선은 양전하(+)에서 나와 음전하(−)로 들어간다.
2) 전기력선은 전위가 높은 곳에서 낮은 곳으로 이동한다.
3) 전기력선의 방향은 그 점의 전계(전장)의 방향과 같다.
4) 전기력선의 밀도는 그 점에서의 전계(전장)의 세기와 같다.
5) 전기력선은 등전위면(표면)에 수직으로 교차한다.
6) 전기력선은 서로 교차하지 않는다.
7) 도체 내부에는 전기력선이 존재하지 않는다.
8) 전기력선은 그 자신만으로 폐곡선을 이루지 않는다.
9) Q[C]에서 발생하는 전기력선 총 수는 $\dfrac{Q}{\varepsilon}$ 개다.

❻ 정전기 방지책

1) 접지 공사 및 방호구 착용
2) 공기를 이온화 할 것.
3) 대전 방지제를 사용할 것.
4) 배관 내 유속을 1[m/s] 이하로 할 것.
5) 상대습도를 70[%] 이상으로 높게 할 것.

❼ 정전응력 : 대전된 도체의 표면에 작용하는 힘

1) 단위체적당 에너지 : $W = \dfrac{1}{2} ED = \dfrac{1}{2} \varepsilon E^2 = \dfrac{D^2}{2\varepsilon}$ [J/m³]

2) 단위면적당 에너지 : $W = \dfrac{1}{2} ED = \dfrac{1}{2} \varepsilon E^2 = \dfrac{D^2}{2\varepsilon}$ [N/m²]

3) 정전흡입력 : $F = \dfrac{1}{2} \varepsilon E^2 = \dfrac{1}{2} \varepsilon \left(\dfrac{V}{r} \right)^2 = \dfrac{\varepsilon V^2}{2r^2}$ [N/m²]

($F \propto V^2$: 정전흡입력은 전압제곱에 비례한다.)

문제 풀이 ✓

1 진공 중의 두 점전하 Q_1[C], Q_2[C]가 거리 r[m] 사이에서 작용하는 정전력[N]의 크기를 옳게 나타낸 것은?

① $9 \times 10^9 \times \dfrac{Q_1 Q_2}{r^2}$
② $6.33 \times 10^4 \times \dfrac{Q_1 Q_2}{r^2}$
③ $9 \times 10^9 \times \dfrac{Q_1 Q_2}{r}$
④ $6.33 \times 10^4 \times \dfrac{Q_1 Q_2}{r}$

[해설] 정전력(힘)
$$F = \frac{1}{4\pi\varepsilon_o} \cdot \frac{Q_1 Q_2}{r_2} = 9 \times 10^9 \times \frac{Q_1 Q_2}{r^2} \text{ [N]}$$

2 쿨롱의 법칙에서 2개의 점전하 사이에 작용하는 정전력의 크기는?

① 두 전하의 곱에 비례하고 거리에 반비례한다.
② 두 전하의 곱에 반비례하고 거리에 비례한다.
③ 두 전하의 곱에 비례하고 거리의 제곱에 비례한다.
④ 두 전하의 곱에 비례하고 거리의 제곱에 반비례한다.

[해설] 정전력(힘) : $F = \dfrac{1}{4\pi\varepsilon_o} \cdot \dfrac{Q_1 Q_2}{r^2} = 9 \times 10^9 \times \dfrac{Q_1 Q_2}{r^2}$ [N]

> ※ $F \propto Q_1 Q_2$: 정전력은 두 전하의 곱에 비례한다.
> ※ $F \propto \dfrac{1}{r^2}$: 정전력은 두 전하 사이의 거리 제곱에 반비례한다.

3 다음 설명 중 틀린 것은?

① 같은 부호의 전하끼리는 반발력이 생긴다.
② 정전유도에 의하여 작용하는 힘은 반발력이다.
③ 정전용량이란 콘덴서가 전하를 축적하는 능력을 말한다.
④ 콘덴서에 전압을 가하는 순간은 콘덴서는 단락상태가 된다.

[해설] 정전 유도 : 대전되지 않은 도체에 대전된 대전체를 가까이 대면 대전체의 가까운 쪽으로 대전체와 반대 극성을 갖는 전하가 모이고, 대전체와 먼 쪽으로 대전체와 같은 극성의 전하가 모이게 되는 현상을 정전 유도라고 한다. 따라서 대전체 가까운 곳에 반대 극성의 전하가 모이므로 흡인력이 작용하게 된다.

정답 1 ① 2 ③ 3 ②

4 전하의 성질을 잘못 설명한 것은?

① 같은 종류의 전하는 흡인하고 다른 종류의 전하끼리는 반발한다.
② 대전체에 들어 있는 전하를 없애려면 접지시킨다.
③ 대전체의 영향으로 비대전체에 전기가 유도된다.
④ 전하는 가장 안정한 상태를 유지하려는 성질이 있다.

[해설] 전하 : 어떤 물체가 대전되었을 때 물체가 띠고 있는 정전기의 양
- 극성이 같은 종류의 전하 : 반발력 작용 (양전하 – 양전하)
- 극성이 다른 종류의 전하 : 흡인력 작용 (양전하 – 음전하)

5 공기 중에서 10^{-6}[C]과 10^{-4}[C]의 두 전하를 1[m]의 거리에 놓을 때 그 사이에 작용하는 힘은?

① 9×10^{-2}[N]
② 18×10^{-2}[N]
③ 9×10^{-1}[N]
④ 18×10^{-1}[N]

[해설] 두 전하사이에 작용하는 힘(정전력)

힘 : $F = 9 \times 10^9 \times \dfrac{Q_1 Q_2}{r^2} = 9 \times 10^9 \times \dfrac{10^{-6} \times 10^{-4}}{1^2} = 9 \times 10^{-1}$[N]

6 4×10^{-5}[C]과 6×10^{-5}[C]의 두 전하가 자유공간에 2[m]의 거리에 있을 때 그 사이에 작용하는 힘은?

① 5.4[N], 흡인력이 작용한다.
② 5.4[N], 반발력이 작용한다.
③ $\dfrac{7}{9}$[N], 흡인력이 작용한다.
④ $\dfrac{7}{9}$[N], 반발력이 작용한다.

[해설] 두 전하사이에 작용하는 힘(정전력)

힘 : $F = 9 \times 10^9 \times \dfrac{Q_1 Q_2}{r^2} = 9 \times 10^9 \times \dfrac{4 \times 10^{-5} \times 6 \times 10^{-5}}{2^2} = 5.4$[N]

두 전하 모두 양(+)전하이므로 전하간에 반발력이 작용한다.

7 유전율의 단위는?

① [F/m]
② [V/m]
③ [C/m²]
④ [H/m]

[해설] 유전율 : $\varepsilon = \varepsilon_s \varepsilon_o$ [F/m]
- 비유전율 : ε_s (진공, 공기 : $\varepsilon_s = 1$)
- 진공(공기) 중의 유전율 : $\varepsilon_o = 8.855 \times 10^{-12}$ [F/m]

[정답] 4 ① 5 ③ 6 ② 7 ①

8 진공 중에서 비유전율 ε_r의 값은?

① 1
② 6.33×10^4
③ 8.855×10^{-12}
④ 9×10^9

[해설] 진공, 공기 중의 비유전율 : $\varepsilon_r = 1$

9 비유전율이 9인 물질의 유전율은 약 얼마인가?

① 80×10^{-12}[F/m]
② 80×10^{-6}[F/m]
③ 1×10^{-12}[F/m]
④ 1×10^{-6}[F/m]

[해설] 유전율
$\varepsilon = \varepsilon_s \varepsilon_o = 9 \times 8.855 \times 10^{-12} \fallingdotseq 80 \times 10^{-12}$[F/m]

10 다음 중 비유전율이 가장 큰 것은?

① 종이
② 염화비닐
③ 운모
④ 산화티탄 자기

[해설] 산화티탄 자기 비유전율 : 100[F/m]
운모 자기 비유전율 : 6.7[F/m]
염화비닐 자기 비유전율 : 2.3[F/m]
종이 자기 비유전율 : 1.2 ~ 1.6[F/m]

11 전장 중에 단위 정전하를 놓을 때 여기에 작용하는 힘과 같은 것은?

① 전 하
② 전장의 세기
③ 전 위
④ 전 속

[해설] 전계의 세기(전장의 세기) : 전계 내에 단위 정전하를 놓았을 때 단위 정전하에 작용하는 힘

정답 8 ① 9 ① 10 ④ 11 ②

12 전기장 중에 단위 전하를 놓았을 때, 그것에 작용하는 힘을 나타내는 단위는?

① [H/m] ② [F/m]
③ [AT/m] ④ [V/m]

[해설] 투자율 단위 : [H/m]
유전율 단위 : [F/m]
자계(자장)의 세기 단위 : [AT/m]
전계(전장)의 세기 단위 : [V/m]

13 비유전율 2.5의 유전체 내부의 전속밀도가 2×10^{-6}[C/m²] 되는 점의 전기장의 세기는?

① 18×10^4[V/m] ② 9×10^4[V/m]
③ 6×10^4[V/m] ④ 3.6×10^4[V/m]

[해설] 전속밀도 : $D = \dfrac{Q}{A} = \varepsilon E$ [V/m²]에서 전기장의 세기를 구하면

전기장의 세기 : $E = \dfrac{D}{\varepsilon} = \dfrac{D}{\varepsilon_s \varepsilon_0} = \dfrac{2 \times 10^{-6}}{2.5 \times 8.855 \times 10^{-12}} \fallingdotseq 9 \times 10^4$[V/m]

14 그림과 같이 공기 중에 놓인 2×10^{-8}[C]의 전하에서 2[m] 떨어진 점 P와 1[m] 떨어진 점 O와의 전위차는?

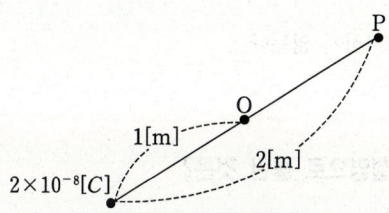

① 80[V] ② 90[V]
③ 100[V] ④ 110[V]

[해설] 점 O와 점 P의 전위차

$V_O - V_P = 9 \times 10^9 \times \dfrac{Q}{r_1} - 9 \times 10^9 \times \dfrac{Q}{r_2}$

$= 9 \times 10^9 \times \dfrac{2 \times 10^{-8}}{1} - 9 \times 10^9 \times \dfrac{2 \times 10^{-8}}{2} = 180 - 90 = 90$ [V]

정답 12 ④ 13 ② 14 ②

15 전기력선의 성질 중 맞지 않는 것은?

① 전기력선은 양(+)전하에서 나와 음(-)전하에서 끝난다.
② 전기력선의 접선방향이 전장의 방향이다.
③ 전기력선은 도중에 만나거나 끊어지지 않는다.
④ 전기력선은 등전위면과 교차하지 않는다.

[해설] 전기력선 성질
- 전기력선은 양전하(+)에서 시작하여 음전하(-)로 쪽으로 들어간다.
- 전기력선은 전위가 높은 곳에서 낮은 곳으로 이동한다.
- 전기력선의 방향은 그 점의 전계(전장)의 방향과 같다.
- 전기력선의 밀도는 그 점에서의 전계(전장)의 세기와 같다.
- 전기력선은 등전위면(표면)에 수직으로 교차한다.
- 전기력선은 서로 교차하지 않는다.
- 도체 내부에는 전기력선이 존재하지 않는다.
- 전기력선은 그 자신만으로 폐곡선을 이루지 않는다.
- Q[C]에서 발생하는 전기력선 총 수는 $\frac{Q}{\varepsilon}$개다.

16 다음 중 전기력선의 성질로 틀린 것은?

① 전기력선은 양(+)전하에서 나와 음(-)전하에서 끝난다.
② 전기력선의 접선방향이 그 점의 전장의 방향이다.
③ 전기력선의 밀도는 전기장의 크기를 나타낸다.
④ 전기력선은 서로 교차한다.

[해설] 전기력선은 서로 교차하지 않는다.

17 전하 및 전기력에 대한 설명으로 틀린 것은?

① 전하에는 양(+)전하와 음(-)전하가 있다.
② 비유전율이 큰 물질일수록 전기력은 커진다.
③ 대전체의 전하를 없애려면 대전체와 대지를 도선으로 연결하면 된다.
④ 두 전하 사이에 작용하는 전기력은 전하의 크기에 비례하고 두 전하 사이의 거리의 제곱에 반비례한다.

[해설] 전기력선의 밀도는 그 점에서의 전계(전장)의 세기와 같다.
전계의 세기 : $E = \frac{1}{4\pi\varepsilon} \cdot \frac{Q}{r^2} = \frac{1}{4\pi\varepsilon_s\varepsilon_0} \cdot \frac{Q}{r^2}$ [V/m] $(E \propto \frac{1}{\varepsilon_s})$
따라서, 비유전율이 큰 물질일수록 전기력은 작아진다.

정답 15 ④ 16 ④ 17 ②

18 등전위면과 전기력선의 교차 관계는?

① 30°로 교차한다.
② 45°로 교차한다.
③ 직각으로 교차한다.
④ 교차하지 않는다.

[해설] 전기력선은 등전위면(표면)에 수직(직각)으로 교차한다.

19 다음은 전기력선의 성질이다. 틀린 것은?

① 전기력선은 서로 교차하지 않는다.
② 전기력선은 도체의 표면에 수직이다.
③ 전기력선의 밀도는 전기장의 크기를 나타낸다.
④ 같은 전기력선은 서로 끌어당긴다.

[해설] 같은 극성의 전기력선은 서로 반발한다.

20 전기력선의 성질을 설명한 것으로 옳지 않은 것은?

① 전기력선의 방향은 전기장의 방향과 같으며, 전기력선의 밀도는 전기장의 크기와 같다.
② 전기력선은 도체 내부에 존재한다.
③ 전기력선은 등전위면에 수직으로 출입한다.
④ 전기력선은 양전하에서 음전하로 이동한다.

[해설] 도체 내부에는 전기력선이 존재하지 않는다.

21 유전율 ε의 유전체 내에 있는 전하 $Q[\text{C}]$에서 나오는 전기력선 수는?

① Q
② $\dfrac{Q}{\varepsilon_0}$
③ $\dfrac{Q}{\varepsilon}$
④ $\dfrac{Q}{\varepsilon_s}$

[해설] $Q[\text{C}]$에서 발생하는 전기력선 총 수는 $\dfrac{Q}{\varepsilon}$개다.

[정답] 18 ③ 19 ④ 20 ② 21 ③

22 정전기 발생 방지책으로 틀린 것은?

① 대전 방지제의 사용
② 접지 및 보호구의 착용
③ 배관 내 액체의 흐름 속도 제한
④ 대기의 습도를 30[%] 이하로 하여 건조함을 유지

[해설] 정전기 발생 방지책
- 접지 및 방호구 착용
- 공기를 이온화 할 것.
- 대전 방지제를 사용할 것.
- 배관 내 유속을 1[m/s] 이하로 할 것.
- 상대습도를 70[%] 이상으로 높게 할 것.

23 정전 흡인력에 대한 설명 중 옳은 것은?

① 정전 흡인력은 전압의 제곱에 비례한다.
② 정전 흡인력은 극판 간격에 비례한다.
③ 정전 흡인력은 극판 면적의 제곱에 비례한다.
④ 정전 흡인력은 쿨롱의 법칙으로 직접 계산된다.

[해설] 정전흡입력 : $F = \dfrac{1}{2}\varepsilon E^2 = \dfrac{1}{2}\varepsilon\left(\dfrac{V}{r}\right)^2 = \dfrac{\varepsilon V^2}{2r^2}\,[\text{N/m}^2]$

($F \propto V^2$: 정전흡입력은 전압제곱에 비례한다.)

24 전계의 세기 60[V/m], 전속밀도 100[C/m²]인 유전체의 단위 체적에 축적되는 에너지는?

① 1,000[J/m³]   ② 3,000[J/m³]
③ 6,000[J/m³]   ④ 12,000[J/m³]

[해설] 단위 체적에 축적되는 에너지

에너지 : $W = \dfrac{1}{2}ED = \dfrac{1}{2} \times 60 \times 100 = 3000\,[\text{J/m}^3]$

정답 22 ④　23 ①　24 ②

제2절 정자계

1 정전계와 정자계 비교

❶ 정전계와 정자계의 용어 및 기호 비교

정 전 계	정 자 계
전하 : Q[C]	자하 : m[Wb]
전계(전장)의 세기 : E[V/m]	자계(자장)의 세기 : H[AT/m]
전위 : V[V]	자위 : U[AT]
전속밀도 : D[C/m²]	자속밀도 : B[Wb/m²]
유전율 : ε[F/m]	투자율 : μ[H/m]

❷ 정전계 공식과 전자계 공식 비교

정 전 계	정 자 계
쿨롱의 법칙(정전력)	쿨롱의 법칙(전자력)
$F = \dfrac{1}{4\pi\varepsilon_o} \cdot \dfrac{Q_1 Q_2}{r^2} = 9 \times 10^9 \times \dfrac{Q_1 Q_2}{r^2} [\text{N}]$	$F = \dfrac{1}{4\pi\mu_o} \cdot \dfrac{m_1 m_2}{r^2} = 6.33 \times 10^4 \times \dfrac{m_1 m_2}{r^2} [\text{N}]$
전계(전장)의 세기	자계(자장)의 세기
$E = \dfrac{1}{4\pi\varepsilon_o} \cdot \dfrac{Q}{r^2} = 9 \times 10^9 \times \dfrac{Q}{r^2} [\text{V/m}]$	$H = \dfrac{1}{4\pi\mu_o} \cdot \dfrac{m}{r^2} = 6.33 \times 10^4 \times \dfrac{m}{r^2} [\text{AT/m}]$
전 위	자 위
$V = \dfrac{1}{4\pi\varepsilon_o} \cdot \dfrac{Q}{r} = 9 \times 10^9 \times \dfrac{Q}{r} [\text{V}]$	$U = \dfrac{1}{4\pi\mu_o} \cdot \dfrac{m}{r} = 6.33 \times 10^4 \times \dfrac{m}{r} [\text{AT}]$
전속밀도 : $D = \dfrac{Q}{A} = \varepsilon E [\text{C/m}^2]$	자속밀도 : $B = \dfrac{\phi}{A} = \mu H [\text{wb/m}^2]$
유전율 : $\varepsilon = \varepsilon_s \varepsilon_o [\text{F/m}]$	투자율 : $\mu = \mu_s \mu_o [\text{H/m}]$
진공(공기) : $\varepsilon_o = 8.855 \times 10^{-12} [\text{F/m}]$	진공(공기) : $\mu_o = 4\pi \times 10^{-7} [\text{H/m}]$

❸ 쿨롱의 법칙(전자력) : 두 자하 사이에 작용하는 힘

1) 전자력(힘) : $F = \dfrac{1}{4\pi\mu_o} \cdot \dfrac{m_1 m_2}{r^2} = 6.33 \times 10^4 \times \dfrac{m_1 m_2}{r^2} [\text{N}]$

> ※ $F \propto m_1 m_2$: 전자력은 두 자하의 곱에 비례한다.
>
> ※ $F \propto \dfrac{1}{r^2}$: 전자력은 두 자극 사이의 거리 제곱에 반비례한다.

2) 투자율 : $\mu = \mu_s \mu_o$ [F/m]
   ① 비투자율 : μ_s (진공, 공기 : $\mu_s = 1$)
   ② 진공(공기) 중의 투자율 : $\mu_o = 4\pi \times 10^{-7}$ [H/m]

❹ 자계(자장)의 세기 : 자계 내의 임의의 한 점에 단위정자하(+1[Wb])를 놓았을 때 이 단위정자하에 작용하는 힘

1) 자계의 세기 : $H = \dfrac{1}{4\pi\mu_o} \cdot \dfrac{m}{r^2} = 6.33 \times 10^4 \times \dfrac{m}{r^2}$ [AT/m]

❺ 자위

1) 자위 : $U = \dfrac{1}{4\pi\mu_o} \cdot \dfrac{m}{r} = 6.33 \times 10^4 \times \dfrac{m}{r}$ [AT]

❻ 자속 밀도 : 면적당 발산되는 자속의 수

1) 자속 밀도 : $B = \dfrac{\phi}{A} = \mu H$ [Wb/m²]

> ※ 전자력 : $F = mH$ [N], 자위 : $U = Hr$ [AT]
> ※ 자계(자장)의 세기 : $H = \dfrac{F}{m} = \dfrac{U}{r} = \dfrac{B}{\mu}$ [AT/m]

❼ 자기력선 성질
1) 자기력선은 N극으로부터 나와 S극으로 향한다.
2) 자기력선은 서로 만나거나 교차하지 않는다.
3) 자기력선은 등자위면과 수직으로 교차한다.
4) 자기력선은 그 자신만으로 폐곡선을 이룬다.
5) 자기력선의 방향은 그 점의 자계(자장)의 방향과 같다.
6) 자기력선의 밀도는 그 점에서의 자장의 세기와 같다.
7) 자하 m[Wb]에서 나오는 자기력선 총 수는 $\dfrac{m}{\mu}$ 개다.

❽ 전류에 의한 자기현상
1) 암페어(앙페르)의 오른나사 법칙 : 전류에 의해 만들어지는 자기장의 자기력선 방향을 오른손 엄지와 4손가락으로 간단히 알아보는 법칙

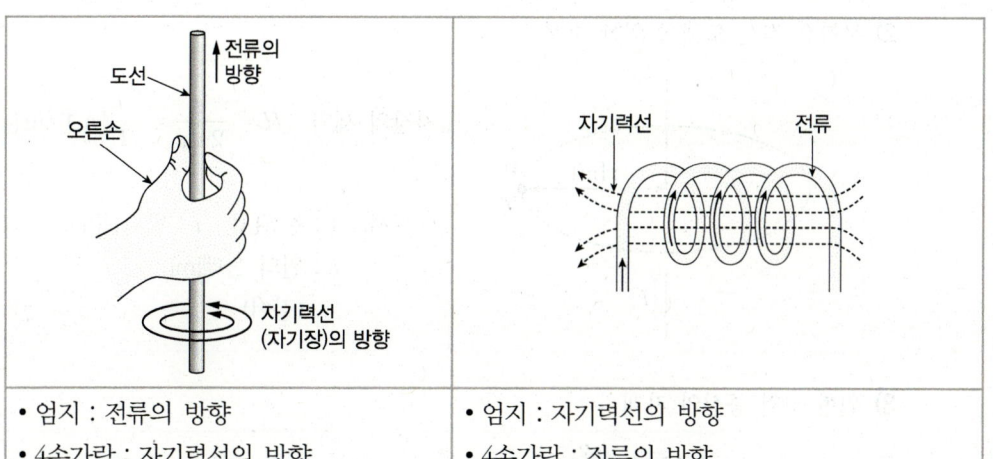

• 엄지 : 전류의 방향	• 엄지 : 자기력선의 방향
• 4손가락 : 자기력선의 방향	• 4손가락 : 전류의 방향

2) 비오-사바르 법칙 : 전류가 만드는 자장의 세기를 구하는 법칙

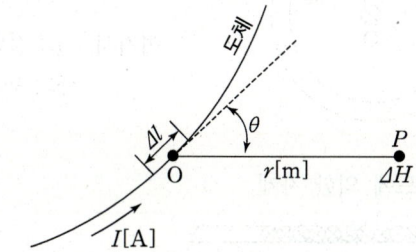

① 전류가 흐르는 도선에 임의의 미소 부분 $\triangle l$에서 r[m]만큼 떨어진 P점에서의 자장의 세기

② 자장(자계)의 세기 : $\triangle H = \dfrac{I \triangle l \sin\theta}{4\pi r^2}$ [AT/m]

❾ 전류에 의한 자장의 세기

1) 환상 솔레노이드에 의한 자계

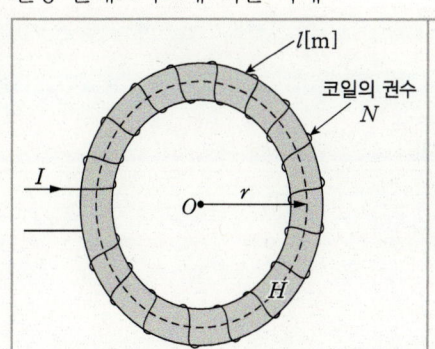

자장의 세기 : $H = \dfrac{NI}{2\pi r} = \dfrac{NI}{l}$ [AT/m]

여기서, I : 전류[A], r : 반지름[m],
  l : 원의 둘레[m], N : 권선수
  (자로의 길이)

2) 무한장 직선 도체에 의한 자계

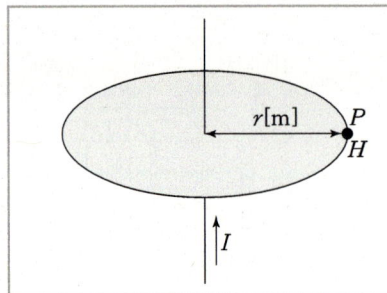

자장의 세기 : $H = \dfrac{I}{2\pi r} = \dfrac{I}{l}$ [AT/m]

여기서, I : 전류[A], r : 반지름[m],
 l : 원의 둘레[m]
 (길이)

3) 원형 코일 중심의 자계

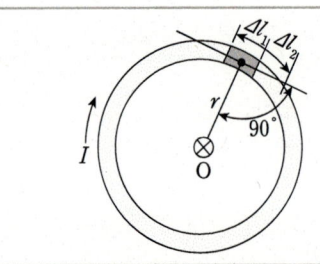

자장의 세기 : $H = \dfrac{NI}{2r}$ [AT/m]

여기서, I : 전류[A], r : 반지름[m],
 N : 권선수

4) 무한장 솔레노이드에 의한 자계

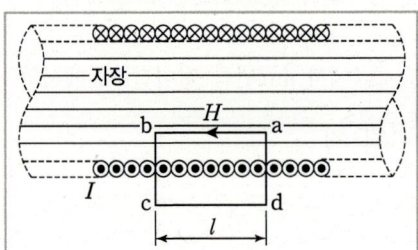

내부 자장의 세기 : $H = NI$ [AT/m]
외부 자장의 세기 : H = "0"

여기서, I : 전류[A], N : 권선수

문제 풀이 ✓

1 진공의 투자율 μ_0[H/m]는?

① 6.33×10^4
② 8.55×10^{-12}
③ $4\pi \times 10^{-7}$
④ 9×10^9

[해설] 투자율 : $\mu = \mu_s \mu_o$[F/m]
- 비투자율 : μ_s(진공, 공기 : $\mu_s = 1$)
- 진공(공기) 중의 투자율 : $\mu_o = 4\pi \times 10^{-7}$[H/m]

2 진공 중에 두 자극 m_1, m_2를 r[m]의 거리에 놓았을 때 작용하는 힘 F의 식으로 옳은 것은?

① $F = \dfrac{1}{4\pi\mu_0} \times \dfrac{m_1 m_2}{r}$[N]
② $F = \dfrac{1}{4\pi\mu_0} \times \dfrac{m_1 m_2}{r^2}$[N]
③ $F = 4\pi\mu_0 \times \dfrac{m_1 m_2}{r}$[N]
④ $F = 4\pi\mu_0 \times \dfrac{m_1 m_2}{r^2}$[N]

[해설] 두 자극 사이에 작용하는 힘 (전자력)
$$F = \dfrac{1}{4\pi\mu_0} \cdot \dfrac{m_1 m_2}{r_2} = 6.33 \times 10^4 \times \dfrac{m_1 m_2}{r^2} \text{ [N]}$$

3 $m_1 = 4 \times 10^{-5}$[Wb], $m_2 = 6 \times 10^{-3}$[Wb], $r = 10$[cm]이면, 두 자극 m_1, m_2 사이에 작용하는 힘은 약 몇 [N]인가?

① 1.52
② 2.4
③ 24
④ 152

[해설] 두 자극 사이에 작용하는 힘 (전자력)
$$\text{힘 : F} = 6.33 \times 10^4 \times \dfrac{m_1 m_2}{r^2} = 6.33 \times 10^4 \times \dfrac{4 \times 10^{-5} \times 6 \times 10^{-3}}{0.1^2} = 1.52 \text{[N]}$$

[정답] **1** ③ **2** ② **3** ①

CHAPTER 2 정전계와 정자계

4 진공 중에서 같은 크기의 두 자극을 1[m] 거리에 놓았을 때 작용하는 힘이 6.33×10⁴[N]이 되는 자극의 단위는?

① 1[N]　　　　　　　　　　② 1[J]
③ 1[Wb]　　　　　　　　　 ④ 1[C]

[해설] 두 자극 사이에 작용하는 힘(전자력) $F = 6.33 \times 10^4 \times \frac{m_1 m_2}{r^2}$ [N]에서 힘 $F = 6.33 \times 10^4$[N]이고, 두 자극의 크기가 같으므로 ($m_1 = m_2$) 자극의 크기를 구하면

$6.33 \times 10^4 = 6.33 \times 10^4 \times \frac{m^2}{1^2}$ [N]이 되므로 자극의 크기 m = 1[Wb]가 된다.

5 공기 중 자장의 세기가 20[AT/m]인 곳에 8×10^{-3}[Wb]의 자극을 놓으면 작용하는 힘[N]은?

① 0.16　　　　　　　　　　② 0.32
③ 0.43　　　　　　　　　　④ 0.56

[해설] 두 자극 사이에 작용하는 힘 (전자력)

힘 : $F = \frac{1}{4\pi\mu_o} \cdot \frac{m_1 m_2}{r_2} = 6.33 \times 10^4 \times \frac{m_1 m_2}{r^2} = mH$[N]

힘 : $F = mH = 8 \times 10^{-3} \times 20 = 0.16\,[N]$

6 2개의 자극 사이에 작용하는 힘의 세기는 무엇에 반비례하는가?

① 전류의 크기　　　　　　　② 자극 간의 거리의 제곱
③ 자극의 세기　　　　　　　④ 전압의 크기

[해설] 두 자극 사이에 작용하는 힘 (전자력)

힘 : $F = \frac{1}{4\pi\mu_o} \cdot \frac{m_1 m_2}{r_2} = 6.33 \times 10^4 \times \frac{m_1 m_2}{r^2}$ [N]

※ $F \propto m_1 m_2$: 전자력은 두 자하의 곱에 비례한다.
※ $F \propto \frac{1}{r^2}$: 전자력은 두 자극 사이의 거리 제곱에 반비례한다.

정답　4 ③　5 ①　6 ②

> 문제 풀이

7 어느 자기장에 의하여 생기는 자기장의 세기를 1/2로 하려면 자극으로부터의 거리를 몇 배로 하여야 하는가?

① $\sqrt{2}$ 배
② $\sqrt{3}$ 배
③ 2배
④ 3배

[해설] 자기장(자계)의 세기는 $H = \dfrac{1}{4\pi\mu_o} \cdot \dfrac{m}{r^2} = 6.33 \times 10^4 \times \dfrac{m}{r^2} [\text{AT/m}]$에서 자기장의 세기는 거리의 제곱에 반비례($H \propto \dfrac{1}{r^2}$)하므로 자기장의 세기를 $\dfrac{1}{2}$로 감소시키려면 거리는 $\sqrt{2}$ 배로 증가 시키면 된다. ($H \propto \dfrac{1}{r^2} = \dfrac{1}{\sqrt{2}^2} = \dfrac{1}{2}$)

8 다음 중 자장의 세기에 대한 설명으로 잘못된 것은?

① 자속밀도에 투자율을 곱한 것과 같다.
② 단위자극에 작용하는 힘과 같다.
③ 단위 길이당 기자력과 같다.
④ 수직 단면의 자력선 밀도와 같다.

[해설] 자속 밀도 $B = \mu H [\text{Wb/m}^2]$에서 자장의 세기를 구하면 $H = \dfrac{B}{\mu} [\text{AT/m}]$로 자속밀도를 투자율로 나눈 값과 같다.

9 자기력선에 대한 설명으로 옳지 않은 것은?

① 자기장의 모양을 나타낸 선이다.
② 자기력선이 조밀할수록 자기력이 세다.
③ 자석의 N극에서 나와 S극으로 들어간다.
④ 자기력선이 교차된 곳에서 자기력이 세다.

[해설] 자기력선 성질
 • 자기력선은 N극으로부터 나와 S극으로 향한다.
 • 자기력선은 서로 만나거나 교차하지 않는다.
 • 자기력선은 등자위면과 수직으로 교차한다.
 • 자기력선은 그 자신만으로 폐곡선을 이룬다.
 • 자기력선의 방향은 그림의 자계(자장)의 방향과 같다.
 • 자기력선의 밀도는 그 점에서의 자장의 세기와 같다.
 • 자하 m[Wb]에서 나오는 자기력선 총 수는 $\dfrac{m}{\mu}$ 개다.

정답 **7** ① **8** ① **9** ④

10 자력선의 성질을 설명한 것이다. 옳지 않은 것은?

① 자력선은 서로 교차하지 않는다.
② 자력선은 N극에서 나와 S극으로 향한다.
③ 진공 중에서 나오는 자력선의 수는 m개이다.
④ 한 점의 자력선 밀도는 그 점의 자장의 세기를 나타낸다.

[해설] 자하 m[Wb]에서 나오는 자기력선 총 수는 $\dfrac{m}{\mu}$개

진공 중에서 나오는 자기력선 총 수는 $\dfrac{m}{\mu_0}$개

11 공기 중 +1[Wb]의 자극에서 나오는 자력선의 수는 몇 개인가?

① 6.33×10^4
② 7.958×10^5
③ 8.855×10^3
④ 1.256×10^6

[해설] 공기 중 +1[Wb]의 자극에서 나오는 자력선의 수: $\dfrac{m}{\mu_0} = \dfrac{1}{4\pi \times 10^{-7}} ≒ 7.958 \times 10^5$개

12 비투자율이 1인 환상 철심 중의 자장의 세기가 H[AT/m]이었다. 이때 비투자율이 10인 물질로 바꾸면 철심의 자속밀도[Wb/m²]는?

① $\dfrac{1}{10}$로 줄어든다.
② 10배 커진다.
③ 50배 커진다.
④ 100배 커진다.

[해설] 자속 밀도 $B = \mu H$[wb/m²]에서 자속밀도(B)와 비투자율(μ)은 비례 관계이므로 비투자율이 10배 증가하면 자속밀도도 10배 증가하게 된다. ($B \propto \mu$)

13 전류에 의해 만들어지는 자기장의 자기력선 방향을 간단하게 알아보는 법칙은?

① 앙페르의 오른나사 법칙
② 플레밍의 오른손 법칙
③ 플레밍의 왼손 법칙
④ 렌츠의 법칙

[해설] 암페어(앙페르)의 오른나사 법칙 : 전류에 의해 만들어지는 자기장의 자기 력선 방향을 오른손 엄지와 4손가락으로 간단히 알아보는 법칙

정답 10 ③ 11 ② 12 ② 13 ①

14 비오-사바르(Biot-Savart)의 법칙과 가장 관계가 깊은 것은?

① 전류가 만드는 자장의 세기 ② 전류와 전압의 관계
③ 기전력과 자계의 세기 ④ 기전력과 자속의 변화

[해설] 비오-사바르 법칙 : 전류가 흐르는 도선에 임의의 미소 거리에서 r[m]만큼 떨어진 점에서의 자장(자계)의 세기를 구하는 법칙

15 그림과 같이 I[A]의 전류가 흐르고 있는 도체의 미소부분 $\triangle l$의 전류에 의해 이 부분이 r[m] 떨어진 점 P의 자기장 $\triangle H$[AT/m]는?

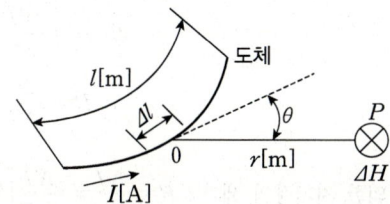

① $\triangle H = \dfrac{I^2 \triangle l \sin\theta}{4\pi r^2}$ ② $\triangle H = \dfrac{I \triangle l^2 \sin\theta}{4\pi r}$

③ $\triangle H = \dfrac{I^2 \triangle l \sin\theta}{4\pi r}$ ④ $\triangle H = \dfrac{I \triangle l \sin\theta}{4\pi r^2}$

[해설] P점에서 자장(자계)의 세기 : $\triangle H = \dfrac{I \triangle l \sin\theta}{4\pi r^2}$ [AT/m]

16 전류에 의한 자기장과 직접적으로 관련이 없는 것은?

① 줄의 법칙 ② 플레밍의 왼손 법칙
③ 비오-사바르의 법칙 ④ 앙페르의 오른나사의 법칙

[해설] 줄의 법칙 : 저항이 존재하는 도선에 전류를 흘리면 열이 발생하는 법칙

[정답] 14 ① 15 ④ 16 ①

17 환상 솔레노이드 내부의 자기장의 세기에 관한 설명으로 틀린 것은?

① 자장의 세기는 권수에 비례한다.
② 자장의 세기는 전류에 비례한다.
③ 자장의 세기는 자로의 길이에 비례한다.
④ 자장의 세기는 권수, 전류, 평균 반지름과는 관계가 있다.

[해설] 환상 솔레노이드에 의한 자기장의 세기 : $H = \dfrac{NI}{l} = \dfrac{NI}{2\pi r} [\mathrm{AT/m}]$
(자기장의 세기(H)는 전류(I)에 비례하고, 자로의 길이(l)에 반비례한다.)

18 평균 반지름이 r[m]이고, 감은 횟수가 N인 환상 솔레노이드에 전류 I[A]가 흐를 때 내부의 자기장의 세기 H[AT/m]는?

① $H = \dfrac{NI}{2\pi r}$
② $H = \dfrac{NI}{2r}$
③ $H = \dfrac{2\pi r}{NI}$
④ $H = \dfrac{2r}{NI}$

[해설] 환상 솔레노이드에 의한 자기장의 세기 : $H = \dfrac{NI}{l} = \dfrac{NI}{2\pi r} [\mathrm{AT/m}]$

19 평균 반지름 r[m]의 환상 솔레노이드에 I[A]의 전류가 흐를 때, 내부 자계가 H[AT/m]이었다. 권수 N은?

① $\dfrac{HI}{2\pi r}$
② $\dfrac{2\pi r}{HI}$
③ $\dfrac{2\pi r H}{I}$
④ $\dfrac{I}{2\pi r H}$

[해설] 환상 솔레노이드에 의한 자기장의 세기 $H = \dfrac{NI}{2\pi r}$ 에서 권수를 구하면 $N = \dfrac{2\pi r H}{I}$ 이다.

20 평균 길이 40[cm]의 환상 철심에 200회의 코일을 감고, 여기에 5[A]의 전류를 흘렸을 때 철심 내의 자기장의 세기는 몇 [AT/m]인가?

① $25 \times 10^2 [\mathrm{AT/m}]$
② $2.5 \times 10^2 [\mathrm{AT/m}]$
③ $200 [\mathrm{AT/m}]$
④ $8,000 [\mathrm{AT/m}]$

[해설] 환상 철심의 자기장의 세기
$H = \dfrac{NI}{l} = \dfrac{200 \times 5}{0.4} = 25 \times 10^2 [\mathrm{AT/m}]$

정답 17 ③ 18 ① 19 ③ 20 ①

> 문제 풀이

21 평균 반지름이 10[cm]이고 감은 횟수 10회의 원형 코일에 5[A]의 전류를 흐르게 하면 코일 중심의 자장의 세기[AT/m]는?

① 250
② 500
③ 750
④ 1,000

[해설] 원형 코일 중심의 자장의 세기
$$H = \frac{NI}{2r} = \frac{10 \times 5}{2 \times 0.1} = 250 \,[\text{AT/m}]$$

22 반지름 0.2[m], 권수 50회의 원형 코일이 있다. 코일 중심의 자기장의 세기가 850[AT/m]이었다면 코일에 흐르는 전류의 크기는?

① 0.68[A]
② 6.8[A]
③ 10[A]
④ 20[A]

[해설] 원형 코일 중심의 자기장의 세기 $H = \frac{NI}{2r}\,[\text{AT/m}]$ 에서 전류를 구하면
$$I = \frac{2rH}{N} = \frac{2 \times 0.2 \times 850}{50} = 6.8\,[A]$$

23 단위 길이당 권수 100회인 무한장 솔레노이드에 10[A]의 전류가 흐를 때 솔레노이드 내부의 자장[AT/m]은?

① 10
② 100
③ 1,000
④ 10,000

[해설] 무한장 솔레노이드 내부 자장(자계)의 세기
$$H = NI = 100 \times 10 = 1000\,[\text{AT/m}]$$

24 1[cm]당 권선수가 10인 무한 길이 솔레노이드에 1[A]의 전류가 흐르고 있을 때 솔레노이드 외부 자계의 세기[AT/m]는?

① 0
② 5
③ 10
④ 20

[해설] 무한장 솔레노이드 외부 자계(자장)의 세기 : H = 0

정답 21 ① 22 ② 23 ③ 24 ①

제3절 전자유도와 전자력

1 전자 유도

❶ 자석에 의한 자기 현상

1) 자석의 성질
   ① 자석에는 N극과 S극이 있다.
   ② 자석의 같은 극끼리는 서로 반발하고, 다른 극끼리는 서로 흡인한다.
   ③ 자석은 고온이 되면 자력이 감소되고 저온이 되면 자력이 증가된다.
   ④ 자석은 임계온도 이상으로 가열하면 자석의 성질이 없어진다.
   ⑤ 자기력선은 아무리 사용해도 기본적으로 감소하지 않는다.
   ⑥ 자기력선에는 고무줄과 같은 장력이 존재한다.
   ⑦ 자력이 강할수록 자기력선의 수가 많다.
   ⑧ 자극이 가지는 자기량은 N극과 S극이 서로 같다.

2) 자성체의 종류
   ① 강자성체 : 비투자율이 1보다 매우 큰 자성체 ($\mu_s \gg 1$)
      ㉠ 종류 : 철(Pi), 니켈(Ni), 코발트(Co) 등
      ㉡ 상자성체 중 자화강도가 큰 금속
      ㉢ 자기장의 세기가 가장 강하다.
   ② 상자성체 : 비투자율이 1보다 조금 큰 자성체 ($\mu_s > 1$)
      ㉠ 종류 : 알루미늄(Al), 백금(Pt), 산소(O), 텅스텐((W) 등
      ㉡ 자석에 접근시킬 때 반대의 극이 생겨 서로 끌어당기는 금속
   ③ 반자성체 : 비투자율이 1보다 작은 자성체 ($\mu_s < 1$)
      ㉠ 종류 : 금(Au), 은(Ag), 구리(Cu), 납(Pb), 안티몬(Sb) 등
      ㉡ 자석에 접근시킬 때 같은 극이 생겨 서로 밀어내는 금속

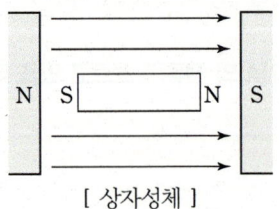
[상자성체]

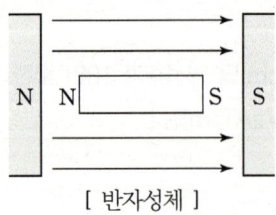
[반자성체]

❷ 자기 회로

1) 기자력 : $F = NI = \phi R_m [AT][N]$

2) 자기 저항 : $R_m = \dfrac{l}{\mu A} = \dfrac{F}{\phi} = \dfrac{NI}{\phi}$ [AT/Wb]

> ※ 강자성체를 사용하면 투자율(μ)이 커지므로 자기저항을 감소시킬 수 있다.

3) 자속 : $\phi = \dfrac{F}{R_m} = \dfrac{\frac{NI}{l}}{\mu A} = \dfrac{\mu A NI}{l}$ [Wb]

여기서, N : 권선수, I : 전류[A], l : 길이[m], μ : 투자율[H/m], A : 단면적[m²]

❸ 전자 유도 작용

1) 유도기전력 : $e = -L\dfrac{dI}{dt} = -N\dfrac{d\phi}{dt}$ [V]

여기서, L : 인덕턴스[H], N : 권선수, dI : 전류의 변화량[A],
dt : 시간의 변화량[s], $d\phi$: 자속의 변화량[Wb]

2) 패러데이 법칙 : 유도기전력의 크기
① 코일을 지나는 자속의 매초 변화량과 코일의 권수에 비례한다.
② 유도기전력은 전류의 매초 변화량과 인덕턴스에 비례한다.

3) 렌츠 법칙 : 유도기전력의 방향
① 유도기전력은 자신의 발생 원인이 되는 자속의 변화를 방해하려는 방향으로 발생한다.
② 전류가 흐르려고 하면 코일은 전류의 흐름을 방해하고, 전류가 감소하면 이를 계속 유지하려고 하는 성질이 있다.

❹ 인덕턴스 : 전류의 시간에 따른 변화율과 이로 인해 발생한 유도기전력의 크기 사이의 비율을 나타내는 물리량

1) 자기 인덕턴스(L) : 전류의 크기에 상관없이 도선의 형태에 의해서 결정되는 계수

① 자기 인덕턴스 : $L = \dfrac{N\phi}{I} = \dfrac{N}{I} \cdot \dfrac{\mu A NI}{l} = \dfrac{\mu A N^2}{l}$ [H]

여기서, N : 권선수, I : 전류[A], ϕ : 자속[Wb], l : 길이[m],
μ : 투자율[H/m], A : 단면적[m²]

> ※ $L \propto N^2$: 인덕턴스는 권선수 제곱에 비례한다.
> ※ $L \propto \mu$: 인덕턴스는 투자율에 비례한다.
> ※ $LI = N\phi$

2) 상호 인덕턴스(M) : 상호 유도작용에 의한 비례상수를 상호인덕턴스 또는 상호유도계수라고 한다.
① 상호 인덕턴스 : $M = k\sqrt{L_1 L_2}\,[\mathrm{H}]$

> ※ 누설자속이 없는 이상적인 코일인 경우 결합계수 k = 1이므로
>   상호 인덕턴스 : $M = \sqrt{L_1 L_2}\,[\mathrm{H}]$
> ※ 두 코일이 수직(직각)일 경우
>   ① 결합 계수 : $k = 0$
>   ② 상호 인덕턴스 : $M = 0$

② 결합계수 : $k = \dfrac{M}{\sqrt{L_1 L_2}}$

여기서, k : 결합계수, $L_1 L_2$: 자기 인덕턴스[H]

3) 인덕턴스 직렬 접속
① 직렬 접속시 합성 인덕턴스 : $L = L_1 + L_2 \pm 2M\,[\mathrm{H}]$
② 가동 결합 : 자속이 서로 가해지는 방향으로 접속
 ㉠ 인덕턴스 : $L_{가} = L_1 + L_2 + 2M\,[\mathrm{H}]$

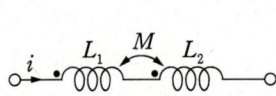 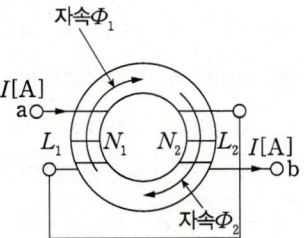

③ 차동 결합 : 자속이 서로 감해지는 방향으로 접속
 ㉠ 인덕턴스 : $L_{차} = L_1 + L_2 - 2M\,[\mathrm{H}]$

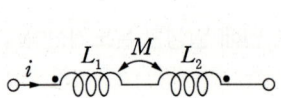 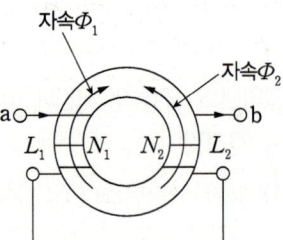

> ※ 가동 결합시 인덕턴스와 차동 결합시 인덕턴스가 주어진 경우
>   상호 인덕턴스 : $M = \dfrac{L_{가} - L_{차}}{4}\,[\mathrm{H}]$

4) 인덕턴스 병렬 접속

① 인덕턴스 : $L = \dfrac{L_1 L_2 - M^2}{L_1 + L_2 \pm 2M}$ [H] (가동 결합 : $-$, 차동 결합 : $+$)

❺ 히스테리시스 곡선

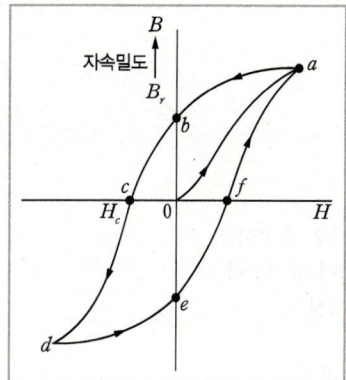

① 가로축 : 자계(자장)의 세기
② 세로축 : 자속 밀도
③ 종축(세로축)과 만나는 부분 : 잔류자기
④ 횡축(가로축)과 만나는 부분 : 보자력
⑤ 히스테리시스 손실 : $P_h = n f B_m^{1.6}$ [W/kg]

$(P_h \propto f \cdot B_m^{1.6})$

❻ 전자에너지 : 코일에 축적되는 에너지

1) 전자에너지 : $W = \dfrac{1}{2} L I^2$ [J]

2) 전류 : $I = \sqrt{\dfrac{2W}{L}}$ [A], 인덕턴스 : $L = \dfrac{2W}{I^2}$ [H]

문제 풀이

1 자석의 성질로 옳은 것은?

① 자석은 고온이 되면 자력이 증가한다.
② 자기력선에는 고무줄과 같은 장력이 존재한다.
③ 자력선은 자석 내부에서도 N극에서 S극으로 이동한다.
④ 자력선은 자성체는 투과하고, 비자성체는 투과하지 못한다.

[해설] 자석의 성질
- 자석에는 N극과 S극이 있다.
- 자석의 같은 극끼리는 서로 반발하고, 다른 극끼리는 서로 흡인한다.
- 자석은 고온이 되면 자력이 감소되고 저온이 되면 자력이 증가된다.
- 자석은 임계온도 이상으로 가열하면 자석의 성질이 없어진다.
- 자력이 강할수록 자기력선의 수가 많다.
- 자기력선은 아무리 사용해도 기본적으로 감소하지 않는다.
- 자기력선에는 고무줄과 같은 장력이 존재한다.
- 자극이 가지는 자기량은 N극과 S극이 서로 같다.

2 자석에 대한 성질을 설명한 것으로 옳지 못한 것은?

① 자극은 자석의 양 끝에서 가장 강하다.
② 자극이 가지는 자기량은 항상 N극이 강하다.
③ 자석에는 언제나 두 종류의 극성이 있다.
④ 같은 극성의 자석은 서로 반발하고, 다른 극성은 서로 흡인한다.

[해설] 자극이 가지는 자기량은 N극과 S극이 서로 같다.

3 다음 중에서 자석의 일반적인 성질에 대한 설명으로 틀린 것은?

① N극과 S극이 있다.
② 자력선은 N극에서 나와 S극으로 향한다.
③ 자력이 강할수록 자기력선의 수가 많다.
④ 자석은 고온이 되면 자력이 증가한다.

[해설] 자석은 고온이 되면 자력이 감소되고 저온이 되면 자력이 증가된다.

[정답] 1 ② 2 ② 3 ④

4 다음 물질 중 강자성체로만 짝지어진 것은?

① 철, 니켈, 아연, 망간
② 구리, 비스무트, 코발트, 망간
③ 철, 구리, 니켈, 아연
④ 철, 니켈, 코발트

[해설] 강자성체 : 비투자율이 1보다 매우 큰 자성체 ($\mu_s \gg 1$)
  • 종류 : 철(Pi), 니켈(Ni), 코발트(Co) 등
  • 상자성체 중 자화강도가 큰 금속

5 다음 중 자기장 내에서 같은 크기 M[Wb]의 자극이 존재할 때 자기장의 세기가 가장 큰 물질은?

① 텅스텐
② 알루미늄
③ 철
④ 구 리

[해설] 자기장의 세기가 가장 큰 물질 : 강자성체
강자성체 : 비투자율이 1보다 매우 큰 자성체 ($\mu_s \gg 1$)
  • 종류 : 철(Pi), 니켈(Ni), 코발트(Co) 등
  • 상자성체 중 자화강도가 큰 금속

6 자석에 접근시킬 때 반대극이 생겨 서로 당기는 물체를 무엇이라 하는가?

① 비자성체
② 상자성체
③ 반자성체
④ 가역성체

[해설] 자석에 접근시킬 때 반대극이 생겨 서로 당기는 물체 : 상자성체, 강자성체

7 다음 중 상자성체는 어느 것인가?

① 철
② 코발트
③ 니 켈
④ 텅스텐

[해설] 상자성체 : 비투자율이 1보다 조금 큰 자성체 ($\mu_s > 1$)
  • 종류 : 알루미늄(Al), 백금(Pt), 산소(O), 텅스텐((W) 등
  • 자석에 접근시킬 때 반대의 극이 생겨 서로 끌어당기는 금속

정답 4 ④ 5 ③ 6 ② 7 ④

8 물질에 따라 자석에 반발하는 물체를 무엇이라 하는가?

① 비자성체 ② 상자성체
③ 반자성체 ④ 가역성체

[해설] 반자성체 : 비투자율이 1보다 작은 자성체 ($\mu_s < 1$)
• 종류 : 금(Au), 은(Ag), 구리(Cu), 납(Pb), 안티몬(Sb) 등
• 자석에 접근시킬 때 같은 극이 생겨 서로 밀어내는 금속

9 다음 중 반자성체는?

① 안티모니 ② 알루미늄
③ 코발트 ④ 니 켈

[해설] 반자성체 : 비투자율이 1보다 작은 자성체 ($\mu_s < 1$)
• 종류 : 금(Au), 은(Ag), 구리(Cu), 납(Pb), 안티몬(Sb) 등
• 자석에 접근시킬 때 같은 극이 생겨 서로 밀어내는 금속

10 반자성체 물질의 특색을 나타낸 것은?(단, μ_s는 비투자율이다)

① $\mu_s > 1$ ② $\mu_s \gg 1$
③ $\mu_s = 1$ ④ $\mu_s < 1$

[해설] 반자성체 : 비투자율이 1보다 작은 자성체 ($\mu_s < 1$)

11 다음 중 자기작용에 관한 설명으로 올바른 것은?

① 기자력의 단위는 [AT]를 사용한다.
② 자기회로에서 자속을 발생시키기 위한 힘을 기전력이라고 한다.
③ 자기회로의 자기저항이 작은 경우는 누설 자속이 매우 크다.
④ 평행한 두 도체 사이에 전류가 반대 방향으로 흐르면 흡인력이 작용한다.

[해설] 기자력 : $F = NI$ [AT]

정답 8 ③ 9 ① 10 ④ 11 ①

문제 풀이

12 단면적 5[cm^2], 길이 1[m], 비투자율 103인 환상 철심에 600회의 권선을 감고 이것에 0.5[A]의 전류를 흐르게 한 경우 기자력은?

① 100[AT]   ② 200[AT]
③ 300[AT]   ④ 400[AT]

[해설] 기자력 : $F = NI = 600 \times 0.5 = 300$ [AT]

13 다음 중 자기저항의 단위에 해당되는 것은?

① [Ω]   ② [Wb/AT]
③ [H/m]   ④ [AT/Wb]

[해설] 자기 저항 : $R_m = \dfrac{F}{\phi} = \dfrac{NI}{\phi} = \dfrac{l}{\mu A}$ [AT/Wb]

14 자기회로의 길이 l[m], 단면적 A[m^2], 투자율 μ[H/m]일 때 자기저항 R[AT/Wb]을 나타낸 것은?

① $R = \dfrac{\mu l}{A}$ [AT/Wb]   ② $R = \dfrac{A}{\mu l}$ [AT/Wb]
③ $R = \dfrac{\mu A}{l}$ [AT/Wb]   ④ $R = \dfrac{l}{\mu A}$ [AT/Wb]

[해설] 자기 저항
$R_m = \dfrac{F}{\phi} = \dfrac{NI}{\phi} = \dfrac{l}{\mu A}$ [AT/Wb]

15 코일의 성질에 대한 설명으로 틀린 것은?

① 공진하는 성질이 있다.
② 상호유도작용이 있다.
③ 전원 노이즈 차단기능이 있다.
④ 전류의 변화를 확대시키려는 성질이 있다.

[해설] 코일은 전류의 변화를 안정시키려는 성질을 가지고 있어, 전류가 흐르려고 하면 코일은 전류의 흐름을 방해하고 전류가 감소하면 이를 계속 유지하려고 하는 성질을 가지고 있다.

정답 12 ③ 13 ④ 14 ④ 15 ④

16 다음은 어떤 법칙을 설명한 것인가?

전류가 흐르려고 하면 코일은 전류의 흐름을 방해한다. 또, 전류가 감소하면 이를 계속 유지하려고 하는 성질이 있다.

① 쿨롱의 법칙 ② 렌츠의 법칙
③ 패러데이의 법칙 ④ 플레밍의 왼손법칙

[해설] 렌츠 법칙 : 유도 기전력의 방향
• 유도기전력은 자신의 발생 원인이 되는 자속의 변화를 방해하려는 방향으로 발생한다.
• 전류가 흐르려고 하면 코일은 전류의 흐름을 방해하고, 전류가 감소하면 이를 계속 유지하려고 하는 성질이 있다.

17 패러데이의 전자 유도 법칙에서 유도 기전력의 크기는 코일을 지나는 (㉠)의 매 초 변화량과 코일의 (㉡)에 비례한다.

① ㉠ 자속 ㉡ 굵기
② ㉠ 자속 ㉡ 권수
③ ㉠ 전류 ㉡ 권수
④ ㉠ 전류 ㉡ 굵기

[해설] 유도기전력 $e = N\dfrac{d\phi}{dt}$ [V]이므로 유도 기전력의 크기는 코일을 지나는 자속의 매 초 변화량과 코일의 권수에 비례한다.

18 권수가 150인 코일에서 2초간에 1[Wb]의 자속이 변화한다면, 코일에 발생 되는 유도 기전력의 크기는 몇 [V] 인가?

① 50 ② 75
③ 100 ④ 150

[해설] 유도기전력 : $e = N\dfrac{d\phi}{dt} = 150 \times \dfrac{1}{2} = 75$ [V]

19 다음 중 자체 인덕턴스의 크기를 변화시킬 수 있는 것은?

① 투자율 ② 유전율
③ 전도율 ④ 파고율

[해설] 자기 인덕턴스 : $L = \dfrac{N\phi}{I} = \dfrac{N}{I} \cdot \dfrac{\mu ANI}{l} = \dfrac{\mu AN^2}{l}$ [H]

※ $L \propto N^2$: 인덕턴스는 권선수 제곱에 비례한다.
※ $L \propto \mu$: 인덕턴스는 투자율에 비례한다.

[정답] 16 ② 17 ② 18 ② 19 ①

20 코일의 자체 인덕턴스(L)와 권수(N)의 관계로 옳은 것은?

① $L \propto N$
② $L \propto N^2$
③ $L \propto N^3$
④ $L \propto \dfrac{1}{N}$

[해설] 자기 인덕턴스 : $L = \dfrac{N\phi}{I} = \dfrac{N}{I} \cdot \dfrac{\mu ANI}{l} = \dfrac{\mu AN^2}{l}$ [H]

> ※ $L \propto N^2$: 인덕턴스는 권선수 제곱에 비례한다.
> ※ $L \propto \mu$: 인덕턴스는 투자율에 비례한다.

21 환상솔레노이드에 감겨진 코일에 감는 횟수를 3배로 늘리면 자체 인덕턴스는 몇 배로 되는가?

① 3
② 9
③ $\dfrac{1}{3}$
④ $\dfrac{1}{9}$

[해설] 자기 인덕턴스 : $L \propto N^2$ (인덕턴스는 권선수 제곱에 비례한다.)
  $L \propto N^2 = 3^2 = 9$ 배

22 권선수 50회 감은 코일에 5[A]의 전류가 흘렀을 때 10^{-3}[Wb]의 자속이 코일에 쇄교되었다면 자기 인덕턴스는 몇 [mH]인가?

① 10
② 20
③ 30
④ 40

[해설] 자기 인덕턴스 : $L = \dfrac{N\phi}{I} \times 10^3 = \dfrac{50 \times 10^{-3}}{5} \times 10^3 = 10$ [mH]

23 감은 횟수 200회의 코일 P와 300회의 코일 S를 가까이 놓고 P에 1[A]의 전류를 흘릴 때 S와 쇄교하는 자속이 4×10^{-4}[Wb]이었다면 이들 코일 사이의 상호 인덕턴스는?

① 0.12[H]
② 0.12[mH]
③ 0.08[H]
④ 0.08[mH]

[해설] 상호 인덕턴스 : $M = \dfrac{N\phi}{I} = \dfrac{300 \times 4 \times 10^{-4}}{1} = 0.12$ [H]

24 전류와 자속에 관한 설명 중 옳은 것은?

① 전류와 자속은 항상 폐회로를 이룬다.
② 전류와 자속은 항상 폐회로를 이루지 않는다.
③ 전류는 폐회로이나 자속은 아니다.
④ 자속은 폐회로이나 전류는 아니다.

[해설] 전류와 자속은 항상 폐회로를 이루며 전류는 폐회로를 이루지 않으면 흐르지 않고, 자속은 항상 N에서 나와 S극으로 들어가는 폐회로를 이룬다.

25 L_1, L_2 두 코일이 접속되어 있을 때, 누설자속이 없는 이상적인 코일 간의 상호 인덕턴스는?

① $M = \sqrt{L_1 + L_2}$
② $M = \sqrt{L_1 - L_2}$
③ $M = \sqrt{L_1 L_2}$
④ $M = \sqrt{\dfrac{L_1}{L_2}}$

[해설] 누설자속이 없는 이상적인 코일인 경우 결합계수 $k = 1$이므로 상호 인덕턴스를 구하면
상호 인덕턴스 : $M = k\sqrt{L_1 L_2} = \sqrt{L_1 L_2}$ [H]

26 자체 인덕턴스가 40[mH]와 90[mH]인 두 개의 코일이 있다. 두 코일 사이에 누설자속이 없다고 하면 상호 인덕턴스는?

① 50[mH]
② 60[mH]
③ 65[mH]
④ 130[mH]

[해설] 누설자속이 없는 이상적인 코일인 경우 결합계수 $k = 1$이므로 상호 인덕턴스를 구하면
상호 인덕턴스 : $M = \sqrt{L_1 L_2} = \sqrt{40 \times 90} = \sqrt{3600} = 60$ [mH]

27 자체 인덕턴스가 각각 L_1, L_2 [H]인 두 원통 코일이 서로 직교하고 있다. 두 코일 사이의 상호 인덕턴스 [H]는?

① $L_1 + L_2$
② $L_1 L_2$
③ 0
④ $\sqrt{L_1 L_2}$

[해설] 상호 인덕턴스 $M = k\sqrt{L_1 L_2}$ [H]에서 두 코일이 수직(직각)일 경우 결합계수 $k = 0$이므로 상호 인덕턴스 (M)도 존재하지 않는다.

정답 24 ① 25 ③ 26 ② 27 ③

28 상호 유도 회로에서 결합계수 k는?(단, M은 상호 인덕턴스, L_1, L_2는 자기 인덕턴스이다)

① $k = M\sqrt{L_1 L_2}$
② $k = \sqrt{M \cdot L_1 L_2}$
③ $k = \dfrac{M}{\sqrt{L_1 L_2}}$
④ $k = \sqrt{\dfrac{L_1 L_2}{M}}$

[해설] 상호 유도 회로에서 결합계수 : $k = \dfrac{M}{\sqrt{L_1 L_2}}$

29 자체 인덕턴스가 L_1, L_2인 두 코일을 직렬로 접속하였을 때 합성 인덕턴스를 나타낸 식은? (단, 두 코일 간의 상호인덕턴스는 M이다)

① $L_1 + L_2 \pm M$
② $L_1 - L_2 \pm M$
③ $L_1 + L_2 \pm 2M$
④ $L_1 - L_2 \pm 2M$

[해설] 인덕턴스(코일)의 직렬 접속시 합성 인덕턴스 : $L = L_1 + L_2 \pm 2M$[H]

30 0.25[H]와 0.23[H]의 자체 인덕턴스를 직렬로 접속할 때 합성 인덕턴스의 최대값은 몇 [H]인가?

① 0.48[H]
② 0.96[H]
③ 4.8[H]
④ 9.6[H]

[해설] 결합계수(k)가 주어지지 않았으므로 누설이 없는 이상적인 코일 : k = 1
상호 인덕턴스 : $M = \sqrt{L_1 L_2} = \sqrt{0.25 \times 0.23} ≒ 0.24$[H]
최대(가동) 합성 인덕턴스 : $L = L_1 + L_2 + 2M = 0.25 + 0.23 + 2 \times 0.24 = 0.96$[H]

31 자체 인덕턴스가 각각 160[mH], 250[mH]의 두 코일이 있다. 두 코일 사이의 상호 인덕턴스가 150[mH]이면 결합계수는?

① 0.5
② 0.62
③ 0.75
④ 0.86

[해설] 두 코일 사이의 상호 인덕턴스의 결합계수 : $k = \dfrac{M}{\sqrt{L_1 L_2}} = \dfrac{150}{\sqrt{160 \times 250}} = 0.75$

정답 28 ③ 29 ③ 30 ② 31 ③

32 두 코일의 자체 인덕턴스를 L_1[H], L_2[H]라 하고 상호 인덕턴스를 M이라 할 때 두 코일을 자속이 동일한 방향과 역방향이 되도록 하여 직렬로 각각 연결하였을 경우, 합성 인덕턴스의 큰 쪽과 작은 쪽의 차는?

① M　　　　　　　　　　② $2M$
③ $4M$　　　　　　　　　　④ $8M$

[해설] 가동 접속 : $L_가 = L_1 + L_2 + 2M$[H]
차동 접속 : $L_차 = L_1 + L_2 - 2M$[H]
큰 쪽(가동)과 작은 쪽(차동)의 차 : $L_가 - L_차 = 4M$
$L_1 + L_2 + 2M - (L_1 + L_2 - 2M) = L_1 + L_2 + 2M - L_1 - L_2 + 2M = 4M$

33 그림과 같은 회로를 고주파 브리지로 인덕턴스를 측정하였더니 그림 (a)는 60[mH], 그림 (b)는 40[mH] 이었다. 이 회로의 상호 인덕턴스 M은?

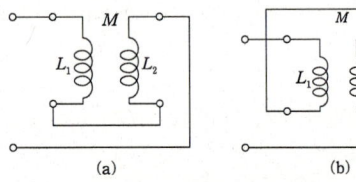

① 2[mH]　　　　　　　　② 3[mH]
③ 4[mH]　　　　　　　　④ 5[mH]

[해설] 가동 접속(a)과 차동 접속(b)에서의 상호 인덕턴스
(a) 가동 접속 : $L = L_1 + L_2 + 2M$[mH]에서 $L_1 + L_2 = L - 2M = 60 - 2M$[mH]
(b) 차동 접속 : $L = L_1 + L_2 - 2M$[mH]에서 $L_1 + L_2 = L + 2M = 40 + 2M$[mH]
$60 - 2M = 40 + 2M \Rightarrow 4M = 20$
∴ 상호 인덕턴스 : $M = \dfrac{20}{4} = 5$[mH]

34 히스테리시스 곡선에서 가로축과 만나는 점과 관계있는 것은?

① 보자력　　　　　　　　② 잔류자기
③ 자속밀도　　　　　　　④ 기자력

[해설]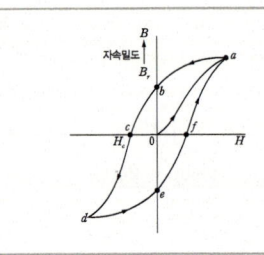
- 가로축 : 자계(자장)의 세기
- 세로축 : 자속 밀도
- 종축(세로축)과 만나는 부분 : 잔류자기
- 횡축(가로축)과 만나는 부분 : 보자력

정답 32 ③ 33 ④ 34 ①

35 히스테리시스 곡선의 ㉠가로축(횡축)과 ㉡세로축(종축)은 무엇을 나타내는가?

① ㉠ 자속 밀도 　　　　　　　㉡ 투자율
② ㉠ 자기장의 세기 　　　　　㉡ 자속 밀도
③ ㉠ 자화의 세기 　　　　　　㉡ 자기장의 세기
④ ㉠ 자기장의 세기 　　　　　㉡ 투자율

[해설] ㉠ 가로축(횡축) : 자계(자장)의 세기
　　　 ㉡ 세로축(종축) : 자속 밀도

36 히스테리시스손은 최대 자속밀도 및 주파수의 각각 몇 승에 비례하는가?

① 최대자속밀도 : 1.6, 주파수 : 1.0
② 최대자속밀도 : 1.0, 주파수 : 1.6
③ 최대자속밀도 : 1.0, 주파수 : 1.0
④ 최대자속밀도 : 1.6, 주파수 : 1.6

[해설] 히스테리시스 손실 : $P_h = nfB_m^{1.6}[\text{w/kg}]$ ($P_h \propto f \cdot B_m^{1.6}$)

37 자기회로에 기자력을 주면 자로에 자속이 흐른다. 그러나 기자력에 의해 발생되는 자속 전부가 자기회로 내를 통과하는 것이 아니라, 자로 이외의 부분을 통과하는 자속도 있다. 이와 같이 자기회로 이외 부분을 통과하는 자속을 무엇이라 하는가?

① 종속자속
② 누설자속
③ 주자속
④ 반사자속

[해설] 누설자속 : 철심이 자기 포화된 경우에 발생하기 쉽고, 자기회로 이외 부분을 통과하는 자속

38 누설자속이 발생되기 어려운 경우는 어느 것인가?

① 자로에 공극이 있는 경우
② 자로의 자속 밀도가 높은 경우
③ 철심이 자기 포화되어 있는 경우
④ 자기회로의 자기저항이 작은 경우

[해설] 누설자속은 자기회로 이외 부분을 통과하는 자속으로 자기저항이 클 경우 자속은 자로 이외의 부분을 통과하게 되므로 누설자속이 크게 되고, 자기저항이 작아지면 누설자속이 발생되기 어렵다.

정답　35 ②　36 ①　37 ②　38 ④

39 영구자석의 재료로서 적당한 것은?

① 잔류자기가 적고 보자력이 큰 것
② 잔류자기와 보자력이 모두 큰 것
③ 잔류자기와 보자력이 모두 작은 것
④ 잔류자기가 크고 보자력이 작은 것

[해설] 영구자석은 전자석보다 잔류 자기와 보자력이 모두 크다.

40 자기 인덕턴스에 축적되는 에너지에 대한 설명으로 가장 옳은 것은?

① 자기 인덕턴스 및 전류에 비례한다.
② 자기 인덕턴스 및 전류에 반비례한다.
③ 자기 인덕턴스와 전류의 제곱에 반비례한다.
④ 자기 인덕턴스에 비례하고 전류의 제곱에 비례한다.

[해설] 코일에 축적되는 전자에너지 $W = \frac{1}{2}LI^2[J]$ 이므로

전자에너지(W) ∝ 자기 인덕턴스(L)에 비례
전자에너지(W) ∝ 전류(I^2)의 제곱에 비례

41 자체 인덕턴스 20[mH]의 코일에 30[A]의 전류가 흐를 때 저장되는 에너지는 몇 [J]인가?

① 1.5[J]
② 3[J]
③ 9[J]
④ 18[J]

[해설] 코일에 축적되는 에너지 : $W = \frac{1}{2}LI^2 = \frac{1}{2} \times 20 \times 10^{-3} \times 30^2 = 9[J]$

42 자체 인덕턴스 4[H]의 코일에 18[J]의 에너지가 저장되어 있다. 이때 코일에 흐르는 전류는 몇 [A]인가?

① 1[A]
② 2[A]
③ 3[A]
④ 6[A]

[해설] 코일에 축적되는 에너지 $W = \frac{1}{2}LI^2[J]$ 에서 전류를 구하면

전류 : $I = \sqrt{\frac{2W}{L}} = \sqrt{\frac{2 \times 18}{4}} = 3[A]$

정답 39 ② 40 ④ 41 ③ 42 ③

2 전자력

❶ 평행 도선 간의 작용하는 힘

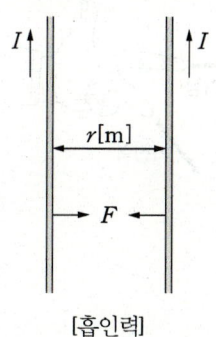
[흡인력]

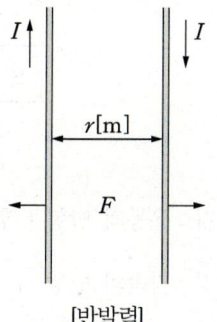
[반발력]

1) 힘 : $F = \dfrac{2 I_1 I_2}{r} \times 10^{-7} [\text{N/m}]$

여기서, I_1, I_2 : 전류[A], r : 도선간 떨어진 거리[m]

2) 전류의 방향이 같을 경우 : 흡인력 발생

3) 전류의 방향이 반대일 경우(왕복 도체) : 반발력 발생

❷ 플레밍의 왼손 법칙 : 전동기 법칙

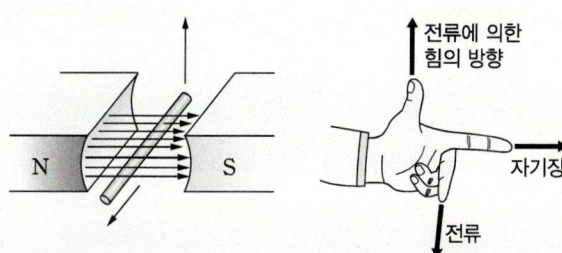

1) 엄지 : 운동의 방향 (힘의 방향)

2) 검지 : 자속의 방향

3) 중지 : 전류의 방향

4) 작용하는 힘 : $F = BlI \sin\theta [\text{N}]$

❸ 플레밍의 오른손 법칙 : 발전기 법칙

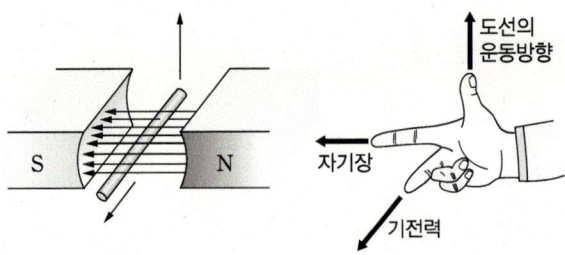

1) 엄지 : 운동의 방향 (힘의 방향)

2) 검지 : 자속의 방향

3) 중지 : 기전력의 방향

4) 유도기전력 : $e = Blv\sin\theta [\text{V}]$

문제 풀이 ✓

1 평행한 왕복 도체에 흐르는 전류에 의한 작용력은?

① 흡인력　　　　　　　　　② 반발력
③ 회전력　　　　　　　　　④ 작용력이 없다.

[해설] 전류의 방향이 같을 경우 : 흡인력 발생
　　　 전류의 방향이 반대일 경우(왕복 도체) : 반발력 발생

2 서로 가까이 나란히 있는 두 도체에 전류가 같은 방향으로 흐를 때 각 도체 간에 작용하는 힘은?

① 흡인한다.　　　　　　　　② 반발한다.
③ 흡인과 반발을 되풀이 한다.　④ 처음에는 흡인하다가 나중에는 반발한다.

[해설] 전류의 방향이 같을 경우 : 흡인력 발생
　　　 전류의 방향이 반대일 경우 : 반발력 발생

3 무한히 긴 평행 2직선이 있다. 이들 도선에 같은 방향으로 일정한 전류가 흐를 때 상호 간에 작용하는 힘은? (단, r은 두 도선 간의 거리이다)

① 흡인력이며 r이 클수록 작아진다.　② 반발력이며 r이 클수록 작아진다.
③ 흡인력이며 r이 클수록 커진다.　　④ 반발력이며 r이 클수록 커진다.

[해설] 전류의 방향이 같을 경우 : 흡인력 작용
　　　 힘(F)과 도선간의 거리(r)는 반비례하므로 도선간의 거리(r)가 클수록 힘은 작아진다.
　　　 평행 도선간 작용하는 힘 : $F = \dfrac{2 I_1 I_2}{r} \times 10^{-7} [\text{N/m}]$

4 공기 중에서 5[cm] 간격을 유지하고 있는 2개의 평행 도선에 각각 10[A]의 전류가 동일한 방향으로 흐를 때, 도선 1[m]당 발생하는 힘의 크기[N]는?

① 4×10^{-4}　　　　　　② 2×10^{-5}
③ 4×10^{-5}　　　　　　④ 2×10^{-4}

[해설] 평행 도선간 작용하는 힘
　　　 힘 : $F = \dfrac{2 I_1 I_2}{r} \times 10^{-7} = \dfrac{2 \times 10 \times 10}{0.05} \times 10^{-7} = 4 \times 10^{-4} [\text{N/m}]$

[정답] 1 ②　2 ①　3 ①　4 ①

CHAPTER 2 정전계와 정자계

5 발전기의 유도 전압의 방향을 나타내는 법칙은?

① 패러데이의 법칙 ② 렌츠의 법칙
③ 오른나사의 법칙 ④ 플레밍의 오른손 법칙

[해설] 발전기의 유도 전압의 방향을 나타내는 법칙 : 플레밍의 오른손 법칙 (발전기 법칙)

6 자속밀도 B[Wb/m²]는 균등한 자계 내에 길이 l[m]의 도선을 자계에 수직인 방향으로 운동시킬 때 도선에 e[V]의 기전력이 발생한다면 이 도선의 속도는[m/s]는?

① $Ble\sin\theta$ ② $Ble\cos\theta$
③ $\dfrac{Bl\sin\theta}{e}$ ④ $\dfrac{e}{Bl\sin\theta}$

[해설] 유도 기전력 $e = Blv\sin\theta$[V]에서 회전자 주변속도를 구하면 $v = \dfrac{e}{Bl\sin\theta}$ [m/s]

7 전류를 계속 흐르게 하려면 전압을 연속적으로 만들어 주는 어떤 힘이 필요하게 되는데, 이 힘을 무엇이라 하는가?

① 자기력 ② 전자력
③ 기전력 ④ 전기장

[해설] 기전력 : 도체의 양 끝에 일정한 전위차를 계속 유지시켜 전류를 계속적으로 흐르게 하는 힘

8 길이 10[cm]의 도선이 자속밀도 1[Wb/m²]의 평등 자장 안에서 자속과 수직방향으로 3[sec] 동안에 12[m] 이동하였다. 이때 유도되는 기전력은 몇 [V]인가?

① 0.1[V] ② 0.2[V]
③ 0.3[V] ④ 0.4[V]

[해설] 유도 기전력 : $e = Blv\sin\theta = 1 \times 0.1 \times \dfrac{12}{3} \times \sin 90° = 0.4$[V]

9 다음 중 전동기의 원리에 적용되는 법칙은?

① 렌츠의 법칙 ② 플레밍의 오른손 법칙
③ 플레밍의 왼손 법칙 ④ 옴의 법칙

[해설] 전동기의 원리에 적용되는 법칙 : 플레밍의 왼손 법칙 (전동기 법칙)

정답 5 ④ 6 ④ 7 ③ 8 ④ 9 ③

10 플레밍의 왼손법칙에서 전류의 방향을 나타내는 손가락은?

① 엄 지 ② 검 지
③ 중 지 ④ 약 지

[해설] 플레밍의 왼손 법칙 : 전동기 법칙
• 엄지 : 운동의 방향 (힘의 방향)　• 검지 : 자속의 방향 ($N \to S$)　• 중지 : 전류의 방향

11 도체가 자기장에서 받는 힘의 관계 중 틀린 것은?

① 자기력선속 밀도에 비례 ② 도체의 길이에 반비례
③ 흐르는 전류에 비례 ④ 도체가 자기장과 이루는 각도에 비례($0° \sim 90°$)

[해설] 도체에 작용하는 힘 $F = BIl\sin\theta$ [N]에서 힘(F)과 도체의 길이(l)는 비례한다.

12 평등자장 내에 있는 도선에 전류가 흐를 때 자장의 방향과 어떤 각도로 되어있으면 작용하는 힘이 최대가 되는가?

① $30°$ ② $45°$
③ $60°$ ④ $90°$

[해설] 작용하는 힘 : $F = BIl\sin\theta$ [N]　(최대가 되는 힘 : $\sin 90° = 1$)

13 공기 중에서 자속밀도 3[Wb/m²]의 평등 자장 속에 길이 10[cm]의 직선 도선을 자장의 방향과 직각으로 놓고 여기에 4[A]의 전류를 흐르게 하면 이 도선이 받는 힘은 몇 [N]인가?

① 0.5 ② 1.2
③ 2.8 ④ 4.2

[해설] 도선이 받는 힘 (도선에 작용하는 힘)
힘 : $F = BIl\sin\theta = 3 \times 0.1 \times 4 \times \sin 90° = 1.2$ [N]

14 자속밀도 0.5[Wb/m²]의 자장 안에 자장과 직각으로 20[cm]의 도체를 놓고 이것에 10[A]의 전류를 흘릴 때 도체가 50[cm] 운동한 경우의 한 일은 몇 [J]인가?

① 0.5 ② 1
③ 1.5 ④ 5

[해설] 플레밍의 왼손법칙에 의해 도선에 전류가 흐를 경우 작용하는 힘을 구하면
힘 : $F = BIl\sin\theta = 0.5 \times 0.2 \times 10 \times \sin 90° = 1$ [N]이다. 따라서 일(에너지)을 구하면
일(에너지) : $W = Fr = 1 \times 0.5 = 0.5$ [J]　([J] = [N·m])

정답 10 ③　11 ②　12 ④　13 ②　14 ①

CHAPTER 3 교류 회로

제1절 정현파 교류 회로

1 정현파의 기본 이론

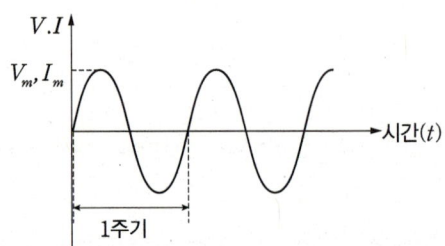

❶ 각주파수(각속도) : 단위시간당 위상각의 변화

1) 기호 및 단위 : $\omega[\text{rad/s}]$

2) 각주파수 : $w = 2\pi f\,[\text{rad/s}]$
   각속도 : $w = 2\pi n\,[\text{rad/s}]$

3) 도수법과 호도법 비교

도수법	0°	30°	60°	90°	120°	180°	360°
호도법 [rad]	0	$\dfrac{\pi}{6}$	$\dfrac{\pi}{3}$	$\dfrac{\pi}{2}$	$\dfrac{2}{3}\pi$	π	2π

❷ 주기 : 파형이 1사이클 이동하는데 걸리는 시간

1) 기호 및 단위 : T[s]

2) 주기 : $T = \dfrac{1}{f} = \dfrac{2\pi}{w}\,[\text{s}]$

❸ 주파수(진동수) : 1초 동안에 반복되는 주기의 수

1) 기호 및 단위 : f[Hz][c/s]

2) 주파수 : $f = \dfrac{1}{T} = \dfrac{w}{2\pi}\,[\text{Hz}]$

① 각주파수 $w = 120\pi = 377\,[\text{rad/s}]$일 때 주파수

주파수 : $f = \dfrac{w}{2\pi} = \dfrac{120\pi}{2\pi} = \dfrac{377}{2\pi} = 60\,[\text{Hz}]$

② 각주파수 $w = 100\pi = 314\ [\text{rad/s}]$일 때 주파수

주파수 : $f = \dfrac{w}{2\pi} = \dfrac{100\pi}{2\pi} = \dfrac{314}{2\pi} = 50\,[\text{Hz}]$

❹ 정현파 교류의 표시

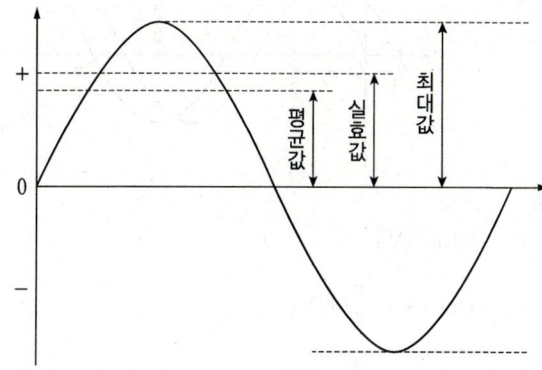

1) 실효값(교류분) : 직류와 동일한 일을 하는 교류의 크기로 나타낸 값

① 실효 전압 : $V = \dfrac{V_m}{\sqrt{2}} = 0.707\,V_m\,[\text{V}]$

② 실효 전류 : $I = \dfrac{I_m}{\sqrt{2}} = 0.707\,I_m\,[\text{A}]$

③ 교류 최대값의 70.7[%] 크기이다.

> ※ 교류를 계산할 때 사용되는 값
> ※ 교류를 계산할 때는 실효값으로 환산하여 계산한다.
> ※ 일반적으로 교류에서 사용되는 전압, 전류는 모두 실효값이다.

2) 평균값(직류분) : 주기적인 정현파 교류의 반주기를 평균한 값

① 평균 전압 : $V_a = \dfrac{2}{\pi} V_m = 0.637\,V_m\,[\text{V}]$

② 평균 전류 : $I_a = \dfrac{2}{\pi} I_m = 0.637\,I_m\,[\text{A}]$

③ 교류 최대값의 63.7[%] 크기이다.

3) 최대값 : 교류 정현 파형의 크기 중 가장 큰 값

① 최대 전압 : $V_m = \sqrt{2}\,V = \dfrac{\pi}{2} V_a\,[\text{V}]$

② 최대 전류 : $I_m = \sqrt{2}\,I = \dfrac{\pi}{2} I_a\,[\text{A}]$

4) 순시값 : 교류 파형이 시간의 변화에 따라 순간순간 나타나는 정현파의 값

① 순시 전압 : $v = V_m \sin\theta = V_m \sin\omega t [\text{V}]$

② 순시 전류 : $i = I_m \sin\theta = I_m \sin\omega t [\text{A}]$

5) 위상차 : 위상의 차이

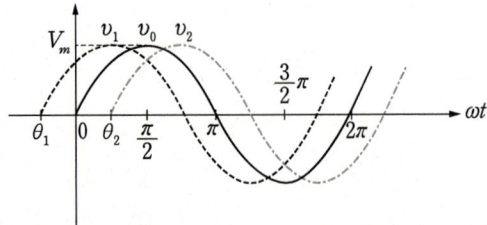

① 순시 전압

㉠ $v_0 = V_m \sin\omega t [\text{V}]$

㉡ $v_1 = V_m \sin(\omega t + \dfrac{\pi}{6})[\text{V}]$

㉢ $v_2 = V_m \sin(\omega t - \dfrac{\pi}{3})[\text{V}]$

② 위상차 : $\theta = \theta_1 - \theta_2$ ($-$: 뒤진다 , $+$: 앞선다)

㉠ v_0 와 v_1 의 위상차 : $\theta = 0 - \dfrac{\pi}{6} = -\dfrac{\pi}{6}$

> ※ v_0 는 v_1 보다 위상이 $\dfrac{\pi}{6}$ 만큼 뒤진다.
>
> ※ v_1 은 v_0 보다 위상이 $\dfrac{\pi}{6}$ 만큼 앞선다.

㉡ v_0 와 v_2 의 위상차 : $\theta = 0 - (-\dfrac{\pi}{3}) = \dfrac{\pi}{3}$

> ※ v_0 는 v_2 보다 위상이 $\dfrac{\pi}{3}$ 만큼 앞선다.

㉢ v_1 와 v_2 의 위상차 : $\theta = \dfrac{\pi}{6} - (-\dfrac{\pi}{3}) = \dfrac{\pi}{6} + \dfrac{2\pi}{6} = \dfrac{3\pi}{6} = \dfrac{\pi}{2}$

> ※ v_1 는 v_2 보다 위상이 $\dfrac{\pi}{2}$ 만큼 앞선다.

㉣ 순시값과 실효값이 같게 되는 위상 : $\theta = 45°$

❺ 파고율, 파형률

1) 파고율 = $\dfrac{최댓값}{실효값} = \dfrac{V_m}{V} = \dfrac{V_m}{\dfrac{V_m}{\sqrt{2}}} = \sqrt{2} = 1.414$

2) 파형율 = $\dfrac{실효값}{평균값} = \dfrac{V}{V_a} = \dfrac{\dfrac{V_m}{\sqrt{2}}}{\dfrac{2}{\pi}V_m} = \dfrac{\pi}{2\sqrt{2}} = 1.11$

파 형	실효값	평균값	파고율	파형률
정현파	$\dfrac{V_m}{\sqrt{2}}$	$\dfrac{2V_m}{\pi}$	1.414	1.11
정현 반파	$\dfrac{V_m}{2}$	$\dfrac{V_m}{\pi}$	2	1.57
삼각파	$\dfrac{V_m}{\sqrt{3}}$	$\dfrac{V_m}{2}$	1.73	1.15
구형파	V_m	V_m	1	1

문제 풀이 ✓

1 주파수 100[Hz]일 때 주기는 몇 초인가?

① 0.01[sec]   ② 0.6[sec]
③ 1.7[sec]   ④ 6,000[sec]

[해설] 주기 : $T = \dfrac{1}{f} = \dfrac{1}{100} = 0.01 \,[\text{s}]$

2 $\dfrac{\pi}{6}$ [rad]는 몇 도인가?

① 30°   ② 45°
③ 60°   ④ 90°

[해설] 도수법과 호도법 비교

도수법	0°	30°	60°	90°	120°	180°	360°
호도법 [rad]	0	$\dfrac{\pi}{6}$	$\dfrac{\pi}{3}$	$\dfrac{\pi}{2}$	$\dfrac{2}{3}\pi$	π	2π

3 회전자가 1초에 30회전을 하면 각속도는?

① 30π [rad/s]   ② 60π [rad/s]
③ 90π [rad/s]   ④ 120π [rad/s]

[해설] 각속도 : $w = 2\pi n = 2\pi \times 30 = 60\pi \,[\text{rad/s}]$

4 각주파수 $\omega = 100\pi$ [rad/s]일 때 주파수 f[Hz]는?

① 50[Hz]   ② 60[Hz]
③ 300[Hz]   ④ 360[Hz]

[해설] 각주파수 $w = 2\pi f$ [rad/s]에서 주파수를 구하면

주파수 : $f = \dfrac{w}{2\pi} = \dfrac{100\pi}{2\pi} = 50\,[\text{Hz}]$

[정답] 1 ① 2 ① 3 ② 4 ①

5 각속도 $\omega = 300[\text{rad/sec}]$인 사인파 교류의 주파수[Hz]는 얼마인가?

① $\dfrac{70}{\pi}$ ② $\dfrac{150}{\pi}$

③ $\dfrac{180}{\pi}$ ④ $\dfrac{360}{\pi}$

[해설] 각주파수 $w = 2\pi f[\text{rad/s}]$에서 주파수를 구하면

주파수 : $f = \dfrac{w}{2\pi} = \dfrac{300}{2\pi} = \dfrac{150}{\pi}[\text{Hz}]$

6 $e = 141\sin\left(120\pi t - \dfrac{\pi}{3}\right)$인 파형의 주파수는 몇 [Hz]인가?

① 10 ② 15
③ 30 ④ 60

[해설] 최대값 : $V_m = 141[V]$

각주파수 : $\omega = 120\pi[\text{rad/s}]$

위상 : $\theta = \dfrac{\pi}{3} = 60°$

각주파수 : $w = 2\pi f[\text{rad/s}]$에서 주파수를 구하면

주파수 : $f = \dfrac{w}{2\pi} = \dfrac{120\pi}{2\pi} = 60[\text{Hz}]$

7 다음 전압 파형의 주파수는 약 몇 [Hz]인가?

$$e = 100\sin\left(377t - \dfrac{\pi}{5}\right)[\text{V}]$$

① 50 ② 60
③ 80 ④ 100

[해설] 최대값 : $V_m = 100[V]$

각주파수 : $\omega = 377[\text{rad/s}]$

위상 : $\theta = \dfrac{\pi}{5} = 36°$

각주파수 : $w = 2\pi f[\text{rad/s}]$에서 주파수를 구하면

주파수 : $f = \dfrac{w}{2\pi} = \dfrac{377}{2\pi} = 60[\text{Hz}]$

정답 5 ② 6 ④ 7 ②

8 $e = 100\sqrt{2}\sin\left(314\pi t - \dfrac{\pi}{3}\right)$[V]인 정현파 교류전압의 주파수는 얼마인가?

① 50[Hz] ② 60[Hz]
③ 157[Hz] ④ 314[Hz]

해설 최대값 : $V_m = 100\sqrt{2}\,[V]$
각주파수 : $\omega = 314\pi$[rad/s]
위상 : $\theta = \dfrac{\pi}{3} = 60°$
각주파수 : $w = 2\pi f$[rad/s]에서 주파수를 구하면
주파수 : $f = \dfrac{w}{2\pi} = \dfrac{314\pi}{2\pi} = 157$[Hz]

9 $v = V_m \sin(\omega t + 30°)$[V], $i = I_m \sin(\omega t - 30°)$[A]일 때 전압을 기준으로 할 때 전류의 위상차는?

① 60° 뒤진다. ② 60° 앞선다.
③ 30° 뒤진다. ④ 30° 앞선다.

해설 전류 위상차 : $\theta = \theta_{전류} - \theta_{전압} = -30 - 30 = -60°$ ∴ 전류가 60°만큼 뒤진다.
전압 위상차 : $\theta = \theta_{전압} - \theta_{전류} = 30 - (-30) = 60°$ ∴ 전압이 60°만큼 앞선다.

10 다음 전압과 전류의 위상차는 어떻게 되는가?

$$v = \sqrt{2}\,V\sin\left(\omega t - \dfrac{\pi}{3}\right)\text{[V]}, \quad i = \sqrt{2}\,I\sin\left(\omega t - \dfrac{\pi}{6}\right)\text{[A]}$$

① 전류가 $\dfrac{\pi}{3}$ 만큼 앞선다. ② 전압이 $\dfrac{\pi}{3}$ 만큼 앞선다.
③ 전압이 $\dfrac{\pi}{6}$ 만큼 앞선다. ④ 전류가 $\dfrac{\pi}{6}$ 만큼 앞선다.

해설 전압과 전류의 위상차 : $\theta = \theta_{전압} - \theta_{전류} = -\dfrac{\pi}{3} - \left(-\dfrac{\pi}{6}\right) = -\dfrac{\pi}{6}$
∴ 전압이 $\dfrac{\pi}{6}$ 만큼 뒤진다. (전류가 $\dfrac{\pi}{6}$ 만큼 앞선다.)

11 일반적으로 교류전압계의 지시값은?

① 최대값 ② 순시값
③ 평균값 ④ 실효값

해설 실효값(교류분) : 직류와 동일한 일을 하는 교류의 크기로 나타낸 값

정답 8 ③ 9 ① 10 ④ 11 ④

문제 풀이

12 교류전류는 시간이 변함에 따라 크기와 방향이 주기적으로 변한다. 일반적으로 교류전류의 크기를 표시하는 값은 무엇인가?

① 실효값　　　　　　　　　　② 순시값
③ 최대값　　　　　　　　　　④ 평균값

[해설] 실효값(교류분) : 직류와 동일한 일을 하는 교류의 크기로 나타낸 값

13 최대값이 $V_m[V]$인 사인파 교류에서 평균값 $V_a[V]$의 값은?

① $0.577 V_m$　　　　　　　　② $0.637 V_m$
③ $0.707 V_m$　　　　　　　　④ $0.866 V_m$

[해설] 평균값(평균전압) : $V_a = \dfrac{2}{\pi} V_m = 0.637 V_m$

14 최대값이 200[V]인 사인파 교류의 평균값은?

① 약 70.7[V]　　　　　　　　② 약 100[V]
③ 약 127.3[V]　　　　　　　　④ 약 141.4[V]

[해설] 평균값(평균전압) : $V_a = 0.637 V_m = 0.637 \times 200 ≒ 127.3[V]$

15 최대값이 110[V]인 사인파 교류 전압이 있다. 평균값은 약 몇 [V]인가?

① 30[V]　　　　　　　　　　② 70[V]
③ 100[V]　　　　　　　　　　④ 110[V]

[해설] 평균값(평균전압) : $V_a = 0.637 V_m = 0.637 \times 110 ≒ 70[V]$

16 최대값 10[A]인 교류 전류의 평균값은 약 몇 [A]인가?

① 3.34　　　　　　　　　　　② 4.43
③ 5.65　　　　　　　　　　　④ 6.37

[해설] 평균값(평균전류) : $I_a = 0.637 I_m = 0.637 \times 10 = 6.37[A]$

[정답] 12 ①　13 ②　14 ③　15 ②　16 ④

17 어떤 정현파 교류의 평균값이 242[V]인 전압의 최대값은 약 몇 [V]인가?

① 220[V] ② 276[V]
③ 342[V] ④ 380[V]

해설 최대전압 : $V_m = \dfrac{\pi}{2} V_a = \dfrac{\pi}{2} \times 242 ≒ 380$[V]

18 평균값이 220[V]인 교류전압의 최대값은 약 몇 [V]인가?

① 110[V] ② 346[V]
③ 381[V] ④ 691[V]

해설 최대전압 : $V_m = \dfrac{\pi}{2} V_a = \dfrac{\pi}{2} \times 220 ≒ 346$[V]

19 가정용 전등 전압이 200[V]이다. 이 교류의 최대값은 몇 [V]인가?

① 70.7 ② 86.7
③ 141.4 ④ 282.8

해설 가정용 전등 전압 220[V]는 실효전압이므로 최대전압을 구하면
최대전압 : $V_m = \sqrt{2} V = \sqrt{2} \times 200 ≒ 282.8$[V]

20 $i = I_m \sin \omega t [A]$인 사인파 교류에서 ωt가 몇 [°]일 때 순시값과 실효값이 같게 되는가?

① 30° ② 45°
③ 60° ④ 90°

해설 순시값과 실효값이 같게 되는 위상 : $\theta = 45°$

21 사인파 교류전압을 표시한 것으로 잘못된 것은?(단, θ는 회전각이며, ω는 각속도이다)

① $v = V_m \sin \theta$ ② $v = V_m \sin \omega t$
③ $v = V_m \sin 2\pi t$ ④ $v = V_m \sin \dfrac{2\pi}{T} t$

해설 사인파 교류전압을 순시값 형태로 표현하면
순시전압 : $v = V_m \sin \theta = V_m \sin \omega t = V_m \sin 2\pi f t = V_m \sin \dfrac{2\pi}{T} t$ [V]

정답 17 ④ 18 ② 19 ④ 20 ② 21 ③

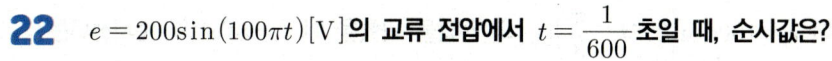

22 $e = 200\sin(100\pi t)$ [V]의 교류 전압에서 $t = \dfrac{1}{600}$ 초일 때, 순시값은?

① 100[V]
② 173[V]
③ 200[V]
④ 346[V]

[해설] 순시전압 : $e = 200\sin\left(100\pi \times \dfrac{1}{600}\right) = 200\sin\dfrac{\pi}{6} = 200 \times \dfrac{1}{2} = 100\,[\text{V}]$

23 실효값 5[A], 주파수 f[Hz], 위상 60°인 전류의 순시값 i[A]를 수식으로 옳게 표현한 것은?

① $i = 5\sqrt{2}\sin\left(2\pi ft + \dfrac{\pi}{2}\right)$
② $i = 5\sqrt{2}\sin\left(2\pi ft + \dfrac{\pi}{3}\right)$
③ $i = 5\sin\left(2\pi ft + \dfrac{\pi}{2}\right)$
④ $i = 5\sin\left(2\pi ft + \dfrac{\pi}{3}\right)$

[해설] 최대전류 : $I_m = \sqrt{2}\,I = 5\sqrt{2}$ [A]
각주파수 : $w = 2\pi f$ [rad/s]
위상 : $60° = \dfrac{\pi}{3}$
순시전류 : $i = I_m \sin(wt + \theta) = 5\sqrt{2}\sin\left(2\pi ft + \dfrac{\pi}{3}\right)$ [A]

24 전기저항 25[Ω]에 50[V]의 사인파 전압을 가할 때 전류의 순시값은?(단, 각속도 $\omega = 377$[rad/sec]임)

① $2\sin 377t$ [A]
② $2\sqrt{2}\sin 377t$ [A]
③ $4\sin 377t$ [A]
④ $4\sqrt{2}\sin 377t$ [A]

[해설] 실효전류 : $I = \dfrac{V}{R} = \dfrac{50}{25} = 2$ [A]
최대전류 : $I_m = \sqrt{2}\,I = 2\sqrt{2}$ [A]
각주파수 : $w = 2\pi f = 377$ [rad/s]
순시전류 : $i = I_m \sin wt = 2\sqrt{2}\sin 377t$

25 저항 50[Ω]인 전구에 $e = 100\sqrt{2}\sin\omega t$[V]의 전압을 가할 때 순시전류[A] 값은?

① $\sqrt{2}\sin\omega t$
② $2\sqrt{2}\sin\omega t$
③ $5\sqrt{2}\sin\omega t$
④ $10\sqrt{2}\sin\omega t$

[해설] 순시전류 : $i = \dfrac{e}{R} = \dfrac{100\sqrt{2}\sin\omega t}{R} = \dfrac{100\sqrt{2}\sin\omega t}{50} = 2\sqrt{2}\sin\omega t$

[정답] 22 ① 23 ② 24 ② 25 ②

26 10[Ω]의 저항 회로에 $e=100\sin\left(377t+\dfrac{\pi}{3}\right)$[V]의 전압을 가했을 때 $t=0$에서의 순시전류는?

① 5[A]
② $5\sqrt{3}$[A]
③ 10[A]
④ $10\sqrt{3}$[A]

[해설] $t=0$에서 순시전압을 구하면 $e=100\sin\left(377\times 0+\dfrac{\pi}{3}\right)=100\sin\dfrac{\pi}{3}=50\sqrt{3}\,[V]$

순시전류 : $i=\dfrac{e}{R}=\dfrac{50\sqrt{3}}{10}=5\sqrt{3}\,[A]$

27 $e=141.4\sin(100\pi t)\,[V]$의 교류 전압이 있다. 이 교류의 실효값은 몇 [V]인가?

① 100[V]
② 110[V]
③ 141[V]
④ 282[V]

[해설] 실효전압 : $V=\dfrac{V_m}{\sqrt{2}}=\dfrac{141.4}{\sqrt{2}}=100\,[V]$

28 어느 교류전압의 순시값이 $v=311\sin(120t)\,[V]$라고 하면 이 전압의 실효값은 약 몇 [V]인가?

① 180[V]
② 220[V]
③ 440[V]
④ 622[V]

[해설] 실효전압 : $V=\dfrac{V_m}{\sqrt{2}}=\dfrac{311}{\sqrt{2}}\fallingdotseq 220\,[V]$

29 어떤 교류회로의 순시값이 $v=\sqrt{2}\,V\sin\omega t\,[V]$인 전압에서 $\omega t=\dfrac{\pi}{6}$[rad]일 때 $100\sqrt{2}\,[V]$이면 이 전압의 실효값[V]은?

① 100
② $100\sqrt{2}$
③ 200
④ $200\sqrt{2}$

[해설] $\omega t=\dfrac{\pi}{6}$[rad]일 경우 순시전압 $v=100\sqrt{2}\,[V]$이므로 실효전압(V)을 구하면

$100\sqrt{2}=\sqrt{2}\,V\sin\dfrac{\pi}{6}=\sqrt{2}\,V\sin 30°=\dfrac{\sqrt{2}}{2}\,V\,[V]$

실효전압 : $V=100\sqrt{2}\times\dfrac{2}{\sqrt{2}}=200\,[V]$

정답 26 ② 27 ① 28 ② 29 ③

30 $V = 100\sin\omega t + 100\cos\omega t$ 의 실효값[V]은?

① 100[V]
② 141[V]
③ 172[V]
④ 200[V]

[해설] 순시전압 : $V = 100\sin\omega t + 100\cos\omega t = 100\sin\omega t + 100\sin(\omega t + \frac{\pi}{2})$

실효전압 : $V = \sqrt{(\frac{V_m}{\sqrt{2}})^2 + (\frac{V_m}{\sqrt{2}})^2} = \sqrt{(\frac{100}{\sqrt{2}})^2 + (\frac{100}{\sqrt{2}})^2} = 100[V]$

31 삼각파 전압의 최대값이 V_m 일 때 실효값은?

① V_m
② $\frac{V_m}{\sqrt{2}}$
③ $\frac{2V_m}{\pi}$
④ $\frac{V_m}{\sqrt{3}}$

[해설]

파 형	실효값	평균값	파고율	파형률
정현파	$\frac{V_m}{\sqrt{2}}$	$\frac{2V_m}{\pi}$	1.414	1.11
정현 반파	$\frac{V_m}{2}$	$\frac{V_m}{\pi}$	2	1.57
삼각파	$\frac{V_m}{\sqrt{3}}$	$\frac{V_m}{2}$	1.73	1.15
구형파	V_m	V_m	1	1

32 다음 중 삼각파의 파형률은 약 얼마인가?

① 1
② 1.155
③ 1.414
④ 1.732

[해설]

파 형	실효값	평균값	파고율	파형률
정현파	$\frac{V_m}{\sqrt{2}}$	$\frac{2V_m}{\pi}$	1.414	1.11
정현 반파	$\frac{V_m}{2}$	$\frac{V_m}{\pi}$	2	1.57
삼각파	$\frac{V_m}{\sqrt{3}}$	$\frac{V_m}{2}$	1.73	1.15
구형파	V_m	V_m	1	1

[정답] 30 ① 31 ④ 32 ②

33 다음 중 파형률을 나타낸 것은?

① $\dfrac{\text{실효값}}{\text{평균값}}$ ② $\dfrac{\text{최대값}}{\text{실효값}}$

③ $\dfrac{\text{평균값}}{\text{실효값}}$ ④ $\dfrac{\text{실효값}}{\text{최대값}}$

[해설] 파형율 $= \dfrac{\text{실효값}}{\text{평균값}}$, 파고율 $= \dfrac{\text{최대값}}{\text{실효값}}$

34 파고율, 파형률이 모두 1인 파형은?

① 사인파 ② 고조파
③ 구형파 ④ 삼각파

[해설]

파 형	실효값	평균값	파고율	파형률
정현파	$\dfrac{V_m}{\sqrt{2}}$	$\dfrac{2V_m}{\pi}$	1.414	1.11
정현 반파	$\dfrac{V_m}{2}$	$\dfrac{V_m}{\pi}$	2	1.57
삼각파	$\dfrac{V_m}{\sqrt{3}}$	$\dfrac{V_m}{2}$	1.73	1.15
구형파	V_m	V_m	1	1

정답 33 ① 34 ③

제2절 R, L, C 회로

1 R, L, C 직렬 회로

❶ 저항만의 회로 : R만의 회로

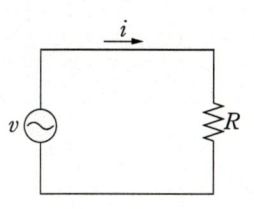 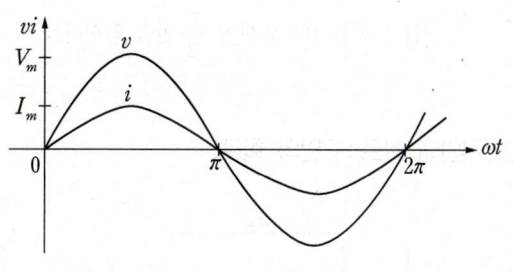

〈R만의 회로〉

1) 임피던스 : $Z = R\,[\Omega]$

2) 전류 : $I = \dfrac{V}{R}\,[\mathrm{A}]$

※ 전압, 전류 계산은 실효값을 기준으로 계산한다.

3) 순시 전압 : $v = V_m \sin \omega t\,[\mathrm{V}]$
   순시 전류 : $i = I_m \sin wt\,[\mathrm{A}]$

4) 위상 : 전압과 전류는 동위상이다.

❷ 인덕턴스만의 회로 : L만의 회로

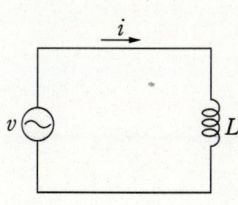 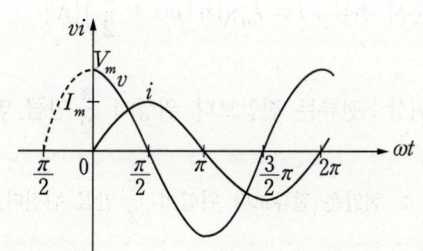

〈L만의 회로〉

1) 임피던스 : $Z = X_L = wL = 2\pi fL\,[\Omega]$

2) 전류 : $I = \dfrac{V}{X_L} = \dfrac{V}{wL} = \dfrac{V}{2\pi fL}\,[\mathrm{A}]$

3) 순시 전압 : $v = V_m \sin\left(wt + \dfrac{\pi}{2}\right)$[V]

순시 전류 : $i = I_m \sin wt$ [A]

4) 위상 : 전류는 전압보다 위상이 $\dfrac{\pi}{2}$ 만큼 뒤진다.

> ※ 전압은 전류보다 위상이 $\dfrac{\pi}{2}$ 만큼 앞선다.

❸ **콘덴서만의 회로 : C만의 회로**

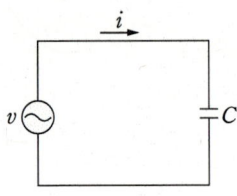 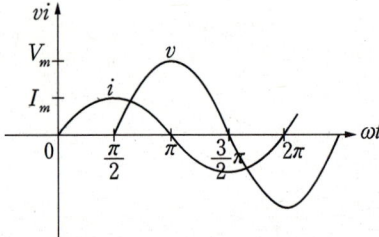

〈C만의 회로〉

1) 임피던스 : $Z = X_C = \dfrac{1}{wC} = \dfrac{1}{2\pi f C}$ [Ω]

2) 전류 : $I = \dfrac{V}{X_C} = \dfrac{V}{\dfrac{1}{\omega C}} = wCV = 2\pi f CV$ [A]

3) 순시 전압 : $v = V_m \sin wt$ [V]

순시 전류 : $i = I_m \sin\left(wt + \dfrac{\pi}{2}\right)$ [A]

4) 위상 : 전류는 전압보다 위상이 $\dfrac{\pi}{2}$ 만큼 앞선다.

> ※ 전압은 전류보다 위상이 $\dfrac{\pi}{2}$ 만큼 뒤진다.

❹ $R-L$ 직렬회로

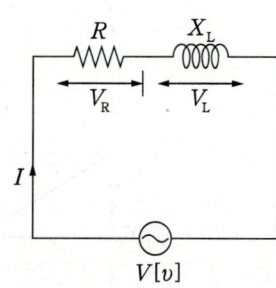 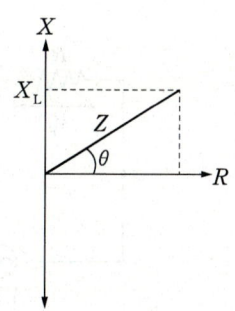

1) 임피던스 : $Z = R + jX_L = \sqrt{R^2 + X_L^2}\ [\Omega]$

   ① 저항 : $R = \sqrt{Z^2 - X_L^2}\ [\Omega]$

   ② 리액턴스 : $X_L = \sqrt{Z^2 - R^2}\ [\Omega]$

2) 전류 : $I = \dfrac{V}{Z} = \dfrac{V}{\sqrt{R^2 + X_L^2}}\ [A]$

3) 전압 : $V = IZ = V_R + jV_L = \sqrt{V_R^2 + V_L^2}\ [V]$

   ① 저항에 걸리는 전압 : $V_R = IR\ [V]$

   ② 리액턴스에 걸리는 전압 : $V_L = IX_L\ [V]$

4) 위상차 : $\theta = \tan^{-1}\dfrac{X_L}{R} = \tan^{-1}\dfrac{wL}{R}$

5) 역률 : $\cos\theta = \dfrac{R}{Z} = \dfrac{R}{\sqrt{R^2 + X_L^2}}$

6) 위상 : 전류가 전압보다 위상이 θ만큼 뒤진다.

7) RL 직렬회로에서 컨덕턴스 : $G = \dfrac{R}{R^2 + X_L^2}\ [\mho]$

8) RL 직렬회로에서 서셉턴스 : $B = \dfrac{-X_L}{R^2 + X_L^2}\ [\mho]$

❺ $R-C$ 직렬회로

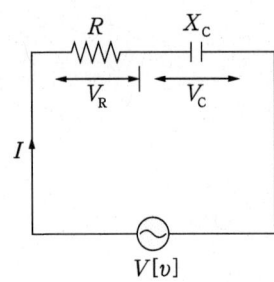
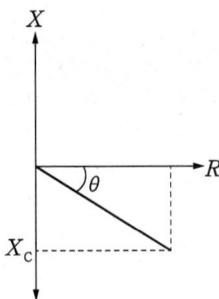

1) 임피던스 : $Z = R - jX_C = \sqrt{R^2 + X_C^2}$ [Ω]

   ① 저항 : $R = \sqrt{Z^2 - X_C^2}$ [Ω]

   ② 리액턴스 : $X_C = \sqrt{Z^2 - R^2}$ [Ω]

2) 전류 : $I = \dfrac{V}{Z} = \dfrac{V}{\sqrt{R^2 + X_C^2}}$ [A]

3) 전압 : $V = IZ = V_R - jV_C = \sqrt{V_R^2 + V_C^2}$ [V]

   ① 저항에 걸리는 전압 : $V_R = IR$ [V]

   ② 리액턴스에 걸리는 전압 : $V_C = IX_C$ [V]

4) 전압과 전류의 위상차 : $\theta = \tan^{-1}\dfrac{X_C}{R} = \tan^{-1}\dfrac{1}{wCR}$

5) 역률 : $\cos\theta = \dfrac{R}{Z} = \dfrac{R}{\sqrt{R^2 + X_C^2}}$

6) 위상 : 전류가 전압보다 위상이 θ만큼 앞선다.

> ※ $R-L$ 직렬회로 시정수 : $\tau = \dfrac{L}{R}$
>
> ※ $R-C$ 직렬회로 시정 수 : $\tau = RC$

❻ $R-L-C$ 직렬회로

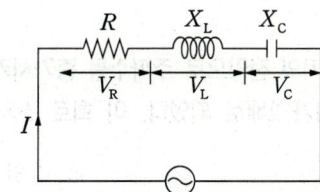

1) 임피던스 : $Z = R + j(X_L - X_C) = \sqrt{R^2 + (X_L - X_C)^2}\ [\Omega]$

2) 전류 : $I = \dfrac{V}{Z} = \dfrac{V}{\sqrt{R^2 + (X_L - X_C)^2}}\ [A]$

3) 전압과 전류의 위상차 : $\theta = \tan^{-1}\dfrac{X_L - X_C}{R}$

4) 역률 : $\cos\theta = \dfrac{R}{Z} = \dfrac{R}{\sqrt{R^2 + (X_L - X_C)^2}}$

5) 위상
   ① $X_L > X_C$: 유도성 (전류가 전압보다 위상이 뒤진다.)
   ② $X_L < X_C$: 용량성 (전류가 전압보다 위상이 앞선다.)
   ③ $X_L = X_C$: 전류와 전압이 동위상이다.

6) RLC 직렬공진
   ① 직렬공진 조건 : $X_L = X_C\ \left(wL = \dfrac{1}{wC}\right)$
   ② 임피던스 : $Z = R + j(X_L - X_C) = R\ [\Omega]$
      ㉠ 임피던스(Z) : 최소
      ㉡ 전류(I) : 최대
   ③ 공진주파수 : $f_o = \dfrac{1}{2\pi\sqrt{LC}}\ [Hz]$

문제 풀이 ✓

1 어느 회로 소자에 일정한 크기의 전압으로 주파수를 증가시키면서 흐르는 전류를 관찰하였다. 주파수를 2배로 하였더니 전류의 크기가 2배로 되었다. 이 회로 소자는?

① 저 항 　　　　　　　　　　② 코 일
③ 콘덴서 　　　　　　　　　　④ 다이오드

[해설] 콘덴서(C)만의 회로에서 전류를 구하면

$$I_C = \frac{V}{X_C} = \frac{V}{\frac{1}{\omega C}} = \omega CV = 2\pi f CV [A] \quad (\, I_C \propto f : \text{전류와 주파수 비례} \,)$$

인덕턴스(L)만의 회로에서 전류를 구하면

$$I_L = \frac{V}{X_L} = \frac{V}{\omega L} = \frac{V}{2\pi f L} [A] \quad (\, I_L \propto \frac{1}{f} : \text{전류와 주파수 반비례} \,)$$

∴ 주파수가 2배 증가할 경우 전류가 2배 증가하므로 콘덴서회로이다.

2 교류회로에서 코일과 콘덴서를 병렬로 연결한 상태에서 주파수가 증가하면 어느 쪽이 전류가 잘 흐르는가?

① 코 일 　　　　　　　　　　② 콘덴서
③ 코일과 콘덴서에 같이 흐른다. 　④ 모두 흐르지 않는다.

[해설] 콘덴서(C)만의 회로에서 전류를 구하면

$$I_C = \frac{V}{X_C} = \frac{V}{\frac{1}{\omega C}} = \omega CV = 2\pi f CV [A] \quad (\, I_C \propto f : \text{전류와 주파수 비례} \,)$$

인덕턴스(L)만의 회로에서 전류를 구하면

$$I_L = \frac{V}{X_L} = \frac{V}{\omega L} = \frac{V}{2\pi f L} [A] \quad (\, I_L \propto \frac{1}{f} : \text{전류와 주파수 반비례} \,)$$

∴ 콘덴서 회로 소자는 전류와 주파수가 비례하므로 주파수가 증가하면 전류가 잘 흐른다.

3 자체 인덕턴스가 0.01[H]인 코일에 100[V], 60[Hz]의 사인파 전압을 가할 때 유도 리액턴스는 약 몇 [Ω]인가?

① 3.77 　　　　　　　　　　② 6.28
③ 12.28 　　　　　　　　　　④ 37.68

[해설] 유도성 리액턴스 : $X_L = \omega L = 2\pi f L = 2\pi \times 60 \times 0.01 = 3.77 [\Omega]$

정답 1 ③　2 ②　3 ①

문제 풀이

4 인덕턴스 0.5[H]에 주파수가 60[Hz]이고 전압이 220[V]인 교류전압이 가해질 때 흐르는 전류는 약 몇 [A]인가?

① 0.59
② 0.87
③ 0.97
④ 1.17

[해설] 인덕턴스(L=0.5[H])만 주어진 인덕턴스만(L)의 회로이므로 전류를 구하면

전류 : $I = \dfrac{V}{X_L} = \dfrac{V}{\omega L} = \dfrac{V}{2\pi f L} = \dfrac{220}{2\pi \times 60 \times 0.5} = 1.17[A]$

5 자기 인덕턴스 10[mH]의 코일에 50[Hz], 314[V]의 교류 전압을 가했을 때 몇 [A]의 전류가 흐르는가? (단, 코일의 저항은 없는 것으로 하며 π = 3.14로 계산한다.)

① 10[A]
② 31.4[A]
③ 62.8[A]
④ 100[A]

[해설] 자기 인덕턴스(L=10[mH])만 주어진 인덕턴스만(L)의 회로이므로 전류를 구하면

전류 : $I = \dfrac{V}{X_L} = \dfrac{V}{\omega L} = \dfrac{V}{2\pi f L} = \dfrac{314}{2\pi \times 50 \times 10 \times 10^{-3}} = 100[A]$

6 자체 인덕턴스가 1[H]인 코일에 200[V], 60[Hz]의 사인파 교류 전압을 가했을 때 전류와 전압의 위상차는? (단, 저항성분은 무시한다)

① 전류는 전압보다 위상이 $\dfrac{\pi}{2}$[rad]만큼 뒤진다.
② 전류는 전압보다 위상이 π[rad]만큼 뒤진다.
③ 전류는 전압보다 위상이 $\dfrac{\pi}{2}$[rad]만큼 앞선다.
④ 전류는 전압보다 위상이 π[rad]만큼 앞선다.

[해설] 인덕턴스만(L)의 회로이므로 전압과 전류의 위상 ($\dfrac{\pi}{2} = 90°$)

• 전압은 전류보다 위상이 $\dfrac{\pi}{2}$[rad] 앞선다.
• 전류는 전압보다 위상이 $\dfrac{\pi}{2}$[rad] 뒤진다.

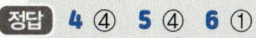

7 RL 직렬회로에서 임피던스(Z)의 크기를 나타내는 식은?

① $R^2+X_L^2$
② $R^2-X_L^2$
③ $\sqrt{R^2+X_L^2}$
④ $\sqrt{R^2-X_L^2}$

[해설] RL 직렬회로에서 임피던스를 구하면
임피던스 : $Z = R+jX_L = \sqrt{R^2+X_L^2}\,[\Omega]$

8 저항 8[Ω]과 코일이 직렬로 접속된 회로에 200[V]의 교류 전압을 가하면 20[A]의 전류가 흐른다. 코일의 리액턴스는 몇 [Ω]인가?

① 2
② 4
③ 6
④ 8

[해설] RL 직렬회로에서 먼저 임피던스를 구하면
임피던스 : $Z = \dfrac{V}{I} = \dfrac{200}{20} = 10\,[\Omega]$ 이므로 유도성 리액턴스를 구하면
유도성 리액턴스 : $X_L = \sqrt{Z^2-R^2} = \sqrt{10^2-8^2} = 6\,[\Omega]$

9 저항과 코일이 직렬 연결된 회로에서 직류 220[V]를 인가하면 20[A]의 전류가 흐르고, 교류 220[V]를 인가하면 10[A]의 전류가 흐른다. 이 코일의 리액턴스[Ω]는?

① 약 19.05[Ω]
② 약 16.06[Ω]
③ 약 13.06[Ω]
④ 약 11.04[Ω]

[해설] 직류회로에서 저항을 구하면 저항 $R = \dfrac{V_{직}}{I_{직}} = \dfrac{220}{20} = 11\,[\Omega]$이고,

교류회로에서 임피던스를 구하면 임피던스 $Z = \dfrac{V_{교}}{I_{교}} = \dfrac{220}{10} = 22\,[\Omega]$이므로

코일의 리액턴스(유도성) : $X_L = \sqrt{Z^2-R^2} = \sqrt{22^2-11^2} = 19.05\,[\Omega]$

10 어떤 회로에 50[V]의 전압을 가하니 $8+j6$[A]의 전류가 흘렀다면 이 회로의 임피던스[Ω]는?

① $3-j4$
② $3+j4$
③ $4-j3$
④ $4+j3$

[해설] 전류가 복소수 형태로 주어졌으므로 임피던스를 구하면
임피던스 : $Z = \dfrac{V}{I} = \dfrac{50}{8+j6} = \dfrac{50 \times (8-j6)}{(8+j6)(8-j6)} = \dfrac{400-j300}{100} = 4-j3\,[\Omega]$

정답 7 ③　8 ③　9 ①　10 ③

11 $R = 10[\Omega]$, $L = 50[mH]$의 RL 직렬회로에 $V = 220[V]$, $f = 60[Hz]$의 교류전압을 가할 때 전류의 크기는 약 몇 [A]인가?

① 9.67　　　　　　　　　② 10.31
③ 12.17　　　　　　　　　④ 14.78

[해설] RL 직렬회로에서 먼저 유도성 리액턴스를 구하면
유도성 리액턴스 : $X_L = \omega L = 2\pi f L = 2\pi \times 60 \times 50 \times 10^{-3} = 18.84[\Omega]$
저항이 $R = 10[\Omega]$이고, 유도성 리액턴스가 $X_L = 18.84[\Omega]$이므로 전류를 구하면
전류 : $I = \dfrac{V}{Z} = \dfrac{V}{\sqrt{R^2 + X_L^2}} = \dfrac{220}{\sqrt{10^2 + 18.84^2}} = 10.31[A]$

12 그림과 같은 회로에 흐르는 유효분 전류[A]는?

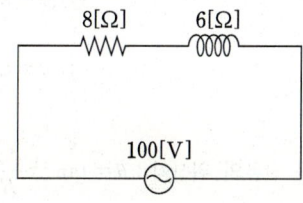

① 4　　　　　　　　　② 6
③ 8　　　　　　　　　④ 10

[해설] RL 직렬회로에서 임피던스가 $Z = 8 + j6\ [\Omega]$이므로 전류를 구하면
전류 : $I = \dfrac{V}{Z} = \dfrac{100}{8 + j6} = \dfrac{100 \times (8 - j6)}{(8 + j6)(8 - j6)} = \dfrac{800 - j600}{100} = 8 - j6[A]$
∴ 유효분 전류 : $I_R = 8[A]$, 무효분 전류 : $I_L = 6[A]$

13 $R = 8[\Omega]$, $L = 19.1[mH]$의 직렬회로에 5[A]가 흐르고 있을 때 인덕턴스 L에 걸리는 단자 전압의 크기는 약 몇 [V]인가?(단, 주파수는 60[Hz]이다)

① 12　　　　　　　　　② 25
③ 29　　　　　　　　　④ 36

[해설] 리액턴스 : $X_L = \omega L = 2\pi f L = 2\pi \times 60 \times 19.1 \times 10^{-3} = 7.2[\Omega]$
인덕턴스에 걸리는 전압 : $V_L = I X_L = 5 \times 7.2 = 36[V]$

[정답] 11 ②　12 ③　13 ④

14 RL 직렬회로에서 전압과 전류의 위상차 tan θ는?

① $\dfrac{L}{R}$
② ωRL
③ $\dfrac{\omega L}{R}$
④ $\dfrac{L}{\omega L}$

[해설] RL 직렬회로에서 전압과 전류의 위상차 : $\tan\theta = \dfrac{X_L}{R} = \dfrac{wL}{R}$

RL 직렬회로에서 전압과 전류의 위상차 : $\theta = \tan^{-1}\dfrac{X_L}{R} = \tan^{-1}\dfrac{wL}{R}$

15 RL 직렬회로에서 교류전압 $v = V_m \sin\theta$[V]를 가했을 때 회로의 위상각 θ를 나타낸 것은?

① $\theta = \tan^{-1}\dfrac{R}{\omega L}$
② $\theta = \tan^{-1}\dfrac{\omega L}{R}$
③ $\theta = \tan^{-1}\dfrac{1}{R\omega L}$
④ $\theta = \tan^{-1}\dfrac{R}{\sqrt{R^2+(\omega L)^2}}$

[해설] RL 직렬회로에서 전압과 전류의 위상각 : $\theta = \tan^{-1}\dfrac{X_L}{R} = \tan^{-1}\dfrac{wL}{R}$

16 저항 3[Ω], 유도리액턴스 4[Ω]의 직렬회로에 교류 100[V]를 가할 때 흐르는 전류와 위상각은 얼마인가?

① 14.3[A], 37°
② 14.3[A], 53°
③ 20[A], 37°
④ 20[A], 53°

[해설] RL직렬회로에서 전류를 구하면

전류 : $I = \dfrac{V}{Z} = \dfrac{V}{\sqrt{R^2+X_L^2}} = \dfrac{100}{\sqrt{3^2+4^2}} = 20[A]$

RL 직렬회로에서 위상각을 구하면

위상각 : $\theta = \tan^{-1}\dfrac{X_L}{R} = \tan^{-1}\dfrac{4}{3} = 53.13°$

17 교류 회로에서 전압과 전류의 위상차를 θ[rad]라 할 때 $\cos\theta$는?

① 전압변동률
② 왜곡률
③ 효 율
④ 역 률

[해설] 교류 회로에서 $\cos\theta$는 역률이고, $\sin\theta$는 무효율을 의미한다.

정답 14 ③ 15 ② 16 ④ 17 ④

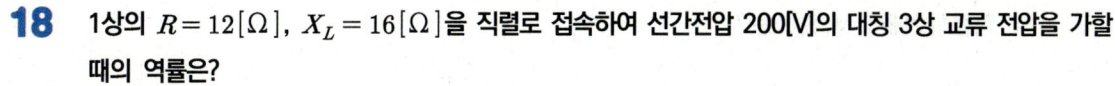

18 1상의 $R = 12[\Omega]$, $X_L = 16[\Omega]$을 직렬로 접속하여 선간전압 200[V]의 대칭 3상 교류 전압을 가할 때의 역률은?

① 60[%]　　　　　　　　　　② 70[%]
③ 80[%]　　　　　　　　　　④ 90[%]

[해설] RL 직렬회로에서 역률을 구하면

역률 : $\cos\theta = \dfrac{R}{Z} \times 100 = \dfrac{R}{\sqrt{R^2+X_L^2}} \times 100 = \dfrac{12}{\sqrt{12^2+16^2}} \times 100 = 60[\%]$

19 저항 8[Ω]과 유도리액턴스 6[Ω]이 직렬로 접속된 회로에 200[V]의 교류 전압을 인가하는 경우 흐르는 전류[A]와 역률[%]은 각각 얼마인가?

① 20[A], 80[%]　　　　　　② 10[A], 60[%]
③ 20[A], 60[%]　　　　　　④ 10[A], 80[%]

[해설] RL 직렬회로에서 전류를 구하면

전류 : $I = \dfrac{V}{Z} = \dfrac{V}{\sqrt{R^2+X_L^2}} = \dfrac{200}{\sqrt{8^2+6^2}} = 20[A]$

RL 직렬회로에서 역률을 구하면

역률 : $\cos\theta = \dfrac{R}{Z} \times 100 = \dfrac{R}{\sqrt{R^2+X_L^2}} \times 100 = \dfrac{8}{\sqrt{8^2+6^2}} \times 100 = 80[\%]$

20 RL 직렬회로에서 컨덕턴스는?

① $\dfrac{R}{R^2+X_L^2}$　　　　　　　　② $\dfrac{X_L}{R^2+X_L^2}$

③ $\dfrac{-R}{R^2+X_L^2}$　　　　　　　　④ $\dfrac{-X_L}{R^2+X_L^2}$

[해설] RL 직렬회로에서 컨덕턴스 : $G = \dfrac{R}{R^2+X_L^2}[\mho]$

21 임피던스 $Z = 6+j8[\Omega]$에서 컨덕턴스는?

① 0.06[℧]　　　　　　　　② 0.08[℧]
③ 0.1[℧]　　　　　　　　　④ 1.0[℧]

[해설] RL 직렬회로에서 컨덕턴스 : $G = \dfrac{R}{R^2+X_L^2} = \dfrac{6}{6^2+8^2} = \dfrac{6}{100} = 0.06[\mho]$

정답　18 ①　19 ①　20 ①　21 ①

22 RL 직렬회로에서 서셉턴스는?

① $\dfrac{R}{R^2+X_L^2}$
② $\dfrac{X_L}{R^2+X_L^2}$
③ $\dfrac{-R}{R^2+X_L^2}$
④ $\dfrac{-X_L}{R^2+X_L^2}$

[해설] RL 직렬회로에서 서셉턴스 : $B = \dfrac{-X_L}{R^2+X_L^2} [\mho]$

23 임피던스 $Z = 6 + j8 [\Omega]$에서 서셉턴스$[\mho]$는?

① 0.06
② 0.08
③ 0.6
④ 0.8

[해설] RL 직렬회로에서 서셉턴스 : $B = \dfrac{-X_L}{R^2+X_L^2} = \dfrac{-8}{6^2+8^2} = \dfrac{-8}{100} = -0.08[\mho]$

24 $R-L$ 직렬회로의 시정수 $\tau[\mathrm{s}]$는?

① $\dfrac{R}{L}[\mathrm{s}]$
② $\dfrac{L}{R}[\mathrm{s}]$
③ $RL[\mathrm{s}]$
④ $\dfrac{1}{RL}[\mathrm{s}]$

[해설] RL 직렬회로에서 시정수 : $\tau = \dfrac{L}{R}[\mathrm{s}]$

25 RL 직렬회로에서 $R = 20[\Omega]$, $L = 10[\mathrm{H}]$인 경우 시정수 τ는?

① 0.005[s]
② 0.5[s]
③ 2[s]
④ 200[s]

[해설] RL 직렬회로에서 시정수 : $\tau = \dfrac{L}{R} = \dfrac{10}{20} = 0.5[\mathrm{s}]$

정답 22 ④ 23 ② 24 ② 25 ②

> 문제 풀이

26 $R=6[\Omega]$, $X_C=8[\Omega]$일 때 임피던스 $Z=6-j8[\Omega]$으로 표시되는 것은 일반적으로 어떤 회로인가?

① RC 직렬회로 ② RL 직렬회로
③ RC 병렬회로 ④ RL 병렬회로

[해설] RC 직렬회로에서 임피던스 : $Z=R-jX_C=6-j8[\Omega]$

27 저항이 9[Ω]이고, 용량 리액턴스가 12[Ω]인 직렬회로의 임피던스[Ω]는?

① 3[Ω] ② 15[Ω]
③ 21[Ω] ④ 108[Ω]

[해설] RC 직렬회로에서 임피던스 : $Z=\sqrt{R^2+X_C^2}=\sqrt{9^2+12^2}=15[\Omega]$

28 $R=15[\Omega]$인 RC 직렬 회로에 60[Hz], 100[V]의 전압을 가하니 4[A]의 전류가 흘렀다면 용량 리액턴스[Ω]는?

① 10 ② 15
③ 20 ④ 25

[해설] RC 직렬회로에서 먼저 임피던스를 구하면
임피던스 : $Z=\dfrac{V}{I}=\dfrac{100}{4}=25[\Omega]$이므로 용량성 리액턴스를 구하면
용량성 리액턴스 : $X_C=\sqrt{Z^2-R^2}=\sqrt{25^2-15^2}=20[\Omega]$

29 $R=6[\Omega]$, $X_C=8[\Omega]$이 직렬로 접속된 회로에 $I=10[A]$의 전류가 흐른다면 전압[V]는?

① $60+j80$ ② $60-j80$
③ $100+j150$ ④ $100-j150$

[해설] RC 직렬회로에서 임피던스가 $Z=R-jX_C=6-j8[\Omega]$이므로 전압을 구하면
전압 : $V=IZ=10\times(6-j8)=60-j80[V]$

정답 26 ① 27 ② 28 ③ 29 ②

30 어떤 회로에 $v=200\sin\omega t$의 전압을 가했더니 $i=50\sin\left(\omega t+\dfrac{\pi}{2}\right)$의 전류가 흘렀다. 이 회로는?

① 저항회로 ② 유도성회로
③ 용량성회로 ④ 임피던스회로

[해설] 전압 : $v=200\sin\omega t$ (위상 : $\theta=0°$)이고, 전류 : $i=50\sin\left(\omega t+\dfrac{\pi}{2}\right)$ (위상 : $\theta=\dfrac{\pi}{2}$)이므로 전류의 위상이 전압보다 $\dfrac{\pi}{2}(90°)$ 만큼 앞선다. 따라서 콘덴서(C)만의 회로 즉, 용량성회로가 된다.

31 $R=4[\Omega]$, $X=3[\Omega]$인 RLC 직렬회로에 5[A]의 전류가 흘렀다면 이때의 전압은?

① 15[V] ② 20[V]
③ 25[V] ④ 125[V]

[해설] RLC 직렬회로에서 먼저 임피던스를 구하면
임피던스 : $Z=R+jX=\sqrt{R^2+X^2}=\sqrt{4^2+3^2}=5[\Omega]$이므로 전압을 구하면
전압 : $V=IZ=5\times5=25[V]$

32 $R=4[\Omega]$, $X_L=8[\Omega]$, $X_C=5[\Omega]$가 직렬로 연결된 회로에 100[V]의 교류를 가했을 때 흐르는 ㉠전류와 ㉡임피던스는?

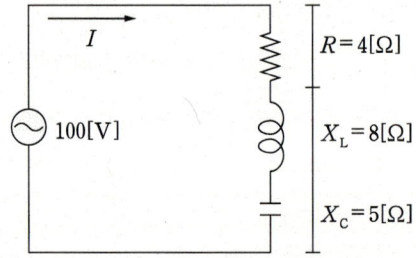

① ㉠ 5.9[A] ㉡ 용량성 ② ㉠ 5.9[A] ㉡ 유도성
③ ㉠ 20[A] ㉡ 용량성 ④ ㉠ 20[A] ㉡ 유도성

[해설] RLC 직렬회로에서 전류를 구하면
전류 : $I=\dfrac{V}{Z}=\dfrac{V}{\sqrt{R^2+(X_L-X_C)^2}}=\dfrac{100}{\sqrt{4^2+(8-5)^2}}=20[A]$이고,
유도성 리액턴스(X_L)의 크기가 용량성 리액턴스(X_C)의 크기보다 크기 때문에 이 회로는 유도성 회로가 된다.

정답 30 ③ 31 ③ 32 ④

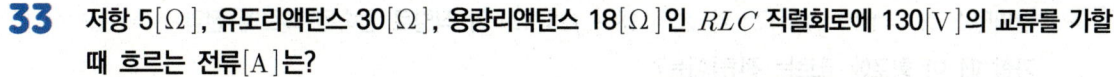

33 저항 5[Ω], 유도리액턴스 30[Ω], 용량리액턴스 18[Ω]인 RLC 직렬회로에 130[V]의 교류를 가할 때 흐르는 전류[A]는?

① 10[A], 유도성
② 10[A], 용량성
③ 5.9[A], 유도성
④ 5.9[A], 용량성

[해설] RLC 직렬회로에서 전류를 구하면

전류 : $I = \dfrac{V}{Z} = \dfrac{V}{\sqrt{R^2 + (X_L - X_C)^2}} = \dfrac{130}{\sqrt{5^2 + (30-18)^2}} = 10[A]$이고,

유도성 리액턴스(X_L)의 크기가 용량성 리액턴스(X_C)의 크기보다 크기 때문에 이 회로는 유도성 회로가 된다.

34 $\omega L = 5[\Omega]$, $\dfrac{1}{\omega C} = 25[\Omega]$의 LC 직렬회로에 100[V]의 교류를 가할 때, 전류[A]는?

① 3.3[A], 유도성
② 5[A], 유도성
③ 3.3[A], 용량성
④ 5[A], 용량성

[해설] LC 직렬회로에서 전류를 구하면

전류 : $I = \dfrac{V}{Z} = \dfrac{V}{(X_C - X_L)} = \dfrac{V}{\left(\dfrac{1}{\omega C} - \omega L\right)} = \dfrac{100}{(25-5)} = 5[A]$이고, 용량성 리액턴스($\dfrac{1}{\omega C}$)의 크기

가 유도성 리액턴스(ωL)의 크기보다 크기 때문에 이 회로는 용량성 회로가 된다.

35 $R = 4[\Omega]$, $X_L = 15[\Omega]$, $X_C = 12[\Omega]$의 RLC 직렬 회로에 100[V]의 교류 전압을 가할 때 전류와 전압의 위상차는 약 얼마인가?

① 0°
② 37°
③ 53°
④ 90°

[해설] RLC 직렬회로에서 위상차를 구하면

위상차 : $\theta = \tan^{-1} \dfrac{X_L - X_C}{R} = \tan^{-1} \dfrac{15 - 12}{4} = \tan^{-1} \dfrac{3}{4} = 36.87°$

36 $Z_1 = 2 + j11[\Omega]$, $Z_2 = 4 - j3[\Omega]$의 직렬회로에 교류전압 100[V]를 가할 때 합성 임피던스는?

① 6[Ω]
② 8[Ω]
③ 10[Ω]
④ 14[Ω]

[해설] 합성 임피던스 $Z = Z_1 + Z_2 = (2 + j11) + (4 - j3) = 6 + j8[\Omega]$에서 크기를 구하면

합성 임피던스 크기 : $Z = \sqrt{6^2 + 8^2} = 10[\Omega]$

[정답] 33 ① 34 ④ 35 ② 36 ③

37 임피던스 $Z_1 = 12 + j16[\Omega]$ 과 $Z_2 = 18 + j24[\Omega]$ 이 직렬로 접속된 회로에 전압 $V = 200[V]$를 가할 때 이 회로에 흐르는 전류[A]는?

① 2[A] ② 4[A]
③ 5[A] ④ 8[A]

[해설] 합성 임피던스 $Z = Z_1 + Z_2 = (12+j16) + (18+j24) = 30 + j40[\Omega]$에서 크기를 구하면 합성 임피던스 크기 $Z = \sqrt{30^2 + 40^2} = 50[\Omega]$이므로 전류를 구하면

전류 : $I = \dfrac{V}{Z} = \dfrac{200}{50} = 4[A]$

38 $Z_1 = 5 + j3[\Omega]$과 $Z_2 = 7 - j3[\Omega]$이 직렬 연결된 회로에 $V = 36[V]$를 가한 경우의 전류[A]는?

① 1[A] ② 3[A]
③ 6[A] ④ 10[A]

[해설] 합성 임피던스 $Z = Z_1 + Z_2 = (5+j3) + (7-j3) = 12[\Omega]$이므로 전류를 구하면

전류 : $I = \dfrac{V}{Z} = \dfrac{36}{12} = 3[A]$

39 RLC 직렬회로에서 전압과 전류가 동상되기 위한 조건은?

① $L = C$ ② $\omega LC = 1$
③ $\omega^2 LC = 1$ ④ $(\omega LC)^2 = 1$

[해설] RLC 직렬회로의 직렬공진 조건 : $X_L = X_C \left(wL = \dfrac{1}{wC} \right)$ ∴ $\omega^2 LC = 1$

40 RLC 직렬공진 회로에서 최소가 되는 것은?

① 저항값 ② 임피던스값
③ 전류값 ④ 전압값

[해설] RLC 직렬공진 시 최소가 되는 것 : 임피던스(Z)
RLC 직렬공진 시 최대가 되는 것 : 전류(I)

정답 37 ② 38 ② 39 ③ 40 ②

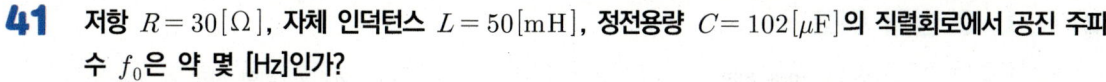

41 저항 $R=30[\Omega]$, 자체 인덕턴스 $L=50[\mathrm{mH}]$, 정전용량 $C=102[\mu\mathrm{F}]$의 직렬회로에서 공진 주파수 f_0은 약 몇 [Hz]인가?

① 40
② 50
③ 60
④ 70

[해설] RLC 직렬회로에서 공진주파수를 구하면

공진주파수 : $f_o = \dfrac{1}{2\pi\sqrt{LC}} = \dfrac{1}{2\pi\sqrt{50\times 10^{-3}\times 102\times 10^{-6}}} = 70.5[\mathrm{Hz}]$

42 $R=2[\Omega]$, $L=10[\mathrm{mH}]$, $C=4[\mu\mathrm{F}]$으로 구성되는 직렬공진회로의 L과 C에서의 전압 확대율은?

① 3
② 6
③ 16
④ 25

[해설] RLC 직렬회로에서 전압 확대율을 구하면

전압 확대율 : $Q = \dfrac{1}{R}\sqrt{\dfrac{L}{C}} = \dfrac{1}{2}\times\sqrt{\dfrac{10\times 10^{-3}}{4\times 10^{-6}}} = 25$

정답 41 ④ 42 ④

2 R, L, C 병렬 회로

$R-L$ 병렬 회로	$R-C$ 병렬 회로
임피던스 : $Z = \dfrac{R \cdot X_L}{\sqrt{R^2 + X_L^2}}\,[\Omega]$	임피던스 : $Z = \dfrac{R \cdot X_C}{\sqrt{R^2 + X_C^2}}\,[\Omega]$

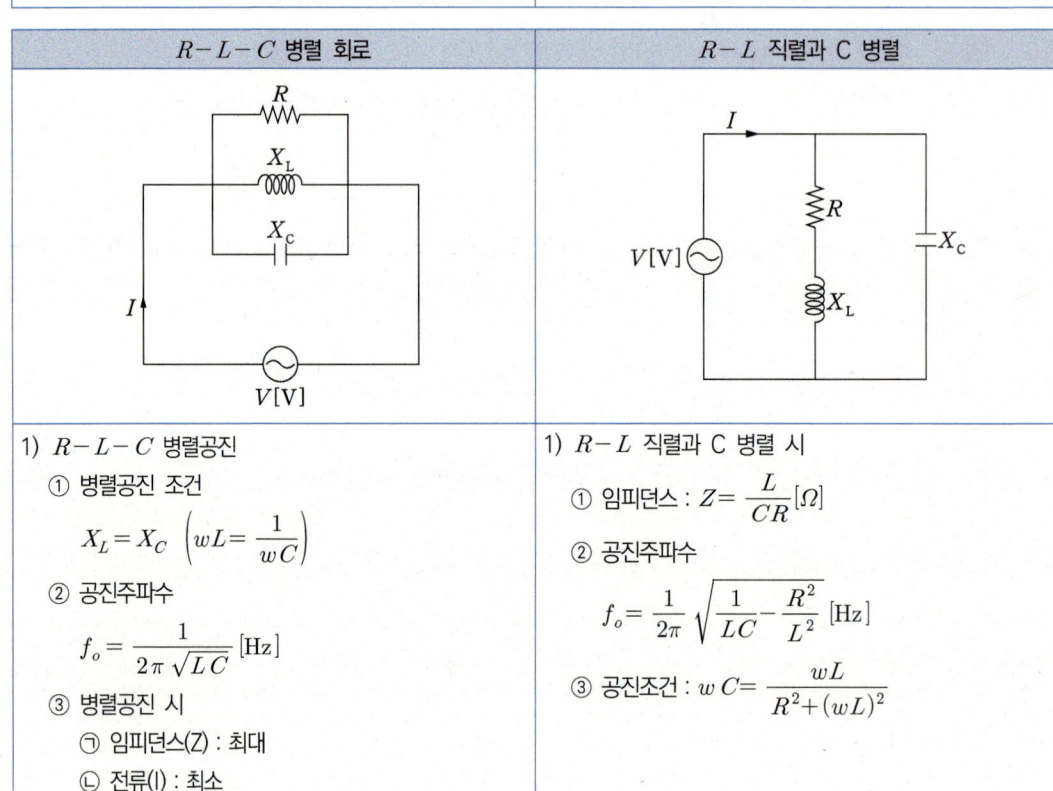

$R-L-C$ 병렬 회로 / $R-L$ 직렬과 C 병렬

1) $R-L-C$ 병렬공진
   ① 병렬공진 조건
   $$X_L = X_C \;\left(wL = \dfrac{1}{wC}\right)$$
   ② 공진주파수
   $$f_o = \dfrac{1}{2\pi\sqrt{LC}}\,[\text{Hz}]$$
   ③ 병렬공진 시
   　㉠ 임피던스(Z) : 최대
   　㉡ 전류(I) : 최소

1) $R-L$ 직렬과 C 병렬 시
   ① 임피던스 : $Z = \dfrac{L}{CR}\,[\Omega]$
   ② 공진주파수
   $$f_o = \dfrac{1}{2\pi}\sqrt{\dfrac{1}{LC} - \dfrac{R^2}{L^2}}\,[\text{Hz}]$$
   ③ 공진조건 : $wC = \dfrac{wL}{R^2 + (wL)^2}$

문제 풀이

1 $R-L$ 병렬회로에서의 합성 임피던스 값은?

① $\dfrac{R \cdot X_L}{R+X_L}$ ② $\sqrt{R^2+X_L^2}$

③ $\dfrac{R \cdot X_L}{\sqrt{R^2+X_L^2}}$ ④ $\dfrac{\sqrt{R^2+X_L^2}}{R \cdot X_L}$

해설 RL 병렬회로에서 임피던스를 구하면

임피던스 : $Z = \dfrac{R \cdot X_L}{\sqrt{R^2+X_L^2}} [\Omega]$

2 3[Ω]의 저항과, 4[Ω]의 유도성 리액턴스의 병렬회로가 있다. 이 병렬회로의 임피던스는 몇 [Ω]인가?

① 1.7   ② 2.4
③ 3.2   ④ 5

해설 RL 병렬회로에서 임피던스를 구하면

임피던스 : $Z = \dfrac{R \cdot X_L}{\sqrt{R^2+X_L^2}} = \dfrac{3 \times 4}{\sqrt{3^2+4^2}} = 2.4[\Omega]$

3 그림과 같은 RL 병렬회로에서 $R=25[\Omega]$, $\omega L = \dfrac{100}{3}[\Omega]$일 때, 200[V]의 전압을 가하면 코일에 흐르는 전류 I_L[A]은?

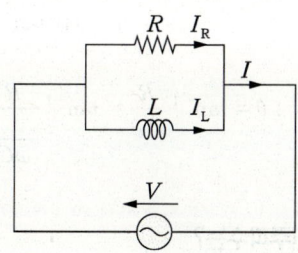

① 3.0   ② 4.8
③ 6.0   ④ 8.2

해설 RL 병렬회로에서 각 소자에 걸리는 전압이 일정하므로 코일에 흐르는 전류를 구하면

코일에 흐르는 전류 : $I_L = \dfrac{V}{X_L} = \dfrac{V}{\omega L} = \dfrac{200}{\dfrac{100}{3}} = 6[A]$

4 6[Ω]의 저항과, 8[Ω]의 용량성 리액턴스의 병렬회로가 있다. 이 병렬회로의 임피던스는 몇 [Ω]인가?

① 1.5　　　　　　　　　　② 2.6
③ 3.8　　　　　　　　　　④ 4.8

[해설] RC 병렬회로에서 임피던스를 구하면

임피던스 : $Z = \dfrac{R \cdot X_C}{\sqrt{R^2 + X_C^2}} = \dfrac{6 \times 8}{\sqrt{6^2 + 8^2}} = 4.8\,[\Omega]$

5 $R = 10[\Omega]$, $C = 220[\mu F]$의 병렬회로에 $f = 60[\text{Hz}]$, $V = 100[\text{V}]$의 사인파 전압을 가할 때 저항 R에 흐르는 전류[A]는?

① 0.45[A]　　　　　　　② 6[A]
③ 10[A]　　　　　　　　④ 22[A]

[해설] RC 병렬회로에서 각 소자에 걸리는 전압이 일정하므로 저항(R)에 흐르는 전류를 구하면

저항(R)에 흐르는 전류 : $I = \dfrac{V}{R} = \dfrac{100}{10} = 10\,[A]$

6 그림과 같은 RC 병렬회로의 위상각 θ는?

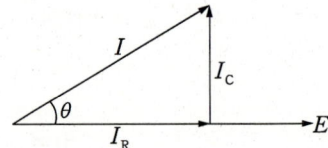

① $\tan^{-1}\dfrac{\omega C}{R}$　　　　　　　② $\tan^{-1}\omega CR$

③ $\tan^{-1}\dfrac{R}{\omega C}$　　　　　　　④ $\tan^{-1}\dfrac{1}{\omega CR}$

[해설] RC 병렬회로에서 위상각 : $\theta = \tan^{-1}\dfrac{R}{X_C} = \tan^{-1}\dfrac{R}{\dfrac{1}{\omega C}} = \tan^{-1}\omega CR$

7 RLC 병렬공진회로에서 공진주파수는?

① $\dfrac{1}{\pi\sqrt{LC}}$　　　　　　　② $\dfrac{1}{\sqrt{LC}}$

③ $\dfrac{2\pi}{\sqrt{LC}}$　　　　　　　④ $\dfrac{1}{2\pi\sqrt{LC}}$

[해설] RLC 병렬회로에서 공진주파수 : $f_o = \dfrac{1}{2\pi\sqrt{LC}}\,[\text{Hz}]$

정답 4 ④　5 ③　6 ②　7 ④

8 그림의 병렬 공진회로에서 공진 임피던스 $Z_0[\Omega]$는?

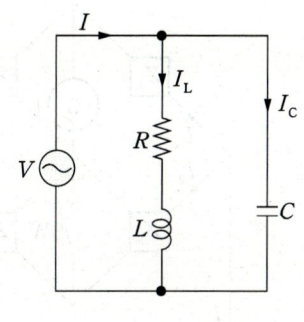

① $\dfrac{L}{CR}$ ② $\dfrac{CL}{R}$
③ $\dfrac{R}{CL}$ ④ $\dfrac{CR}{L}$

[해설] RL 직렬과 C 병렬회로에서 임피던스 : $Z = \dfrac{L}{CR}[\Omega]$

9 다음의 병렬 공진 회로에서 공진 주파수 $f_0[Hz]$는?

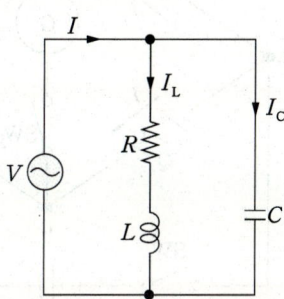

① $f_0 = \dfrac{1}{2\pi}\sqrt{\dfrac{R}{L} - \dfrac{1}{LC}}$ ② $f_0 = \dfrac{1}{2\pi}\sqrt{\dfrac{L^2}{R^2} - \dfrac{1}{LC}}$
③ $f_0 = \dfrac{1}{2\pi}\sqrt{\dfrac{1}{LC} - \dfrac{L}{R}}$ ④ $f_0 = \dfrac{1}{2\pi}\sqrt{\dfrac{1}{LC} - \dfrac{R^2}{L^2}}$

[해설] RL 직렬과 C 병렬회로에서 공진주파수 : $f_o = \dfrac{1}{2\pi}\sqrt{\dfrac{1}{LC} - \dfrac{R^2}{L^2}}[Hz]$

3 브리지 회로

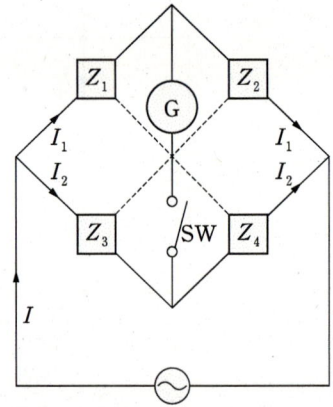

1) 평형조건 : $Z_1 Z_4 = Z_2 Z_3$

2) 평형 상태에서는 검류계(G)에 전류가 흐르지 않는다.

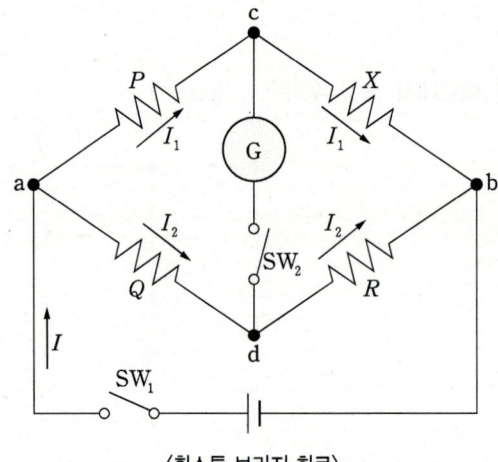

〈휘스톤 브리지 회로〉

3) 휘스톤 브리지 : 저항을 측정하기 위해 저항과 검류계를 브리지로 접속한 회로
① 평형 조건 : $PR = XQ$
② 임의의 저항 : $X = \dfrac{PR}{Q}\,[\Omega]$

문제 풀이

1 그림에서 a-b 간의 합성저항은 c-d 간의 합성저항보다 몇 배인가?

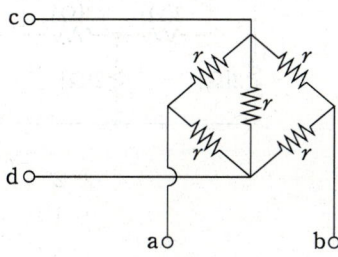

① 1배
② 2배
③ 3배
④ 4배

[해설] a-b 단자간의 등가회로를 그리면 (브리지평형)

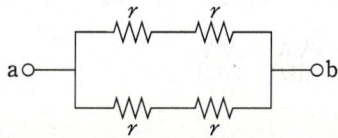

a-b 단자간의 합성저항을 구하면 $R_{ab} = \dfrac{2r}{2} = r\,[\Omega]$

c-d 단자간의 등가회로를 그리면

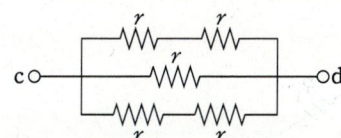

c-d 단자간의 합성저항을 구하면 $R_{cd} = \dfrac{2r \times r \times 2r}{2r \times r + r \times 2r + 2r \times 2r} = \dfrac{4r^3}{8r^2} = \dfrac{r}{2}\,[\Omega]$

$\therefore \dfrac{a-d\ \text{단자간 저항}}{c-d\ \text{단자간 저항}} = \dfrac{R_{ab}}{R_{cd}} = \dfrac{r}{\dfrac{r}{2}} = 2$배

정답 **1** ②

2 회로에서 a-b 단자간 합성저항[Ω] 값은?

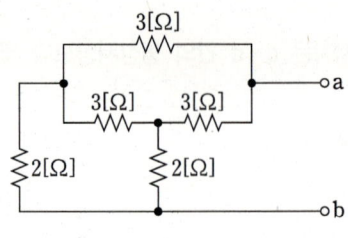

① 1.5
② 2
③ 2.5
④ 4

[해설] a-b 단자간의 등가회로를 그리면 (브리지평형)

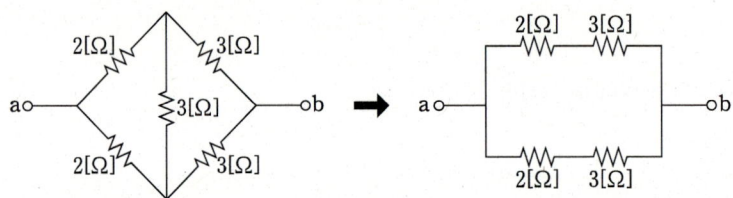

a-b 단자간의 합성저항 : $R_0 = \dfrac{(2+3)}{2} = 2.5\,[\Omega]$

3 그림에서 평형조건이 맞는 식은?

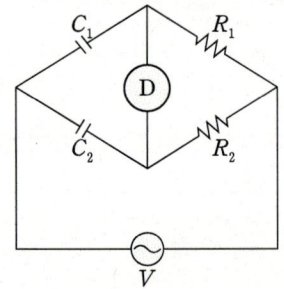

① $C_1 R_1 = C_2 R_2$
② $C_1 R_2 = C_2 R_1$
③ $C_1 C_2 = R_1 R_2$
④ $\dfrac{1}{C_1 C_2} = R_1 R_2$

[해설] 브리지회로에서 평형조건은 대각선의 곱은 같아야 하므로 식을 정리하면

$$\dfrac{1}{j\omega C_1} \times R_2 = \dfrac{1}{j\omega C_2} \times R_1$$
$$j\omega C_1 R_1 = j\omega C_2 R_2$$
$$C_1 R_1 = C_2 R_2$$

정답 2 ③ 3 ①

4 브리지 회로에서 미지의 인덕턴스 L_x를 구하면?

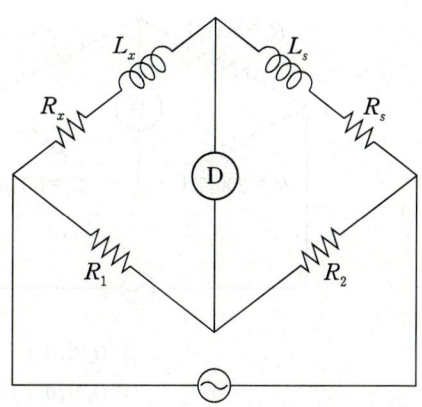

① $L_x = \dfrac{R_2}{R_1} L_s$ ② $L_x = \dfrac{R_1}{R_2} L_s$

③ $L_x = \dfrac{R_s}{R_1} L_s$ ④ $L_x = \dfrac{R_1}{R_s} L_s$

[해설] 브리지회로의 평형조건을 이용하면 대각선의 곱은 같아야 하므로 식을 정리하면
$(R_x + j\omega L_x) \cdot R_2 = (R_s + j\omega L_s) \cdot R_1$
$R_2 R_x + jR_2 \omega L_x = R_1 R_s + jR_1 \omega L_s$
실수측 : $R_2 R_x = R_1 R_s$
허수측 : $jR_2 \omega L_x = jR_1 \omega L_s$
$R_2 L_x = R_1 L_s$ ∴ $L_x = \dfrac{R_1}{R_2} L_s$

정답 4 ②

5 그림의 브리지 회로에서 평형이 되었을 때의 C_x는?

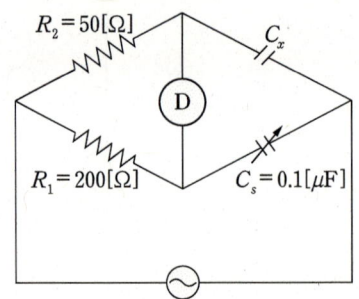

① $0.1[\mu F]$ ② $0.2[\mu F]$
③ $0.3[\mu F]$ ④ $0.4[\mu F]$

[해설] 브리지회로의 평형조건을 이용하면 대각선의 곱은 같아야 하므로 식을 정리하면
$R_2 \cdot \dfrac{1}{j\omega C_s} = R_1 \cdot \dfrac{1}{j\omega C_x}$
$j\omega C_x R_2 = j\omega C_s R_1$
$C_x R_2 = C_s R_1$
$C_x = \dfrac{R_1}{R_2} C_s = \dfrac{200}{50} \times 0.1 = 0.4[\mu F]$

6 그림에서 평형조건으로 옳은 식은?

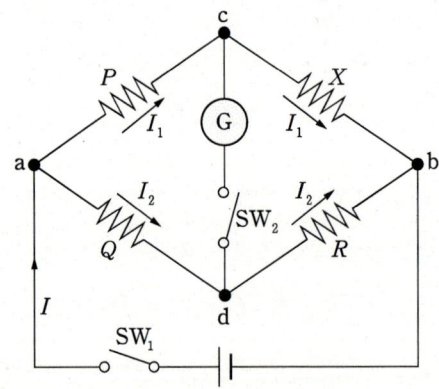

① $PR = QX$ ② $PQ = RX$
② $PX = QR$ ④ $P = \dfrac{RX}{Q}$

[해설] 휘스톤 브리지회로에서 평형조건 : $PR = QX$

정답 5 ④ 6 ①

7 회로에서 검류계의 지시가 0일 때 저항 X는 몇 [Ω]인가?

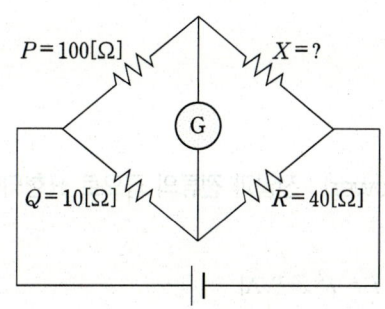

① 10[Ω]
② 40[Ω]
③ 100[Ω]
④ 400[Ω]

해설 휘스톤 브리지 평형조건은 $PR=QX$ 이므로 임의의 저항 X를 구하면
$$X = \frac{PR}{Q} = \frac{100 \times 40}{10} = 400\,[\Omega]$$

정답 7 ④

제3절 교류 전력

1 단상 교류 전력

❶ **피상 전력(Apparent Power)** : 전압과 전류의 곱으로 표현되며 발전기, 변압기 등의 기계기구 용량을 나타내는 전력

 1) 피상전력 : $P_a = VI = I^2 Z$ [VA]

 2) 전류 : $I = \dfrac{P_a}{V}$ [A]

❷ **유효 전력(Active Power)** : 피상 전력에 역률을 곱해 표현하며 부하를 걸어 실제로 사용하는 전력

 1) 유효전력 : $P = VI\cos\theta = I^2 R$ [W]

 2) 전류 : $I = \dfrac{P}{V\cos\theta}$ [A]

> ※ 유효 전력 = 사용 전력 = 소비 전력

❸ **무효 전력(Reactive Power)** : 리액턴스 성분을 포함하는 부하에 교류 전압을 인가하면 어떤 일을 하지 않는 전기 에너지가 전원과 부하 사이를 끊임없이 왕복하게 되는데 이 일을 하지 않고 왕복하는 전력

 1) 무효전력 : $P_r = VI\sin\theta = I^2 X$ [Var]

 2) 전류 : $I = \dfrac{P_r}{V\sin\theta}$ [A]

> ※ 피상전력 : $P_a = P + jP_r = \sqrt{P^2 + P_r^2}$ [VA]
> ※ 유효전력 : $P = \sqrt{P_a^2 - P_r^2} = P_a\cos\theta$ [W]
> ※ 무효전력 : $P_r = \sqrt{P_a^2 - P^2} = P_a\sin\theta$ [Var]

❹ 역률 : $\cos\theta = \dfrac{P}{P_a} = \dfrac{P}{\sqrt{P^2 + P_r^2}} = \dfrac{P}{VI}$

2 3상 교류 전력

❶ 3상 피상전력 : $P_a = \sqrt{3}\,V_l I_l = 3V_P I_P [\text{VA}]$

   1) 전류 : $I = \dfrac{P_a}{\sqrt{3}\,V_l} = \dfrac{P_a}{3V_p}$ [A]

❷ 유효전력 : $P = \sqrt{3}\,V_l I_l \cos\theta = 3V_P I_P \cos\theta [\text{W}]$

   1) 전류 : $I = \dfrac{P}{\sqrt{3}\,V_l \cos\theta} = \dfrac{P}{3V_p \cos\theta}$ [A]

❸ 무효전력 : $P_r = \sqrt{3}\,V_l I_l \sin\theta = 3V_P I_P \sin\theta [\text{Var}]$

   1) 전류 : $I = \dfrac{P_r}{\sqrt{3}\,V_l \sin\theta} = \dfrac{P_r}{3V_p \sin\theta}$ [A]

3 교류 전력 측정법

❶ 3 전압계법 : 3개의 전압계를 사용하여 단상 전력을 측정하는 방법

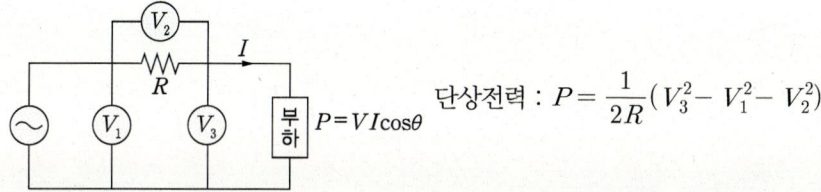

단상전력 : $P = \dfrac{1}{2R}(V_3^2 - V_1^2 - V_2^2)$

❷ 3상 교류전력 측정

   1) 1전력계법 : $P_3 = 3W[\text{W}]$

   2) 2전력계법 : $P_3 = W_1 + W_2[\text{W}]$

   3) 3전력계법 : $P_3 = W_1 + W_2 + W_3[\text{W}]$

❸ 최대 전력 전송

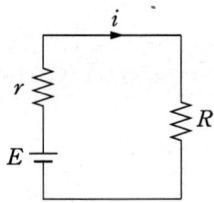

1) 최대전력 조건 : 내부저항(r) = 외부저항(R)

2) 최대전력 : $P_m = \dfrac{E^2}{4R}[\text{W}]$

문제 풀이 ✓

1 교류전력에서 일반적으로 전기기기의 용량을 표시하는데 쓰이는 전력은?

① 피상전력 ② 유효전력
③ 무효전력 ④ 기전력

[해설] 피상 전력(Apparent Power) : 전압과 전류의 곱으로 표현되며 발전기, 변압기 등의 기계기구 용량을 나타내는 전력

2 [VA]는 무엇의 단위인가?

① 피상전력 ② 무효전력
③ 유효전력 ④ 역 률

[해설] 피상전력 단위 : [VA]
유효전력 단위 : [W]
무효전력 단위 : [Var]

3 교류회로에서 유효전력의 단위는?

① [W] ② [VA]
③ [Var] ④ [Wh]

[해설] 피상전력 단위 : [VA]
유효전력 단위 : [W]
무효전력 단위 : [Var]

4 교류회로에서 무효전력의 단위는?

① [W] ② [VA]
③ [Var] ④ [V/m]

[해설] 피상전력 단위 : [VA]
유효전력 단위 : [W]
무효전력 단위 : [Var]

[정답] 1 ① 2 ① 3 ① 4 ③

5 유효전력의 식으로 옳은 것은?(단, E는 전압, I는 전류, θ는 위상각이다)

① $EI\cos\theta$ ② $EI\sin\theta$
③ $EI\tan\theta$ ④ EI

해설   단상 유효전력 : $P = VI\cos\theta = EI\cos\theta\,[\text{W}]$

6 단상 전압 220[V]에 소형 전동기를 접속 하였더니 2.5[A]의 전류가 흘렀다. 이때의 역률이 75[%]이었다. 이 전동기의 소비전력[W]은?

① 187.5[W]   ② 412.5[W]
③ 545.5[W]   ④ 714.5[W]

해설   단상 전압(V), 전류(I), 역률이 주어졌으므로 소비(유효)전력을 구하면
단상 소비전력 : $P = VI\cos\theta = 220 \times 2.5 \times 0.75 = 412.5\,[\text{W}]$

7 200[V]의 교류전원에 선풍기를 접속하고 전력과 전류를 측정하였더니 600[W], 5[A]이었다. 이 선풍기의 역률은?

① 0.5   ② 0.6
③ 0.7   ④ 0.8

해설   단상 전압(V), 전류(I), 유효(소비)전력이 주어졌으므로 역률을 구하면
단상 역률 : $\cos\theta = \dfrac{P}{P_a} = \dfrac{P}{VI} = \dfrac{600}{200 \times 5} = 0.6$

8 리액턴스가 10[Ω]인 코일에 직류전압 100[V]를 하였더니 전력 500[W]를 소비하였다. 이 코일의 저항은 얼마인가?

① 5[Ω]   ② 10[Ω]
③ 20[Ω]   ④ 25[Ω]

해설   소비(유효)전력 $P = \dfrac{V^2}{R}$ 에서 직류전압(V)과 소비전력(P)이 주어졌으므로 코일의 저항을 하면
코일의 저항 : $R = \dfrac{V^2}{P} = \dfrac{100^2}{500} = 20\,[\Omega]$

정답   5 ①   6 ②   7 ②   8 ③

9 단상 100[V], 800[W], 역률 80[%]인 회로의 리액턴스는 몇 [Ω]인가?

① 10   ② 8
③ 6   ④ 2

[해설] 유효전력 : $P = VI\cos\theta$에서 전압(V), 유효전력(P), 역률이 주어졌으므로 전류를 구하면

전류 : $I = \dfrac{P}{V\cos\theta} = \dfrac{800}{100 \times 0.8} = 10[A]$가 되고, 임피던스를 구하면

임피던스 : $Z = \dfrac{V}{I} = \dfrac{100}{10} = 10[\Omega]$이 된다.

역률 : $\cos\theta = \dfrac{R}{Z}$에서 저항을 구하면 저항 : $R = Z\cos\theta = 10 \times 0.8 = 8[\Omega]$이 되고, 임피던스와 저항으로 리액턴스를 구하면 리액턴스 : $X = \sqrt{Z^2 - R^2} = \sqrt{10^2 - 8^2} = 6[\Omega]$

10 그림의 회로에서 전압 100[V]의 교류전압을 가했을 때 전력은?

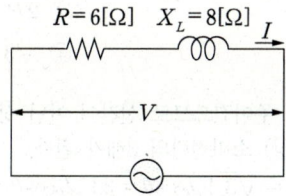

① 10[W]   ② 60[W]
③ 100[W]   ④ 600[W]

[해설] RL 직렬회로에서 먼저 임피던스를 구하면

임피던스 : $Z = \sqrt{R^2 + X_L^2} = \sqrt{6^2 + 8^2} = 10[\Omega]$이 되고, 전류를 구하면

전류 : $I = \dfrac{V}{Z} = \dfrac{100}{10} = 10[A]$가 된다. 전력의 단위가 [W]이므로 유효전력을 구하면

유효전력 : $P = I^2 R = 10^2 \times 6 = 600[W]$

정답 9 ③ 10 ④

11 $R=4[\Omega]$, $L=3[\Omega]$의 직렬회로에 $V=100\sqrt{2}\sin\omega t[V]$의 전압을 가할 때 전력은 약 몇 [W]인가?

① 1,200[W] ② 1,600[W]
③ 2,000[W] ④ 2,400[W]

[해설] 순시전압 : $V=100\sqrt{2}\sin\omega t[V]$에서 먼저 실효전압을 구하면

실효전압 : $V=\dfrac{V_m}{\sqrt{2}}=\dfrac{100\sqrt{2}}{\sqrt{2}}=100[V]$가 되고, 임피던스를 구하면

임피던스 : $Z=\sqrt{R^2+X_L^2}=\sqrt{3^2+4^2}=5[\Omega]$이 되므로 전류를 구하면

전류 : $I=\dfrac{V}{Z}=\dfrac{100}{5}=20[A]$가 된다. 따라서 유효전력을 구하면

유효전력 : $P=I^2R=20^2\times 4=1600[W]$

12 평형 3상 회로에서 1상의 소비전력이 P라면 3상 회로의 전체 소비전력은?

① P ② $2P$
③ $3P$ ④ $\sqrt{3}\,P$

[해설] 1상의 소비전력이 P라고 주어졌으므로 선간이 아닌 상으로 계산해야하며 상으로 계산 시 3상 소비전력은 단상(한상) 소비전력의 3배가 된다.

3상 유효(소비)전력 : $P_3=\sqrt{3}\,V_lI_l\cos\theta=3V_PI_P\cos\theta=3P[W]$

13 전압 220[V], 전류 10[A], 역률 0.8인 3상 전동기 사용 시 소비전력은?

① 약 1.5[kW] ② 약 3.0[kW]
③ 약 5.2[kW] ④ 약 7.1[kW]

[해설] 3상 소비전력 : $P=\sqrt{3}\,VI\cos\theta\times 10^{-3}=220\times 10\times 0.8\times 10^{-3}\fallingdotseq 3[kW]$

14 3상 교류회로의 선간전압이 13,200[V], 선전류가 800[A], 역률 80[%] 부하의 소비전력은 약 몇 [MW]인가?

① 4.88 ② 8.45
③ 14.63 ④ 25.34

[해설] 3상 소비전력 : $P=\sqrt{3}\,VI\cos\theta\times 10^{-6}=13200\times 800\times 0.8\times 10^{-6}=14.63[MW]$

정답 11 ② 12 ③ 13 ② 14 ③

15 △결선으로 된 부하에 각 상의 전류가 10[A]이고, 각 상의 저항이 4[Ω], 리액턴스가 3[Ω]이라 하면 전체 소비전력은 몇 [W]인가?

① 2,000　　　　　　　　　　② 1,800
③ 1,500　　　　　　　　　　④ 1,200

[해설] 각 상의 전류(상전류)와 저항이 주어졌으므로 상을 기준으로 계산하면
단상 소비전력 : $P = I^2 R = 10^2 \times 4 = 400[W]$
3상 소비전력 : $P_3 = 3P = 3 \times 400 = 1,200[W]$
(Y결선, △결선 모두 3상 결선이므로 전체 소비전력은 3상 소비전력을 의미한다.)

16 어떤 3상 회로에서 선간전압이 200[V], 선전류 25[A], 3상 전력이 7[kW]이었다. 이때의 역률은 약 얼마인가?

① 0.65　　　　　　　　　　② 0.73
③ 0.81　　　　　　　　　　④ 0.97

[해설] 3상 회로에서 선간전압(V), 선전류(I), 유효전력(P)이 주어졌으므로 역률을 구하면
3상 역률 : $\cos\theta = \dfrac{P}{P_a} = \dfrac{P}{\sqrt{3}\,VI} = \dfrac{7 \times 10^3}{\sqrt{3} \times 200 \times 25} \fallingdotseq 0.81$

17 3상 기전력을 2개의 전력계 W_1, W_2로 측정해서 W_1의 지시값이 P_1, W_2의 지시값이 P_2라고 하면 3상 전력은 어떻게 표현되는가?

① $P_1 - P_2$　　　　　　　　② $3(P_1 - P_2)$
③ $P_1 + P_2$　　　　　　　　④ $3(P_1 + P_2)$

[해설] 2전력계를 이용하여 3상 전력을 측정하면 3상 전력 : $P_3 = P_1 + P_2$

18 2전력계법으로 3상 전력을 측정할 때 지시값이 $P_1 = 200[W]$, $P_2 = 200[W]$이었다. 부하전력[W]은?

① 600　　　　　　　　　　② 500
③ 400　　　　　　　　　　④ 300

[해설] 2전력계를 이용하여 3상 전력을 측정하면
3상 전력 : $P_3 = P_1 + P_2 = 200 + 200 = 400[W]$

정답　15 ④　16 ③　17 ③　18 ③

19 기전력 120[V], 내부저항(r)이 15[Ω]인 전원이 있다. 여기에 부하저항(R)을 연결하여 얻을 수 있는 최대 전력[W]은?(단, 최대 전력 전달조건은 $r = R$이다)

① 100
② 140
③ 200
④ 240

[해설] 최대 전력 전달 조건은 내부저항(r)과 부하(외부)저항(R)이 같아야 하므로 내부저항(r)이 15[Ω]이면 부하저항(R)도 15[Ω]이므로 전류를 구하면

전류 : $I = \dfrac{E}{r+R} = \dfrac{120}{15+15} = 4[A]$가 되고, 최대 전력을 구하면

최대 전력 : $P_m = I^2 R = 4^2 \times 15 = 240[W]$

정답 19 ④

4 대칭 3상 교류

❶ 대칭 3상 교류 : 동시에 존재하는 3상의 크기 및 주파수가 같고 상차가 120°의 간격을 가진 교류

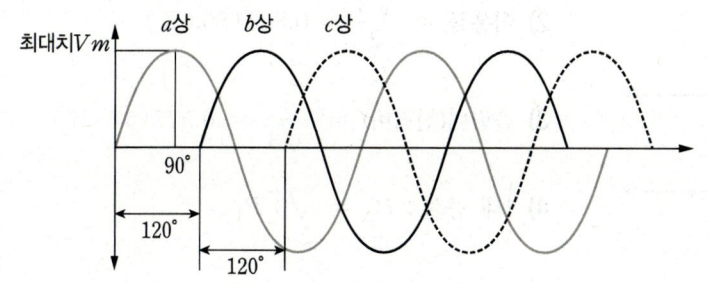 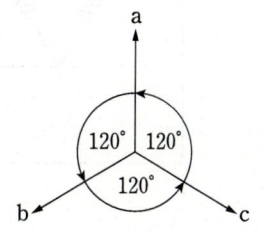

1) a상 전압 : $V_a = V_m \sin wt [\text{V}]$

2) b상 전압 : $V_b = V_m \sin\left(wt - \frac{2}{3}\pi\right)[\text{V}]$

3) c상 전압 : $V_c = V_m \sin\left(wt - \frac{4}{3}\pi\right)[\text{V}]$

❷ Y 결선(성형결선)

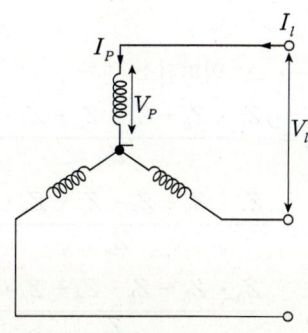

1) 선전류 : $I_l = I_p$

2) 선간전압 : $V_l = \sqrt{3}\ V_p \angle 30°$

3) 선간전압이 상전압보다 위상이 $\frac{\pi}{6}$ 만큼 앞선다.

❸ △ 결선

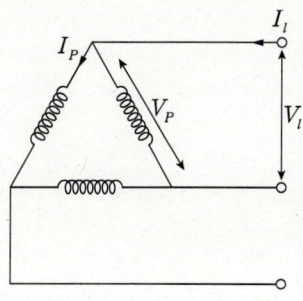

1) 선간전압 : $V_l = V_p$

2) 선전류 : $I_l = \sqrt{3}\ I_p \angle -30°$

3) 선전류가 상전류보다 위상이 $\frac{\pi}{6}$ 만큼 뒤진다.

❹ V 결선

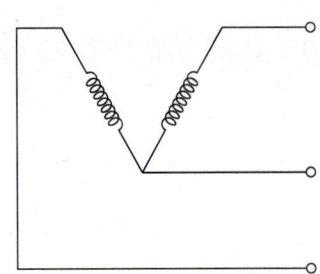

1) V결선 출력 : $P_V = \sqrt{3}\,P$

2) 이용률 $= \dfrac{\sqrt{3}}{2} = 0.866\,(86.6\%)$

3) 출력비(전력비) $= \dfrac{1}{\sqrt{3}} = 0.577\,(57.7\%)$

4) 1대 증설 : $P_\triangle = \sqrt{3}\,P_V$

❺ Y ⇄ △ 회로의 변환

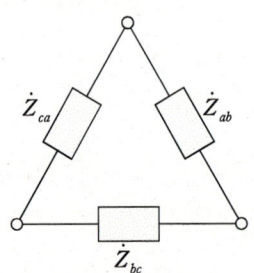 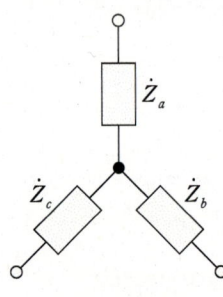

[Y-△ 등가회로]

1) △ → Y 임피던스 변환

$$Z_a = \dfrac{Z_{ca} \cdot Z_{ab}}{Z_{ab} + Z_{bc} + Z_{ca}}$$

$$Z_b = \dfrac{Z_{ab} \cdot Z_{bc}}{Z_{ab} + Z_{bc} + Z_{ca}}$$

$$Z_c = \dfrac{Z_{bc} \cdot Z_{ca}}{Z_{ab} + Z_{bc} + Z_{ca}}$$

∴ △결선 임피던스 : $Z_\triangle = 3Z_Y$

2) Y → △ 임피던스 변환

$$Z_{ab} = \dfrac{Z_a \cdot Z_b + Z_b \cdot Z_c + Z_c \cdot Z_a}{Z_c}$$

$$Z_{bc} = \dfrac{Z_a \cdot Z_b + Z_b \cdot Z_c + Z_c \cdot Z_a}{Z_a}$$

$$Z_{ca} = \dfrac{Z_a \cdot Z_b + Z_b \cdot Z_c + Z_c \cdot Z_a}{Z_b}$$

∴ Y결선 임피던스 : $Z_Y = \dfrac{1}{3}Z_\triangle$

문제 풀이 ✔

1 대칭 3상 교류를 올바르게 설명한 것은?

① 3상의 크기 및 주파수가 같고 상차가 60°의 간격을 가진 교류
② 3상의 크기 및 주파수가 각각 다르고 상차가 60°의 간격을 가진 교류
③ 동시에 존재하는 3상의 크기 및 주파수가 같고 상차가 120°의 간격을 가진 교류
④ 동시에 존재하는 3상의 크기 및 주파수가 같고 상차가 90°의 간격을 가진 교류

[해설] 대칭 3상 교류 : 동시에 존재하는 3상의 크기 및 주파수가 같고 상차가 120°의 간격을 가진 교류

2 대칭 3상 교류의 조건에 해당하지 않는 것은?

① 기전력의 크기가 같다.
② 주파수가 같다.
③ 위상차는 각각 60°씩 생긴다.
④ 파형이 같다.

[해설] 대칭 3상 교류 : 동시에 존재하는 3상의 크기 및 주파수가 같고 상차가 120°의 간격을 가진 교류

3 평형 3상 성형 결선에 있어서 선간전압(V_l)과 상전압(V_p)의 관계는?

① $V_l = V_p$
② $V_l = \dfrac{1}{\sqrt{3}} V_p$
③ $V_l = \sqrt{2} V_p$
④ $V_l = \sqrt{3} V_p$

[해설] 성형 결선(Y결선)
- 선전류 : $I_l = I_p$
- 선간전압 : $V_l = \sqrt{3} V_p \angle 30°$
- 선간전압이 상전압보다 위상이 $\dfrac{\pi}{6}$ 만큼 앞선다.

4 평형 3상 Y결선에서 상전류 I_p와 선전류 I_l과의 관계는?

① $I_l = 3I_p$
② $I_l = \sqrt{3} I_p$
③ $I_l = I_p$
④ $I_l = \dfrac{1}{3} I_p$

[해설] 성형 결선(Y결선)
- 선전류 : $I_l = I_p$
- 선간전압 : $V_l = \sqrt{3} V_p \angle 30°$
- 선간전압이 상전압보다 위상이 $\dfrac{\pi}{6}$ 만큼 앞선다.

[정답] 1 ③ 2 ③ 3 ④ 4 ③

5 3상 교류를 Y결선하였을 때 선간전압과 상전압, 선전류와 상전류의 관계를 바르게 나타낸 것은?

① 상전압 = $\sqrt{3}$ 선간전압
② 선간전압 = $\sqrt{3}$ 상전압
③ 선전류 = $\sqrt{3}$ 상전류
④ 상전류 = $\sqrt{3}$ 선전류

[해설] 성형 결선(Y결선)
- 선전류 : $I_l = I_p$
- 선간전압 : $V_l = \sqrt{3}\, V_p \angle 30°$
- 선간전압이 상전압보다 위상이 $\dfrac{\pi}{6}$ 만큼 앞선다.

6 성형 결선에서 상전압이 115[V]인 대칭 3상 교류의 선간전압은?

① 약 100[V]
② 약 150[V]
③ 약 200[V]
④ 약 250[V]

[해설] 성형 결선(Y결선)에서 선간전압 : $V_l = \sqrt{3}\, V_p = \sqrt{3} \times 115 ≒ 200$ [V]

7 Y-Y 결선 회로에서 선간전압이 380[V]일 때 상전압은 약 몇 [V]인가?

① 190
② 219
③ 269
④ 380

[해설] 성형 결선(Y결선)에서 상전압 : $V_p = \dfrac{V_l}{\sqrt{3}} = \dfrac{380}{\sqrt{3}} ≒ 219$ [V]

8 선간전압 210[V], 선전류 10[A]의 Y결선 회로가 있다. 상전압과 상전류는 각각 약 얼마인가?

① 121[V], 5.77[A]
② 121[V], 10[A]
③ 210[V], 5.77[A]
④ 210[V], 10[A]

[해설] 성형 결선(Y결선)에서 상전류 : $I_l = I_p = 10$[A]
성형 결선(Y결선)에서 상전압 : $V_p = \dfrac{V_l}{\sqrt{3}} = \dfrac{210}{\sqrt{3}} ≒ 121$ [V]

정답 5 ② 6 ③ 7 ② 8 ②

9 Y-Y 평형 회로에서 상전압 V_p가 100[V], 부하 $Z = 8 + j6[\Omega]$이면 선전류 I_l의 크기는 몇 [A]인가?

① 2　　　　　　　　　　② 5
③ 7　　　　　　　　　　④ 10

[해설] Y결선 회로에서 상전압(V_p)과 임피던스가 주어졌으므로 먼저 상전류(I_p)를 구하면

상전류 : $I_p = \dfrac{V}{Z} = \dfrac{100}{\sqrt{8^2 + 6^2}} = 10$ [A]

Y결선에서 선전류 : $I_l = I_p = 10$ [A]

10 대칭 3상 Y결선에서 선전압과 상전압과의 위상 관계는?

① 선전압이 $\dfrac{\pi}{3}$[rad] 앞선다.　　　② 선전압이 $\dfrac{\pi}{3}$[rad] 뒤진다.

③ 선전압이 $\dfrac{\pi}{6}$[rad] 앞선다.　　　④ 선전압이 $\dfrac{\pi}{6}$[rad] 뒤진다.

[해설] 성형 결선(Y결선)
 • 선전류 : $I_l = I_p$
 • 선간전압 : $V_l = \sqrt{3}\, V_p \angle 30°$
 • 선간전압이 상전압보다 위상이 $\dfrac{\pi}{6}$ 만큼 앞선다.

11 △결선 시 V_l(선간전압), V_p(상전압), I_l(선전류), I_p(상전류)의 관계식으로 옳은 것은?

① $V_l = \sqrt{3}\, V_p, \ I_l = I_p$　　　　② $V_l = V_p, \ I_l = \sqrt{3}\, I_p$

③ $V_l = \dfrac{1}{\sqrt{3}} V_p, \ I_l = I_p$　　　④ $V_l = V_p, \ I_l = \dfrac{1}{\sqrt{3}} I_p$

[해설] △결선
 • 선간전압 : $V_l = V_p$
 • 선전류 : $I_l = \sqrt{3}\, I_p \angle -30°$
 • 선전류가 상전류보다 위상이 $\dfrac{\pi}{6}$ 만큼 뒤진다.

12 △결선의 전원에서 선전류가 40[A]이고 선간전압이 220[V]일 때의 상전류는?

① 13[A]　　　　　　　　② 23[A]
③ 69[A]　　　　　　　　④ 120[A]

[해설] △결선에서 상전류 : $I_p = \dfrac{I_l}{\sqrt{3}} = \dfrac{40}{\sqrt{3}} \fallingdotseq 23$ [A]

정답　9 ④　10 ③　11 ②　12 ②

13 전원과 부하가 다같이 △결선된 3상 평형회로가 있다. 상전압이 200[V], 부하 임피던스가 $Z=6+j8$ [Ω]인 경우 선전류는 몇 [A]인가?

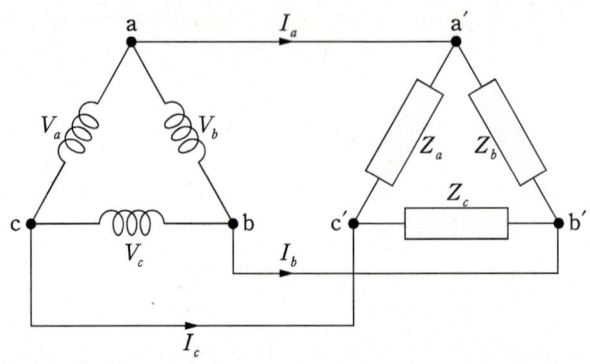

① 20
② $\dfrac{20}{\sqrt{3}}$
③ $20\sqrt{3}$
④ $10\sqrt{3}$

해설 △결선 회로에서 상전압(V_p)과 임피던스가 주어졌으므로 먼저 상전류(I_p)를 구하면

상전류 : $I_l = \dfrac{V}{Z} = \dfrac{200}{\sqrt{6^2+8^2}} = 20$ [A]

△결선에서 선전류 : $I_l = \sqrt{3}\,I_p = 20\sqrt{3}$ [A]

14 △결선인 3상 유도 전동기의 상전압과 상전류를 측정하였더니 각각 200[V], 30[A]이었다. 이 3상 유도 전동기의 선간전압(V_l)과 선전류(I_l)의 크기는 각각 얼마인가?

① $V_l = 200$[V], $I_l = 30$[A]
② $V_l = 200\sqrt{3}$[V], $I_l = 30$[A]
③ $V_l = 200\sqrt{3}$[V], $I_l = 30\sqrt{3}$[A]
④ $V_l = 200$[V], $I_l = 30\sqrt{3}$[A]

해설 △결선에서 선전류 : $I_l = \sqrt{3}\,I_p = \sqrt{3} \times 30 = 30\sqrt{3}$ [A]

△결선에서 선간전압 : $V_l = V_p = 200$ [V]

정답 13 ③ 14 ④

15 대칭 3상 △결선에서 선전류와 상전류와의 위상 관계는?

① 상전류가 $\frac{\pi}{3}$[rad] 앞선다. ② 상전류가 $\frac{\pi}{3}$[rad] 뒤진다.

③ 상전류가 $\frac{\pi}{6}$[rad] 앞선다. ④ 상전류가 $\frac{\pi}{6}$[rad] 뒤진다.

[해설] △결선
- 선간전압 : $V_l = V_p$
- 선전류 : $I_l = \sqrt{3}\, I_p \angle -30°$
- 선전류가 상전류보다 위상이 $\frac{\pi}{6}$만큼 뒤진다. (상전류가 $\frac{\pi}{6}$[rad] 앞선다.)

16 3상 전원에서 한 상에 고장이 발생하였다. 이때 3상 부하에 3상 전력을 공급할 수 있는 결선 방법은?

① Y결선 ② △결선
③ 단상결선 ④ V결선

[해설] △결선으로 3상 전력을 공급하던 중 1상이 고장으로 제거되어도 나머지 2상으로 V결선하여 3상 전력을 공급할 수 있다.

17 출력 P[kVA]의 단상변압기 전원 2대를 V결선할 때의 3상 출력 [kVA]은?

① P ② $\sqrt{3}\,P$
③ $2P$ ④ $3P$

[해설] V결선 시 3상 출력 : $P_V = \sqrt{3}\,P$ (단상 변압기 출력의 $\sqrt{3}$ 배)

18 변압기 2대를 V결선했을 때의 이용률은 몇 [%]인가?

① 57.7[%] ② 70.7[%]
③ 86.6[%] ④ 100[%]

[해설] V결선 시 변압기 이용률 $= \frac{\sqrt{3}}{2} = 0.866\,(86.6[\%])$

정답 15 ③ 16 ④ 17 ② 18 ③

19 100[kVA] 단상변압기 2대를 V결선하여 3상 전력을 공급할 때의 출력은?

① 17.3[kVA]　　　　　　② 86.6[kVA]
③ 173.2[kVA]　　　　　 ④ 346.8[kVA]

해설 V결선 시 3상 출력 : $P_V = \sqrt{3}\,P = \sqrt{3} \times 100 = 173.2\,[kVA]$

20 단상변압기의 정격출력이 220[V], 30[A]일 때, 이 단상변압기 2대를 V결선하며 공급할 수 있는 부하용량[VA]은?

① 7,621　　　　　　　② 9,333.8
③ 11,431.5　　　　　 ④ 13,200

해설 V결선 시 3상 출력 : $P_V = \sqrt{3}\,P = \sqrt{3}\,VI = \sqrt{3} \times 220 \times 30 = 11431.5\,[VA]$

21 대칭 3상 전압에 △결선으로 부하가 구성되어 있다. 3상 중 한 선이 단선되는 경우, 소비되는 전력은 끊어지기 전과 비교하여 어떻게 되는가?

① 3/2으로 증가한다.　　　② 2/3로 줄어든다.
③ 1/3로 줄어든다.　　　　④ 1/2로 줄어든다.

해설 △결선 부하로 운전 중 1선이 단선되면 나머지 2선으로 V결선하여 계속 3상 전력 공급이 가능하지만 공급할 수 있는 부하전력은 약 $\frac{1}{2}$(57.7%)로 감소하게 된다.

22 부하의 결선방식에서 △결선에서 Y결선으로 변환하였을 때의 임피던스는?

① $Z_Y = \sqrt{3}\,Z_\Delta$　　　　　② $Z_Y = \frac{1}{\sqrt{3}}Z_\Delta$
③ $Z_Y = 3Z_\Delta$　　　　　　④ $Z_Y = \frac{1}{3}Z_\Delta$

해설 △결선을 Y결선으로 변환 시 Y결선 임피던스 : $Z_Y = \frac{1}{3}Z_\Delta$
Y결선을 △결선으로 변환 시 △결선 임피던스 : $Z_\Delta = 3Z_Y$

정답 19 ③　20 ③　21 ④　22 ④

23 $R[\Omega]$인 저항 3개가 △결선으로 되어 있는 것을 Y결선으로 환산하면 1상의 저항[Ω]은?

① $\frac{1}{3}R$ ② R
③ $3R$ ④ $\frac{1}{R}$

[해설] △결선을 Y결선으로 변환 시 Y결선 저항 : $R_Y = \frac{1}{3}R_\Delta$

24 그림과 같은 평형 3상 △회로를 등가 Y결선으로 환산하면 각 상의 임피던스는 몇 [Ω]이 되는가? (단, $Z = 12[\Omega]$이다)

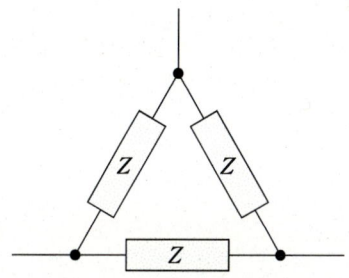

① 48[Ω] ② 36[Ω]
③ 4[Ω] ④ 3[Ω]

[해설] △결선을 Y결선으로 변환 시 Y결선 임피던스 : $Z_Y = \frac{1}{3}Z_\Delta = \frac{1}{3} \times 12 = 4[\Omega]$

25 부하의 결선방식에서 Y결선에서 △결선으로 변환하였을 때의 임피던스는?

① $Z_\Delta = \sqrt{3}Z_Y$ ② $Z_\Delta = \frac{1}{\sqrt{3}}Z_Y$
③ $Z_\Delta = 3Z_Y$ ④ $Z_\Delta = \frac{1}{3}Z_Y$

[해설] △결선을 Y결선으로 변환 시 Y결선 임피던스 : $Z_Y = \frac{1}{3}Z_\Delta$
Y결선을 △결선으로 변환 시 △결선 임피던스 : $Z_\Delta = 3Z_Y$

26 세 변의 저항 $R_a = R_b = R_c = 15[\Omega]$인 Y결선 회로가 있다. 이것과 등가인 △결선 회로의 각 변의 저항은?

① $\dfrac{15}{\sqrt{3}}[\Omega]$
② $\dfrac{15}{3}[\Omega]$
③ $15\sqrt{3}[\Omega]$
④ $45[\Omega]$

[해설] Y결선을 △결선으로 변환 시 △결선 임피던스 : $R_\triangle = 3R_Y = 3 \times 15 = 45[\Omega]$

정답 26 ④

5 비정현파

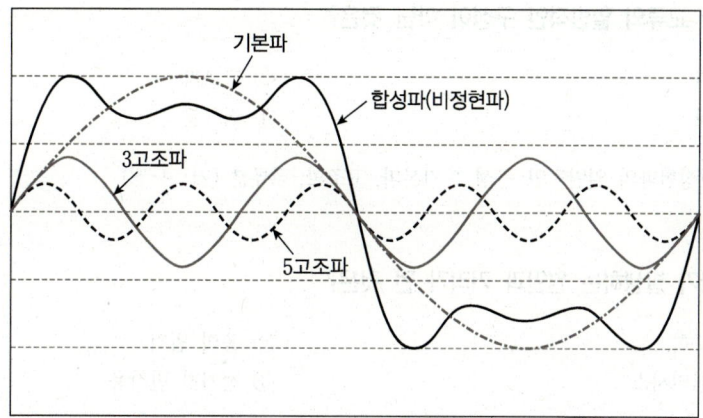

❶ 비정현파 : 정현파 교류가 아닌 고조파 성분이 포함되어 다른 모양의 주기를 가지는 모든 주기의 파형
   (삼각파, 톱니파, 구형파 등)

1) 비정현파의 구성 : 기본파, 고조파, 직류분

2) 푸리에 급수 : 주파수와 진폭이 서로 다른 무수히 많은 성분을 갖는 비정현파를 무수히 많은 정현항과 여현항의 합으로 표현하는 방식

3) 비정현파의 실효값 : 각 고조파의 실효값에 제곱의 합의 제곱근
   ① 실효 전압 : $V = \sqrt{V_1^2 + V_3^2 + V_5^2 \cdots}$ [V]
   ② 실효 전류 : $I = \sqrt{I_1^2 + I_3^2 + I_5^2 \cdots}$ [A]

4) 왜형률 $= \dfrac{\text{각 고조파의 실효값}}{\text{기본파의 실효값}} = \dfrac{\sqrt{V_3^2 + V_5^2 \cdots}}{V_1}$

5) 비정현파 유효전력 : $P = V_0 I_0 + V_1 I_1 \cos\theta_1 + V_2 I_2 \cos\theta_2 \cdots$ [W]

6) 비정현파 무효전력 : $P = V_1 I_1 \sin\theta_1 + V_2 I_2 \sin\theta_2 \cdots$ [Var]

문제 풀이 ✓

1 비사인파 교류의 일반적인 구성이 아닌 것은?

① 삼각파 ② 고조파
③ 기본파 ④ 직류분

[해설] 비정현파의 일반적인 구성 : 기본파, 고조파, 직류분 (기·고·직)

2 비정현파가 발생하는 원인과 거리가 먼 것은?

① 자기포화 ② 옴의 법칙
③ 히스테리시스 ④ 전기자 반작용

[해설] 비정현파는 자기포화, 히스테리시스, 전기자반작용 등에 의해 발생하며 옴의 법칙은 비정현파 발생과는 거의 관계가 없다고 볼 수 있다.

3 비정현파를 여러 개의 정현파의 합으로 표시하는 방법은?

① 키르히호프 법칙 ② 뉴턴의 법칙
③ 푸리에 분석 ④ 테일러의 분석

[해설] 푸리에 급수 : 주파수와 진폭이 서로 다른 무수히 많은 성분을 갖는 비정현파를 무수히 많은 정현항과 여연항의 합으로 표현하는 방식

4 주기적인 구형파 신호의 성분은 어떻게 되는가?

① 성분 분석이 불가능하다. ② 직류분만으로 합성된다.
③ 무수히 많은 주파수의 합성이다. ④ 교류 합성을 갖지 않는다.

[해설] 주기적인 구형파는 기본파 + 고조파 + 직류분 등 무수히 많은 주파수의 합성으로 만들어진다.

5 비정현파의 실효값을 나타낸 것은?

① 최대파의 실효값 ② 각 고조파의 실효값의 합
③ 각 고조파의 실효값의 합의 제곱근 ④ 각 고조파의 실효값의 제곱의 합의 제곱근

[해설] 비정현파의 실효값 : 각 고조파의 실효값에 제곱의 합의 제곱근

[정답] 1 ① 2 ② 3 ③ 4 ③ 5 ④

> 문제 풀이

6 비사인파 교류회로의 전력성분과 거리가 먼 것은?

① 맥류성분과 사인파와의 곱
② 직류성분과 사인파와의 곱
③ 직류성분
④ 주파수가 같은 두 사인파의 곱

[해설] 비정현파를 푸리에 급수로 전개하면 기본파(사인파), 고조파, 직류분로 구성된다.

7 비사인파 교류회로의 전력에 대한 설명으로 옳은 것은?

① 전압의 제3고조파와 전류의 제3고조파 성분 사이에서 소비전력이 발생한다.
② 전압의 제2고조파와 전류의 제3고조파 성분 사이에서 소비전력이 발생한다.
③ 전압의 제3고조파와 전류의 제5고조파 성분 사이에서 소비전력이 발생한다.
④ 전압의 제5고조파와 전류의 제7고조파 성분 사이에서 소비전력이 발생한다.

[해설] 비정현파 유효전력 : $P = V_0 I_0 + V_1 I_1 \cos\theta_1 + V_2 I_2 \cos\theta_2 \cdots [W]$
비사인파 전력 계산은 전압과 전류의 고조파 성분이 같아야만 전력을 계산할 수 있다.

8 $i = 3\sin\omega t + 4\sin(3\omega t - \theta)[A]$로 표시되는 전류의 등가 사인파 최대값은?

① 2[A]
② 3[A]
③ 4[A]
④ 5[A]

[해설] 비정현파의 최대값 : 각 고조파의 최대값에 제곱의 합의 제곱근
기본파 최대 전류 : $I_m = 3[A]$
3고조파 최대 전류 : $I_{3m} = 4[A]$
최대 전류 : $I_m = \sqrt{I_m^2 + I_{3m}^2} = \sqrt{3^2 + 4^2} = 5[A]$

9 어느 회로의 전류가 다음과 같을 때, 이 회로에 대한 전류의 실효값은?

$$i = 3 + 10\sqrt{2}\sin\left(\omega t - \frac{\pi}{6}\right) + 5\sqrt{2}\sin\left(3\omega t - \frac{\pi}{3}\right)[A]$$

① 11.6[A]
② 23.2[A]
③ 32.2[A]
④ 48.3[A]

[해설] 비정현파의 실효값 : 각 고조파의 실효값에 제곱의 합의 제곱근
직류분 전류 : $I_d = 3[A]$
기본파 실효 전류 : $I_1 = \dfrac{10\sqrt{2}}{\sqrt{2}} = 10[A]$
3고조파 실효 전류 : $I_3 = \dfrac{5\sqrt{2}}{\sqrt{2}} = 5[A]$
실효 전류 : $I = \sqrt{I_d^2 + I_1^2 + I_3^2} = \sqrt{3^2 + 10^2 + 5^2} = 11.6[A]$

[정답] 6 ① 7 ① 8 ④ 9 ①

10 $i_1 = 8\sqrt{2}\sin\omega t[A], i_2 = 4\sqrt{2}\sin(\omega t + 180°)[A]$과의 차에 상당한 전류의 실효값은?

① 4[A]
② 6[A]
③ 8[A]
④ 12[A]

[해설] i_2의 위상 θ가 180° 이면 그 값은 −1이 되므로 i_2의 부호가 − 에서 +로 변경된다.

순시 전류차 : $i_1 - i_2 = 8\sqrt{2}\sin\omega t - 4\sqrt{2}\sin(\omega t + 180°)$
$= 8\sqrt{2}\sin\omega t + 4\sqrt{2}\sin\omega t = 12\sqrt{2}\sin\omega t$

실효 전류 : $I = \dfrac{I_m}{\sqrt{2}} = \dfrac{12\sqrt{2}}{\sqrt{2}} = 12[A]$

11 비정현파의 종류에 속하는 직사각형파의 전개식에서 기본파의 진폭[V]은?
(단, $V_m = 20[V]$, $T = 10[ms]$)

① 23.47[V]
② 24.47[V]
③ 25.47[V]
④ 26.47[V]

[해설] 비정현파 직사각형파의 기본파 진폭을 구하면

직사각형파의 기본파 진폭 : $V = \dfrac{4}{\pi}V_m\sin\omega t = \dfrac{4}{\pi} \times 20 = 25.47[V]$

12 그림과 같은 비사인파의 제3고조파 주파수는?(단, $V = 20[V]$, $T = 10[ms]$이다.)

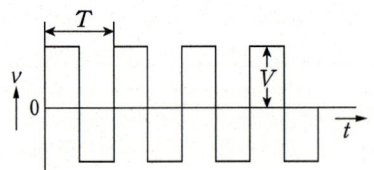

① 100[Hz]
② 200[Hz]
③ 300[Hz]
④ 400[Hz]

[해설] 주기(T)가 주어졌으므로 먼저 기본파 주파수를 구하면

기본파 주파수 : $f = \dfrac{1}{T} = \dfrac{1}{10 \times 10^{-3}} = 100[Hz]$이므로 3고조파 주파수를 구하면

3고조파 주파수 : $f_3 = 3f = 3 \times 100 = 300[Hz]$

정답 10 ④ 11 ③ 12 ③

문제 풀이

13 정현파 교류의 왜형률(Distortion Factor)은?

① 0
② 0.1212
③ 0.2273
④ 0.4834

[해설] 정현파 교류는 기본파만 존재하므로 왜형률은 존재하지 않는다. (왜형률 = 0)

14 기본파의 3[%]인 제3고조파와 4[%]인 제5고조파, 1[%]인 제7고조파를 포함하는 전압파의 왜형율은?

① 약 2.7[%]
② 약 5.1[%]
③ 약 7.7[%]
④ 약 14.1[%]

[해설] 왜형률 $= \dfrac{\text{각 고조파의 실효값}}{\text{기본파의 실효값}} \times 100 [\%]$ 이므로 왜형률을 구하면

$$\text{왜형률} = \dfrac{\sqrt{I_3^2 + I_5^2 + I_7^2}}{I_1} \times 100 = \dfrac{\sqrt{0.03^2 + 0.04^2 + 0.01^2}}{1} \times 100 ≒ 5.1[\%]$$

정답 **13** ① **14** ②

CHAPTER 4 전열 및 전기 화학

1 전기 화학

❶ 전기 화학

1) 패러데이 법칙 : 전기 분해에 의해 석출되는 물질의 양은 전해액을 통과한 총 전기량에 비례하고 화학당량에 비례하는 법칙

   ① 석출량 : $W = kQ = kIt\,[g]$

   ② 화학당량 : $k = \dfrac{원자량}{원자가}\,[g/C]$

   여기서, Q : 전기량[C], I : 전류[A], t : 시간[s]

2) 1차 전지(건전지) : 망간 건전지
   ① 양극 : 탄소막대
   ② 음극 : 아연판
   ③ 전해액 : 염화암모니아
   ④ 국부작용 : 건전지의 아연판과 아연판에 붙어 있는 불순물이 화학반응을 일으키며 단락 전류를 흘리게하여 자체방전이 일어나는 현상
      ㉠ 방지책 : 순수 금속을 사용하거나 수은으로 도금한다.
   ⑤ 분극작용 : 전류를 흘리면 양극에 수소기체가 발생하여 기전력이 감소하는 현상
      ㉠ 방지책 : 감극제 사용

3) 2차 전지(축전지) : 알칼리 축전지, 연(납) 축전지
   ① 연(납) 축전지 화학 반응식

   $$\underset{산화납(+)}{PbO_2} + \underset{묽은황산}{2H_2SO_4} + \underset{납(-)}{Pb} \underset{방\ 전}{\overset{충\ 전}{\rightleftarrows}} \underset{황산납(+)}{PbSO_4} + \underset{부산물}{2H_2O} + \underset{황산납(-)}{PbSO_4}$$

   비중 : 1.23~1.26

알칼리 축전지 : 니켈카드뮴 전지	연 축전지 : 납 축전지
- 양극 재료 : 수산화니켈 - 음극 재료 : 카드뮴 - 공칭 전압 : 1.2[V/셀] - 공칭 용량 : 5[Ah]	- 양극 재료 : 산화납 - 음극 재료 : 납 - 전해액 : 묽은 황산 - 공칭 전압 : 2[V/셀] - 공칭 용량 : 10[Ah] - 방전시 양극, 음극 재료 : 황산납

4) 축전지 용량 : $C = \dfrac{1}{L}KI = IT[\text{Ah}]$

여기서, I : 방전 전류[A], L : 보수율(유지율), K : 용량환산 시간계수
T : 방전 시간[h]

문제 풀이

1 "같은 전기량에 의해서 여러 가지 화합물이 전해될 때 석출되는 물질의 양은 그 물질의 화학당량에 비례한다." 이 법칙은?

① 렌츠의 법칙 ② 패러데이의 법칙
③ 앙페르의 법칙 ④ 줄의 법칙

[해설] 패러데이 법칙 : 전기 분해에 의해 석출되는 물질의 양은 전해액을 통과한 총 전기량에 비례하고 화학당량에 비례하는 법칙

2 전기분해를 통하여 석출된 물질의 양은 통과한 전기량 및 화학당량과 어떤 관계인가?

① 전기량과 화학당량에 비례한다.
② 전기량과 화학당량에 반비례한다.
③ 전기량에 비례하고 화학당량에 반비례한다.
④ 전기량에 반비례하고 화학당량에 비례한다.

[해설] 패러데이 법칙 : 전기 분해에 의해 석출되는 물질의 양은 전해액을 통과한 총 전기량에 비례하고 화학당량에 비례하는 법칙
석출량 : $W = kQ = kIt\,[g]$

3 패러데이 법칙과 관계없는 것은?

① 전극에서 석출되는 물질의 양은 통과한 전기량에 비례한다.
② 전해질이나 전극이 어떤 것이라도 같은 전기량이면 항상 같은 화학당량의 물질을 석출한다.
③ 화학당량이란 $\dfrac{원자량}{원자가}$ 을 말한다.
④ 석출되는 물질의 양은 전류의 세기와 전기량의 곱으로 나타낸다.

[해설] 패러데이 법칙 : 전기 분해에 의해 석출되는 물질의 양은 전해액을 통과한 총 전기량에 비례하고 화학당량에 비례하는 법칙
• 석출량 : $W = kQ = kIt\,[g]$
• 화학당량 : $k = \dfrac{원자량}{원자가}\,[g/C]$

[정답] 1 ② 2 ① 3 ④

문제 풀이

4 니켈의 원자가는 2.0이고 원자량은 58.7이다. 이때 화학 당량의 값은?

① 117.4 ② 60.70
③ 56.70 ④ 29.35

[해설] 화학당량 : $k = \dfrac{\text{원자량}}{\text{원자가}} = \dfrac{58.7}{2} = 29.35\,[g/C]$

5 초산은($AgNO_3$) 용액에 1[A]의 전류를 2시간 동안 흘렸다. 이때 은의 석출량[g]은? (단, 은의 전기 화학 당량은 1.1×10^{-3}[g/C]이다)

① 5.44 ② 6.08
③ 7.92 ④ 9.84

[해설] 은의 석출량 : $W = kQ = kIt = 1.1 \times 10^{-3} \times 1 \times 2 \times 3600 = 7.92\,[g]$

6 황산구리 용액에 10[A]의 전류를 60분간 흘린 경우 이때 석출되는 구리의 양은?(단, 구리의 전기 화학당량은 0.3293×10^{-3}[g/C]임)

① 약 1.97[g] ② 약 5.93[g]
③ 약 7.82[g] ④ 약 11.86[g]

[해설] 구리의 석출량 : $W = kQ = kIt = 0.3293 \times 10^{-3} \times 10 \times 60 \times 60 ≒ 11.86\,[g]$

7 전기 분해에 의해서 구리를 정제하는 경우, 음극에서 구리 1[kg]을 석출하기 위해서는 200[A]의 전류를 약 몇 시간[h] 흘려야 하는가?(단, 전기 화학 당량은 0.3293×10^{-3}[g/C]임)

① 2.11[h] ② 4.22[h]
③ 8.44[h] ④ 12.65[h]

[해설] 구리의 석출량 : $W = kQ = kIt$ 에서 시간을 구하면

시간 : $t = \dfrac{W}{kI} = \dfrac{1 \times 10^3}{0.3293 \times 10^{-3} \times 200} = 15183.723\,[\text{sec}]$

∴ 시간 : $t = \dfrac{15183.723}{3600} ≒ 4.22\,[\text{h}]$

정답 4 ④ 5 ③ 6 ④ 7 ②

8 1차 전지로 가장 많이 사용되는 것은?

① 니켈-카드뮴 전지　　② 연료전지
③ 망간건전지　　　　　④ 납축전지

[해설] 1차 전지 : 망간 건전지
　　　 2차 전지 : 알칼리(니켈카드뮴) 축전지, 연(납) 축전지, 연료 전지

9 망간 건전지의 양극으로 무엇을 사용하는가?

① 아연판　　② 구리판
③ 탄소막대　④ 묽은황산

[해설] 망간건전지 양극재료 : 탄소막대
　　　 망간건전지 음극재료 : 아연판
　　　 망간건전지 전해액 : 염화암모니아

10 전지의 전압강하 원인으로 틀린 것은?

① 국부작용　② 산화작용
③ 성극작용　④ 자기방전

[해설] 전지의 전압강하 원인 : 국부작용, 성극(분극)작용, 자기방전
　• 국부작용 : 건전지의 아연판과 아연판에 붙어 있는 불순물이 화학반응을 일으키며
　　　　　　 단락 전류를 흘리게하여 자체방전이 일어나는 현상
　• 분극작용 : 전류를 흘리면 양극에 수소기체가 발생하여 기전력이 감소하는 현상

11 전지(Battery)에 관한 사항이다. 감극제(Depolarizer)는 어떤 작용을 막기 위해 사용하는가?

① 분극작용　② 방 전
③ 순환전류　④ 전기분해

[해설] 분극작용 : 전류를 흘리면 양극에 수소기체가 발생하여 기전력이 감소하는 현상
　　　 방지책 : 감극제 사용

정답　8 ③　9 ③　10 ②　11 ①

12 알칼리 축전지의 대표적인 축전지로 널리 사용되고 있는 2차 전지는?

① 망간전지
② 산화은 전지
③ 페이퍼 전지
④ 니켈카드뮴 전지

[해설] 알칼리 축전지의 대표적인 축전지 : 니켈카드뮴 전지
- 양극재료 : 수산화니켈($Ni(OH)_2$)
- 음극재료 : 카드뮴(Cd)
- 공칭전압 : 1.2[V/셀]
- 공칭용량 : 5[Ah]

13 납축전지의 전해액은?

① 염화암모늄 용액
② 묽은 황산
③ 수산화칼륨
④ 염화나트륨

[해설] 연(납) 축전지
- 양극 재료 : 산화납
- 음극 재료 : 납
- 전해액 : 묽은 황산
- 공칭 전압 : 2[V/셀]
- 공칭 용량 : 10[Ah]

14 (㉠), (㉡)에 들어갈 내용으로 알맞은 것은?

"2차 전지의 대표적인 것으로 납축전지가 있다. 전해액으로 비중 약 (㉠)정도의 (㉡)을 사용한다."

① ㉠ 1.15~1.21 ㉡ 묽은 황산
② ㉠ 1.25~1.36 ㉡ 질산
③ ㉠ 1.01~1.15 ㉡ 질산
④ ㉠ 1.23~1.26 ㉡ 묽은 황산

[해설] 연(납) 축전지 전해액 : 묽은 황산
연(납) 축전지 비중 : 1.23~1.26

15 묽은 황산(H_2SO_4) 용액에 구리(Cu)와 아연(Zn)판을 넣었을 때 아연판은?

① 수소 기체를 발생한다.
② 음극이 된다.
③ 양극이 된다.
④ 황산아연으로 변한다.

[해설] 양극(+) : 구리판(Cu)
음극(−) : 아연판(Zn)
전해액 : 묽은 황산

정답 12 ④ 13 ② 14 ④ 15 ②

16 황산구리($CuSO_4$)의 전해액에 2개의 동일한 구리판을 넣고 전원을 연결하였을 때 양극에서 나타나는 변화를 옳게 설명한 것은?

① 변화가 없다.
② 구리판이 두꺼워진다.
③ 구리판이 얇아진다.
④ 수소 가스가 발생한다.

[해설] 양극판 : 전기분해 작용에 의해 양극판(구리판)이 점점 녹아내리며 얇아진다.
음극판 : 전기분해 작용에 의해 녹아내린 양극판이 음극판에 달라 붙으면서 두꺼워진다.

17 황산구리($CuSO_4$)의 전해액에 2개의 동일한 구리판을 넣고 전원을 연결하였을 때 구리판의 변화를 옳게 설명한 것은?

① 2개의 구리판 모두 얇아진다.
② 2개의 구리판 모두 두터워진다.
③ 양극 쪽은 얇아지고, 음극 쪽은 두터워진다.
④ 양극 쪽은 두터워지고, 음극 쪽은 얇아진다.

[해설] 양극판 : 전기분해 작용에 의해 양극판(구리판)이 점점 녹아내리며 얇아진다.
음극판 : 전기분해 작용에 의해 녹아내린 양극판이 음극판에 달라 붙으면서 두꺼워진다.

정답 16 ③ 17 ③

2 전 열

❶ **전류의 열작용 (줄 법칙)** : 저항이 존재하는 도선에 전류를 흘리면 열이 발생하는 법칙

1) 단위 환산
   ① $1[J] = 0.24[cal]$, $1[cal] = 4.2[J]$
   ② $1[kWh] = 860[kcal]$
   ③ $1[BTU] = 252[cal] = 0.252[kcal]$

2) 열량 계산
   ① 발열량(열에너지) : $Q = Pt = VIt = I^2Rt = \dfrac{V^2}{R}t\,[J]$

   ② 열량 : $Q = 0.24Pt = 0.24VIt = 0.24I^2Rt = 0.24\dfrac{V^2}{R}t\,[cal]$

   여기서, P : 전력[W], V : 전압[V], I : 전류[A], t : 시간[sec]

   ③ 열량 : $Q = Cm\theta = Cm(T - T_o)\,[kcal]$

   여기서, C : 비열(물의 비열 : C=1), m : 질량[kg][l], θ : 온도차[℃],
   T : 나중 온도[℃], T_0 : 처음 온도[℃]

   ④ 열량 : $Q = 860nPt\,[kcal]$
   여기서, P : 전력[kW], n : 효율, t : 시간[h]

   ⑤ 연립공식 : $Q = Cm(T - T_o) = 860nPt\,[kcal]$

❷ **열에너지 전달** : 대류, 전도, 복사

1) 대류 : 유체내에서의 물질이 이동함으로써 열이 전달되는 현상
2) 전도 : 열에너지를 전달함에 있어 어떤 매개체로서 전달하는 현상
3) 복사 : 열에너지를 전달함에 있어 어떤 매개체 없이 전자파로서 전달하는 현상

❸ **열전 효과**

1) 제베크(제벡)효과 : 서로 다른 두 종류의 금속으로 폐회로를 만들고 두 접합점에 열을 가해 온도차를 주면 기전력이 발생하는 효과
2) 펠티어효과 : 서로 다른 두 종류의 금속으로 폐회로를 만들고 두 접합점에 전류를 흘리면 열이 흡수, 발산하는 효과
3) 톰슨효과 : 한 종류 금속으로 폐회로를 만들고 두 접합점에 전류를 흘리면 열이 흡수·발산하는 효과
4) 제3금속 효과 : 서로 다른 두 종류의 금속 접점에 임의의 다른 금속을 연결해도 온도를 유지하며 기전력이 변하지 않는 효과

문제 풀이 ✓

1 저항이 있는 도선에 전류가 흐르면 열이 발생한다. 이와 같이 전류의 열작용과 가장 관계가 깊은 법칙은?

① 패러데이의 법칙 ② 키르히호프의 법칙
③ 줄의 법칙 ④ 옴의 법칙

[해설] 줄의 법칙 : 저항이 존재하는 도선에 전류를 흘리면 열이 발생하는 법칙(전류의 열작용)

2 1[J]은 약 몇 [cal]인가?

① 0.24 ② 0.35
③ 0.46 ④ 0.57

[해설] 단위 환산
- 1[J] = 0.24[cal]
- 1[cal] = 4.2[J]
- 1[kWh] = 860[kcal]

3 1[kWh]는 몇 [kcal]인가?

① 860 ② 2,400
③ 4,800 ④ 8,600

[해설] 단위 환산
- 1[J] = 0.24[cal]
- 1[cal] = 4.2[J]
- 1[kWh] = 860[kcal]

4 줄의 법칙에서 발열량 계산식을 옳게 표시한 것은?

① $H = I^2R$[J] ② $H = I^2R^2t$[J]
③ $H = I^2R^2$[J] ④ $H = I^2Rt$[J]

[해설] 발열량(열에너지) : $H = Pt = VIt = I^2Rt = \dfrac{V^2}{R}t$[J]

정답 1 ③ 2 ① 3 ① 4 ④

5 3[kW]의 전열기를 정격 상태에서 20분간 사용하였을 때의 열량은 몇 [kcal]인가?

① 430　　　　　　　　　　　② 520
③ 610　　　　　　　　　　　④ 860

[해설] 전력(P)과 시간(t)이 주어졌으므로 열량을 구하면(전력[kW]대입 시 열량[kcal])
열량 : $H = 0.24Pt = 0.24 \times 3 \times 20 \times 60 = 860$ [kcal]

6 저항이 10[Ω]인 도체에 1[A]의 전류를 10분간 흘렸다면 발생하는 열량은 몇 [kcal]인가?

① 0.62　　　　　　　　　　② 1.44
③ 4.46　　　　　　　　　　④ 6.24

[해설] 저항(R), 전류(I), 시간(t)이 주어졌으므로 열량을 구하면
열량 : $H = 0.24I^2Rt \times 10^{-3} = 0.24 \times 1^2 \times 10 \times 10 \times 60 \times 10^{-3} = 1.44$ [kcal]

7 10[℃], 5,000[g]의 물을 40[℃]로 올리기 위하여 1[kW]의 전열기를 쓰면 몇 분이 걸리게 되는가?(단, 여기서 효율은 80[%]라고 한다)

① 약 13분　　　　　　　　　② 약 15분
③ 약 25분　　　　　　　　　④ 약 50분

[해설] 열량 : $Q = Cm(T-T_o) = 860nPt$ [kcal]에서 시간을 구하면($m = 5000[g] = 5[kg]$)
시간 : $t = \dfrac{Cm(T-T_0)}{860\eta P} = \dfrac{1 \times 5 \times (40-10)}{860 \times 0.8 \times 1} = 0.218$ [h]
∴ 시간 : $t = 0.218 \times 60 ≒ 13$ [분]

8 20[℃]의 물 100[L]를 2시간 동안에 40[℃]로 올리기 위하여 사용할 전열기의 용량은 약 몇 [kW]이면 되겠는가? (단, 이때 전열기의 효율은 60[%]라 한다.)

① 1.938[kW]　　　　　　　② 3.876[kW]
③ 1,938[kW]　　　　　　　④ 3,876[kW]

[해설] 열량 : $Q = Cm(T-T_o) = 860nPt$ [kcal]에서 전열기의 용량(전력)을 구하면
전열기 용량 : $P = \dfrac{Cm(T-T_0)}{860\eta t} = \dfrac{1 \times 100 \times (40-20)}{860 \times 0.6 \times 2} = 1.938$ [kW]

정답　5 ④　6 ②　7 ①　8 ①

9 100[μF]의 콘덴서에 1,000[V]의 전압을 가하여 충전한 뒤 저항을 통하여 방전시키면 저항에 발생하는 열량은 몇 [cal]인가?

① 3
② 5
③ 12
④ 43

[해설] 먼저 콘덴서에 축적되는 에너지를 구하면

콘덴서에 축적되는 에너지 : $W = \frac{1}{2}CV^2 = \frac{1}{2} \times 100 \times 10^{-6} \times 1000^2 = 50$ [J]

1[J] = 0.24[cal]이므로 단위를 환산하면

열량 : $Q = 50 \times 0.24 = 12$ [cal]

10 열의 전달 방법이 아닌 것은?

① 복 사
② 대 류
③ 확 산
④ 전 도

[해설] 열에너지 전달 : 대류, 전도, 복사
- 대류 : 유체내에서의 분자들이 확산이나 이류를 통해 이동하는 현상
- 전도 : 열에너지를 전달함에 있어 어떤 매개체로서 전달하는 현상
- 복사 : 열에너지를 전달함에 있어 어떤 매개체 없이 전자파로서 전달하는 현상

11 물체의 온도상승 및 열전달 방법에 대한 설명으로 옳은 것은?

① 비열이 작은 물체에 열을 주면 쉽게 온도를 올릴 수 있다.
② 열전달 방법 중 유체가 열을 받아 분자와 같이 이동하는 것이 복사이다.
③ 일반적으로 물체는 열을 방출하면 온도가 증가한다.
④ 질량이 큰 물체에 열을 주면 쉽게 온도를 올릴 수 있다.

[해설] ① 비열이 작은 물체에 열을 가하면 온도가 쉽게 상승한다.
② 열전달 방법 중 유체가 열을 받아 분자와 같이 이동하는 것은 대류현상 이다.
③ 일반적으로 물체는 열을 방출하면 물체의 온도가 감소하게 된다.
④ 질량이 작은 물체에 열을 주면 쉽게 온도를 올릴 수 있다.

12 종류가 다른 두 금속을 접합하여 폐회로를 만들고 두 접합점의 온도를 다르게 하면 이 폐회로에 기전력이 발생하여 전류가 흐르게 되는 현상을 지칭하는 것은?

① 줄의 법칙(Joule's Law)
② 톰슨 효과(Thomson Effect)
③ 펠티에 효과(Peltier Effect)
④ 제베크 효과(Seebeck Effect)

[해설] 제베크(제벡)효과 : 서로 다른 두 종류의 금속으로 폐회로를 만들고 두 접합점에 열을 가해 온도차를 주면 기전력이 발생하는 효과

정답 9 ③ 10 ③ 11 ① 12 ④

13 제베크 효과에 대한 설명으로 틀린 것은?

① 두 종류의 금속을 접속하여 폐회로를 만들고, 두 접속점에 온도의 차이를 주면 기전력이 발생하여 전류가 흐른다.
② 열기전력의 크기와 방향은 두 금속 점의 온도차에 따라서 정해진다.
③ 열전쌍(열전대)은 두 종류의 금속을 조합한 장치이다.
④ 전자 냉동기, 전자 온풍기에 응용된다.

[해설] 제베크(제벡)효과 : 서로 다른 두 종류의 금속으로 폐회로를 만들고 두 접속점에 열을 가해 온도차를 주면 기전력이 발생하는 효과
펠티어효과 : 서로 다른 두 종류의 금속으로 폐회로를 만들고 두 접합점에 전류를 흘리면 열이 흡수, 발산하는 효과(전자 냉동기, 전자 온풍기 등에 활용된다.)

14 두 종류의 금속 접합부에 전류를 흘리면 전류의 방향에 따라 줄열 이외의 열의 흡수 또는 발생 현상이 생긴다. 이러한 현상을 무엇이라 하는가?

① 제베크 효과
② 페란티 효과
③ 펠티에 효과
④ 초전도 효과

[해설] 펠티어효과 : 서로 다른 두 종류의 금속으로 폐회로를 만들고 두 접합점에 전류를 흘리면 열이 흡수, 발산하는 효과(전자 냉동기, 전자 온풍기 등에 활용된다.)

15 전자 냉동기는 어떤 효과를 응용한 것인가?

① 제베크 효과
② 톰슨효과
③ 펠티에 효과
④ 줄효과

[해설] 펠티어효과 : 서로 다른 두 종류의 금속으로 폐회로를 만들고 두 접합점에 전류를 흘리면 열이 흡수, 발산하는 효과(전자 냉동기, 전자 온풍기 등에 활용된다.)

16 서로 다른 종류의 안티모니와 비스무트의 두 금속을 접속하여 여기에 전류를 통하면, 그 접점에서 열의 발생 또는 흡수가 일어난다. 줄열과 달리 전류의 방향에 따라 열의 흡수와 발생이 다르게 나타나는 이 현상은?

① 펠티에 효과
② 제베크 효과
③ 제3금속의 법칙
④ 열전효과

[해설] 펠티어효과 : 서로 다른 두 종류의 금속으로 폐회로를 만들고 두 접합점에 전류를 흘리면 열이 흡수, 발산하는 효과(전자 냉동기, 전자 온풍기 등에 활용된다.)

정답 13 ④ 14 ③ 15 ③ 16 ①

17 다음이 설명하는 것은?

"금속 A와 B로 만든 열전쌍과 접점 사이에 임의의 금속 C를 연결해도 C의 양 끝의 접점의 온도를 똑같이 유지하면 회로의 열기전력은 변화하지 않는다."

① 제베크 효과
② 톰슨 효과
③ 제3금속의 법칙
④ 펠티에 법칙

[해설] 제3금속 효과 : 서로 다른 두 종류의 금속접점에 임의의 다른 금속을 연결해도 온도를 유지하며 기전력이 변하지 않는 효과

정답 17 ③

MEMO

PART 2
전기기기

CHAPTER 1 직류기
CHAPTER 2 동기기
CHAPTER 3 변압기
CHAPTER 4 유도기
CHAPTER 5 정류기

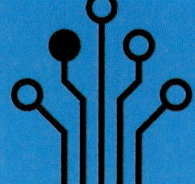

CHAPTER 1 직류기

제1절 직류기 발전기

1 직류 발전기 원리 및 구조

❶ 직류 발전기 원리 : 플래밍의 오른손 법칙 (발전기 법칙)
  : 자속이 존재하는 자계권 내에서 도체를 움직여 기전력의 방향을 알아보는 법칙

  1) 엄지 : 운동의 방향 (회전자가 회전하는 방향)

  2) 검지 : 자속의 방향 (자기장의 방향 : N → S)

  3) 중지 : 기전력의 방향 (유도기전력이 발생하는 방향)

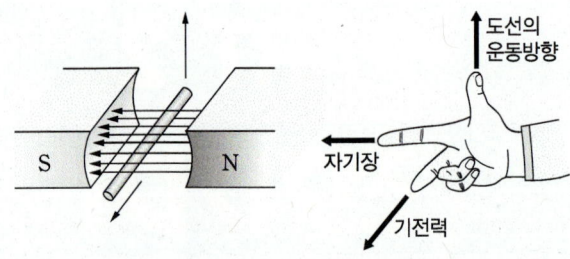

❷ 직류 발전기의 구조

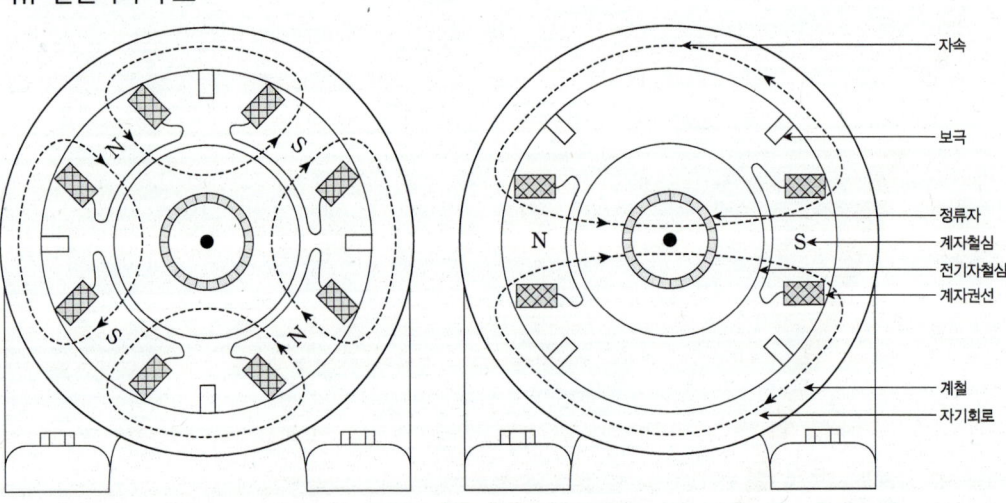

1) 직류 발전기의 구성 : 계자, 전기자, 정류자, 브러쉬

   ※ 직류기의 중요 3요소 : 정류자, 전기자, 계자 (정전계)

2) 계자 (고정자 : Field)
   : 계자권선에 전류를 흘려 주 자속을 만드는 부분
   ① 계자 구성 : 계철(틀), 계자 철심, 계자 권선, 자극편

3) 전기자 (회전자 : Armature)
   : 계자에서 발생한 자속을 절단하여 기전력을 발생하는 부분
   ① 전기자 구성 : 전기자 권선, 전기자 철심
   ② 전기자 권선 : 기전력이 유도되는 부분
   ③ 전기자 철심 : 규소강판을 성층하여 만든 부분
      ㉠ 규소강판 성층철심 : 히스테리시스손과 와류손 감소 (철손 감소)
      ㉡ 규소강판 이유 : 두께 0.35[mm] ~ 0.5[mm]의 규소강판을 사용하여 히스테리시손을 감소 시킨다.
      ㉢ 성층철심 이유 : 와류손(맴돌이 전류손)을 감소 시킨다.

4) 정류자 (Commutator)
   : 전기자에 유도된 교류기전력을 직류로 변환시키는 부분
   ① 항상 브러쉬와 단락(접촉)되며 불꽃이 발생한다.
   ② 정류자편과 브러쉬가 단락(접촉)시 불꽃 발생
   ③ 단락전류를 감소시키기 위해 접촉저항이 큰 탄소브러쉬 사용
   ④ 양호한 정류를 얻기 위해 보극을 설치한다.

5) 브러쉬 (Brush)
   : 전기자 권선(내부회로)과 외부회로를 연결시키는 부분으로 정류자에서 정류한 직류를 외부로 인출하는 부분
   ① 종류 : 탄소 브러쉬, 흑연질 브러쉬, 전기 흑연질 브러쉬, 금속 흑연질 브러쉬
      ㉠ 탄소 브러쉬 : 접촉저항이 커서 직류기에 사용된다.
      ㉡ 금속 흑연질 브러쉬 : 전류 용량이 커서 전기분해 등의 저전압 대전류용 기기에 사용된다.
   ② 브러쉬 홀더 (Brush holder) : 브러쉬가 정류자면과 접촉되도록 스프링에 의하여 0.15 ~ 0.25[kg/cm²]의 압력을 가한다.

6) 공극 (Air Gab)
   : 계자의 자극편과 전기자 철심 사이의 자기회로 공간
   ① 공극의 간격 : 3[mm] ~ 8[mm]
   ② 자기회로 중 자기저항이 가장 큰 부분이다.

문제 풀이 ✓

1 플레밍의 오른손 법칙에서 셋째 손가락의 방향은?

① 운동 방향 ② 자속밀도의 방향
③ 유도 기전력의 방향 ④ 자력선의 방향

[해설] 플래밍의 오른손 법칙(발전기 법칙)
- 엄지 : 운동의 방향 (회전자가 회전하는 방향)
- 검지 : 자속의 방향 (자기장의 방향 : N → S)
- 중지 : 기전력의 방향 (유도기전력이 발생하는 방향)

2 직류기의 3대 요소가 아닌 것은?

① 전기자 ② 계 자
③ 공 극 ④ 정류자

[해설] 직류기의 중요 3요소 : 정류자, 전기자, 계자 (정전계)

3 직류발전기에서 계자의 주된 역할은?

① 기전력을 유도한다. ② 자속을 만든다.
③ 정류작용을 한다. ④ 정류자면에 접촉한다.

[해설] 계자(고정자) : 계자권선에 전류를 흘려 주 자속을 만드는 부분

4 철심에 권선을 감고 전류를 흘려서 공극에 필요한 자속을 만드는 것은?

① 전기자 ② 계 자
③ 회저자 ④ 정류자

[해설] 계자(고정자) : 계자권선에 전류를 흘려 주 자속을 만드는 부분

정답 1 ③ 2 ③ 3 ② 4 ②

5 직류발전기 전기자의 주된 역할은?

① 기전력을 유도한다.
② 자속을 만든다.
③ 정류작용을 한다.
④ 회전자와 외부회로를 접속한다.

[해설] 전기자(회전자) : 계자에서 발생한 자속을 절단하여 기전력을 발생하는 부분
- 전기자 구성 : 전기자 권선, 전기자 철심
- 전기자 권선 : 기전력이 유도되는 부분
- 전기자 철심 : 규소강판을 성층하여 만든 부분
  - 규소강판 성층철심 : 히스테리시스손과 와류손 감소 (철손 감소)
  - 규소강판 이유 : 두께 0.35[mm] ~ 0.5[mm]의 규소강판을 사용하여 히스테리시손을 감소 시킨다.
  - 성층철심 이유 : 와류손(맴돌이 전류손)을 감소 시킨다.

6 직류 발전기 전기자의 구성으로 옳은 것은?

① 전기자 철심, 정류자
② 전기자 권선, 전기자 철심
③ 전기자 권선, 계자
④ 전기자 철심, 브러시

[해설] 전기자 구성 : 전기자 권선, 전기자 철심

7 전기기기의 철심 재료로 규소 강판을 많이 사용하는 이유로 가장 적당한 것은?

① 와류손을 줄이기 위해
② 맴돌이 전류를 없애기 위해
③ 히스테리시스손을 줄이기 위해
④ 구리손을 줄이기 위해

[해설] 규소강판 이유 : 두께 0.35[mm] ~ 0.5[mm]의 규소강판을 사용하여 히스테리시손을 감소 시킨다.

8 전기기계의 철심을 성층하는 가장 적절한 이유는?

① 기계손을 적게 하기 위하여
② 표유 부하손을 적게 하기 위하여
③ 히스테리시스손을 적게 하기 위하여
④ 와류손을 적게 하기 위하여

[해설] 성층철심 이유 : 와류손(맴돌이 전류손)을 감소 시킨다.

정답 5 ① 6 ② 7 ③ 8 ④

9 금속 내부를 지나는 자속의 변화로 금속 내부에 생기는 맴돌이 전류를 작게 하려면 어떻게 하여야 하는가?

① 두꺼운 철판을 사용한다.
② 높은 전류를 가한다.
③ 얇은 철판을 성층하여 사용한다.
④ 철판 양면에 절연지를 부착한다.

[해설] 성층철심 이유 : 와류손(맴돌이 전류손)을 감소 시킨다.

10 직류기의 전기자 철심을 규소 강판으로 성층하여 만드는 이유는?

① 가공하기 쉽다.
② 가격이 염가이다.
③ 철손을 줄일 수 있다.
④ 기계손을 줄일 수 있다.

[해설] 규소강판 성층철심 : 히스테리시스손과 와류손 감소 ⇒ 철손 감소

11 직류발전기의 철심을 규소 강판으로 성층하여 사용하는 주된 이유는?

① 브러시에서의 불꽃방지 및 정류개선
② 맴돌이 전류손과 히스테리시스손의 감소
③ 전기자 반작용의 감소
④ 기계적 강도 개선

[해설] 규소강판 성층철심 : 히스테리시스손과 와류손(맴돌이전류손) 감소 ⇒ 철손 감소

12 직류 발전기에서 브러시와 접촉하여 전기자권선에 유도되는 교류기전력을 정류해서 직류로 만드는 부분은?

① 계 자 ② 정류자
③ 슬립링 ④ 전기자

[해설] 정류자 : 전기자에 유도된 교류기전력을 직류로 변환시키는 부분
• 항상 브러쉬와 단락(접촉)되며 불꽃이 발생한다.
• 정류자편과 브러쉬가 단락(접촉)시 불꽃 방생
• 단락전류를 감소시키기 위해 접촉저항이 큰 탄소브러쉬 사용
• 양호한 정류를 얻기 위해 보극을 설치한다.

[정답] 9 ③ 10 ③ 11 ② 12 ②

13 정류자와 접촉하여 전기자 권선과 외부 회로를 연결하는 역할을 하는 것은?

① 계 자
② 전기자
③ 브러시
④ 계자철심

[해설] 브러쉬 : 전기자 권선(내부회로)과 외부회로를 연결시키는 부분으로 정류자에서 정류한 직류를 외부로 인출하는 부분

14 직류기에서 브러시의 역할은?

① 기전력 유도
② 자속생성
③ 정류작용
④ 전기자 권선과 외부회로 접속

[해설] 브러쉬 : 전기자 권선(내부회로)과 외부회로를 연결시키는 부분으로 정류자에서 정류한 직류를 외부로 인출하는 부분

정답 13 ③ 14 ④

2 전기자 권선법 및 유도기전력

❶ 전기자 권선법 : 고상권, 폐로권, 이층권(고, 폐, 이)

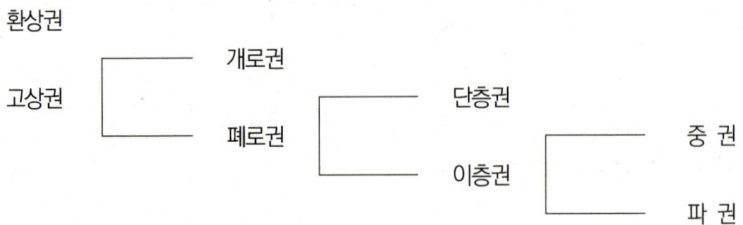

구 분	중 권 (병렬권)	파 권 (직렬권)
용 도	저전압 대전류	소전류 고전압
단 중	a = P = b (항상 극수와 같다.)	a = 2 = b (극수와 관계없이 항상 2개)
다 중	a = mP	a = 2m
균압환	필요하다. (4극 이상)	필요없다.

여기서, a : 전기자 병렬 회로수, P : 극수, b : 브러쉬수, m : 다중도

❷ 유도기전력

1) 도체 1개당 유도기전력 : $e = Blv\sin\theta$ [V]

2) 전기자 주변 속도 : $v = \pi D \dfrac{N}{60}$ [m/s]

3) 자속 밀도 : $B = \dfrac{P\phi}{\pi Dl}$ [wb/m²]

4) 유도기전력 : $E = Blv\dfrac{Z}{a} = \dfrac{P\phi}{\pi Dl} \cdot l \cdot \pi D \dfrac{N}{60} \cdot \dfrac{Z}{a} = \dfrac{PZ\phi N}{60a}$ [V]

∴ 유도기전력 : $E = \dfrac{PZ\phi N}{60a} = K\phi N$[V] ($K = \dfrac{PZ}{60a}$)[V]

여기서, a : 전기자 병렬 회로수, l : 도체의 길이[m], D : 회전자 직경[m]
N : 1분당 회전수[rpm], P : 극수, ϕ : 1극당 자속수[wb], Z : 전기자 총 도체수

5) 비례관계
① 유도기전력 : $E \propto N$ (유도기전력과 회전속도는 비례한다.)
② 회전속도 : $N \propto \dfrac{1}{\phi}$ (회전속도와 자속은 반비례한다.)

문제 풀이 ✓

1 단중 중권의 극수 p인 직류기에서 전기자 병렬회로수 a는 어떻게 되는가?

① $a = p$ ② $a = 2$
③ $a = 2p$ ④ $a = 3p$

[해설] 단중 중권 : a = p = b (항상 극수와 같다.)

구 분	중 권 (병렬권)	파 권 (직렬권)
용 도	저전압 대전류	소전류 고전압
단 중	a = P = b (항상 극수와 같다.)	a = 2 = b (극수와 관계없이 항상 2개)
다 중	a = mP	a = 2m
균압환	필요하다. (4극 이상)	필요없다.

2 8극 파권 직류발전기의 전기자 권선의 병렬 회로수 a는 얼마로 하고 있는가?

① 1   ② 2
③ 6   ④ 8

[해설] 단중 파권 : a = 2 = b (극수와 관계없이 항상 2개)

3 2극의 직류발전기에서 코일변의 유효길이 l[m], 공극의 평균자속밀도 B [Wb/m²], 주변속도 v[m/s]일 때 전기자 도체 1개에 유도되는 기전력의 평균값 e[V]는?

① $e = Blv$[V]   ② $e = \sin\omega t$[V]
③ $e = 2B\sin\omega t$[V]   ④ $e = v^2 Bl$[V]

[해설] 도체 1개에 유도되는 기전력 : $e = Blv\sin\theta = Blv$ [V]
  (말이 없을 시 $\theta = 90°$: $\sin 90° = 1$)

4 자속밀도 0.8[Wb/m²]인 자계에서 길이 50[cm]인 도체가 30[m/s]로 회전할 때 유기되는 기전력 [V]은?

① 8   ② 12
③ 15   ④ 24

[해설] 자속밀도(B), 길이(l), 회전자 주변속도(v)가 주어졌으므로 유기되는 기전력을 구하면
  유기되는 기전력 : $e = Blv\sin\theta = 0.8 \times 0.5 \times 30 = 12$ [V]

[정답] 1 ① 2 ② 3 ① 4 ②

5 자속밀도 1[Wb/m²]인 평등 자계의 방향과 수직으로 놓인 50[cm]의 도선을 자계와 30[°]방향으로 40[m/s]의 속도로 움직일 때 도선에 유기되는 기전력은 몇 [V]인가?

① 5
② 10
③ 20
④ 40

[해설] 자속밀도(B), 길이(l), 회전자 주변속도(v), 위상(θ)이 주어졌으므로 유기되는 기전력을 구하면 유기되는 기전력 : $e = Blv\sin\theta = 1 \times 0.5 \times 40 \times \sin 30° = 10\,[\text{V}]$

6 전기자 지름 0.2[m]의 직류 발전기가 1.5[kW]의 출력에서 1,800[rpm]으로 회전하고 있을 때 전기자 주변속도는 약 몇 [m/s]인가?

① 9.42
② 18.84
③ 21.43
④ 42.86

[해설] 전기자 주변속도 : $v = \pi D \dfrac{N}{60} = \pi \times 0.2 \times \dfrac{1800}{60} = 18.84\,[\text{m/s}]$

7 직류 분권발전기가 있다. 전기자 총도체수 220, 매 극의 자속수 0.01[Wb], 극수 6, 회전수 1,500[rpm]일 때 유기기전력은 몇 [V]인가?(단, 전기자 권선은 파권이다)

① 60
② 120
③ 165
④ 240

[해설] 파권(a = 2) 권선이 주어졌으므로 유기기전력을 구하면
유기기전력 : $E = \dfrac{PZ\phi N}{60a} = \dfrac{6 \times 220 \times 0.01 \times 1{,}500}{60 \times 2} = 165\,[\text{V}]$

8 6극 직렬권 발전기의 전기자 도체 수 300, 매극 자속 0.02[Wb], 회전수 900[rpm]일 때 유도기전력 [V]은?

① 90
② 110
③ 220
④ 270

[해설] 직렬권(파권)(a = 2) 권선이 주어졌으므로 유도기전력을 구하면
유도기전력 : $E = \dfrac{PZ\phi lN}{60a} = \dfrac{6 \times 300 \times 0.02 \times 900}{60 \times 2} = 270\,[\text{V}]$

정답 5 ② 6 ② 7 ③ 8 ④

9 직류 발전기에서 유기기전력 E를 바르게 나타낸 것은?(단, 자속은 ϕ, 회전속도는 n이다)

① $E \propto \phi n$
② $E \propto \phi n^2$
③ $E \propto \dfrac{\phi}{n}$
④ $E \propto \dfrac{n}{\phi}$

[해설] 유기기전력 : $E = \dfrac{PZ\phi N}{60a} = K\phi N$ [V] (유기기전력 : $E \propto \phi N$)

정답 9 ①

3 전기자 반작용 및 정류 작용

❶ 전기자 반작용 : 전기자 권선에 흐르는 전기자 전류에 의한 자속(기자력)이 주자속(계자자속)의 분포에 영향을 미치는 현상

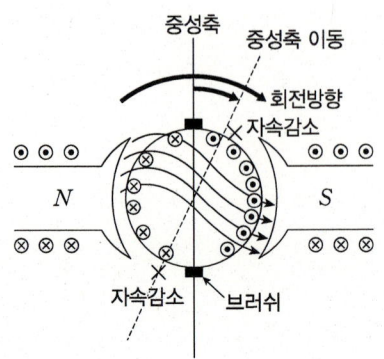

1) 전기자 반작용이 미치는 영향
   ① 감자작용으로 인하여 주자속이 감소한다.
   ② 자속 감소에 의해 유도기전력이 감소한다.
   ③ 국부적으로 섬락(불꽃) 현상이 발생한다.
   ④ 전기적인 중성축이 이동한다.
      ㉠ 발전기 : 회전방향으로 이동한다.
      ㉡ 전동기 : 회전 반대방향으로 이동한다.

2) 전기자 반작용 방지책
   ① 보극과 보상권선 설치
      ㉠ 보극 : 양호한 정류를 위해 설치하며 중성축 이동을 방지한다.
      ㉡ 보상권선 : 전기자 반작용을 방지하기 위해 계자에 홈을 만들고 감은 권선
           (가장 이상적인 방지책)
   ② 중성축 이동에 따라 브러쉬를 전기적 중성축으로 이동시킨다.

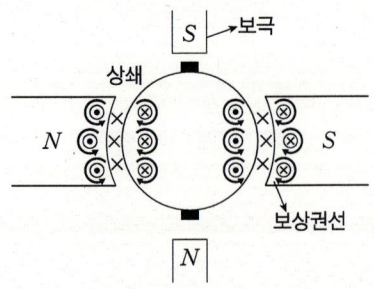

❷ 정류 작용 : 전기자에 유도된 교류를 직류로 변환시키는 작용

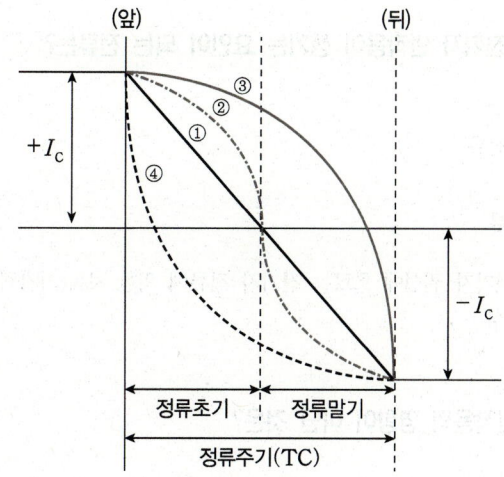

1) 정류의 종류
   ① 직선정류 : 불꽃없는 정류(이상적인 정류)
   ② 정현파정류 : 불꽃없는 정류(양호한 정류)
   ③ 부족정류 : 정류 말기에 브러쉬 뒤편에서 불꽃이 발생하는 정류
   ④ 과정류 : 정류 초기에 브러쉬 앞편에서 불꽃이 발생하는 정류

2) 불꽃 없이 양호한 정류를 얻는 방법
   ① 보극과 탄소브러시 설치
      ㉠ 보극 설치 : 전압 정류 역할을 한다.
      ㉡ 탄소브러쉬 설치 : 저항 정류 역할을 한다.
   ② 리액턴스(인덕턴스) 전압을 작게 한다.
   ③ 접촉저항이 큰 브러쉬를 사용 한다.

문제 풀이 ✓

1 직류 발전기에 있어서 전기자 반작용이 생기는 요인이 되는 전류는?

① 동손에 의한 전류
② 전기자 권선에 의한 전류
③ 계자 권선의 전류
④ 규소 강판에 의한 전류

[해설] 전기자 반작용 : 전기자 권선에 흐르는 전기자 전류에 의한 자속(기자력)이 주자속(계자자속)의 분포에 영향을 미치는 현상

2 직류발전기의 전기자 반작용의 영향이 아닌 것은?

① 절연 내력의 저하
② 유도 기전력의 저하
③ 중성축의 이동
④ 자속의 감소

[해설] 전기자 반작용이 미치는 영향
- 감자작용으로 인하여 주자속이 감소한다.
- 자속 감소에 의해 유도기전력이 감소한다.
- 국부적으로 섬락(불꽃) 현상이 발생한다.
- 전기적인 중성축이 이동한다.
  - 발전기 : 회전방향으로 이동한다.
  - 전동기 : 회전 반대방향으로 이동한다.

3 직류발전기의 전기자 반작용에 의하여 나타나는 현상은?

① 코일이 자극의 중성축에 있을 때도 브러시 사이에 전압을 유기시켜 불꽃을 발생한다.
② 주자속 분포를 찌그러뜨려 중성축을 고정시킨다.
③ 주자속을 감소시켜 유도 전압을 증가시킨다.
④ 직류전압이 증가한다.

[해설] 전기자 반작용이 미치는 영향
- 감자작용으로 인하여 주자속이 감소한다.
- 자속 감소에 의해 유도기전력이 감소한다.
- 국부적으로 섬락(불꽃) 현상이 발생한다.
- 전기적인 중성축이 이동한다.
  - 발전기 : 회전방향으로 이동한다.
  - 전동기 : 회전 반대방향으로 이동한다.

정답 1 ② 2 ① 3 ①

4 직류 발전기에서 전기자 반작용을 없애는 방법으로 옳은 것은?

① 브러시 위치를 전기적 중성점이 아닌 곳으로 이동시킨다.
② 보극과 보상 권선을 설치한다.
③ 브러시의 압력을 조정한다.
④ 보극은 설치하되 보상 권선은 설치하지 않는다.

[해설] 전기자 반작용 방지책
- 보극과 보상권선 설치
  - 보극 : 양호한 정류를 위해 설치하며 중성축 이동을 방지한다.
  - 보상권선 : 전기자 반작용을 방지하기 위해 계자에 홈을 만들고 감은 권선(가장 이상적인 방지책)
- 중성축 이동에 따라 브러쉬를 전기적 중성축으로 이동시킨다.

5 다음 중 직류발전기의 전기자 반작용을 없애는 방법으로 옳지 않은 것은?

① 보상권선 설치 ② 보극 설치
③ 브러시 위치를 전기적 중성점으로 이동 ④ 균압환 설치

[해설] 전기자 반작용 방지책
- 보극과 보상권선 설치
  - 보극 : 양호한 정류를 위해 설치하며 중성축 이동을 방지한다.
  - 보상권선 : 전기자 반작용을 방지하기 위해 계자에 홈을 만들고 감은 권선(가장 이상적인 방지책)
- 중성축 이동에 따라 브러쉬를 전기적 중성축으로 이동시킨다.

6 보극이 없는 직류기 운전 중 중성점의 위치가 변하지 않는 경우는?

① 과부하 ② 전부하
③ 중부하 ④ 무부하

[해설] 부하가 걸려있지 않은 무부하시에는 전기적 중성축이 이동하지 않으며 전기적 중성축은 부하를 걸었을때만 이동하게 된다.

7 다음의 정류곡선 중 브러시의 후단에서 불꽃이 발생하기 쉬운 것은?

① 직선정류 ② 정현파정류
③ 과정류 ④ 부족정류

[해설] 정류의 종류
- 직선정류 : 불꽃없는 정류(이상적인 정류)
- 정현파정류 : 불꽃없는 정류(양호한 정류)
- 부족정류 : 정류 말기에 브러쉬 뒤편에서 불꽃이 발생하는 정류
- 과정류 : 정류 초기에 브러쉬 앞편에서 불꽃이 발생하는 정류

[정답] 4 ② 5 ④ 6 ④ 7 ④

8 직류기에 있어서 불꽃 없는 정류를 얻는 데 가장 유효한 방법은?

① 보극과 탄소브러시
② 탄소브러시와 보상권선
③ 보극과 보상권선
④ 자기포화와 브러시 이동

[해설] 불꽃 없이 양호한 정류를 얻는 방법
- 보극과 탄소브러시 설치
  - 보극 설치 : 전압 정류 역할을 한다.
  - 탄소브러쉬 설치 : 저항 정류 역할을 한다.
- 리액턴스(인덕턴스) 전압을 작게 한다.
- 접촉저항이 큰 브러쉬를 사용 한다.

9 직류발전기에서 전압 정류의 역할을 하는 것은?

① 보 극
② 탄소 브러시
③ 전기자
④ 리액턴스 코일

[해설] 불꽃 없이 양호한 정류를 얻는 방법
- 보극과 탄소브러시 설치
  - 보극 설치 : 전압 정류 역할을 한다.
  - 탄소브러쉬 설치 : 저항 정류 역할을 한다.
- 리액턴스(인덕턴스) 전압을 작게 한다.
- 접촉저항이 큰 브러쉬를 사용 한다.

10 직류기에서 보극을 두는 가장 주된 목적은?

① 기동 특성을 좋게 한다.
② 전기자 반작용을 크게 한다.
③ 정류 작용을 돕고 전기자 반작용을 약화시킨다.
④ 전기자 자속을 증가시킨다.

[해설] 보극 : 전압 정류 역할을 하여 정류 작용을 돕고, 전기적 중성축 이동을 방지하여 전기자 반작용을 약화시킬 목적으로 설치한다.

정답 8 ① 9 ① 10 ③

11 직류발전기의 정류를 개선하는 방법 중 틀린 것은?

① 코일의 자기 인덕턴스가 원인이므로 접촉저항이 작은 브러시를 사용한다.
② 보극을 설치하여 리액턴스 전압을 감소시킨다.
③ 보극 권선은 전기자 권선과 직렬로 접속한다.
④ 브러시를 전기적 중성축을 지나서 회전방향으로 약간 이동시킨다.

[해설] 불꽃 없이 양호한 정류를 얻는 방법
- 보극과 탄소브러시 설치
  - 보극 설치 : 전압 정류 역할을 한다.
  - 탄소브러쉬 설치 : 저항 정류 역할을 한다.
- 리액턴스(인덕턴스) 전압을 작게 한다.
- 접촉저항이 큰 브러쉬를 사용 한다.

정답 11 ①

4 발전기 및 전동기 종류

❶ 여자방식에 따른 분류

1) 타여자 방식 : 자속을 만드는 여자전류를 외부에서 공급하는 방식
 ① 타여자기
  ㉠ 계자와 전기자가 연결되어 있지 않고 분리되어 있는 직류기
  ㉡ 타여자 발전기는 계자(여자)전류를 외부에서 공급받으므로 잔류자기가 없어도 발전할 수 있다.

타여자 발전기 회로도	타여자 전동기 회로도
유도기전력 : $E = V + I_a R_a$ [V]	역기전력 : $E = V - I_a R_a$ [V]
전기자 전류 : $I_a = I = \dfrac{P}{V}$ [A]	전기자 전류 : $I_a = I = \dfrac{P}{V}$ [A]

여기서, P : 출력[W], E : 기전력[V], V : 단자전압[V], I : 부하전류[A],
 I_a : 전기자전류[A], I_f : 계자전류[A], R_a : 전기자저항[Ω], R_f : 분권계자저항[Ω]

2) 자여자 방식 : 자속을 만드는 여자전류를 내부에서 자체적으로 공급하는 방식
 ① 자여자기
  ㉠ 계자권선과 전기자권선이 직렬, 병렬, 직·병렬로 연결되어 있는 직류기
  ㉡ 자여자 발전기 구비조건
   - 잔류자기가 있을 것
   - 회전 방향이 잔류자기 증가 방향일 것
  ㉢ 자여자 발전기가 역회전 할 경우 : 잔류자기가 상실되어 발전하지 않는다.
  ㉣ 종류 : 직권기, 분권기, 복권기
 ② 직권기 : 계자권선과 전기자권선이 직렬로만 연결되어 있는 직류기
  ㉠ 무부하 상태에서 발전하지 못하는 발전기 : 직권 발전기

직권 발전기 회로도	직권 전동기 회로도
(회로도)	(회로도)
유도기전력 : $E = V + I_a(R_a + R_s)$ [V] 단자전압 : $V = E - I_a(R_a + R_s)$ [V]	유도기전력 : $E = V - I_a(R_a + R_s)$ [V]
전기자 전류 : $I_a = I = I_f = \phi$	전기자 전류 : $I_a = I = I_f = \phi$

③ 분권기 : 계자권선과 전기자권선이 병렬로만 연결되어 있는 직류기
  ㉠ 용도 : 전기 화학용, 전지의 충전용 발전기
  ㉡ 특징
    - 계자저항기로 전압 조정 가능
    - 자여자이므로 다른 여자전원이 필요없고, 전압변동률이 작다.

분권 발전기 회로도	분권 전동기 회로도
(회로도)	(회로도)
유도기전력 : $E = V + I_a R_a$ [V] 단자전압 : $V = E - I_a R_a = I_f R_f$ [V]	역기전력 : $E = V - I_a R_a$ [V]
전기자 전류 : $I_a = I + I_f = \dfrac{P}{V} + \dfrac{V}{R_f}$ [A] (무부하시 $I = 0$ [A] $\therefore I_a = I_f$ [A])	전기자 전류 : $I_a = I - I_f = \dfrac{P}{V} - \dfrac{V}{R_f}$ [A]

④ 복권기 : 직권계자권선과 분권계자권선이 전기자권선과 직·병렬로 연결되어 있는 직류기
  ㉠ 가동복권 발전기 : 직권과 분권 두 자속이 가해지는 방향으로 감은 발전기
  ㉡ 차동복권 발전기 : 직권과 분권 두 자속이 감해지는 방향으로 감은 발전기
    - 수하특성이 가장 좋아 용접용으로 사용되는 발전기
  ㉢ 복권기를 분권기로 사용 : 직권계자권선 단락
  ㉣ 복권기를 직권기로 사용 : 분권계자권선 개방

ⓜ 가동 복권발전기는 차동 복권전동기로 사용할 수 있다.
ⓑ 차동 복권발전기는 가동 복권전동기로 사용할 수 있다.

복권 발전기 회로도	복권 전동기 회로도
유도기전력 : $E = V + I_a(R_a + R_s)$ [V]	유도기전력 : $E = V - I_a(R_a + R_s)$ [V]
전기자 전류 : $I_a = I + I_f = \dfrac{P}{V} + \dfrac{V}{R_f}$ [A]	전기자 전류 : $I_a = I - I_f = \dfrac{P}{V} - \dfrac{V}{R_f}$ [A]

여기서, P : 출력[W], E : 기전력[V], V : 단자전압[V], I : 부하전류[A],
 I_a : 전기자전류[A], I_f : 계자전류[A], R_a : 전기자저항[Ω],
 R_f : 분권계자저항[Ω], R_s : 직권계자저항[Ω]

문제 풀이 ✓

1 계자 권선이 전기자와 접속되어 있지 않은 직류기는?

① 직권기   ② 분권기
③ 복권기   ④ 타여자기

[해설] 타여자기
- 계자와 전기자가 연결되어 있지 않고 분리되어 있는 직류기
- 타여자 발전기는 계자(여자)전류를 외부에서 공급받으므로 잔류자기가 없어도 발전할 수 있다.

2 그림과 같은 접속은 어떤 직류 전동기의 접속인가?

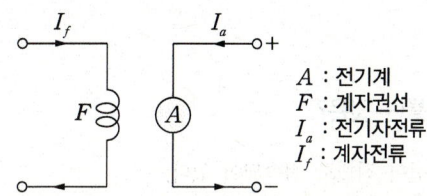

A : 전기계
F : 계자권선
I_a : 전기자전류
I_f : 계자전류

① 타여자 전동기   ② 직권 전동기
③ 분권 전동기   ④ 복권 전동기

[해설] 계자와 전기자가 연결되어 있지 않고 분리되어 있는 타여자 전동기

타여자 발전기 회로도	타여자 전동기 회로도
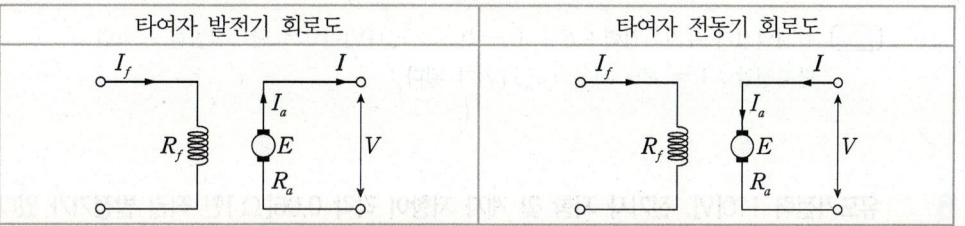	

3 계자 철심에 잔류자기가 없어도 발전되는 직류기는?

① 분권기   ② 직권기
③ 복권기   ④ 타여자기

[해설] 타여자기
- 계자와 전기자가 연결되어 있지 않고 분리되어 있는 직류기
- 타여자 발전기는 계자(여자)전류를 외부에서 공급받으므로 잔류자기가 없어도 발전할 수 있다.

정답 1 ④ 2 ① 3 ④

4 분권 발전기의 회전 방향을 반대로 하면?

① 전압이 유기된다.
② 발전기가 소손된다.
③ 고전압이 발생한다.
④ 잔류 자기가 소멸된다.

[해설] 자여자기
- 계자권선과 전기자권선이 직렬, 병렬, 직·병렬로 연결되어 있는 직류기
- 자여자 발전기 구비조건
  - 잔류자기가 있을 것
  - 회전 방향이 잔류자기 증가 방향일 것
- 자여자 발전기가 역회전 할 경우 : 잔류자기가 상실되어 발전하지 않는다.
- 종류 : 직권기, 분권기, 복권기

5 직권발전기의 설명 중 틀린 것은?

① 계자권선과 전기자권선이 직렬로 접속되어 있다.
② 승압기로 사용되며 수전 전압을 일정하게 유지하고자 할 때 사용된다.
③ 단자전압을 V, 유기기전력을 E, 부하전류를 I, 전기자저항 및 직권계자저항을 각각 r_a, r_s라 할 때 $V = E + I(r_a + r_s)$ [V]이다.
④ 부하전류에 의해 여자되므로 무부하 시 자기여자에 의한 전압확립은 일어나지 않는다.

[해설] 직권발전기 유기기전력 : $E = V + I(r_a + r_s)$ [V]이므로 단자전압을 구하면
단자전압 : $V = E - I(r_a + r_s)$ [V]가 된다.

6 유도기전력 110[V], 전기자 저항 및 계자 저항이 각각 0.05[Ω]인 직권 발전기가 있다. 부하 전류가 100[A]이면, 단자전압[V]은?

① 95
② 100
③ 105
④ 110

[해설] 직권발전기 유도기전력 : $E = V + I_a(R_a + R_s)$ [V]에서 발전기 단자전압을 구하면
단자전압 : $V = E - I_a(R_a + R_s) = 110 - 100 \times (0.05 + 0.05) = 100$ [V]
※ 직권 : 부하전류=전기자 전류($I = I_a = 100[A]$)

정답 4 ④ 5 ③ 6 ②

7 계자 권선이 전기자에 병렬로만 접속된 직류기는?

① 타여자기　　　　　　　　　② 직권기
③ 분권기　　　　　　　　　　④ 복권기

[해설] 분권기 : 계자권선과 전기자권선이 병렬로만 연결되어 있는 직류기

8 전압변동률이 적고 자여자이므로 다른 전원이 필요 없으며, 계자 저항기를 사용한 전압 조정이 가능하므로 전기 화학용, 전지의 충전용 발전기로 가장 적합한 것은?

① 타여자 발전기　　　　　　② 직류 복권발전기
③ 직류 분권발전기　　　　　④ 직류 직권발전기

[해설] 분권기 : 계자권선과 전기자권선이 병렬로만 연결되어 있는 직류기
- 용도 : 전기 화학용, 전지의 충전용 발전기
- 특징
  - 계자 저항기로 전압 조정 가능
  - 자여자이므로 다른 여자전원이 필요없고, 전압변동률이 작다.

9 직류 분권발전기를 동일 극성의 전압을 단자에 인가하여 전동기로 사용하면?

① 동일 방향으로 회전한다.
② 반대 방향으로 회전한다.
③ 회전하지 않는다.
④ 소손된다.

[해설] 직류 분권발전기의 극성을 그대로 사용하여 발전기를 전동기로 사용하는 경우 회전방향이 전과 동일한 방향으로 회전하게 된다.

10 분권발전기는 잔류자속에 의해서 잔류전압을 만들고 이때 여자 전류가 잔류 자속을 증가시키는 방향으로 흐르면, 여자 전류가 점차 증가하면서 단자 전압이 상승하게 된다. 이러한 현상을 무엇이라 하는가?

① 자기 포화　　　　　　　　② 여자 조절
③ 보상 전압　　　　　　　　④ 전압 확립

[해설] 전압 확립 : 분권발전기 기동 시 잔류자속에 의해서 잔류전압을 만들고 이때 여자 전류가 잔류 자속을 증가시키는 방향으로 흐르면, 여자 전류가 점차 증가하면서 단자 전압이 상승하는 현상

정답　7 ③　8 ③　9 ①　10 ④

11 전기자저항 0.1[Ω], 전기자 전류 104[A], 유도기전력 110.4[V]인 직류 분권 발전기의 단자전압[V]은?

① 110
② 106
③ 102
④ 100

[해설] 분권발전기 유기기전력 : $E = V + I_a R_a$ [V]에서 발전기 단자전압을 구하면
단자전압 : $V = E - I_a R_a = 110.4 - 104 \times 0.1 = 100$ [V]

12 정격속도로 운전하는 무부하 분권발전기의 계자 저항이 60[Ω], 계자 전류가 1[A], 전기자 저항이 0.5[Ω]라 하면 유도 기전력은 약 몇 [V]인가?

① 30.5
② 50.5
③ 60.5
④ 80.5

[해설] 분권발전기 단자전압 : $V = I_f R_f = 1 \times 60 = 60$ [V]이고,
분권발전기 무부하시 : $I = 0$ [A] ($I_a = I_f$)이므로 유도기전력을 구하면
분권발전기 유도기전력 : $E = V + I_a R_a = 60 + 1 \times 0.5 = 60.5$ [V]

13 다음 그림의 직류 전동기는 어떤 전동기인가?

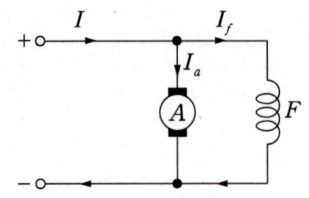

① 직권 전동기
② 타여자 전동기
③ 분권 전동기
④ 복권 전동기

[해설] 전기자(A)와 계자권선(F)이 병렬로 연결되어 있으므로 직류 분권전동기이다.

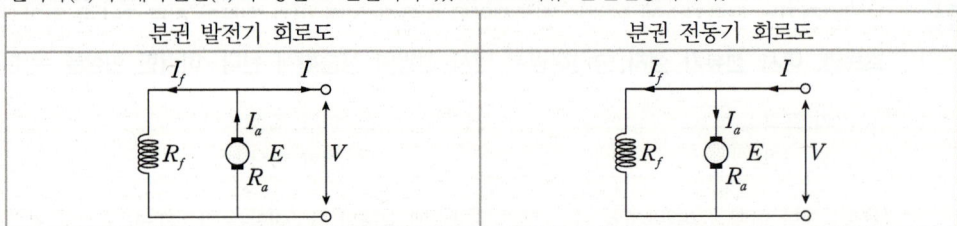

| 분권 발전기 회로도 | 분권 전동기 회로도 |

14 100[V], 10[A], 전기자저항 1[Ω], 회전수 1,800[rpm]인 전동기의 역기전력은 몇 [V]인가?

① 90　　　　　　　　　　　　② 100
③ 110　　　　　　　　　　　　④ 186

[해설] 직류 전동기 역기전력 : $E = V - I_a R_a = 100 - 10 \times 1 = 90[V]$

15 다음 그림은 직류발전기의 분류 중 어느 것에 해당되는가?

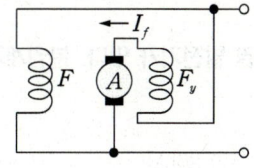

① 분권발전기　　　　　　　　② 직권발전기
③ 자석발전기　　　　　　　　④ 복권발전기

[해설] 복권발전기 : 직권계자권선(F_s)과 분권계자권선(F)이 전기자권선과 직·병렬로 연결되어 있는 직류발전기

16 부하의 저항을 어느 정도 감소시켜도 전류는 일정하게 되는 수하특성을 이용하여 정전류를 만드는 곳이나 아크용접 등에 사용되는 직류 발전기는?

① 직권 발전기　　　　　　　　② 분권 발전기
③ 가동 복권 발전기　　　　　　④ 차동 복권 발전기

[해설] 차동복권 발전기 : 직권과 분권 두 자속이 감해지는 방향으로 감은 발전기
　　　　(수하특성이 가장 좋아 용접용으로 사용되는 발전기)

17 직류발전기에서 급전선의 전압강하 보상용으로 사용되는 것은?

① 분권기　　　　　　　　　　② 직권기
③ 과복권기　　　　　　　　　④ 차동복권기

[해설] 과복권 발전기 : 급전선 전압강하 보상용으로 사용되는 발전기

[정답] 14 ①　15 ④　16 ④　17 ③

18 직류 복권 발전기의 직권 계자권선은 어디에 설치되어 있는가?

① 주자극 사이에 설치
② 분권 계자권선과 같은 철심에 설치
③ 주자극 표면에 홈을 파고 설치
④ 보극 표면에 홈을 파고 설치

[해설] 복권발전기는 직권계자권선과 분권계자권선이 전기자권선과 직·병렬로 연결되어 있는 직류발전기로 계자철심에 직권과 분권 계자권선을 같이 설치한다.

19 정격전압 200[V], 정격출력 50[kW]의 외분권 복권 발전기가 있다. 분권계자 저항이 20[Ω]일 때 전기자 전류는?

① 10[A]
② 20[A]
③ 130[A]
④ 260[A]

[해설] 복권발전기 전기자 전류 : $I_a = I + I_f = \dfrac{P}{V} + \dfrac{V}{R_f}$ [A]에서 전기자 전류를 구하면

전기자 전류 : $I_a = \dfrac{P}{V} + \dfrac{V}{R_f} = \dfrac{50 \times 10^3}{200} + \dfrac{200}{20} = 260$ [A]

20 직류 복권전동기를 분권전동기로 사용하려면 어떻게 하여야 하는가?

① 분권계자를 단락시킨다.
② 부하단자를 단락시킨다.
③ 직권계자를 단락시킨다.
④ 전기자를 단락시킨다.

[해설] 복권기(전동기)를 분권기(전동기)로 사용 : 직권계자권선 단락

정답 18 ② 19 ④ 20 ③

5 발전기 특성 및 전압변동률

❶ 직류발전기 특성 곡선

    1) 무부하 포화곡선 : 계자전류와 유기기전력의 관계 곡선

    2) 부하 포화곡선 : 계자전류와 단자전압의 관계 곡선

    3) 외부 특성곡선 : 부하전류와 단자전압의 관계 곡선

> 유기기전력(E) = 무부하 단자전압(V_0)

❷ 전압변동률 : 무부하 전압과 부하 전압의 차를 백분율로 나타낸 것

    1) 전압 변동률 : $\varepsilon = \dfrac{V_0 - V}{V} \times 100 = \dfrac{E - V}{V} \times 100 = (\dfrac{V_0}{V} - 1) \times 100 [\%]$

    2) 무부하 전압 : $V_0 = (1 + \varepsilon) V$ [V]

    3) 부하 전압 : $V = \dfrac{V_0}{(1 + \varepsilon)}$ [V] (부하전압＝전부하전압＝정격전압)

    4) 전압변동률이 (+)값으로 나타나는 발전기 : 분권발전기, 타여자발전기 ($V_0 > V$)

    5) 전압변동률이 (−)값으로 나타나는 발전기 : 과복권발전기 ($V > V_0$)

    6) 평복권발전기

        ① 무부하전압과 전부하 전압이 같다. ($V_0 = V$)

        ② 무부하속도와 전부하 속도가 같다. ($N_0 = N$)

        ③ 전압변동률과 속도변동률이 0이다. ($\varepsilon = 0$)

        ④ 부하 변동에 영향을 받지 않는다.

6 직류발전기 병렬 운전

❶ 직류발전기 병렬 운전 구비조건 (용량, 주파수 무관)
① 극성이 같을 것.
② 두 발전기 단자전압이 같을 것.
③ 외부특성이 수하 특성으로 같을 것.

❷ 병렬 운전시 균압선을 설치해야되는 발전기 : 직권, 평복권, 과복권 발전기
① 균압선 : 발전기 병렬 운전시 부하에 공급하는 전류가 한쪽 발전기로 집중되는 것을 방지하기 위하여 전기자와 직권 권선의 접속점에 설치하는 것.
② 균압선을 설치 하는 이유 : 발전기 운전을 안전하게 하기 위해 설치.

❸ 직류발전기 병렬 운전 중 한 쪽 발전기의 여자(계자)전류를 증가시면 그 발전기는 부하전류가 증가하고 전압이 증가하게 된다. (여자전류 $\propto$ 부하전류)

문제 풀이

1 직류 발전기의 무부하 특성곡선은?

① 부하전류와 무부하 단자전압과의 관계이다.
② 계자전류와 부하전류와의 관계이다.
③ 계자전류와 무부하 단자전압과의 관계이다.
④ 계자전류와 회전력과의 관계이다.

[해설] 직류발전기 특성 곡선
- 무부하 포화곡선 : 계자전류와 유기기전력(무부하 단자전압)의 관계 곡선
- 부하 포화곡선 : 계자전류와 단자전압의 관계 곡선
- 외부 특성곡선 : 부하전류와 단자전압의 관계 곡선

2 직류 발전기의 부하 포화 곡선은 다음 어느 것의 관계인가?

① 부하 전류와 여자 전류
② 단자 전압과 부하 전류
③ 단자 전압과 계자 전류
④ 부하 전류와 유기기전력

[해설] 직류발전기 특성 곡선
- 무부하 포화곡선 : 계자전류와 유기기전력(무부하 단자전압)의 관계 곡선
- 부하 포화곡선 : 계자전류와 단자전압의 관계 곡선
- 외부 특성곡선 : 부하전류와 단자전압의 관계 곡선

3 전압변동률 ε의 식은?(단, 정격전압 V_n [V], 무부하전압 V_0 [V]이다)

① $\varepsilon = \dfrac{V_0 - V_n}{V_n} \times 100 [\%]$

② $\varepsilon = \dfrac{V_n - V_0}{V_n} \times 100 [\%]$

③ $\varepsilon = \dfrac{V_n - V_0}{V_0} \times 100 [\%]$

④ $\varepsilon = \dfrac{V_0 - V_n}{V_0} \times 100 [\%]$

[해설] 전압변동률 : 무부하 전압과 부하 전압의 차를 백분율로 나타낸 것

전압변동률 : $\varepsilon = \dfrac{V_0 - V_n}{V_n} \times 100 [\%]$

4 발전기의 전압변동률을 표시하는 식은? (단, v_0 : 무부하전압, v_n : 정격전압)

① $\varepsilon = (\dfrac{v_0}{v_n} - 1) \times 100$
② $\varepsilon = (1 - \dfrac{v_0}{v_n}) \times 100$
③ $\varepsilon = (\dfrac{v_n}{v_0} - 1) \times 100$
④ $\varepsilon = (1 - \dfrac{v_n}{v_0}) \times 100$

[해설] 전압변동률 : $\varepsilon = \dfrac{v_0 - v_n}{v_n} \times 100 = (\dfrac{v_0}{v_n} - \dfrac{v_n}{v_n}) \times 100 = (\dfrac{v_0}{v_n} - 1) \times 100 \, [\%]$

5 직류 발전기의 정격전압 100[V], 무부하 전압 109[V]이다. 이 발전기의 전압 변동률 ε[%]은?

① 1
② 3
③ 6
④ 9

[해설] 정격전압(V)과 무부하 전압(V_0)이 주어졌으므로 전압변동률을 구하면
전압변동률 : $\varepsilon = \dfrac{V_0 - V}{V} \times 100 = \dfrac{109 - 100}{100} \times 100 = 9 \, [\%]$

6 발전기를 정격전압 220[V]로 전부하 운전하다가 무부하로 운전 하였더니 단자전압이 242[V]가 되었다. 이 발전기의 전압변동률[%]은?

① 10
② 14
③ 20
④ 25

[해설] 정격전압(V)과 무부하 전압(V_0)이 주어졌으므로 전압변동률을 구하면
전압변동률 : $\varepsilon = \dfrac{V_0 - V}{V} \times 100 = \dfrac{242 - 220}{220} \times 100 = 10 \, [\%]$

7 무부하에서 119[V] 되는 분권 발전기의 전압 변동률이 6[%]이다. 정격 전부하 전압은 약 몇 [V]인가?

① 110.2
② 112.3
③ 122.5
④ 125.3

[해설] 무부하 전압(V_0)과 전압변동률(ε)이 주어졌으므로 정격 전부하 전압을 구하면
정격 전부하 전압 : $V = \dfrac{V_0}{(1+\varepsilon)} = \dfrac{119}{1 + 0.06} = 112.3 \, [V]$

정답 4 ① 5 ④ 6 ① 7 ②

8 직류기에서 전압변동률이 (−)값으로 표시되는 발전기는?

① 분권 발전기　　　　　　　　② 과복권 발전기
③ 타여자 발전기　　　　　　　④ 평복권 발전기

[해설] 전압변동률이 (+)값으로 나타나는 발전기 : 분권발전기, 타여자발전기 ($V_0 > V$)
　　　전압변동률이 (−)값으로 나타나는 발전기 : 과복권발전기 ($V > V_0$)

9 직류 발전기 중 무부하 전압과 전부하 전압이 같도록 설계된 직류 발전기는?

① 분권 발전기　　　　　　　　② 직권 발전기
③ 평복권 발전기　　　　　　　④ 차동복권 발전기

[해설] 평복권발전기
- 무부하전압과 전부하 전압이 같다. ($V_0 = V$)
- 무부하속도와 전부하 속도가 같다. ($N_0 = N$)
- 전압변동률과 속도변동률이 0이다. ($\varepsilon = 0$)
- 부하 변동에 영향을 받지 않는다.

10 부하의 변동에 대하여 단자전압의 변화가 가장 적은 직류 발전기는?

① 직 권　　　　　　　　　　　② 분 권
③ 평복권　　　　　　　　　　　④ 과복권

[해설] 평복권발전기
- 무부하전압과 전부하 전압이 같다. ($V_0 = V$)
- 무부하속도와 전부하 속도가 같다. ($N_0 = N$)
- 전압변동률과 속도변동률이 0이다. ($\varepsilon = 0$)
- 부하 변동에 영향을 받지 않는다.

11 직류 분권 발전기의 병렬운전 조건에 해당되지 않는 것은?

① 극성이 같을 것　　　　　　　② 단자전압이 같을 것
③ 외부특성곡선이 수하특성일 것　　④ 균압모선을 접속할 것

[해설] 직류발전기 병렬 운전 구비조건 (용량, 주파수 무관)
- 극성이 같을 것.
- 두 발전기 단자전압이 같을 것.
- 외부특성이 수하 특성으로 같을 것.

정답　8 ②　9 ③　10 ③　11 ④

12 복권 발전기의 병렬 운전을 안전하게 하기 위해서 두 발전기의 전기자와 직권 권선의 접촉점에 연결하여야 하는 것은?

① 집전환　　　　　　　　　　② 균압선
③ 안정저항　　　　　　　　　　④ 브러시

해설 균압선 : 발전기 병렬 운전시 부하에 공급하는 전류가 한쪽 발전기로 집중되는 것을 방지하기 위하여 전기자와 직권 권선의 접속점에 설치하는 것.

13 다음 중 병렬운전 시 균압선을 설치해야 하는 직류 발전기는?

① 분 권　　　　　　　　　　　② 차동복권
③ 평복권　　　　　　　　　　　④ 부족복권

해설 병렬 운전시 균압선을 설치해야되는 발전기 : 직권, 평복권, 과복권 발전기

14 직류 발전기의 병렬 운전 중 한쪽 발전기의 여자를 늘리면 그 발전기는?

① 부하 전류는 불변, 전압은 증가
② 부하 전류는 줄고, 전압은 증가
③ 부하 전류는 늘고, 전압은 증가
④ 부하 전류는 늘고, 전압은 불변

해설 직류발전기 병렬 운전 중 한 쪽 발전기의 여자(계자)전류를 증가시면 그 발전기는 부하전류가 증가하고 전압이 증가하게 된다. (여자전류 ∝ 부하전류)

정답　12 ②　13 ③　14 ③

제2절 직류 전동기

1 직류 전동기 원리

❶ 플래밍의 왼손 법칙(전동기 법칙) : 자속이 존재하는 자계권 내에서 도체에 전류를 흘리면 도체에는 힘이 작용하게 되는데 이때 작용하는 힘의 방향을 알아보는 법칙

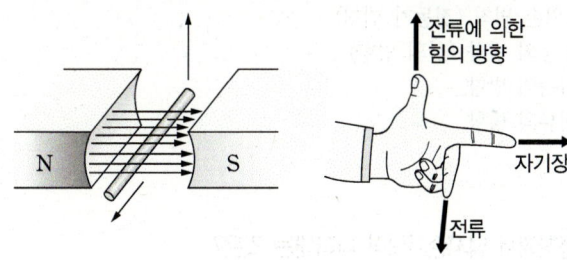

  1) 엄지 : 운동의 방향 (힘의 방향)

  2) 검지 : 자속의 방향

  3) 중지 : 전류의 방향

❷ 직류 전동기 토크 (회전력)

  1) 토크

  $$T = \frac{P_m}{\omega} = \frac{60 P_m}{2\pi N} = \frac{60 E I_a}{2\pi N} = \frac{60 I_a}{2\pi N} \cdot \frac{PZ\phi N}{60 a} = \frac{PZ\phi I_a}{2\pi a} = K\phi I_a \,[\text{N·m}]$$

  2) 동력, 출력이 주어질 경우 토크

  $$T = 0.975 \frac{P[W]}{N} = 975 \frac{P[kW]}{N} \,[\text{kg·m}]$$

  > ※ 1[kg·m] = 9.8[N·m], 1[N·m] = $\frac{1}{9.8}$[kg·m]

  3) 기계적 출력(동력)

  $$P_m = E I_a = (V - I_a R_a) I_a = 1.026 \, N T \,[\text{W}]$$

  여기서, P : 극수,   Z : 전기자 총 도체수, ϕ : 1극당 자속수[Wb],
  N : 회전수[rpm],   a : 전기자 병렬 회로수,   K : 비례상수,
  E : 역기전력[V], I_a : 전기자전류[A], P_m : 기계적 출력(동력)[W]

문제 풀이 ✓

1 다음 중 전동기의 원리에 적용되는 법칙은?

① 렌츠의 법칙
② 플레밍의 오른손법칙
③ 플레밍의 왼손법칙
④ 옴의 법칙

[해설] 플래밍의 왼손 법칙 (전동기 법칙)
- 엄지 : 운동의 방향 (힘의 방향)
- 검지 : 자속의 방향
- 중지 : 전류의 방향

2 플레밍의 왼손 법칙에서 엄지손가락이 나타내는 것은?

① 자 장
② 전 류
③ 힘
④ 기전력

[해설] 플래밍의 왼손 법칙 (전동기 법칙)
- 엄지 : 운동의 방향 (힘의 방향)
- 검지 : 자속의 방향
- 중지 : 전류의 방향

3 플레밍의 왼손법칙에서 전류의 방향을 나타내는 손가락은?

① 엄 지
② 검 지
③ 중 지
④ 약 지

[해설] 플래밍의 왼손 법칙 (전동기 법칙)
- 엄지 : 운동의 방향 (힘의 방향)
- 검지 : 자속의 방향
- 중지 : 전류의 방향

정답 1 ③ 2 ③ 3 ③

4 그림과 같이 자극 사이에 있는 도체에 전류(I)가 흐를 때 힘은 어느 방향으로 작용하는가?

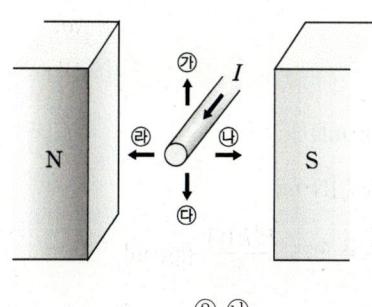

① ㉮
② ㉯
③ ㉰
④ ㉱

[해설] 플레밍의 왼손 법칙 (전동기 법칙)

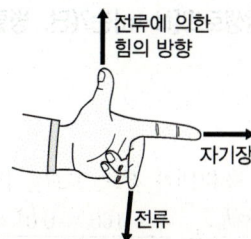

• 엄지 : 운동의 방향 (힘의 방향)
• 검지 : 자속의 방향
• 중지 : 전류의 방향

5 그림에서와 같이 ①, ②의 약 자극 사이에 정류자를 가진 코일을 두고 ③, ④에 직류를 공급하여 X, X′를 축으로 하여 코일을 시계 방향으로 회전시키고자 한다. ①, ②의 자극극성과 ③, ④의 전원극성을 어떻게 해야 하는가?

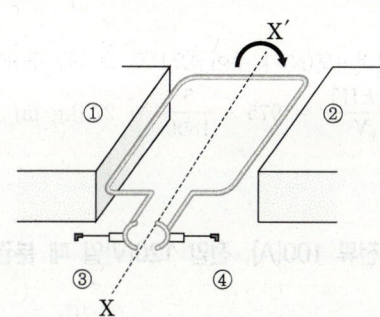

① ① N ② S ③ + ④ −
② ① N ② S ③ − ④ +
③ ① S ② N ③ − ④ +
④ ① S ② N ③ ④ 극성에 무관

[해설] 직류 전동기를 시계 방향으로 회전시키는 방법
• ① N ② S ③ − ④ +
• ① S ② N ③ + ④ −

정답 4 ① 5 ②

CHAPTER 1 직류기 **201**

6 다음 중 토크(회전력)의 단위는?

① [rpm]
② [W]
③ [N·m]
④ [N]

[해설] 토크 단위 : [N·m][kg·m]
- $T = \dfrac{PZ\phi I_a}{2\pi a} = K\phi I_a$ [N·m]
- $T = 0.975 \dfrac{P[W]}{N} = 975 \dfrac{P[kW]}{N}$ [kg·m]

7 직류전동기에서 극수가 4, 전기자 도체의 총 수가 160, 한 극의 자속수는 0.01[Wb], 부하전류 100[A]일 때, 이 전동기의 발생토크[N·m]는?(단, 병렬회로수는 극수와 같다)

① 16.8
② 1.95
③ 25.5
④ 29.8

[해설] 병렬회로수(a)와 극수(P)가 같고, 토크를 [N·m] 단위로 구하면

토크 : $T = \dfrac{PZ\phi I_a}{2\pi a} = \dfrac{4 \times 160 \times 0.01 \times 100}{2 \times 3.14 \times 4} \fallingdotseq 25.48$ [N·m]

8 직류전동기의 출력이 50[kW], 회전수가 1,800[rpm] 일 때 토크는 약 몇 [kg·m]인가?

① 12
② 23
③ 27
④ 31

[해설] 전동기 출력(P)과 회전속도(N)가 주어졌으므로 토크를 구하면

토크 : $T = 975 \dfrac{P[kW]}{N} = 975 \times \dfrac{5}{1800} \fallingdotseq 27$ [kg·m]

9 전기자 저항이 0.2[Ω], 전류 100[A], 전압 120[V]일 때 분권전동기의 발생 동력[kW]은?

① 5
② 10
③ 14
④ 20

[해설] 전동기의 기계적 출력(동력) $P_m = EI_a = (V - I_a R_a)I_a$ 에서 동력을 구하면

동력 : $P_m = (V - I_a R_a) I_a = (120 - 100 \times 0.2) \times 100 = 10,000 [W] = 10 [kW]$

2 직류 전동기 특성

❶ 타여자 전동기

1) 용도 : 압연기, 엘리베이터, 대형 권상기, 크레인 등에 사용

2) 광범위한 속도 조절이 가능하다.

3) 속도변동이 작아 정속도 전동기로 사용된다.

❷ 직권 전동기

1) 용도 : 전기철도, 전차, 기중기, 크레인 등 기동 토크가 큰 곳에 사용

2) 속도변동이 가장 심하고 기동토크가 가장 크다.

3) 정격상태에서 무부하(무여자)로 운전하지 않을 것.

4) 벨트운전을 하지 않을 것.

> ※ 벨트를 걸고 운전하다 벨트가 벗겨지거나 끊어질 경우 무부하 상태가 되며 정격상태로 운전 중 무부하 상태가 되면 회전속도가 급격하게 빨라지고 전동기가 과열 소손 된다.

❸ 분권 전동기

1) 속도변동이 작아 정속도 전동기로 사용된다.

2) 정격상태로 운전 중 무여자 상태를 만들지 않을 것.

3) 정격상태로 운전 중 계자권선을 단선시키지 않을 것.

> ※ 정격상태로 운전 중 무여자 상태가 되거나 계자권선이 끊어지면 회전속도가 급격하게 빨라지며 전동기가 과열 소손 된다.

❹ 전동기 토크

1) 직권 전동기 : $T \propto I_a^2 \propto \dfrac{1}{N^2}$

2) 분권, 타여자 전동기 : $T \propto I_a \propto \dfrac{1}{N}$

3) 전동기 토크가 큰 순서 : 직권 → 가동복권 → 분권 → 차동복권

❺ 속도변동률 : 무부하 속도와 전부하 속도의 차를 백분율로 나타낸 것

1) 속도변동률 : $\varepsilon = \dfrac{N_0 - N}{N} \times 100[\%]$

2) 무부하 속도 : $N_0 = (1 + \varepsilon)N[\text{rpm}]$

3) 전부하(정격) 속도 : $N = \dfrac{N_0}{(1 + \varepsilon)}[\text{rpm}]$

4) 속도변동이 큰 순서 : 직권 → 가동복권 → 분권 → 차동복권

5) 회전속도 : $N \propto \dfrac{1}{\phi}, \quad N \propto \dfrac{1}{I_f}, \quad N \propto R_f$

> ※ 계자권선저항(R_f) 증가 → 계자권선전류(I_f) 감소 → 자속(ϕ) 감소 → 회전속도(N) 증가

❻ 전동기 회전 방향 변경 : 전기자전류나 계자전류 중 하나만 변경할 것

1) 전기자 권선에 흐르는 전류의 방향을 바꾼다.

2) 계자 권선에 흐르는 전류의 방향을 바꾼다.

3) 자여자 전동기는 전원 극성을 바꾸어도 회전방향이 변하지 않는다.
(이유 : 전기자권선과 계자권선 전류 방향이 모두 바뀌기 때문)

문제 풀이 ✓

1 속도를 광범위하게 조정할 수 있으므로 압연기나 엘리베이터 등에 사용되는 직류 전동기는?

① 직권 전동기 ② 분권 전동기
③ 타여자 전동기 ④ 가동복권 전동기

해설 타여자 전동기
- 용도 : 압연기, 엘리베이터, 대형 권상기, 크레인 등에 사용
- 광범위한 속도 조절이 가능하다.
- 속도변동이 작아 정속도 전동기로 사용된다.

2 정격 속도에 비하여 기동 회전력이 가장 큰 전동기는?

① 타여자기 ② 직권기
③ 분권기 ④ 복권기

해설 직권 전동기
- 용도 : 전기철도, 전차, 기중기, 크레인 등 기동 토크가 큰 곳에 사용
- 속도변동이 가장 심하고 기동 토크가 가장 크다.
- 정격상태에서 무부하(무여자)로 운전하지 않을 것.
- 벨트운전을 하지 않을 것.

3 전기철도에 사용하는 직류 전동기로 가장 적합한 전동기는?

① 분권 전동기 ② 직권 전동기
③ 가동 복권 전동기 ④ 차동 복권 전동기

해설 직권 전동기
- 용도 : 전기철도, 전차, 기중기, 크레인 등 기동 토크가 큰 곳에 사용
- 속도변동이 가장 심하고 기동 토크가 가장 크다.
- 정격상태에서 무부하(무여자)로 운전하지 않을 것.
- 벨트운전을 하지 않을 것.

정답 **1** ③ **2** ② **3** ②

4 직류 직권전동기의 특징에 대한 설명으로 틀린 것은?

① 부하전류가 증가하면 속도가 크게 감소된다.
② 기동 토크가 작다.
③ 무부하 운전이나 벨트를 연결한 운전은 위험하다.
④ 계자권선과 전기자권선이 직렬로 접속되어 있다.

[해설] 직권 전동기
- 용도 : 전기철도, 전차, 기중기, 크레인 등 기동 토크가 큰 곳에 사용
- 속도변동이 가장 심하고 기동 토크가 가장 크다.
- 정격상태에서 무부하(무여자)로 운전하지 않을 것.
- 벨트운전을 하지 않을 것.

5 직류 전동기에서 무부하가 되면 속도가 대단히 높아져서 위험하기 때문에 무부하운전이나 벨트를 연결한 운전을 해서는 안되는 전동기는?

① 직권전동기
② 복권전동기
③ 타여자전동기
④ 분권전동기

[해설] 직권 전동기
- 용도 : 전기철도, 전차, 기중기, 크레인 등 기동 토크가 큰 곳에 사용
- 속도변동이 가장 심하고 기동 토크가 가장 크다.
- 정격상태에서 무부하(무여자)로 운전하지 않을 것.
- 벨트운전을 하지 않을 것.

※ 벨트를 걸고 운전하다 벨트가 벗겨지거나 끊어질 경우 무부하 상태가 되며 정격상태로 운전 중 무부하 상태가 되면 회전속도가 급격하게 빨라지고 전동기가 과열 소손 된다.

6 직류 직권전동기의 벨트 운전을 금지하는 이유는?

① 벨트가 벗겨지면 위험속도에 도달한다.
② 손실이 많아진다.
③ 벨트가 마모하여 보수가 곤란하다.
④ 직결하지 않으면 속도제어가 곤란하다.

[해설] 직권 전동기 : 벨트를 걸고 운전하다 벨트가 벗겨지거나 끊어질 경우 무부하 상태가 되며 정격상태로 운전 중 무부하 상태가 되면 회전속도가 급격하게 빨라지고 전동기가 과열 소손 된다.

정답 4 ② 5 ① 6 ①

7 직류 직권 전동기의 회전수(N)와 토크(τ)와의 관계는?

① $\tau \propto \dfrac{1}{N}$　　　　　　　　② $\tau \propto \dfrac{1}{N^2}$

③ $\tau \propto N$　　　　　　　　　④ $\tau \propto N^{\frac{3}{2}}$

[해설] 직류 직권 전동기 : $\tau \propto \dfrac{1}{N^2}$

8 직류전동기의 속도특성 곡선을 나타낸 것이다. 직권 전동기의 속도특성을 나타낸 것은?

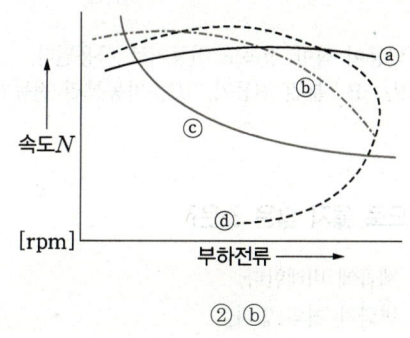

① ⓐ　　　　　　　　② ⓑ
③ ⓒ　　　　　　　　④ ⓓ

[해설] 직류 직권 전동기 부하전류와 속도는 반비례한다.
　　직권 전동기 : $T \propto I_a^2 \propto \dfrac{1}{N^2}$

9 다음 중 정속도 전동기에 속하는 것은?

① 유도 전동기　　　　　　② 직권 전동기
③ 교류 정류자 전동기　　　④ 분권 전동기

[해설] 분권 전동기 : 속도변동이 작아 정속도 전동기로 사용된다.

10 정속도 전동기로 공작기계 등에 주로 사용되는 전동기는?

① 직류 분권 전동기　　　　② 직류 직권 전동기
③ 직류 차동 복권 전동기　　④ 단상 유도 전동기

[해설] 분권 전동기 : 속도변동이 작아 정속도 전동기로 사용된다.

정답　7 ②　8 ③　9 ④　10 ①

11 다음 그림에서 직류 분권전동기의 속도특성 곡선은?

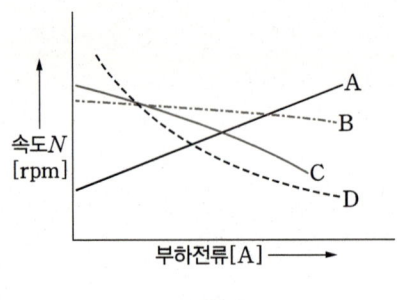

① A
② B
③ C
④ D

[해설] 분권 전동기 : 속도변동이 작아 정속도 전동기로 사용된다.
A : 차동복권 전동기, B : 분권 전동기, C : 가동복권 전동기, D : 직권 전동기

12 분권전동기에 대한 설명으로 옳지 않은 것은?

① 토크는 전기자 전류의 제곱에 비례한다.
② 부하전류에 따른 속도 변화가 거의 없다.
③ 계자회로에 퓨즈를 넣어서는 안 된다.
④ 계자권선과 전기자권선이 전원에 병렬로 접속되어 있다.

[해설] 분권 전동기 : $T \propto I_a \propto \dfrac{1}{N}$

13 직류분권 전동기의 계자전류를 약하게 하면 회전수는?

① 감소한다.
② 정지한다.
③ 증가한다.
④ 변화 없다.

[해설] 회전속도 : $N \propto \dfrac{1}{I_f}$ (계자전류가 감소하면 회전속도는 증가한다.)
계자저항(R_f)증가 → 계자전류(I_f)감소 → 자속(∅)감소 → 회전속도(N)증가

정답 11 ② 12 ① 13 ③

14 직류 분권전동기에서 운전 중 계자권선의 저항을 증가하면 회전속도의 값은?

① 감소한다. ② 증가한다.
③ 일정하다. ④ 관계없다.

[해설] 회전속도 : $N \propto R_f$ (계자저항이 증가하면 회전속도는 증가한다.)
계자저항(R_f)증가 → 계자전류(I_f)감소 → 자속($\emptyset$)감소 → 회전속도(N)증가

15 직류 분권 전동기의 회전방향을 바꾸기 위해 일반적으로 무엇의 방향을 바꾸어야 하는가?

① 전 원 ② 주파수
③ 계자저항 ④ 전기자전류

[해설] 전동기 회전 방향 변경 : 전기자전류나 계자전류 중 하나만 변경할 것
• 전기자 권선에 흐르는 전류의 방향을 바꾼다.
• 계자 권선에 흐르는 전류의 방향을 바꾼다.
• 자여자 전동기는 전원 극성을 바꾸어도 회전방향이 변하지 않는다.
 (이유 : 전기자권선과 계자권선 전류 방향이 모두 바뀌기 때문)

16 직류 직권 전동기의 공급전압의 극성을 반대로 하면 회전방향은 어떻게 되는가?

① 변하지 않는다. ② 반대로 된다.
③ 회전하지 않는다. ④ 발전기로 된다.

[해설] 자여자 전동기는 전원 극성을 바꾸어도 회전방향이 변하지 않는다.
 (이유 : 전기자권선과 계자권선 전류 방향이 모두 바뀌기 때문)

17 직류 전동기의 특성에 대한 설명으로 틀린 것은?

① 직권 전동기는 가변 속도 전동기이다.
② 분권 전동기에서는 계자 회로에 퓨즈를 사용하지 않는다.
③ 분권 전동기는 정속도 전동기이다.
④ 가동 복권 전동기는 기동 시 역회전할 염려가 있다.

[해설] 자여자 전동기(직권, 분권, 복권)는 기동 시 회전방향이 변하지 않는다.
 (전동기 회전 방향 변경 : 전기자전류나 계자전류 중 하나만 변경할 것)

정답 14 ② 15 ④ 16 ① 17 ④

18 직류전동기에 있어 무부하일 때의 회전수 n_0 은 1,200[rpm], 정격부하일 때의 회전수 n_n 은 1,150[rpm]이라 한다. 속도변동률은?

① 약 3.45[%]
② 약 4.16[%]
③ 약 4.35[%]
④ 약 5.0[%]

[해설] 무부하 속도(n_0)와 정격속도(n_n)가 주어졌으므로 속도변동률을 구하면

속도변동률 : $\varepsilon = \dfrac{n_0 - n_n}{n_n} \times 100 = \dfrac{1200 - 1150}{1150} \times 100 ≒ 4.35\,[\%]$

19 정격 전압 230[V], 정격 전류 28[A]에서 직류 전동기의 속도가 1,680[rpm]이다. 무부하에서의 속도가 1,733[rpm]이라고 할 때 속도변동률[%]은 약 얼마인가?

① 6.1
② 5.0
③ 4.6
④ 3.2

[해설] 무부하 속도(N_0)와 정격속도(N)가 주어졌으므로 속도변동률을 구하면

속도변동률 : $\varepsilon = \dfrac{N_0 - N}{N} \times 100 = \dfrac{1,733 - 1,680}{1,680} \times 100 ≒ 3.2\,[\%]$

20 직류 전동기에서 전부하 속도가 1,500[rpm], 속도변동률이 3[%]일 때 무부하 회전 속도는 몇 [rpm]인가?

① 1,455
② 1,410
③ 1,545
④ 1,590

[해설] 전부하 속도(N)와 속도변동률(ε)이 주어졌으므로 무부하 속도를 구하면

무부하 속도 : $N_0 = (1+\varepsilon)N = (1+0.03) \times 1500 = 1545\,[\text{rpm}]$

정답 18 ③ 19 ④ 20 ③

3 직류 전동기 속도제어법 및 제동법

❶ 직류 전동기 속도제어법 : 저항제어법, 계자(전류)제어법, 전압제어법

  1) 저항 제어법 : 효율이 나쁘고, 손실이 크다.
  2) 계자(전류) 제어법 : 세밀하고 안정되게 속도를 제어할 수 있으며, 정출력 속도제어에 사용된다.
  3) 전압 제어법 : 광범위한 속도제어가 가능하고 운전 효율이 좋은 제어방식
    ① 워드레오나드 방식 : 전기자 전압을 가감하여 속도를 제어하는 방법
        (제철소 압연기, 고속 엘리베이터 등의 속도제어에 사용)
    ② 일그너 방식 : 플라이 휠을 사용하여 직류 전동기의 부하가 급변할 때 사용
    ③ 직·병렬 제어 방식 : 여러 대의 주 전동기를 직렬 또는 병렬로 접속하여
                      주 전동기의 단자전압을 변화시켜 속도 제어

❷ 직류 전동기 제동법 : 발전 제동법, 회생 제동법, 역상(역전) 제동법

  1) 발전 제동법 : 전동기를 발전기로 구동시켜 발생한 기전력을 저항을 접속하여
               저항에서 열에너지로 소비시키며 제동하는 방식
  2) 회생제동 : 전원 차단 후 전동기가 가지는 운동에너지를 전기에너지로 변환시켜
             전원으로 되돌려주며 제동하는 방식
  3) 역상(역전)제동 : 3상 전동기의 전원 3선 중 2선의 접속을 바꾸어 반대방향
                 토오크를 발생시켜 급정지시키는 제동 방식

문제 풀이 ✓

1 직류전동기의 속도제어법이 아닌 것은?

① 전압 제어법 ② 계자 제어법
③ 저항 제어법 ④ 주파수 제어법

[해설] 직류 전동기 속도제어법 : 저항제어법, 계자(전류)제어법, 전압제어법

2 직류 전동기의 속도 제어법에서 정출력 제어에 속하는 것은?

① 계자 제어법 ② 전기자 저항 제어법
③ 전압 제어법 ④ 워드 레오나드 제어법

[해설] 계자(전류) 제어법 : 세밀하고 안정되게 속도를 제어할 수 있으며, 정출력 속도제어에 사용된다.

3 직류 전동기의 속도 제어 방법 중 속도제어가 원활하고 정 토크 제어가 되며 운전 효율이 좋은 것은?

① 계자제어 ② 병렬 저항제어
③ 직렬 저항제어 ④ 전압제어

[해설] 전압 제어법 : 광범위한 속도제어가 가능하고 운전 효율이 좋은 제어방식
 • 워드레오나드 방식 : 전기자 전압을 가감하여 속도를 제어하는 방법
  (제철소 압연기, 고속 엘리베이터 등의 속도제어에 사용)
 • 일그너 방식 : 플라이 휠을 사용하여 직류 전동기의 부하가 급변할 때 사용
 • 직·병렬 제어 방식 : 여러 대의 주 전동기를 직렬 또는 병렬로 접속하여 주 전동기의 단자전압을 변화시켜 속도 제어

4 직류전동기의 전기자에 가해지는 단자전압을 변화하여 속도를 조정하는 제어법이 아닌 것은?

① 워드 레오나드 방식 ② 일그너 방식
③ 직·병렬 제어 ④ 계자제어

[해설] 전압 제어법 : 광범위한 속도제어가 가능하고 운전 효율이 좋은 제어방식
 • 워드레오나드 방식 : 전기자 전압을 가감하여 속도를 제어하는 방법
  (제철소 압연기, 고속 엘리베이터 등의 속도제어에 사용)
 • 일그너 방식 : 플라이 휠을 사용하여 직류 전동기의 부하가 급변할 때 사용
 • 직·병렬 제어 방식 : 여러 대의 주 전동기를 직렬 또는 병렬로 접속하여 주 전동기의 단자전압을 변화시켜 속도 제어

정답 1 ④ 2 ① 3 ④ 4 ④

5 직류 전동기의 속도 제어법 중 전압 제어법으로서 제철소의 압연기, 고속 엘리베이터의 제어에 사용되는 방법은?

① 워드-레오나드 방식
② 정지 레오나드 방식
③ 일그너 방식
④ 크래머 방식

[해설] 전압 제어법 : 광범위한 속도제어가 가능하고 운전 효율이 좋은 제어방식
- 워드레오나드 방식 : 전기자 전압을 가감하여 속도를 제어하는 방법
  (제철소 압연기, 고속 엘리베이터 등의 속도제어에 사용)
- 일그너 방식 : 플라이 휠을 사용하여 직류 전동기의 부하가 급변할 때 사용
- 직·병렬 제어 방식 : 여러 대의 주 전동기를 직렬 또는 병렬로 접속하여 주 전동기의 단자전압을 변화시켜 속도 제어

6 그림은 트랜지스터의 스위칭 작용에 의한 직류 전동기의 속도제어 회로이다. 전동기의 속도가 $N = k\dfrac{V - I_a R_a}{\phi}$ [rpm] 이라고 할 때, 이 회로에서 사용한 전동기의 속도제어법은?

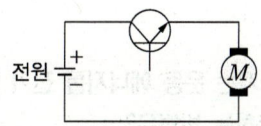

① 전압제어법
② 계자제어법
③ 저항제어법
④ 주파수제어법

[해설] 위의 속도제어 방식은 트랜지스터의 스위칭 작용에 의한 전압제어방식이다.

7 직류 전동기의 속도 제어에서 자속을 2배로 하면 회전수는?

① 1/2로 줄어든다.
② 변함이 없다.
③ 2배로 증가한다.
④ 4배로 증가한다.

[해설] 회전속도 : $N \propto \dfrac{1}{\phi} = \dfrac{1}{2}$ 배

8 직류 전동기의 전기적 제동법이 아닌 것은?

① 발전제동
② 회생제동
③ 역전제동
④ 저항제동

[해설] 직류 전동기 제동법 : 발전제동, 회생제동, 역상(역전)제동

정답 5 ① 6 ① 7 ① 8 ④

9 다음 제동 방법 중 급정지하는 데 가장 좋은 제동방법은?

① 발전제동
② 회생제동
③ 역상제동
④ 단상제동

[해설] 역상(역전)제동 : 3상 전동기의 전원 3선 중 2선의 접속을 바꾸어 반대방향 토크를 발생시켜 급정지시키는 제동 방식

10 권상기, 기중기 등으로 물건을 내릴 때와 같이 전동기가 가지는 운동에너지를 발전기로 동작시켜 발생한 전력을 반환시켜서 제동하는 방식은?

① 역전제동
② 발전제동
③ 회생제동
④ 와류제동

[해설] 회생제동 : 전원 차단 후 전동기가 가지는 운동에너지를 전기에너지로 변환시켜 전원으로 되돌려주며 제동하는 방식

11 전동기의 제동에서 전동기가 가지는 운동 에너지를 전기 에너지로 변화시키고 이것을 전원에 변환하여 전력을 회생시킴과 동시에 제동하는 방법은?

① 발전제동(Dynamic Braking)
② 역전제동(Plugging Braking)
③ 맴돌이전류제동(Eddy Current Braking)
④ 회생제동(Regenerative Braking)

[해설] 회생제동 : 전원 차단 후 전동기가 가지는 운동에너지를 전기에너지로 변환시켜 전원으로 되돌려주며 제동하는 방식

정답 9 ③ 10 ③ 11 ④

4 직류 전동기 기동 및 절연물 허용온도

❶ 직류 전동기 기동

1) 기동시 기동저항기는 최대위치에 둔다.
   ① 이유 : 기동시 기동전류를 작게하기 위해

2) 기동시 계자저항기는 최소(0)위치에 둔다.
   ① 이유 : 기동시 계자전류를 크게하여 토오크를 크게하기 위해

> ※ 계자 저항기
>   - 발전기 : 단자전압 조정
>   - 전동기 : 기동 및 속도 제어

❷ 절연물의 최고 허용온도

Y종	A종	E종	B종	F종	H종	C종
90°	105°	120°	130°	155°	180°	180° 초과

5 손실 및 효율

❶ 손실

1) 무부하손 (고정손) : 무부하 상태에서 발생하는 손실(부하와 무관한 손실)
   ① 철손 : 전기자 철심 안에서 철심부에 생기는 손실로 히스테리시스손과 와류손
   (맴돌이 전류손)으로 되어 있다.
      ㉠ 종류 : 히스테리시스손, 와류손(맴돌이 전류손)
      ㉡ 규소강판 : 히스테리시스손 감소
      ㉢ 성층철심 : 와류손(맴돌이 전류손) 감소
      ㉣ 규소강판 성층철심 : 히스테리시스손과 와류손 감소 (철손 감소)
   ② 기계손 종류 : 풍손, 마찰손, 베어링손

2) 부하손 (가변손) : 부하를 걸었을 때 발생하는 손실로 부하(전류)가 변하면 제곱에
   비례해서 변하는 손실
   ① 동손 (저항손) : 저항에 전류가 흘러서 발생하는 줄열에 의한 손실로 전기자 권선,
      계자 권선, 보상 권선, 보극 권선, 브러쉬 등에서 발생하는 손실
   ② 표유부하손 : 측정이나 계산에 의해 구할 수 없는 손실

3) 효율이 최대가 되기 위한 조건 : 무부하손(고정손) = 부하손(가변손)

❷ 효율 : 입력에 대한 출력의 비

1) 실측 효율 : 입력과 출력을 실측하여 구한 효율

① 효율 : $\eta = \dfrac{출력}{입력} \times 100$ [%]

② 입력 = 출력 + 손실 = $\dfrac{출력}{\eta}$

③ 출력 = 입력 - 손실 = $\eta \cdot$ 입력

④ 손실 = 입력 - 손실

2) 규약 효율 : 규약된 손실과 입력 또는 출력으로 구하는 효율

① 발전기 규약 효율 : $\eta = \dfrac{출력}{출력 + 손실} \times 100[\%]$

② 전동기 규약 효율 : $\eta = \dfrac{입력 - 손실}{입력} \times 100[\%]$

3) 최저 절연저항 = $\dfrac{정격전압[V]}{1,000 + 정격출력[kW]}$ [MΩ]

문제 풀이 ✓

1 직류 전동기를 기동할 때 전기자 전류를 제한하는 가감 저항기를 무엇이라 하는가?

① 단속기 ② 제어기
③ 가속기 ④ 기동기

[해설] 기동저항기(기동기) : 직류 전동기 기동 시 전기자(기동) 전류를 제한한다.

2 직류분권 전동기의 기동방법 중 가장 적당한 것은?

① 기동 토크를 작게 한다. ② 계자 저항기의 저항 값을 크게 한다.
③ 계자 저항기의 저항 값을 0으로 한다. ④ 기동 저항기를 전기자와 병렬접속 한다.

[해설] 기동시 계자저항기는 최소(0)위치에 둔다.
(이유 : 기동 시 계자전류를 크게하여 토크를 크게하기 위해)

3 E종 절연물의 최고 허용온도는 몇 [℃]인가?

① 40 ② 60
③ 120 ④ 155

[해설] 절연물의 최고 허용온도

Y종	A종	E종	B종	F종	H종	C종
90°	105°	120°	130°	155°	180°	180° 초과

4 직류전동기의 규약 효율을 표시하는 식은?

① $\dfrac{출력}{출력+손실} \times 100[\%]$ ② $\dfrac{출력}{입력} \times 100[\%]$

③ $\dfrac{입력-손실}{입력} \times 100[\%]$ ④ $\dfrac{입력}{출력+손실} \times 100[\%]$

[해설] 규약 효율 : 규약된 손실과 입력 또는 출력으로 구하는 효율
- 발전기 규약 효율 : $\eta = \dfrac{출력}{출력 + 손실} \times 100 \, [\%]$
- 전동기 규약 효율 : $\eta = \dfrac{입력 - 손실}{입력} \times 100 \, [\%]$

[정답] 1 ④ 2 ③ 3 ③ 4 ③

5 전기기계의 효율 중 발전기의 규약효율 η_G 는?(단, 입력 P, 출력 Q, 손실 L로 표현한다)

① $\eta_G = \dfrac{P-L}{P} \times 100[\%]$

② $\eta_G = \dfrac{P-L}{P+L} \times 100[\%]$

③ $\eta_G = \dfrac{Q}{P} \times 100[\%]$

④ $\eta_G = \dfrac{Q}{Q+L} \times 100[\%]$

[해설] 발전기 규약 효율 : $\eta = \dfrac{출력}{출력 + 손실} \times 100[\%] = \dfrac{Q}{Q+L} \times 100[\%]$

6 출력 10[kW], 효율 80[%]인 기기의 손실은 약 몇 [kW]인가?

① 0.6[kW] ② 1.1[kW]
③ 2.0[kW] ④ 2.5[kW]

[해설] 출력과 효율이 주어졌으므로 먼저 입력을 구하면
입력 $= \dfrac{출력}{\eta} = \dfrac{10}{0.8} = 12.5$ [kW]이므로 손실을 구하면
손실 = 입력 - 출력 = 12.5 - 10 = 2.5[kW]

7 직류기의 손실 중 기계손에 속하는 것은?

① 풍 손 ② 와전류손
③ 히스테리시스손 ④ 표유 부하손

[해설] 기계손 종류 : 풍손, 마찰손, 베어링손

8 직류 전동기의 최저 절연저항값[MΩ] 은?

① $\dfrac{정격전압[V]}{1,000 + 정격출력[kW]}$ ② $\dfrac{정격출력[kW]}{1,000 + 정격입력[kW]}$

③ $\dfrac{정격입력[kW]}{1,000 + 정격출력[kW]}$ ④ $\dfrac{정격전압[V]}{1,000 + 정격입력[kW]}$

[해설] 최저 절연저항 $= \dfrac{정격전압[V]}{1,000 + 정격출력[kW]}$ [MΩ]

정답 5 ④ 6 ④ 7 ① 8 ①

CHAPTER 2 동기기

제1절 동기 발전기

1 동기 발전기 구조 및 원리

❶ 동기 발전기 원리 : 전기자가 프레임에 고정되어 있으며 계자가 내부에서 회전하여 계자 자속이 전기자에 절단되며 기전력을 유도하는 발전기로 플레밍의 오른손 법칙에 의해 기전력을 유도한다.

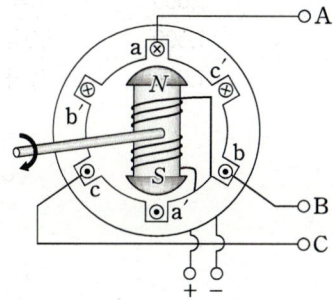

❷ 동기 발전기 구조

1) 회전 계자형
    ① 회전 계자형을 사용하는 기기 : 동기기 (회전자 : 계자, 고정자 : 전기자)
    ② 회전 전기자형 보다 절연이 용이하고, 기계적으로 튼튼하다.
    ③ 계자권선의 전원이 직류이므로 소비전력이 작다.

2) 전기자 권선 (Y결선)
    ① 중성점을 접지할 수 있어 이상전압을 방지한다.
    ② 선간전압이 상전압의 $\sqrt{3}$ 배다. ($V_l = \sqrt{3}\ V_p$)
    ③ 코일의 열화 및 코로나 등이 감소한다.
    ④ 발전기 내부에 고조파 순환전류가 흐르지 않는다.

3) 저속도 대용량 발전기로 사용되는 발전기 : 우산형 발전기

❸ 동기 속도 : 자계가 회전하는 속도로 동기기 회전속도를 말한다. ($N_s = N$)

1) 동기 속도 : $N_s = \dfrac{120f}{P}$ [rpm]

① 매 초당 동기 속도 : $N_s = \dfrac{2f}{P}$ [rps]

② 최소 극수 : 2극, 최대 속도 : 3600[rpm]

③ 주파수 : $f = \dfrac{N_s P}{120}$ [Hz], 극수 : $P = \dfrac{120f}{N_s}$ [극]

④ $N_s \propto f$ (동기속도와 주파수 비례), $N_s \propto \dfrac{1}{P}$ (동기속도와 극수 반비례)

극수(P)	주파수 : f=60[Hz] 동기속도(N_s)	주파수 : f=50[Hz] 동기속도(N_s)	극수(P)	주파수 : f=60[Hz] 동기속도(N_s)	주파수 : f=50[Hz] 동기속도(N_s)
2극	3,600	3,000	8극	900	750
4극	1,800	1,500	10극	720	600
6극	1,200	1,000	12극	600	500

문제 풀이 ✔

1 플레밍(Fleming)의 오른손 법칙에 따르는 기전력이 발생하는 기기는?

① 교류발전기 ② 교류전동기
③ 교류정류기 ④ 교류용접기

[해설] 플래밍의 오른손 법칙 : 발전기 법칙

2 동기발전기를 회전계자형으로 하는 이유가 아닌 것은?

① 고전압에 견딜 수 있게 전기자권선을 절연하기가 쉽다.
② 전기자 단자에 발생한 고전압을 슬립링 없이 간단하게 외부회로에 인가할 수 있다.
③ 기계적으로 튼튼하게 만드는데 용이하다.
④ 전기자가 고정되어 있지 않아 제작비용이 저렴하다.

[해설] 회전 계자형 기기 특징
- 회전 계자형을 사용하는 기기 : 동기기
  (회전자 : 계자, 고정자 : 전기자)
- 회전 전기자형 보다 절연이 용이하고, 기계적으로 튼튼하다.
- 계자권선의 전원이 직류이므로 소비전력이 작다.

3 3상 동기 발전기의 상간 접속을 Y결선으로 하는 이유 중 틀린 것은?

① 중성점을 이용할 수 있다.
② 선간전압이 상전압의 $\sqrt{3}$ 배가 된다.
③ 선간전압에 제3고조파가 나타나지 않는다.
④ 같은 선간전압의 결선에 비하여 절연이 어렵다.

[해설] 전기자 권선 : Y결선
- 중성점을 접지할 수 있어 이상전압을 방지한다.
- 선간전압이 상전압의 $\sqrt{3}$ 배다. ($V_l = \sqrt{3} V_P$)
- 코일의 열화 및 코로나 등이 감소한다.
- 발전기 내부에 고조파 순환전류가 흐르지 않는다.

4 우산형 발전기의 용도는?

① 저속 대용량기 ② 저속 소용량기
③ 고속 대용량기 ④ 고속 소용량기

[해설] 저속도 대용량 발전기로 사용되는 발전기 : 우산형 발전기

[정답] 1 ① 2 ④ 3 ④ 4 ①

5 동기속도 30[rps]인 교류발전기 기전력의 주파수가 60[Hz]가 되려면 극수는?

① 2   ② 4
③ 6   ④ 8

[해설] 매 초당 동기 속도 : $N_s = \dfrac{2f}{P}$ [rps]에서 극수를 구하면

극수 : $P = \dfrac{2f}{N_s} = \dfrac{2 \times 60}{30} = 4$ [극]

6 주파수 60[Hz]를 내는 발전용 원동기인 터빈 발전기의 최고속도[rpm]는?

① 1,800   ② 2,400
③ 3,600   ④ 4,800

[해설] 동기 속도 : $N_s = \dfrac{120f}{P}$ [rpm] (최소 극수 : 2극, 최대 속도 : 3600[rpm])

극수(P)	주파수 : f=60[Hz] 동기속도(N_s)	주파수 : f=50[Hz] 동기속도(N_s)	극수(P)	주파수 : f=60[Hz] 동기속도(N_s)	주파수 : f=50[Hz] 동기속도(N_s)
2극	3,600	3,000	8극	900	750
4극	1,800	1,500	10극	720	600
6극	1,200	1,000	12극	600	500

7 극수가 10, 주파수가 50[Hz]인 동기기의 매 분 회전수는?

① 300[rpm]   ② 400[rpm]
③ 500[rpm]   ④ 600[rpm]

[해설] 동기 속도 : $N_s = \dfrac{120f}{P} = \dfrac{120 \times 50}{10} = 600$ [rpm]

8 4극인 동기 전동기가 1,800[rpm]으로 회전할 때 전원 주파수는 몇 [Hz]인가?

① 50[Hz]   ② 60[Hz]
③ 70[Hz]   ④ 80[Hz]

[해설] 동기 속도 : $N_s = \dfrac{120f}{P}$ [rpm]에서 주파수를 구하면

주파수 : $f = \dfrac{N_s P}{120} = \dfrac{1,800 \times 4}{120} = 60$ [Hz]

정답 5 ② 6 ③ 7 ④ 8 ②

9 60[Hz], 20,000[kVA]의 발전기 회전수가 1,200[rpm]이라면 이 발전기의 극수는 얼마인가?

① 6극　　　　　　　　　　② 8극
③ 12극　　　　　　　　　④ 14극

[해설] 동기 속도 : $N_s = \dfrac{120f}{P}$ [rpm]에서 극수를 구하면

극수 : $P = \dfrac{120f}{N_s} = \dfrac{120 \times 60}{1200} = 6$ [극]

10 2극 3,600[rpm]인 동기발전기와 병렬 운전하려는 12극 발전기의 회전수는?

① 600[rpm]　　　　　　　② 3,600[rpm]
③ 7,200[rpm]　　　　　　④ 21,600[rpm]

[해설] 동기발전기 병렬운전을 하려면 주파수가 같아야하므로 먼저 주파수를 구하면

주파수 : $f = \dfrac{N_s P}{120} = \dfrac{3600 \times 2}{120} = 60$ [Hz]이므로 12극 발전기의 동기속도를 구하면

동기속도 : $N_s = \dfrac{120f}{P} = \dfrac{120 \times 60}{12} = 600$ [rpm]

11 6극 1,200[rpm]의 교류 발전기와 병렬 운전하는 극수 8의 동기 발전기의 회전수[rpm]는?

① 1,200　　　　　　　　② 1,000
③ 900　　　　　　　　　④ 750

[해설] 동기발전기 병렬운전을 하려면 주파수가 같아야하므로 먼저 주파수를 구하면

주파수 : $f = \dfrac{N_s P}{120} = \dfrac{1,200 \times 6}{120} = 60$ [Hz]이므로 8극 발전기의 동기속도를 구하면

동기속도 : $N_s = \dfrac{120f}{P} = \dfrac{120 \times 60}{8} = 900$ [rpm]

정답　9 ①　10 ①　11 ③

❹ 전기자 권선법 : 고상권, 폐로권, 이층권 (고, 폐, 이)

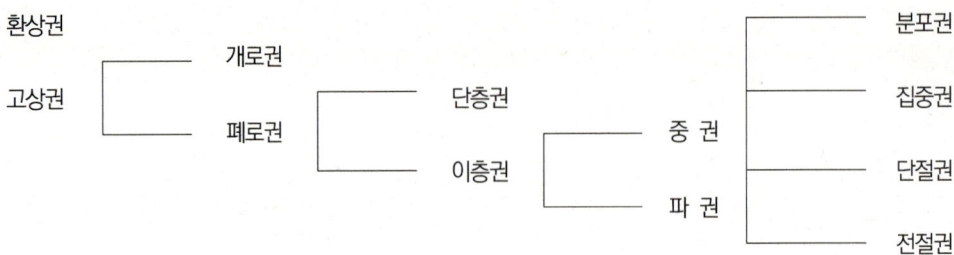

1) 분포권
   ① 고조파를 감소시켜 기전력의 파형 개선
   ② 누설 리액턴스가 감소된다.

2) 단절권
   ① 고조파를 제거시켜 기전력의 파형 개선
   ② 기계길이가 축소된다.

   ※ 동기기에 사용하지 않는 권선법 : 집중권, 전절권

❺ 유도기전력

1) 유도기전력 : $E = 4.44\, f\, \phi\, K_w\, \omega$ [V]

2) 권선계수 : $K_w = K_d \cdot K_p \leq 1$

3) 매극 매상의 슬롯수 : $q = \dfrac{S}{P\,m}$

   여기서, f : 주파수[Hz], ϕ : 자속[Wb], K_w : 권선계수, ω : 1상의 직렬권 횟수
   K_d : 분포권 계수, K_p : 단절권 계수, S : 슬롯수, P : 극수, m : 상수

❻ 동기 발전기 전기자 반작용

1) 저항(R)만의 부하 : 횡축반작용 (교차자화작용)
   ① $I\cos\theta$에 의해 결정
   ② 전기자전류와 유기기전력이 동위상(동상)일 경우 발생

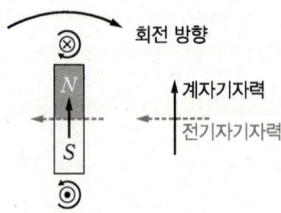

횡축반작용(교차자화작용)

2) 인덕턴스(L)만의 부하 : 직축반작용 (감자작용)

   ① 전류의 위상이 기전력(전압)보다 $\frac{\pi}{2}$(90°)뒤질 때 발생
   ② 자극축과 일치하는 감자작용 발생
   ③ $I\sin\theta$에 의해 결정

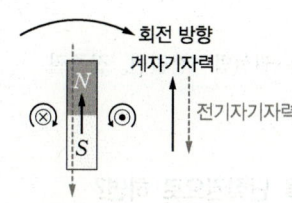

직축반작용(감자작용)

3) 콘덴서(C)만의 부하 : 직축반작용 (증자작용)

   ① 전류의 위상이 기전력(전압)보다 $\frac{\pi}{2}$(90°)앞설 때 발생
   ② 자극축과 일치하는 증자작용 발생
   ③ $I\sin\theta$에 의해 결정

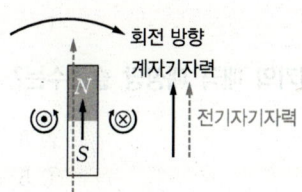

직축반작용(증자작용)

※ 동기 전동기 전기자 반작용 : 동기 발전기와 반대
   1) 횡축반작용(교차자화작용) : 전류와 전압이 동위상(동상)일 경우 발생
   2) 직축 반작용
      ① 전류의 위상이 전압보다 뒤질 때 : 증자작용
      ② 전류의 위상이 전압보다 앞설 때 : 감자작용

문제 풀이

1 동기기의 전기자 권선법이 아닌 것은?

① 전절권 ② 분포권
③ 2층권 ④ 중 권

[해설] 동기기에 사용되지 않는 권선법 : 전절권, 집중권

2 동기 발전기의 전기자 권선을 단절권으로 하면?

① 고조파를 제거한다. ② 절연이 잘 된다.
③ 역률이 좋아진다. ④ 기전력을 높인다.

[해설] 단절권
- 고조파를 제거시켜 기전력의 파형 개선
- 기계길이가 축소된다.

3 6극 36슬롯 3상 동기 발전기의 매극 매상당 슬롯수는?

① 2 ② 3
③ 4 ④ 5

[해설] 매극 매상의 슬롯수 : $q = \dfrac{S}{Pm} = \dfrac{36}{6 \times 3} = 2$

4 4극 고정자 홈 수 36의 3상 유도전동기의 홈 간격은 전기각으로 몇 도인가?

① 5° ② 10°
③ 15° ④ 20°

[해설] 기하각 $= \dfrac{360°}{S} = \dfrac{360°}{36} = 10°$

전기각 $=$ 기하각 $\times \dfrac{P}{2} = 10° \times \dfrac{4}{2} = 20°$

[정답] 1 ① 2 ① 3 ① 4 ④

5 동기발전기의 전기자 반작용 현상이 아닌 것은?

① 포화 작용
② 증자 작용
③ 감자 작용
④ 교차자화 작용

[해설] 동기기 전기자 반작용 현상
- 저항(R)만의 부하 : 횡축반작용(교차자화작용)
- 인덕턴스(L)만의 부하 : 자극축과 일치하는 감자작용
- 콘덴서(C)만의 부하 : 자극축과 일치하는 증자작용

6 3상 교류 발전기의 기전력에 대하여 90° 늦은 전류가 통할 때 반작용 기자력은?

① 자극축과 일치하고 감자작용
② 자극축보다 90° 빠른 증자작용
③ 자극축보다 90° 늦은 감자작용
④ 자극축과 직교하는 교차자화작용

[해설] 인덕턴스(L)만의 부하 : 직축반작용 (감자작용)
- 전류의 위상이 기전력(전압)보다 $\frac{\pi}{2}(90°)$ 뒤질 때 발생
- 자극축과 일치하는 감자작용 발생
- $I\sin\theta$에 의해 결정

7 3상 교류 발전기의 기전력에 대하여 $\frac{\pi}{2}$ [rad] 뒤진 전기자 전류가 흐르면 전기자 반작용은?

① 횡축 반작용으로 기전력을 증가시킨다.
② 증자 작용을 하여 기전력을 증가시킨다.
③ 감자 작용을 하여 기전력을 감소시킨다.
④ 교차 자화작용으로 기전력을 감소시킨다.

[해설] 인덕턴스(L)만의 부하 : 직축반작용 (감자작용)
- 전류의 위상이 기전력(전압)보다 $\frac{\pi}{2}(90°)$뒤질 때 발생
- 자극축과 일치하는 감자작용 발생
  (자속이 감소하므로 기전력도 감소하게된다.)

정답 5 ① 6 ① 7 ③

8 동기발전기에서 전기자 전류가 기전력보다 90°만큼 위상이 앞설 때의 전기자 반작용은?

① 교차 자화 작용 ② 감자 작용
③ 편자 작용 ④ 증자 작용

[해설] 콘덴서(C)만의 부하 : 직축반작용 (증자작용)
- 전류의 위상이 기전력(전압)보다 $\frac{\pi}{2}$(90°)앞설 때 발생
- 자극축과 일치하는 증자작용 발생
- $I\sin\theta$에 의해 결정

9 동기 전동기 전기자 반작용에 대한 설명이다. 공급전압에 대한 앞선 전류의 전기자 반작용은?

① 감자작용 ② 증자작용
③ 교차 자화작용 ④ 편자작용

[해설] 동기 전동기 전기자 반작용 : 동기 발전기와 반대
- 횡축반작용(교차자화작용) : 전류와 전압이 동위상(동상)일 경우 발생
- 직축 반작용
  - 전류의 위상이 전압보다 뒤질 때 : 증자작용
  - 전류의 위상이 전압보다 앞설 때 : 감자작용

정답 8 ④ 9 ①

2 발전기 출력

❶ 원통형(터어빈) 발전기

1) 1상 출력 : $P_1 = \dfrac{EV}{X_s}\sin\delta\,[W]$

① 최대 출력 : $\delta = 90°$ 에서 발생$(\sin 90° = 1)$

② 최대 출력 : $P_m = \dfrac{EV}{X_s}\,[W]$

2) 3상 출력 : $P_3 = 3\dfrac{EV}{X_s}\sin\delta\,[W]$

3) 부하각, 상차각 (δ)

① 발전기 : 송전단전압과 수전단전압의 위상각
② 전동기 : 공급전압과 역기전력의 위상각

여기서, E : 유도 기전력[V], V : 단자전압[V], X_s : 동기리액턴스[Ω], δ : 부하각

❷ 전압변동률 : $\varepsilon = \dfrac{V_0 - V}{V} \times 100\,[\%]$

여기서, V_0 : 무부하 전압[V], V : 정격(단자)전압[V]

3 동기 발전기 병렬운전

❶ 동기 발전기 병렬운전 구비조건

① 기전력의 크기가 같을 것
② 기전력의 위상이 같을 것
③ 기전력의 주파수가 같을 것
④ 기전력의 파형이 같을 것

> ※ 동기 발전기의 용량 및 회전속도, 임피던스 등과는 무관하다.

1) 두 발전기의 기전력 크기에 차이가 생길 경우

① 두 발전기 사이에 무효순환전류(무효횡류)가 흐른다.
② 권선이 가열되며, 고압측에 감자작용이 발생한다.
③ 무효순환전류가 흐르는 원인 : 한쪽 발전기의 여자(계자)전류가 변하는 경우
④ 무효순환전류 : $I_c = \dfrac{E_r}{2Z_s}\,[A]$

여기서, E_r : 기전력의 차[V], Z_s : 동기임피던스[Ω]

2) 두 발전기의 위상에 차이가 생길 경우
   ① 두 발전기 사이에 동기화전류 및 동기화력이 발생 한다.
   ② 동기화 전류가 흐르는 원인 : 한쪽 발전기의 원동기 출력이 변하는 경우
   ③ 동기화전류(유효횡류, 유효순환전류) : 두 발전기의 위상과 동기를 같게하는 전류

   동기화전류(유효횡류, 유효순환전류) : $I_{cs} = \dfrac{E}{Z_s} \sin \dfrac{\delta}{2}$ [A]

   ④ 동기화력 : 두 발전기의 위상과 동기를 같게하는 전력

   동기화력 : $P = \dfrac{E^2}{2Z_s} \cos\theta$ [W]

   여기서, E : 기전력[V], Z_s : 동기임피던스, δ : 부하각(상차각)

   > ※ 동기 검정기 : 3상 동기발전기의 병렬운전 시 두 발전기의 위상이 일치하는지 확인하는 기기

3) 두 발전기의 주파수에 차이가 생길 경우
   ① 축이 흔들리고 출력이 요동치는 난조가 발생한다.
   ② 난조에 의해 권선이 가열된다.

4) 두 발전기의 파형이 같지 않을 경우 : 고조파가 발생한다.

5) 동기 발전기 병렬 운전시 여자(계자)전류와 역률은 반비례한다.
   ① A기 여자전류를 증가시키면
      ㉠ A기 역률이 낮아진다.
      ㉡ B기 역률이 높아진다.
   ② A 발전기의 역률을 높이는 방법
      ㉠ A발전기 여자전류를 감소시킨다.
      ㉡ B발전기 여자전류를 증가시킨다.

   > ※ A발전기의 여자전류를 감소시키면 A발전기의 역률이 좋아지고,
   >   B발전기의 여자전류는 증가하게되며 B발전기의 역률이 나빠진다.

문제 풀이 ✓

1 비돌극형 동기발전기의 단자전압(1상)을 V, 유도 기전력(1상)을 E, 동기 리액턴스는 X_s, 부하각을 δ라고 하면, 1상의 출력[W]은?(단, 전기자 저항 등은 무시한다)

① $\dfrac{EV}{X_s}\sin\delta$ ② $\dfrac{E^2}{2X_s}\cos\delta$

③ $\dfrac{EV}{X_s}\cos\delta$ ④ $\dfrac{E^2}{2X_s}\sin\delta$

[해설] 비돌극형(원통형) 발전기 1상 출력 : $P_1 = \dfrac{EV}{X_s}\sin\delta\,[W]$

2 동기발전기에서 비돌극기의 출력이 최대가 되는 부하각(Power Angle)은?

① 0°   ② 45°
③ 90°   ④ 180°

[해설] 최대출력 : $\delta = 90°$ 일 경우 ⇨ $P_m = \dfrac{EV}{X_s}\,[W]$

3 3상 동기전동기의 출력(P)을 부하각으로 나타낸 것은?(단, V는 1상의 단자전압, E는 역기전력, x_s는 동기 리액턴스, δ는 부하각)

① $P = 3VE\sin\delta\,[W]$ ② $P = \dfrac{3VE\sin\delta}{x_s}\,[W]$

③ $P = \dfrac{3VE\cos\delta}{x_s}\,[W]$ ④ $P = 3VE\cos\delta\,[W]$

[해설] 3상 출력 : $P = 3\dfrac{EV}{X_s}\sin\delta\,[W]$

4 동기 전동기의 부하각(Load Angle)은?

① 공급전압 V와 역기전압 E와의 위상각   ② 역기전압 E와 부하전류 I와의 위상각
③ 공급전압 V와 부하전류 I와의 위상각   ④ 3상 전압의 상전압과 선간 전압과의 위상각

[해설] 부하각, 상차각(δ)
  • 발전기 : 송전단전압과 수전단전압의 위상각
  • 전동기 : 공급전압과 역기전력의 위상각

정답 1 ① 2 ③ 3 ② 4 ①

5 정격전압 220[V]의 동기발전기를 무부하 운전하였을 때의 단자전압이 253[V]이었다. 이 발전기의 전압 변동률은?

① 13[%]　　　　　　　　　　　　② 15[%]
③ 20[%]　　　　　　　　　　　　④ 33[%]

[해설] 전압변동률 : $\varepsilon = \dfrac{V_0 - V}{V} \times 100 = \dfrac{253 - 220}{220} \times 100 = 15[\%]$

6 3상 66,000[kVA], 22,900[V]인 발전기의 정격전류는 약 몇 [A]인가?

① 8,764[A]　　　　　　　　　　② 3,367[A]
③ 2,882[A]　　　　　　　　　　④ 1,664[A]

[해설] 3상 피상전력 : $P_a = \sqrt{3}\,VI$ [VA]에서 정격전류를 구하면

정격전류 : $I = \dfrac{P_a}{\sqrt{3}\,V} = \dfrac{66000 \times 10^3}{\sqrt{3} \times 22900} = 1664$ [A]

7 동기 발전기의 병렬 운전 조건이 아닌 것은?

① 기전력의 크기가 같을 것　　　　② 기전력의 위상이 같을 것
③ 기전력의 주파수가 같을 것　　　④ 기전력의 용량이 같을 것

[해설] 동기 발전기 병렬운전 구비조건
　• 기전력의 크기가 같을 것
　• 기전력의 위상이 같을 것
　• 기전력의 주파수가 같을 것
　• 기전력의 파형이 같을 것

　※ 동기 발전기의 용량 및 회전속도, 임피던스 등과는 무관하다.

8 3상 동기발전기 병렬운전 조건이 아닌 것은?

① 전압의 크기가 같을 것　　　　　② 회전수가 같을 것
③ 주파수가 같을 것　　　　　　　④ 전압 위상이 같을 것

[해설] 동기 발전기 병렬운전 구비조건
　• 기전력의 크기가 같을 것
　• 기전력의 위상이 같을 것
　• 기전력의 주파수가 같을 것
　• 기전력의 파형이 같을 것

정답　5 ②　6 ④　7 ④　8 ②

9 동기 발전기를 계통에 접속하여 병렬운전 할 때 관계없는 것은?

① 전 류 ② 전 압
③ 위 상 ④ 주파수

[해설] 동기 발전기 병렬운전 구비조건 : 기전력의 크기(전압), 위상, 주파수, 파형이 같을 것

10 다음 중 2대의 동기발전기가 병렬운전하고 있을 때 무효횡류(무효순환전류)가 흐르는 경우는?

① 부하 분담에 차가 있을 때
② 기전력의 주파수에 차가 있을 때
③ 기전력의 위상에 차가 있을 때
④ 기전력의 크기에 차가 있을 때

[해설] 두 발전기의 기전력 크기에 차이가 생길 경우
- 두 발전기 사이에 무효순환전류(무효횡류)가 흐른다.
- 권선이 가열되며, 고압측에 감자작용이 발생한다.
- 무효순환전류가 흐르는 원인 : 한쪽 발전기의 여자(계자)전류가 변하는 경우

11 동기 발전기의 병렬운전 중 기전력의 크기가 다를 경우 나타나는 현상이 아닌 것은?

① 권선이 가열된다.
② 동기화전력이 생긴다.
③ 무효순환전류가 흐른다.
④ 고압 측에 감자작용이 생긴다.

[해설] 두 발전기의 기전력 크기에 차이가 생길 경우
- 두 발전기 사이에 무효순환전류(무효횡류)가 흐른다.
- 권선이 가열되며, 고압측에 감자작용이 발생한다.
- 무효순환전류가 흐르는 원인 : 한쪽 발전기의 여자(계자)전류가 변하는 경우

12 동기 발전기의 병렬 운전에서 한 쪽의 계자 전류를 증대시켜 유기기전력을 크게 하면 어떤 현상이 발생하는가?

① 주파수가 변화되어 위상각이 달라진다.
② 두 발전기의 역률이 모두 낮아진다.
③ 속도 조정률이 변한다.
④ 무효순환 전류가 흐른다.

[해설] 두 발전기의 기전력 크기에 차이가 생길 경우
- 두 발전기 사이에 무효순환전류(무효횡류)가 흐른다.
- 권선이 가열되며, 고압측에 감자작용이 발생한다.
- 무효순환전류가 흐르는 원인 : 한쪽 발전기의 여자(계자)전류가 변하는 경우

정답 9 ① 10 ④ 11 ② 12 ④

13 동기발전기의 병렬운전 중에 기전력의 위상차가 생기면?

① 위상이 일치하는 경우보다 출력이 감소한다.
② 부하 분담이 변한다.
③ 무효 순환전류가 흘러 전기자 권선이 과열된다.
④ 동기화력이 생겨 두 기전력의 위상이 동상이 되도록 작용한다.

[해설] 두 발전기의 위상에 차이가 생길 경우 는 경우
- 동기화전류(유효횡류, 유효순환전류) : 두 발전기의 위상과 동기를 같게하는 전류
- 동기화력 : 두 발전기의 위상과 동기를 같게하는 전력
- 두 발전기 사이에 동기화전류 및 동기화력이 발생 한다.
- 동기화 전류가 흐르는 원인 : 한쪽 발전기의 원동기 출력이 변하

14 동기기를 병렬운전 할 때 순환전류가 흐르는 원인은?

① 기전력의 저항이 다른 경우
② 기전력의 위상이 다른 경우
③ 기전력의 전류가 다른 경우
④ 기전력의 역률이 다른 경우

[해설] 기전력의 크기가 같지 않을 경우 : 무효순환전류(무효횡류)가 흐른다.
기전력의 위상이 같지 않을 경우 : 동기화전류(유효횡류)가 흐른다.

15 동기 발전기의 병렬 운동 중 주파수가 틀리면 어떤 현상이 나타나는가?

① 무효 전력이 생긴다.
② 무효 순환전류가 흐른다.
③ 유효 순환전류가 흐른다.
④ 출력이 요동치고 권선이 가열된다.

[해설] 두 발전기의 주파수에 차이가 생길 경우
- 축이 흔들리고 출력이 요동치는 난조가 발생한다.
- 난조에 의해 권선이 가열된다.

16 동기 검정기로 알 수 있는 것은?

① 전압의 크기
② 전압의 위상
③ 전류의 크기
④ 주파수

[해설] 동기 검정기 : 3상 동기발전기의 병렬운전 시 두 발전기의 위상이 일치하는지 확인하는 기기

정답 13 ④ 14 ② 15 ② 16 ②

17 동기 발전기의 병렬운전 시 원동기에 필요한 조건으로 구성된 것은?

① 균일한 각속도와 기전력의 파형이 같을 것
② 균일한 각속도와 적당한 속도 조정률을 가질 것
③ 균일한 주파수와 적당한 속도 조정률을 가질 것
④ 균일한 주파수와 적당한 파형이 같을 것

[해설] 원동기 필요 조건 : 균일한 각속도와 적당한 속도 조정률을 가질 것

18 2대의 동기 발전기 A, B가 병렬 운전하고 있을 때 A기의 여자 전류를 증가 시키면 어떻게 되는가?

① A기의 역률은 낮아지고 B기의 역률은 높아진다.
② A기의 역률은 높아지고 B기의 역률은 낮아진다.
③ A, B 양 발전기의 역률이 높아진다.
④ A, B 양 발전기의 역률이 낮아진다.

[해설] 동기 발전기 여자(계자)전류와 역률은 반비례한다.
 • A기 여자전류를 증가시키면
  - A기 역률이 낮아진다.
  - B기 역률이 높아진다.

19 병렬운전 중인 동기 임피던스 5[Ω]인 2대의 3상 동기발전기의 유도기전력에 200[V]의 전압 차이가 있다면 무효순환전류[A]는?

① 5
② 10
③ 20
④ 40

[해설] 두 발전기의 기전력 크기에 차이가 생길 경우 흐르는 무효순환전류를 구하면

무효순환전류 : $I_c = \dfrac{E_r}{2Z_s} = \dfrac{200}{2 \times 5} = 20\,[A]$

20 병렬 운전 중인 두 동기 발전기의 유도 기전력이 2,000[V], 위상차 60°, 동기 리액턴스 100[Ω]이다. 유효순환전류[A]는?

① 5
② 10
③ 15
④ 20

[해설] 두 발전기의 위상에 차이가 생길 경우 흐르는 유효순환전류를 구하면

유효순환전류 : $I_{cs} = \dfrac{E}{Z_s}\sin\dfrac{\delta}{2} = \dfrac{2000}{100}\sin\dfrac{60}{2} = 10\,[A]$

※ 동기 임피던스(Z_s)=동기 리액턴스(X_s)

[정답] 17 ② 18 ① 19 ③ 20 ②

4 동기 발전기 특성

❶ 무부하 포화곡선 (무부하 포화시험) : 계자 전류와 무부하 단자 전압과의 관계곡선

❷ 외부 특성곡선 : 단자 전압과 부하 전류의 관계곡선

❸ 3상 단락곡선 (3상 단락시험) : 계자 전류와 단락 전류와의 관계곡선

> ※ 단락비 산출 시험 : 무부하 포화 시험, 3상 단락시험

❹ 단락비 : 무부하에서 정격 전압을 발생하는데 필요한 계자 전류와 정격전류와 같은 영구 단락전류를 통하는데 필요한 계자전류와의 비

1) 단락비 : $K_S = \dfrac{1}{\%Z} = \dfrac{I_s}{I}$

여기서, $\%Z$: 백분율 임피던스[%], I : 정격전류[A], I_s : 단락전류[A]

2) 단락비가 큰 경우
① 출력(P), 충전용량(C), 안정도, 공극, 단락전류(I_S) 등이 크다.
② 동기임피던스(Z_s), 전압변동률(ε), 전기자반작용, 효율(η) 등이 작다.

❺ 동기 임피던스 : 철심이 포화상태이고, 정격전압 일 때 임피던스
① 철심이 포화상태가 되면 동기 임피던스가 감소하게 된다.
② 공식 : $Z_s = r + jx_s = \sqrt{r^2 + x_s^2} = \sqrt{r^2 + (x_a + x_\ell)^2}$ [Ω]
③ 계산 : $Z_s = \dfrac{E}{I_s} = \dfrac{V}{\sqrt{3}\, I_s}$ [Ω]

여기서, r : 저항[Ω], x_s : 동기리액턴스[Ω], x_ℓ : 누설 리액턴스[Ω],
x_a : 전기자 반작용 리액턴스[Ω], E : 유도기전력(상전압), I_s : 단락전류[A]

> ※ 전력계통에서 저항값은 아주 작으므로 무시할 수 있다. (r = 무시)
> ∴ 동기 임피던스 ≒ 동기 리액턴스 ($Z_s ≒ x_s$)

❻ 단락전류 : 처음에는 큰 전류이지만 나중에는 점차 감소한다.

   1) 단락전류 : $I_S = \dfrac{E}{Z_S} = \dfrac{V}{\sqrt{3}\,Z_S}\,[A]$

   여기서, E : 유도기전력(상전압)[V], V : 단자 전압[V], Z_s : 동기 임피던스[Ω]

   2) 누설 리액턴스(x_l) : 돌발 단락전류 제한

   3) 동기 리액턴스(x_s) : 지속 단락전류 제한

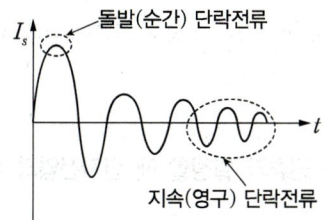

❼ 백분율 동기 임피던스 : $\%Z_s = \dfrac{I\,Z_s}{E} \times 100 = \dfrac{P\,Z_s}{10\,V^2}\,[\%]$

   여기서, I : 정격전류[A], Z_s : 동기임피던스[Ω], E : 유도기전력[V],
   P : 전력[W], V : 단자 전압[V]

❽ 난조 : 동기 발전기의 부하급변, 송전선로를 개폐하는 경우 회전속도가 동기속도를 중심으로 진동하는 현상

   1) 난조 원인
      ㉠ 원동기 조속기의 감도가 예민하거나 고조파가 포함된 경우
      ㉡ 부하 급변 및 전기자 저항이 큰 경우

   2) 난조 방지 : 제동권선 설치

문제 풀이 ✓

1 동기발전기의 무부하 포화곡선에 대한 설명으로 옳은 것은?

① 정격전류와 단자전압의 관계이다.
② 정격전류와 정격전압의 관계이다.
③ 계자전류와 정격전압의 관계이다.
④ 계자전류와 단자전압의 관계이다.

[해설] 무부하 포화곡선(무부하 포화시험) : 계자 전류와 무부하 단자전압과의 관계곡선

2 동기발전기의 역률 및 계자 전류가 일정할 때 단자전압과 부하 전류와의 관계를 나타내는 곡선은?

① 단락 특성 곡선   ② 외부 특성 곡선
③ 토크 특성 곡선   ④ 전압 특성 곡선

[해설] 외부 특성곡선 : 단자 전압과 부하 전류의 관계곡선

3 발전기의 단락비를 산출하는데 필요한 시험은?

① 무부하 포화 시험과 부하 시험
② 무부하 시험과 3상 단락 시험
③ 무부하 시험과 전부하 시험
④ 돌발 단락 시험과 부하 시험

[해설] 단락비 산출 시험 : 무부하 포화 시험, 3상 단락시험

4 단락비가 큰 동기기에 대한 설명으로 옳은 것은?

① 기계가 소형이다.
② 안정도가 높다.
③ 전압 변동률이 크다.
④ 전기자 반작용이 크다.

[해설] 단락비가 큰 경우
- 출력(P), 충전용량(C), 안정도, 공극, 단락전류(I_S) 등이 크다.
- 동기임피던스(Z_s), 전압변동률(ε), 전기자반작용, 효율(η) 등이 작다.

정답 1 ④ 2 ② 3 ② 4 ②

5 단락비가 큰 동기 발전기에 대한 설명으로 틀린 것은?

① 단락전류가 크다. ② 동기 임피던스가 작다.
③ 전기자 반작용이 크다. ④ 공극이 크고 전압변동률이 작다.

[해설] 단락비가 큰 경우
- 출력(P), 충전용량(C), 안정도, 공극, 단락전류(I_s) 등이 크다.
- 동기임피던스(Z_s), 전압변동률(ε), 전기자반작용, 효율(η) 등이 작다.

6 동기발전기의 공극이 넓을 때의 설명으로 잘못된 것은?

① 안정도가 증대된다. ② 단락비가 크다.
③ 여자전류가 크다. ④ 전압변동이 크다.

[해설] 단락비가 큰 경우 (공극이 넓어지면 단락비가 커진다.)
- 출력(P), 충전용량(C), 안정도, 공극, 단락전류(I_s) 등이 크다.
- 동기임피던스(Z_s), 전압변동률(ε), 전기자반작용, 효율(η) 등이 작다.

7 단락비가 1.25인 발전기의 %동기임피던스[%]는 얼마인가?

① 70 ② 80
③ 90 ④ 100

[해설] 단락비 : $K_s = \dfrac{1}{\%Z}$ 에서 %동기 임피던스를 구하면

%동기 임피던스 : $\%Z = \dfrac{1}{K_s} \times 100 = \dfrac{1}{1.25} \times 100 = 80\,[\%]$

8 정격이 10,000[V], 500[A], 역률 90[%]의 3상 동기발전기의 단락전류 I_s [A]는?(단, 단락비는 1.3으로 하고, 전기자저항은 무시한다)

① 450 ② 550
③ 650 ④ 750

[해설] 단락비 : $K_s = \dfrac{I_s}{I}$ 에서 단락전류를 구하면 단락전류 : $I_s = K_s I = 1.3 \times 500 = 650\,[\text{A}]$

정답 5 ③ 6 ④ 7 ② 8 ③

9 철심이 포화할 때 동기 발전기의 동기 임피던스는?

① 증가한다. ② 감소한다.
③ 일정하다. ④ 주기적으로 변한다.

[해설] 철심이 포화상태가 되면 동기 임피던스가 감소하게 된다.

10 동기 발전기의 돌발 단락 전류를 주로 제한하는 것은?

① 권선 저항 ② 동기 리액턴스
③ 누설 리액턴스 ④ 역상 리액턴스

[해설] 누설 리액턴스(x_ℓ) : 돌발(순간) 단락전류 제한
동기 리액턴스(x_s) : 영구(지속) 단락전류 제한

11 병렬 운전 중인 동기 발전기의 난조를 방지하기 위하여 자극 면에 유도전동기의 농형권선과 같은 권선을 설치하는데 이 권선의 명칭은?

① 계자권선 ② 제동권선
③ 전기자권선 ④ 보상권선

[해설] 난조 : 동기 발전기의 부하급변, 송전선로를 개폐하는 경우 회전속도가 동기속도를 중심으로 진동하는 현상
- 난조 원인
  - 원동기 조속기의 감도가 예민하거나 고조파가 포함된 경우
  - 부하 급변 및 전기자 저항이 큰 경우
- 난조 방지 : 제동권선 설치

12 동기 발전기의 난조를 방지하는 가장 유효한 방법은?

① 회전자의 관성을 크게 한다.
② 제동권선을 자극면에 설치한다.
③ X_s를 작게 하고 동기화력을 크게 한다.
④ 자극 수를 적게 한다.

[해설] 난조 방지 : 제동권선 설치

정답 9 ② 10 ③ 11 ② 12 ②

13 3상 동기기에 제동권선을 설치하는 주된 목적은?

① 역률 개선 ② 출력 증가
③ 효율 증가 ④ 난조 방지

[해설] 난조 방지 : 제동권선 설치

14 난조 방지와 관계가 없는 것은?

① 제동 권선을 설치한다.
② 전기자 권선의 저항을 작게 한다.
③ 축 세륜을 붙인다.
④ 조속기의 감도를 예민하게 한다.

[해설] • 난조 원인
 – 원동기 조속기의 감도가 예민하거나 고조파가 포함된 경우
 – 부하 급변 및 전기자 저항이 큰 경우
• 난조 방지 : 제동권선 설치

15 동기 발전기에서 난조 현상에 대한 설명으로 옳지 않은 것은?

① 부하가 급격히 변화하는 경우 발생할 수 있다.
② 제동 권선을 설치하여 난조현상을 방지한다.
③ 난조 정도가 커지면 동기 이탈 또는 탈조라고 한다.
④ 난조가 생기면 바로 멈춰야 한다.

[해설] 동기발전기는 운전 중 난조가 발생할 수 있으며, 난조를 방지하기 위해 제동권선을 설치한다.

[정답] 13 ④ 14 ④ 15 ④

제2절 동기 전동기

1 동기 전동기

❶ 동기 전동기의 용도 및 특징

1) 용도 : 시멘트 공장 분쇄기, 압축기, 송풍기, 동기 조상기 등

2) 장점
① 부하변동에 의해 속도가 변하지 않는 정속도 전동기이다.
② 역률을 조절할 수 있다.
③ 역률 1로 운전되며, 진상 지상 전류를 연속해서 공급할 수 있다.
④ 유도 전동기에 비해 전부하 효율이 양호하다.

> ※ 교류 전동기 중 역률 및 효율이 가장 좋은 전동기 : 동기 전동기

3) 단점
① 직류 여자기가 필요하다.
② 기동이 어렵고, 구조가 복잡하다.
③ 기동토크가 작고, 속도 조정이 불가능하다.
④ 난조가 발생하기 쉽다.

4) 동기 전동기 토크는 공급전압에 비례한다. (T ∝ V)

5) 안정도 증진법
① 단락비를 크게 한다.
② 관성모우멘트를 크게 한다.
③ 플라이휠을 크게 한다.
④ 동기임피던스를 작게 한다.
⑤ 속응여자방식을 채택 한다.

❷ 동기 전동기 기동법

1) 자기 기동법 : 자극면에 기동권선(제동권선)을 설치하여 기동
① 기동시 방전저항을 접속하여 계자권선을 단락상태로 기동한다.
② 이유 : 계자 권선을 열어 둔 채로 기동시 계자권선에 고전압이 유도되어 절연이 파괴된다.

2) 기동 전동기법 : 동기 전동기에 기동용 전동기(기동기)를 연결하여 기동
① 유도 전동기를 기동 전동기로 사용할 경우 유도 전동기의 극수는 동기 전동기 극수보다 2극을 작게한다.
② 이유 : 유도전동기의 회전속도가 동기속도보다 sN_s만큼 늦게 회전하기 때문

문제 풀이 ✓

1 동기 전동기의 용도로 적합하지 않은 것은?

① 송풍기 ② 압축기
③ 크레인 ④ 분쇄기

[해설] 동기 전동기의 용도 및 특징
- 용도 : 시멘트 공장 분쇄기, 압축기, 송풍기, 동기 조상기 등
- 장점
  - 부하변동에 의해 속도가 변하지 않는 정속도 전동기이다.
  - 역률을 조절할 수 있다.
  - 역률 1로 운전되며, 진상 지상 전류를 연속해서 공급할 수 있다.
  - 유도 전동기에 비해 전부하 효율이 양호하다.

  ※ 동기 전동기 : 교류 전동기 중 역률 및 효율이 가장 좋은 전동기

- 단점
  - 직류 여자기가 필요하다.
  - 기동이 어렵고, 구조가 복잡하다.
  - 기동토크가 작고, 속도 조정이 불가능하다.
  - 난조가 발생하기 쉽다.

2 동기전동기에 관한 내용으로 틀린 것은?

① 기동토크가 작다.
② 역률을 조정할 수 없다.
③ 난조가 발생하기 쉽다.
④ 여자기가 필요하다.

[해설] 역률을 조절할 수 있다.

3 동기 전동기에 대한 설명으로 옳지 않은 것은?

① 정속도 전동기로 비교적 회전수가 낮고 큰 출력이 요구되는 부하에 이용된다.
② 난조가 발생하기 쉽고 속도제어가 간단하다.
③ 전력계통의 전류세기, 역률 등을 조정할 수 있는 동기 조상기로 사용된다.
④ 가변 주파수에 의해 정밀속도 제어 전동기로 사용된다.

[해설] 속도제어가 불가능하다.(속도를 조절할 수 없다.)

정답 1 ③ 2 ② 3 ②

4 동기 전동기에 대한 설명으로 틀린 것은?

① 정속도 전동기이고, 저속도에서 특히 효율이 좋다.
② 역률을 조정할 수 있다.
③ 난조가 일어나기 쉽다.
④ 직류 여자기가 필요하지 않다.

[해설] 직류 여자기가 필요하다.

5 다음 중 역률이 가장 좋은 전동기는?

① 반발 기동 전동기
② 동기 전동기
③ 농형 유도 전동기
④ 교류 정류자 전동기

[해설] 동기 전동기 : 교류 전동기 중 역률 및 효율이 가장 좋은 전동기

6 3상 동기 전동기의 토크에 대한 설명으로 옳은 것은?

① 공급전압 크기에 비례한다.
② 공급전압 크기의 제곱에 비례한다.
③ 부하각 크기에 반비례한다.
④ 부하각 크기의 제곱에 비례한다.

[해설] 동기 전동기 토크는 공급전압에 비례한다. ($T \propto V$)

7 동기기 운전 시 안정도 증진법이 아닌 것은?

① 단락비를 크게 한다.
② 회전부의 관성을 크게 한다.
③ 속응여자방식을 채용한다.
④ 역상 및 영상임피던스를 작게 한다.

[해설] 안정도 증진법
- 단락비를 크게 한다.
- 관성모우멘트를 크게 한다.
- 플라이휠을 크게 한다.
- 동기임피던스를 작게 한다.
- 속응여자방식을 채택 한다.

정답 4 ④ 5 ② 6 ① 7 ④

8 다음 중 제동권선에 의한 기동토크를 이용하여 동기전동기를 기동시키는 방법은?

① 저주파 기동법 ② 고주파 기동법
③ 기동 전동기법 ④ 자기 기동법

[해설] 자기 기동법 : 자극면에 기동권선(제동권선)을 설치하여 기동
- 기동시 방전저항을 접속하여 계자권선을 단락상태로 기동한다.
- 이유 : 계자 권선을 열어 둔 채로 기동시 계자권선에 고전압이 유도되어 절연이 파괴된다.

9 동기 전동기를 자기 기동법으로 기동시킬 때 계자 회로는 어떻게 하여야 하는가?

① 단락시킨다.
② 개방시킨다.
③ 직류를 공급한다.
④ 단상교류를 공급한다.

[해설] 기동시 방전저항을 접속하여 계자권선을 단락상태로 기동한다.

10 동기 전동기의 자기 기동에서 계자권선을 단락하는 이유는?

① 기동이 쉽다.
② 기동 권선으로 이용한다.
③ 고전압이 유도된다.
④ 전기자 반작용을 방지한다.

[해설] 동기 전동기 기동 시 계자권선을 단락하는 이유 : 계자 권선을 열어 둔 채로 기동시 계자권선에 고전압이 유도되어 절연이 파괴된다.

11 기동전동기로써 유도전동기를 사용하려고 한다. 동기전동기의 극수가 10극인 경우 유도전동기의 극수는?

① 8극 ② 10극
③ 12극 ④ 14극

[해설] 기동 전동기법 : 동기 전동기에 기동용 전동기(기동기)를 연결하여 기동
- 유도 전동기를 기동 전동기로 사용할 경우 유도 전동기의 극수는 동기 전동기 극수보다 2극을 작게한다.
- 이유 : 유도전동기의 회전속도가 동기속도보다 sN_s 만큼 늦게 회전하기 때문
∴ 유도 전동기 극수 = 10극 - 2극 = 8극

정답 8 ④ 9 ① 10 ③ 11 ①

12 50[Hz], 500[rpm]의 동기 전동기에 직결하여 이것을 기동하기 위한 유도 전동기의 적당한 극수는?

① 4극 ② 8극
③ 10극 ④ 12극

[해설] 동기 전동기의 주파수(f)와 동기속도(N_s)가 주어졌으므로 먼저 동기 전동기 극수를 구하면

동기 전동기 극수 : $P = \dfrac{120f}{N_s} = \dfrac{120 \times 50}{500} = 12\,[극]$

∴ 유도 전동기 극수 = 12극 - 2극 = 10극

정답 12 ③

2 동기 조상기 및 위상 특성 곡선

❶ **동기 조상기** : 동기 전동기를 무부하 상태로 운전하여 계통의 전압 및 역률을 조절하는 설비

1) 과여자 (여자전류 증가)
   : 계통에 앞선(진상) 전류가 흐르게 되며 콘덴서 작용을 한다.

2) 부족여자 (여자전류 감소)
   : 계통에 뒤진(지상) 전류가 흐르게 되며 리액터 작용을 한다.

❷ **위상 특성 곡선(V곡선)** : 정출력 상태에서 전기자 전류와 계자 전류의 관계 곡선

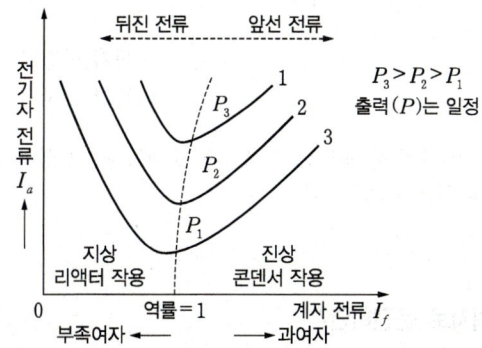

1) 계자전류 증가 (과여자)
   ① 콘덴서 작용을 한다.   ② 진상 역률의 전기자 전류가 증가한다.

2) 계자전류 감소 (부족여자)
   ① 리액터 작용을 한다.   ② 지상 역률의 전기자 전류가 증가한다.

3) 계자 전류를 변화 시키면 전기자 전류, 위상, 역률, 역기전력 등이 변한다.

4) 전기자 전류가 최소가 될 때 역률($\cos\theta$)은 1이 된다.

❸ **손실**

1) 무부하손 (고정손) : 무부하 상태에서 발생하는 손실
   ① 철손 : 히스테리시스손, 와류손(맴돌이 전류손)
   ② 기계손 : 풍손, 마찰손, 베어링손

2) 부하손 (가변손) : 부하를 걸었을 때 발생하는 손실
   ① 동손(구리손, 저항손, 전기자손)

❹ **효율** : $\eta = \dfrac{출력[kW]}{출력[kW] + 손실[kW]} \times 100[\%]$

문제 풀이 ✔

1 동기전동기를 송전선의 전압 조정 및 역률 개선에 사용한 것을 무엇이라 하는가?

① 동기 이탈　　　　　② 동기조상기
③ 댐 퍼　　　　　　　④ 제동권선

[해설] 동기 조상기 : 동기 전동기를 무부하 상태로 운전하여 계통의 전압 및 역률을 조절하는 설비

2 전력계통에 접속되어 있는 변압기나 장거리 송전 시 정전용량으로 인한 충전특성 등을 보상하기 위한 기기는?

① 유도 전동기　　　　② 동기 발전기
③ 유도 발전기　　　　④ 동기 조상기

[해설] 장거리 송전선로에서 대지 정전용량으로 인한 충전특성을 보상하기 위해 중간에 동기 조상기를 설치하여 계통의 전압 및 역률을 조절한다.

3 동기조상기를 부족여자로 운전하면?

① 콘덴서로 작용　　　② 뒤진 역률 보상
③ 리액터로 작용　　　④ 저항손의 보상

[해설] 계자전류 감소 (부족여자)
　• 리액터 작용을 한다.
　• 지상 역률의 전기자 전류가 증가한다.

4 부하를 일정하게 유지하고 역률 1로 운전 중인 동기전동기의 계자전류를 감소시키면?

① 아무 변동이 없다.
② 콘덴서로 작용한다.
③ 뒤진 역률의 전기자 전류가 증가한다.
④ 앞선 역률의 전기자 전류가 증가한다.

[해설] 계자전류 감소 (부족여자)
　• 리액터 작용을 한다.
　• 지상 역률의 전기자 전류가 증가한다.

정답 1 ②　2 ④　3 ③　4 ③

5 동기조상기를 과여자로 사용하면?

① 리액터로 작용 ② 저항손의 보상
③ 일반부하의 뒤진 전류 보상 ④ 콘덴서로 작용

[해설] 계자전류 증가 (과여자)
- 콘덴서 작용을 한다.
- 진상 역률의 전기자 전류가 증가한다.

6 동기전동기의 직류 여자전류가 증가될 때의 현상으로 옳은 것은?

① 진상 역률을 만든다. ② 지상 역률을 만든다.
③ 동상 역률을 만든다. ④ 진상·지상 역률을 만든다.

[해설] 계자전류 증가 (과여자)
- 콘덴서 작용을 한다.
- 진상 역률의 전기자 전류가 증가한다.

7 동기조상기가 전력용 콘덴서보다 우수한 점은?

① 손실이 적다. ② 보수가 쉽다.
③ 지상 역률을 얻는다. ④ 가격이 싸다.

[해설] 전력용 콘덴서 : 진상 역률만 얻을 수 있다.
동기조상기 : 진상 및 지상 역률을 얻을 수 있다.

8 동기 전동기의 계자 전류를 가로축에, 전기자 전류를 세로축으로 하여 나타낸 V곡선에 관한 설명으로 옳지 않은 것은?

① 위상 특성 곡선이라 한다.
② 부하가 클수록 V곡선은 아래쪽으로 이동한다.
③ 곡선의 최저점은 역률 1에 해당한다.
④ 계자 전류를 조정하여 역률을 조정할 수 있다.

[해설] 부하가 클 수록 V곡선은 위쪽으로 이동하며, 부하가 작을 수록 V곡선은 아래쪽으로 이동한다.

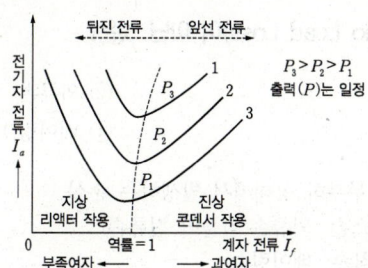

정답 5 ④ 6 ① 7 ③ 8 ②

9 3상 동기전동기의 단자전압과 부하를 일정하게 유지하고, 회전자 여자전류의 크기를 변화시킬 때 옳은 것은?

① 전기자전류의 크기와 위상이 바뀐다.
② 전기자권선의 역기전력은 변하지 않는다.
③ 동기전동기의 기계적 출력은 일정하다.
④ 회전속도가 바뀐다.

[해설] 계자 전류를 변화 시키면 전기자 전류, 위상, 역률, 역기전력 등이 변한다.

10 동기전동기의 여자전류를 변화시켜도 변하지 않는 것은?(단, 공급전압과 부하는 일정하다)

① 동기속도
② 역기전력
③ 역률
④ 전기자 전류

[해설] 계자 전류를 변화 시키면 전기자 전류, 위상, 역률, 역기전력 등이 변한다.

11 그림은 동기기의 위상 특성 곡선을 나타낸 것이다. 전기자전류가 가장 작게 흐를 때의 역률은?

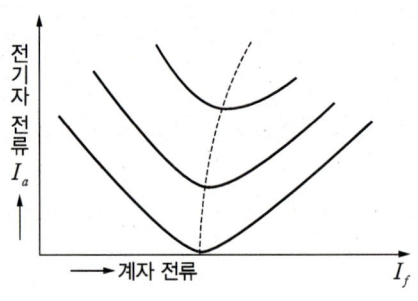

① 1
② 0.9(진상)
③ 0.9(지상)
④ 0

[해설] 전기자 전류가 최소가 될 때 역률($\cos\theta$)은 1이 된다.

12 동기기 손실 중 무부하손(No Load Loss)이 아닌 것은?

① 풍 손
② 와류손
③ 전기자 동손
④ 베어링 마찰손

[해설] 무부하손 (고정손) : 무부하 상태에서 발생하는 손실
 • 철손 : 히스테리시스손, 와류손(맴돌이 전류손)
 • 기계손 : 풍손, 마찰손, 베어링손

[정답] 9 ① 10 ① 11 ① 12 ③

13 동기기의 손실에서 고정손에 해당되는 것은?

① 계자철심의 철손
② 브러시의 전기손
③ 계자 권선의 저항손
④ 전기자 권선의 저항손

[해설] 무부하손 (고정손) : 무부하 상태에서 발생하는 손실
- 철손 : 히스테리시스손, 와류손(맴돌이 전류손)
- 기계손 : 풍손, 마찰손, 베어링손

14 34극 60[MVA], 역률 0.8, 60[Hz], 22.9[kV] 수차발전기의 전부하 손실이 1,600[kW]이면 전부하 효율 [%]은?

① 90
② 95
③ 97
④ 99

[해설] 전부하 효율 : $\eta = \dfrac{출력[MW]}{출력[MW] + 손실[MW]} \times 100 = \dfrac{60 \times 0.8}{60 \times 0.8 + 1.6} \times 100 = 96.7[\%]$

15 동기기에서 사용되는 절연재료로 B종 절연물의 온도상승한도는 약 몇 [℃]인가?(단, 기준온도는 공기 중에서 40[℃]이다)

① 65
② 75
③ 90
④ 120

[해설] B종 절연물 허용온도는 130°이므로 온도상승한도를 구하면
온도상승한도 = 130° − 40° = 90°

Y종	A종	E종	B종	F종	H종	C종
90°	105°	120°	130°	155°	180°	180° 초과

정답 13 ① 14 ③ 15 ③

CHAPTER 3 변압기

제1절 변압기 원리 및 구조

1 변압기 원리 및 특징

❶ 변압기 원리 : 전자 유도현상

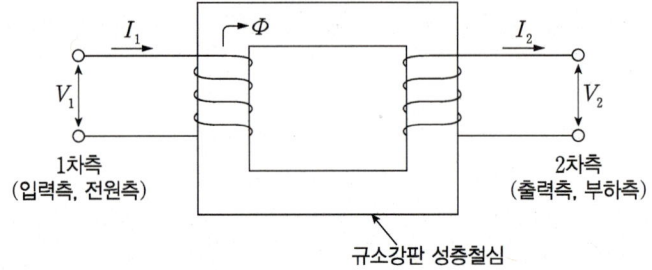

1) 변압기 : 1차측에 공급된 전압, 전류 등을 권수비를 통해 2차측에 유도하는 정지기이다.

2) 유도된 기전력 : $e = -L\dfrac{dI}{dt} = -N\dfrac{d\phi}{dt}\,[\mathrm{V}]$

   ① 유도 기전력의 크기 : 페러데이
   ② 유도 기전력의 방향 : 렌츠

3) 누설 리액턴스 : $L \propto N^2$ (권선수 제곱에 비례)

❷ 변압기 특징

1) 변압기 용량 : 정격 2차전압, 정격 2차전류, 주파수, 역률에 대해 2차 단자 사이에 얻어지는 피상 전력으로 단위는 [VA]로 표시한다.
   ① 변압기 입력 : $P_1 = V_1 I_1$ [VA] (1차측)
   ② 변압기 출력 : $P_2 = V_2 I_2$ [VA] (2차측)
   ③ 변압기 용량 : $P = V_2 I_2 = V_1 I_1$ [VA]

2) 변압기 정격 : 정격 용량, 정격 전압, 정격 전류

3) 변압기 철심 : 규소강판 성층철심 (변압기 철손 감소)
   ① 규소함유량 : 3 ~ 4 [%] ⇒ 히스테리시스손 감소
   ② 철량(성층철심) : 96 ~ 97 [%] ⇒ 와류손(맴돌이전류손) 감소

문제 풀이 ✓

1 다음 중 변압기의 원리와 관계있는 것은?

① 전기자 반작용 ② 전자 유도 작용
③ 플레밍의 오른손법칙 ④ 플레밍의 왼손법칙

[해설] 변압기 원리 : 전자 유도 작용

2 변압기의 용도가 아닌 것은?

① 교류 전압의 변환 ② 주파수의 변환
③ 임피던스의 변환 ④ 교류 전류의 변환

[해설] 변압기 : 1차측에 공급된 전압, 전류, 임피던스, 저항 등을 권수비를 통해 2차측에 유도(변환)하는 정지기

3 다음 중 변압기의 1차 측이란?

① 고압 측 ② 저압 측
③ 전원 측 ④ 부하 측

[해설] 1차측 : 입력측, 전원측

4 변압기에서 2차 측이란?

① 부하 측 ② 고압 측
③ 전원 측 ④ 저압 측

[해설] 2차측 : 출력측, 부하측

5 변압기의 정격출력으로 맞는 것은?

① 정격 1차 전압×정격 1차 전류
② 정격 1차 전압×정격 2차 전류
③ 정격 2차 전압×정격 1차 전류
④ 정격 2차 전압×정격 2차 전류

[해설] 변압기 출력 : $P_2 = V_2 I_2$ [VA]에서 변압기 정격은 2차측을 기준으로 계산하므로
변압기 정격출력 = 정격 2차 전압 × 정격 2차 전류

정답 1 ② 2 ② 3 ③ 4 ① 5 ④

6 변압기를 운전하는 경우 특성의 약화, 온도상승에 수반되는 수명의 저하, 기기의 소손 등의 이유 때문에 지켜야 할 정격이 아닌 것은?

① 정격전류　　　　　　　　　② 정격전압
③ 정격저항　　　　　　　　　④ 정격용량

[해설] 변압기 정격 : 정격 전류, 정격 전압, 정격 용량

7 변압기 명판에 표시된 정격에 대한 설명으로 틀린 것은?

① 변압기의 정격출력 단위는 [kW]이다.
② 변압기의 정격은 2차측을 기준으로 한다.
③ 변압기의 정격은 용량, 전류, 전압, 주파수 등으로 결정된다.
④ 정격이란 정해진 규정에 적합한 범위 내에서 사용할 수 있는 한도이다.

[해설] 변압기 용량(출력) : 정격 2차전압, 정격 2차전류, 주파수, 역률에 대해 2차 단자 사이에 얻어지는 피상전력으로 단위는 [VA]로 표시한다.

8 변압기의 여자 전류가 일그러지는 이유는 무엇 때문인가?

① 와류(맴돌이 전류) 때문에
② 자기 포화와 히스테리시스 현상 때문에
③ 누설리액턴스 때문에
④ 선가의 정전용량 때문에

[해설] 변압기 여자 전류 파형이 일그러지는 이유 : 자기 포화와 히스테리시스 현상 때문에 정현파가 아닌 비정현파를 만들고 파형이 일그러지게 된다.

9 변압기 철심에는 철손을 적게 하기 위하여 철이 몇 [%]인 강판을 사용하는가?

① 약 50~55[%]　　　　　　　② 약 60~70[%]
③ 약 76~86[%]　　　　　　　④ 약 96~97[%]

[해설] 변압기 규소함유량 : 3 ~ 4 [%]
변압기 철량 : 96 ~ 97 [%]

정답　6 ③　7 ①　8 ②　9 ④

2 변압기 구조 및 시험법

❶ **변압기 구조** : 자기회로를 구성하는 철심과 전기회로를 구성하는 권선으로 구성

1) 유입 변압기 절연유 구비조건
   ① 절연내력이 클 것
   ② 비열이 커서 냉각효과가 클 것
   ③ 인화점은 높고 응고점 및 점도는 낮을 것
   ④ 고온에서 산화하지 않고 석출물이 생기지 않을 것

   > ※ 절연내력(↑), 비열(↑), 냉각효과(↑), 인화점(↑), 응고점(↓), 점도(↓)

2) 절연유를 사용하는 이유
   ① 절연을 좋게 하기 위해
   ② 냉각 및 열발산을 좋게 하기 위해

3) 변압기 열화 현상 : 변압기의 외부와 내부의 온도차에 의한 공기출입으로 인하여 절연유의 절연내력이 저하하고 냉각효과가 감소하여 침전물이 생기는 현상

4) 변압기 열화 방지책 : 콘서베이터 설치, 질소 봉입 방식, 브리더(흡착제 방식)

   > ※ 부흐홀쯔계전기 설치 위치 : 변압기 탱크와 콘서베이터가 연결된 파이프 중간에 설치한다.

5) 냉각제 : 공기, 수소, 냉각수, 절연유 등이 사용된다.

6) 변압기에서 발생하는 가스 : H_2(수소)

7) 점적률 : 변압기 실제 철의 단면적과 철심의 유효면적의 비

❷ **변압기 냉각방식**

1) 건식 : 공기로 냉각하는 방식 (자냉식, 풍냉식)

2) 유입식 : 절연유를 이용하여 냉각하는 방식 (자냉식, 풍냉식, 수냉식)

3) 주상변압기에 사용되는 냉각 방식 : 유입자냉식

❸ **변압기 시험법**

1) 등가회로 : 1차와 2차의 서로 분리된 2개의 회로를 하나의 단일 회로로 변형시켜 전기적 특성을 알아보기 위한 회로(복잡한 전기회로를 등가 임피던스를 사용하여 간단히 변화시킨 회로)

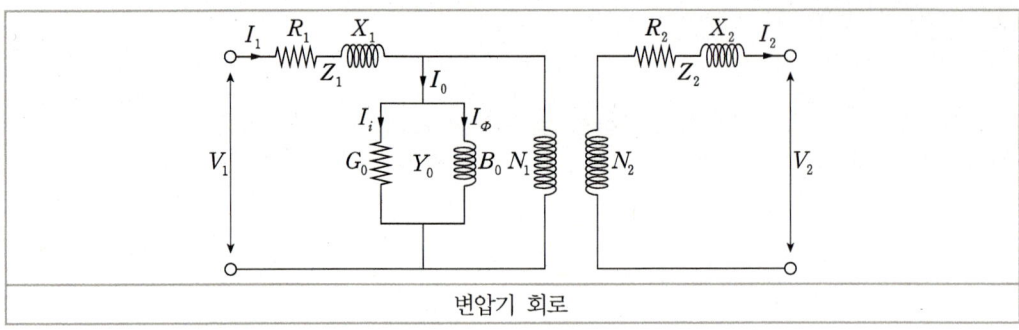

변압기 회로

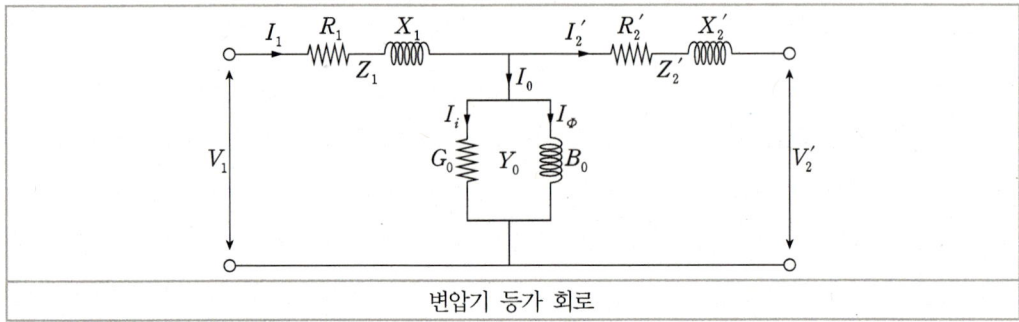

변압기 등가 회로

① 등가회로 시험 : 권선 저항 측정시험, 무부하 시험, 단락 시험
② 무부하(개방) 시험을 통해 구할 수 있는 것 : 철손, 여자 전류, 여자 어드미턴스, 여자 임피던스

> ※ 철손 : 히스테리시스손, 와류손
> ※ 여자 전류 = 무부하 전류 = 1차 전류

③ 단락 시험을 통해 구할 수 있는 것 : 임피던스 와트, 임피던스 전압, 전압변동률, 단락 전류

> ※ 임피던스 와트 = 동손
> ※ 임피던스 전압 : 정격 전류가 흐를 때 변압기 내의 전압강하

2) 변압기 절연내력 시험 : 가압 시험, 유도 시험, 충격 전압 시험
  ① 가압 시험 : 온도시험 직후 60[Hz]의 정현파에 가까운 전압으로 절연 내력을 시험하여 1분간 견딜 수 있는지 알아보는 시험
  ② 유도 시험 : 권선과 권선간(층간)의 절연 상태를 알아보기 위한 시험
    ㉠ 유도시험 시험시간
      - 시험전압의 주파수가 정격주파수의 2배 이하 : 1분
      - 시험전압의 주파수가 정격주파수의 2배를 넘는 경우

$$시험시간 = 60 \times \frac{2 \times 정격주파수}{시험주파수} [s]$$

  ③ 충격 전압 시험 : 변압기에 번개와 같은 충격전압이 가해진 경우의 절연시험

3) 변압기 건조 방법 : 열풍법, 단락법, 진공법

4) 변압기 온도 상승 시험법 : 실부하법, 반환부하법, 단락시험법

문제 풀이 ✓

1 변압기유가 구비해야 할 조건으로 틀린 것은?

① 점도가 낮을 것 ② 인화점이 높을 것
③ 응고점이 높을 것 ④ 절연내력이 클 것

해설) 유입 변압기 절연유 구비조건
- 절연내력이 클 것
- 비열이 커서 냉각효과가 클 것
- 인화점은 높고 응고점 및 점도는 낮을 것
- 고온에서 산화하지 않고 석출물이 생기지 않을 것

2 변압기유가 구비해야 할 조건 중 맞는 것은?

① 절연 내력이 작고 산화하지 않을 것
② 비열이 작아서 냉각 효과가 클 것
③ 인화점이 높고 응고점이 낮을 것
④ 절연재료나 금속에 접촉할 때 화학작용을 일으킬 것

해설) 유입 변압기 절연유 구비조건
- 절연내력이 클 것
- 비열이 커서 냉각효과가 클 것
- 인화점은 높고 응고점 및 점도는 낮을 것
- 고온에서 산화하지 않고 석출물이 생기지 않을 것

3 변압기유로 쓰이는 절연유에 요구되는 성질이 아닌 것은?

① 점도가 클 것
② 비열이 커 냉각 효과가 클 것
③ 절연재료 및 금속재료에 화학작용을 일으키지 않을 것
④ 인화점이 높고 응고점이 낮을 것

해설) 유입 변압기 절연유 구비조건
- 절연내력이 클 것
- 비열이 커서 냉각효과가 클 것
- 인화점은 높고 응고점 및 점도는 낮을 것
- 고온에서 산화하지 않고 석출물이 생기지 않을 것

정답 1 ③ 2 ③ 3 ①

4 유입변압기에 기름을 사용하는 목적이 아닌 것은?

① 열 방산을 좋게 하기 위하여
② 냉각을 좋게 하기 위하여
③ 절연을 좋게 하기 위하여
④ 효율을 좋게 하기 위하여

[해설] 절연유를 사용하는 이유
- 절연을 좋게 하기 위해
- 냉각 및 열발산을 좋게 하기 위해

5 변압기유의 열화 방지를 위해 쓰이는 방법이 아닌 것은?

① 방열기　　　　　　　② 브리더
③ 콘서베이터　　　　　④ 질소봉입

[해설] 변압기 열화 방지책 : 콘서베이터 설치, 질소 봉입 방식, 브리더(흡착제 방식)

6 변압기에 콘서베이터(Conservator)를 설치하는 목적은?

① 열화 방지　　　　　　② 코로나 방지
③ 강제 순환　　　　　　④ 통풍 장치

[해설] 변압기 열화 방지책 : 콘서베이터 설치, 질소 봉입 방식, 브리더(흡착제 방식)

7 전기기기의 냉각 매체로 활용하지 않는 것은?

① 물　　　　　　　　　② 수 소
③ 공 기　　　　　　　 ④ 탄 소

[해설] 냉각제는 공기, 수소, 냉각수, 절연유 등이 사용된다.

8 변압기의 철심에서 실제 철의 단면적과 철심의 유효 면적과의 비를 무엇이라고 하는가?

① 권수비　　　　　　　② 변류비
③ 변동률　　　　　　　④ 점적률

[해설] 점적률 : 변압기 실제 철의 단면적과 철심의 유효면적의 비

정답　4 ④　5 ①　6 ①　7 ④　8 ④

9 다음 변압기의 냉각 방식 종류가 아닌 것은?

① 건식 자냉식　　　　　　　② 유입 자냉식
③ 유입 예열식　　　　　　　④ 유입 송유식

[해설] 변압기 냉각방식
- 건식 : 공기로 냉각하는 방식 (자냉식, 풍냉식)
- 유입식 : 절연유를 이용하여 냉각하는 방식 (자냉식, 풍냉식, 수냉식)
- 주상변압기에 사용되는 냉각 방식 : 유입자냉식

10 주상변압기에 일반적으로 쓰이는 냉각방식은 무엇인가?

① 건식풍냉식　　　　　　　② 유입자냉식
③ 유입풍냉식　　　　　　　④ 유입송유식

[해설] 주상변압기에 사용되는 냉각 방식 : 유입자냉식

11 코일 주위에 전기적 특성이 큰 에폭시 수지를 고진공으로 침투시키고, 다시 그 주위를 기계적 강도가 큰 에폭시 수지로 몰딩한 변압기는?

① 건식 변압기　　　　　　　② 유입 변압기
③ 몰드 변압기　　　　　　　④ 타이 변압기

[해설] 몰드 변압기 : 코일 주위에 전기적 특성이 큰 에폭시 수지를 고진공으로 침투시키고, 다시 그 주위를 기계적 강도가 큰 에폭시 수지로 몰딩한 변압기

12 복잡한 전기회로를 등가 임피던스를 사용하여 간단히 변화시킨 회로는?

① 유도회로　　　　　　　　② 전개회로
③ 등가회로　　　　　　　　④ 단순회로

[해설] 등가회로 : 1차와 2차의 서로 분리된 2개의 회로를 하나의 단일 회로로 변형시켜 전기적 특성을 알아보기 위한 회로(복잡한 전기회로를 등가 임피던스를 사용하여 간단히 변화시킨 회로)

정답 9 ③　10 ②　11 ③　12 ③

13 변압기의 2차측을 개방하였을 경우 1차측에서 흐른 전류는 무엇에 의하여 결정되는가?

① 저 항
② 임피던스
③ 누설 리액턴스
④ 여자 어드미턴스

[해설] 무부하(개방) 시험은 변압기 2차측을 개방시킨 상태에서 1차측회로의 값 들을 알아보는 시험으로 1차측에 흐르는 전류는 철손, 여자(무부하)전류, 여자 어드미턴스, 여자 임피던스 등에 의해 결정된다.

14 변압기의 무부하시험, 단락시험에서 구할 수 없는 것은?

① 동 손
② 철 손
③ 절연 내력
④ 전압변동률

[해설] 무부하(개방) 시험을 통해 구할 수 있는 것 : 철손, 여자 전류, 여자 어드미턴스, 여자 임피던스
단락 시험을 통해 구할 수 있는 것 : 동손, 임피던스 전압, 전압변동률, 단락 전류

15 변압기의 무부하인 경우에 1차 권선에 흐르는 전류는?

① 정격 전류
② 단락 전류
③ 부하 전류
④ 여자 전류

[해설] 무부하(개방) 시험을 통해 구할 수 있는 것 : 철손, 여자 전류, 여자 어드미턴스, 여자 임피던스

※ 철손 : 히스테리시스손, 와류손
※ 여자 전류 = 무부하 전류 = 1차 전류

16 변압기의 절연내력 시험법이 아닌 것은?

① 유도시험
② 가압시험
③ 단락시험
④ 충격전압시험

[해설] 변압기 절연내력 시험법 : 가압시험, 유도시험, 충격전압시험

정답 13 ④ 14 ③ 15 ④ 16 ③

17 변압기 절연내력 시험 중 권선의 층간 절연시험은?

① 충격전압 시험 ② 무부하 시험
③ 가압 시험   ④ 유도 시험

해설 유도 시험 : 권선과 권선간(층간)의 절연 상태를 알아보기 위한 시험

18 변압기의 절연내력 시험 중 유도시험에서의 시험시간은?(단, 유도시험의 계속시간은 시험전압 주파수가 정격주파수의 2배를 넘는 경우이다)

① $60 \times \dfrac{2 \times 정격주파수}{시험주파수}$ ② $120 - \dfrac{정격주파수}{시험주파수}$

③ $60 \times \dfrac{2 \times 시험주파수}{정격주파수}$ ④ $120 + \dfrac{정격주파수}{시험주파수}$

해설 유도시험 시험시간
- 시험전압의 주파수가 정격주파수의 2배 이하 : 1분
- 시험전압의 주파수가 정격주파수의 2배를 넘는 경우

  시험시간 $= 60 \times \dfrac{2 \times 정격주파수}{시험주파수}$[s]

19 변압기의 권선과 철심 사이의 습기를 제거하기 위하여 건조하는 방법이 아닌 것은?

① 열풍법   ② 단락법
③ 진공법   ④ 가압법

해설 변압기 건조 방법 : 열풍법, 단락법, 진공법

20 다음 중 변압기의 온도 상승 시험법으로 가장 널리 사용되는 것은?

① 단락시험법   ② 유도시험법
③ 절연전압시험법 ④ 고조파억제법

해설 변압기 온도 상승 시험법 : 실부하법, 반환부하법, 단락시험법

정답 17 ④ 18 ① 19 ④ 20 ①

21 변압기의 임피던스 전압이란?

① 정격전류가 흐를 때의 변압기 내의 전압 강하
② 여자전류가 흐를 때의 2차 측 단자 전압
③ 정격전류가 흐를 때의 2차 측 단자 전압
④ 2차 단락 전류가 흐를 때의 변압기 내의 전압 강하

[해설] 임피던스 전압 : 정격전류가 흐르고 있을 때 변압기 내의 전압강하

22 변압기 절연물의 열화 정도를 파악하는 방법으로서 적절하지 않은 것은?

① 유전정접
② 유중가스분석
③ 접지저항측정
④ 흡수전류나 잔류전류측정

[해설] 열화 정도를 파악하는 방법 : 유전정법, 유중가스분석, 흡수전류나 잔류전류 측정

정답 21 ① 22 ③

3 변압기 유도기전력 및 권수비

❶ 유도기전력

1) 1차 유도기전력 : $E_1 = 4.44\,f\,\phi\,N_1 = 4.44\,f\,B\,A\,N_1$ [V]

2) 2차 유도기전력 : $E_2 = 4.44\,f\,\phi\,N_2 = 4.44\,f\,B\,A\,N_2$ [V]

3) $E \propto \phi$ (유도기전력과 자속은 비례한다.)

4) $\phi \propto \dfrac{1}{f}$ (자속과 주파수는 반비례한다.)

여기서, f : 주파수[Hz], ϕ : 자속[Wb], N : 권선수, B : 자속밀도[Wb/m²], A : 단면적[m²]

❷ 권수비 : 전압, 권선수, 전류, 임피던스, 저항, 리액턴스 등의 비

1) 권수비 : $a = \dfrac{V_1}{V_2} = \dfrac{N_1}{N_2} = \dfrac{I_2}{I_1} = \sqrt{\dfrac{Z_1}{Z_2}} = \sqrt{\dfrac{R_1}{R_2}}$

① 1차 전압 : $V_1 = a\,V_2$ [V], 2차 전압 : $V_2 = \dfrac{V_1}{a}$ [V]

② 1차 전류 : $I_1 = \dfrac{I_2}{a}$ [A], 2차 전류 : $I_2 = a\,I_1$ [A]

③ 1차 임피던스 : $Z_1 = a^2\,Z_2$ [Ω], 2차 임피던스 : $Z_2 = \dfrac{Z_1}{a^2}$ [Ω]

문제 풀이 ✓

1 다음 중 변압기에서 자속과 비례하는 것은?

① 권 수   ② 주파수
③ 전 압   ④ 전 류

[해설] 유도기전력 : $E = 4.44 f \phi N$ 에서 먼저 자속에 대해 정리하면
자속 : $\phi = \dfrac{E}{4.44 f N}$ 이므로 자속은 전압에 비례한다. ($\phi \propto E$)

2 변압기의 자속에 관한 설명으로 옳은 것은?

① 전압과 주파수에 반비례한다.   ② 전압과 주파수에 비례한다.
③ 전압에 반비례하고 주파수에 비례한다.   ④ 전압에 비례하고 주파수에 반비례한다.

[해설] 유도기전력 : $E = 4.44 f \phi N$ 에서 먼저 자속에 대해 정리하면
자속 : $\phi = \dfrac{E}{4.44 f N}$ 이므로 자속은 전압에 비례하고 주파수에 반비례한다. ($\phi \propto E$, $\phi \propto \dfrac{1}{f}$)

3 변압기의 2차 저항이 0.1[Ω]일 때 1차로 환산하면 360[Ω]이 된다. 이 변압기의 권수비는?

① 30   ② 40
③ 50   ④ 60

[해설] 권수비 : $a = \dfrac{V_1}{V_2} = \dfrac{N_1}{N_2} = \dfrac{I_2}{I_1} = \sqrt{\dfrac{Z_1}{Z_2}} = \sqrt{\dfrac{R_1}{R_2}}$ 에서 1차, 2차 저항이 주어졌으므로 권수비를 구하면 권수비 : $a = \sqrt{\dfrac{R_1}{R_2}} = \sqrt{\dfrac{360}{0.1}} = 60$

4 1차 전압 3,300[V], 2차 전압 220[V]인, 변압기의 권수비는 얼마인가?

① 30   ② 40
③ 50   ④ 60

[해설] 권수비 : $a = \dfrac{V_1}{V_2} = \dfrac{N_1}{N_2} = \dfrac{I_2}{I_1} = \sqrt{\dfrac{Z_1}{Z_2}} = \sqrt{\dfrac{R_1}{R_2}}$ 에서 1차, 2차 전압이 주어졌으므로 권수비를 구하면 권수비 : $a = \dfrac{V_1}{V_2} = \dfrac{6300}{210} = 30$

정답 1 ③ 2 ④ 3 ④ 4 ①

5 변압기의 정격 1차 전압이란?

① 정격 출력일 때의 1차 전압
② 무부하에 있어서의 1차 전압
③ 정격 2차 전압×권수비
④ 임피던스 전압×권수비

해설 권수비 : $a = \dfrac{V_1}{V_2} = \dfrac{N_1}{N_2} = \dfrac{I_2}{I_1} = \sqrt{\dfrac{Z_1}{Z_2}} = \sqrt{\dfrac{R_1}{R_2}}$ 에서 정격 1차 전압을 구하면

정격 1차 전압 : $V_1 = a\,V_2\,[V]$ (권수비×정격 2차 전압)

6 1차 전압 13,200[V], 2차 전압 220[V]인 단상변압기의 1차에 6,000[V]의 전압을 가하면 2차 전압은 몇 [V]인가?

① 100
② 200
③ 50
④ 250

해설 권수비 : $a = \dfrac{V_1}{V_2} = \dfrac{N_1}{N_2} = \dfrac{I_2}{I_1} = \sqrt{\dfrac{Z_1}{Z_2}} = \sqrt{\dfrac{R_1}{R_2}}$ 에서 먼저 주어진 전압으로 권수비를 구하면

권수비 : $a = \dfrac{V_1}{V_2} = \dfrac{13200}{220} = 60$ 이므로 1차에 6,000[V]의 전압을 가할 경우 2차 전압을 구하면

2차 전압 : $V_2' = \dfrac{V_1'}{a} = \dfrac{6000}{60} = 100\,[V]$

7 권수비가 100인 변압기에 있어서 2차 측의 전류가 1,000[A]일 때, 이것을 1차 측으로 환산하면?

① 16[A]
② 10[A]
③ 9[A]
④ 6[A]

해설 권수비 : $a = \dfrac{V_1}{V_2} = \dfrac{N_1}{N_2} = \dfrac{I_2}{I_1} = \sqrt{\dfrac{Z_1}{Z_2}} = \sqrt{\dfrac{R_1}{R_2}}$ 에서 1차 전류을 구하면

1차 전류 : $I_1 = \dfrac{I_2}{a} = \dfrac{1{,}000}{100} = 10\,[A]$

8 변압기의 권수비가 60일 때 2차측 저항이 0.1[Ω]이다. 이것을 1차로 환산하면 몇 [Ω]인가?

① 310
② 360
③ 390
④ 410

해설 권수비 : $a = \dfrac{V_1}{V_2} = \dfrac{N_1}{N_2} = \dfrac{I_2}{I_1} = \sqrt{\dfrac{Z_1}{Z_2}} = \sqrt{\dfrac{R_1}{R_2}}$ 에서 1차로 환산한 저항을 구하면

1차 저항 : $R_1 = a^2\,R_2 = 60^2 \times 0.1 = 360\,[\Omega]$

정답 5 ③ 6 ① 7 ② 8 ②

9 1차 전압이 380[V], 2차 전압이 220[V]인 단상변압기에서 2차 권회수가 44회일 때 1차 권회수는 몇 회인가?

① 26
② 76
③ 86
④ 146

[해설] 권수비 : $a = \dfrac{V_1}{V_2} = \dfrac{N_1}{N_2} = \dfrac{I_2}{I_1} = \sqrt{\dfrac{Z_1}{Z_2}} = \sqrt{\dfrac{R_1}{R_2}}$ 에서 전압과 권선수에 대해 정리하면

$\dfrac{V_1}{V_2} = \dfrac{N_1}{N_2}$ 이므로 1차 권선수를 구하면 1차 권선수 : $N_1 = \dfrac{V_1}{V_2} N_2 = \dfrac{380}{220} \times 44 = 76$

10 권수비 2, 2차 전압 100[V], 2차 전류 5[A], 2차 임피던스 20[Ω]인 변압기의 ㉠ 1차 환산 전압 및 ㉡ 1차 환산 임피던스는?

① ㉠ 200[V], ㉡ 80[Ω]
② ㉠ 200[V], ㉡ 40[Ω]
③ ㉠ 50[V], ㉡ 10[Ω]
④ ㉠ 50[V], ㉡ 5[Ω]

[해설] 권수비 : $a = \dfrac{V_1}{V_2} = \dfrac{N_1}{N_2} = \dfrac{I_2}{I_1} = \sqrt{\dfrac{Z_1}{Z_2}} = \sqrt{\dfrac{R_1}{R_2}}$ 에서 1차 전압 및 1차 임피던스를 구하면

1차 전압 : $V_1 = a V_2 = 2 \times 100 = 200 [V]$
1차 임피던스 : $Z_1 = a^2 Z_2 = 2^2 \times 20 = 80 [\Omega]$

11 3상 100[kVA], 13,200/200[V] 변압기의 저압측 선전류의 유효분은 약 몇 [A]인가? (단, 역률은 80[%]이다)

① 100
② 173
③ 230
④ 260

[해설] 1차측 13,200[V] 고압측이고, 2차측은 200[V] 저압측이므로 2차측 전류를 구하면

2차측 전류 : $I_2 = \dfrac{P_a}{\sqrt{3} \, V} = \dfrac{100 \times 10^3}{\sqrt{3} \times 200} = 288.68 [A]$ 는 피상전력으로 구한

피상전류 이므로 유효분 전류를 구하면

2차측 유효분 전류 : $I_2' = I_2 \cos\theta = 288.68 \times 0.8 = 230.94 [A]$

정답 9 ② 10 ① 11 ③

4 변압기 전압변동률 및 병렬운전

❶ 전압변동률 : 변압기 2차측에 부하를 걸었을 때 발생하는 전압강하를 산출한 값

1) 전압변동률 : $\varepsilon = \dfrac{V_{20} - V_2}{V_2} \times 100 [\%]$

   ① 1차 전압 : $V_1 = aV_{20} = a(1+\varepsilon)V_2$ [V]

2) 백분율 전압강하가 주어질 경우

   ① 전압변동률 : $\varepsilon = \%R\cos\theta \pm \%X\sin\theta$ [%]

   (+ : 유도성, 지역률,   − : 용량성, 진역률)

   ② 최대 전압변동률 : $\varepsilon_m = \%Z = \sqrt{\%R^2 + \%X^2}$

   ③ 역률 100[%]($\cos\theta = 1$)일 때 전압변동률 : $\varepsilon = \%R$

   여기서, a : 권수비, V_{20} : 2차 무부하 전압, V_2 : 2차 정격전압

   $\%R$: 백분율 저항강하, $\%X$: 백분율 리액턴스강하, $\%Z$: 백분율 임피던스강하

❷ 변압기 병렬운전

1) 병렬운전 구비조건
   ① 극성, 권수비, 정격전압이 같을 것.
   ② %임피던스가 같을 것.
   ③ 상회전 방향과 각 변위가 같을 것.
   ④ 각 군의 임피던스가 용량에 반비례 할 것.

   ※ 병렬운전 : 용량, 출력 등과 무관하다.

2) 병렬운전이 가능한 결선 조합 (Y,△ : 2개, 4개 → 짝수)
   ① Y−Y와 Y−Y, △−△와 △−△
   ② Y−Y와 △−△, △−Y와 Y−△
   ③ Y−△와 Y−△, △−Y와 △−Y

3) 병렬운전이 불가능한 결선 조합 (Y,△ : 1개, 3개 → 홀수)
   ① △−△와 △−Y
   ② △−Y와 Y−Y

문제 풀이 ✓

1 전부하에서 2차 전압이 120[V]이고 전압변동률이 2[%]인 단상변압기가 있다. 1차 전압은 몇 [V]인가? (단, 1차 권선과 2차 권선의 권수비는 20 : 1이다)

① 1,224   ② 2,448
③ 2,888   ④ 3,142

[해설] 전부하 2차 전압 : $V_2 = 120$ [V], 1차 권선과 2차 권선의 권수비 : $a = \dfrac{N_1}{N_2} = \dfrac{20}{1} = 20$
1차 전압 : $V_1 = aV_{20} = a(1+\varepsilon)V_2 = 20 \times (1+0.02) \times 120 = 2448$ [V]

2 변압기의 퍼센트 저항강하가 3[%], 퍼센트 리액턴스강하가 4[%]이고, 역률이 80[%]지상이다. 이 변압기의 전압변동률[%]은?

① 3.2   ② 4.8
③ 5.0   ④ 5.6

[해설] 백분율 전압강하가 주어진 경우 전압변동률을 구하면
전압변동률 : $\varepsilon = \%R\cos\theta + \%X\sin\theta = 3 \times 0.8 + 4 \times 0.6 = 4.8$ [%]
(역률 : $\cos\theta = 0.8$이면, 무효율 : $\sin\theta = 0.6$)
무효율 : $\sin\theta = \sqrt{1-\cos^2\theta} = \sqrt{1-0.8^2} = \sqrt{0.36} = \sqrt{0.6^2} = 0.6$

3 퍼센트 저항강하 3[%], 리액턴스 강하 4[%]인 변압기의 최대 전압변동률[%]은?

① 1   ② 5
③ 7   ④ 12

[해설] 최대 전압변동률 : $\varepsilon_m = \%Z = \sqrt{\%R^2 + \%X^2} = \sqrt{3^2 + 4^2} = 5$ [%]

4 퍼센트 저항 강하 1.8[%] 및 퍼센트 리액턴스 강하 2[%]인 변압기가 있다. 부하의 역률이 1일 때의 전압변동률은?

① 1.8[%]   ② 2.0[%]
③ 2.7[%]   ④ 3.8[%]

[해설] 역률 100[%]($\cos\theta = 1$)일 때 전압변동률 : $\varepsilon = \%R = 1.8$ [%]

정답 1 ② 2 ② 3 ② 4 ①

5 3상 변압기의 병렬운전이 불가능한 결선 방식으로 짝지은 것은?

① △-△와 Y-Y
② △-Y와 △-Y
③ Y-Y와 Y-Y
④ △-△와 △-Y

[해설] 병렬운전이 불가능한 결선 조합 (Y,△ : 1개, 3개 → 홀수)
- △-△와 △-Y
- △-Y와 Y-Y

정답 5 ④

5 변압기 손실 및 효율

❶ 변압기 손실

1) **무부하손(고정손)** : 철손(히스테리시스손, 와류손)
   ① 무부하손의 대부분을 차지하는 손실 : 철손(P_i)
   ② 부하 전류와 관계없이 항상 일정하게 발생하는 손실

2) **부하손(가변손)** : 동손, 표유부하손
   ① 부하손의 대부분을 차지하는 손실 : 동손(P_c)
   ② 부하 변화 시 전류의 제곱에 비례해서 변하는 손실
   ③ 무부하 시 동손은 발생하지 않는다.

3) **표유부하손** : 측정이나 계산으로 구할 수 없는 손실로 부하 전류가 흐를 때 도체 또는 철심 내부에서 생기는 손실

❷ 변압기 효율

1) 변압기 효율

$$\eta = \frac{출력}{입력} \times 100 = \frac{출력}{출력 + 손실} \times 100$$

$$= \frac{출력[kW]}{출력[kW] + 철손[kW] + 동손[kW]} \times 100$$

$$= \frac{변압기용량[kVA] \times 역률}{변압기용량[kVA] \times 역률 + 철손 + 동손} \times 100$$

2) 효율이 최대가 되기 위한 조건 : 철손 (P_i) = 동손 (P_c)

3) 최대 효율이 되기 위한 부하 : $\frac{1}{m} = \sqrt{\frac{P_i}{P_c}} \times 100\,[\%]$

4) 주상변압기 철손(P_i) : 동손(P_c) = 1 : 2

5) 주상 변압기 최대효율 : $\frac{1}{m} = \sqrt{\frac{P_i}{P_c}} = \sqrt{\frac{1}{2}} = 0.707\,(70.7\%)$

❸ 변압기 기타 특성

1) 변압기 수전점(2차측)의 전압을 조절하기 위해 변압기 고압(1차)측에 여러개의 탭을 내어 탭 변환에 의해 전압을 조절할 수 있다.

2) 주파수와 반비례 : 철손, 여자전류, 자속, 자속밀도 등 ($\frac{1}{f} \propto P_i \propto I_0 \propto \phi \propto B$)

3) 단락전류 : $I_s = \frac{100}{\%Z} \times I$

① %Z = 4[%] : 단락전류는 정격전류의 25배 ($I_s = 25I$)

② %Z = 5[%] : 단락전류는 정격전류의 20배 ($I_s = 20I$)

4) 변압기 권선저항 : 정저항(+) 온도계수 (온도 ∝ 권선저항)

문제 풀이

1 변압기의 손실에 해당되지 않는 것은?

① 동 손 ② 와전류손
③ 히스테리시스손 ④ 기계손

해설 무부하손(고정손) : 철손(히스테리시스손, 와류손)
부하손(가변손) : 동손, 표유부하손

2 다음 중 변압기 무부하손의 대부분을 차지하는 것은?

① 유전체손 ② 동 손
③ 철 손 ④ 저항손

해설 철손(P_i) : 무부하손의 대부분을 차지하는 손실
동손(P_c) : 부하손의 대부분을 차지하는 손실

3 변압기에서 철손은 부하전류와 어떤 관계인가?

① 부하전류에 비례한다.
② 부하전류의 자승에 비례한다.
③ 부하전류에 반비례한다.
④ 부하전류와 관계없다.

해설 무부하손(고정손) : 철손(히스테리시스손, 와류손)
• 무부하손의 대부분을 차지하는 손실 : 철손(P_i)
• 부하 전류와 무관하게 항상 일정하게 발생하는 손실

4 측정이나 계산으로 구할 수 없는 손실로 부하 전류가 흐를 때 도체 또는 철심 내부에서 생기는 손실을 무엇이라 하는가?

① 구리손 ② 히스테리시스손
③ 맴돌이 전류손 ④ 표유부하손

해설 표유부하손 : 측정이나 계산으로 구할 수 없는 손실로 부하 전류가 흐를 때 도체 또는 철심 내부에서 생기는 손실

정답 1 ④ 2 ③ 3 ④ 4 ④

5 변압기의 규약 효율은?

① $\dfrac{출력}{입력}$ ② $\dfrac{출력}{입력-손실}$

③ $\dfrac{출력}{출력+손실}$ ④ $\dfrac{입력+손실}{입력}$

[해설] 변압기 규약 효율 : $\eta = \dfrac{출력}{출력+손실} \times 100 \, [\%]$

6 변압기의 효율이 가장 좋을 때의 조건은?

① 철손 = 동손   ② 철손 = 1/2동손
③ 동손 = 1/2철손   ④ 동손 = 2철손

[해설] 변압기 최대 효율조건 : 철손 (P_i) = 동손 (P_c)

7 주상변압기의 고압 측에 여러 개의 탭을 설치하는 이유는?

① 선로 고장대비   ② 선로 전압조정
③ 선로 역률개선   ④ 선로 과부하 방지

[해설] 변압기 수전점(2차측)의 전압을 조절하기 위해 변압기 고압(1차)측에 여러개의 탭을 내어 탭 변환에 의해 전압을 조절할 수 있다.

8 어떤 변압기에서 임피던스 강하가 5[%]인 변압기가 운전 중 단락되었을 때, 그 단락전류는 정격전류의 몇 배인가?

① 5   ② 20
③ 50   ④ 200

[해설] 단락전류 : $I_s = \dfrac{100}{\%Z} \times I$

- $\%Z = 4[\%]$: 단락전류는 정격전류의 25배 $(I_s = 25I)$
- $\%Z = 5[\%]$: 단락전류는 정격전류의 20배 $(I_s = 20I)$

[정답] 5 ③   6 ①   7 ②   8 ②

9 일정 전압 및 일정 파형에서 주파수가 상승하면 변압기 철손은 어떻게 변하는가?

① 증가한다.
② 감소한다.
③ 불변이다.
④ 어떤 기간 동안 증가한다.

[해설] 주파수와 반비례 : 철손, 여자전류, 자속, 자속밀도 등 ($\frac{1}{f} \propto P_i \propto I_0 \propto \Phi \propto B$)
∴ 주파수 증가 시 철손 감소

10 변압기의 부하전류 및 전압이 일정하고 주파수만 낮아지면?

① 철손이 증가한다.
② 동손이 증가한다.
③ 철손이 감소한다.
④ 동손이 감소한다.

[해설] 주파수와 반비례 : 철손, 여자전류, 자속, 자속밀도 등 ($\frac{1}{f} \propto P_i \propto I_0 \propto \Phi \propto B$)
∴ 주파수 감소 시 철손 증가

11 권선 저항과 온도와의 관계는?

① 온도와는 무관하다.
② 온도가 상승함에 따라 권선 저항은 감소한다.
③ 온도가 상승함에 따라 권선의 저항은 증가한다.
④ 온도가 상승함에 따라 권선의 저항은 증가와 감소를 반복한다.

[해설] 변압기 권선저항 : 정저항(+) 온도계수 (온도 ∝ 권선저항)
∴ 변압기 온도 상승 시 권선저항 증가

12 다음 중 괄호 속에 들어갈 내용은?

> 유입변압기에 많이 사용되는 목면, 명주, 종이 등의 절연재료는 내열등급 (　)으로 분류되고, 장시간 지속하여 최고 허용온도 (　)℃를 넘어서는 안 된다.

① Y종 - 90
② A종 - 105
③ E종 - 120
④ B종 - 130

[해설] 목면, 명주, 종이 등의 절연재료 내열등급 : A종 (105°)

Y	A	E	B	F	H	C
90°	105°	120°	130°	155°	180°	180° 초과

정답 9 ② 10 ① 11 ③ 12 ②

13 변전소의 역할에 대한 내용이 아닌 것은?

① 전압의 변성
② 전력생산
③ 전력의 집중과 배분
④ 역률개선

해설 변전소 : 전압 변성(승압, 강압), 역률개선(조상설비), 시가지 전력 배분
　　　발전소 : 전력생산

정답 13 ②

제2절 변압기 결선 및 특수 변압기

1 변압기 극성 및 결선법

❶ 변압기 극성

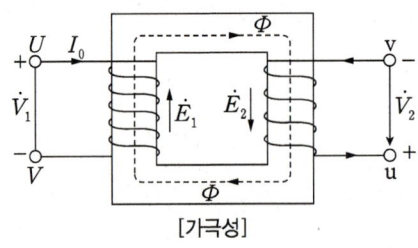
[가극성]

1) 가극성 변압기
   ① 1차와 2차 극성이 서로 다른 변압기
   ② 전체 전압 : $V = V_1 + V_2$ [V]

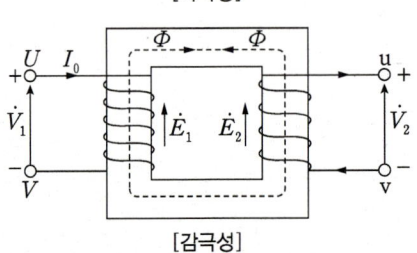
[감극성]

2) 감극성 변압기 : 우리나라 표준 변압기
   ① 1차와 2차 극성이 서로 같은 변압기
   ② 전체 전압 : $V = V_1 - V_2$ [V]

❷ 변압기 결선법 : 델압와류

1) Y결선 (선전류와 상전류의 크기가 같다.)

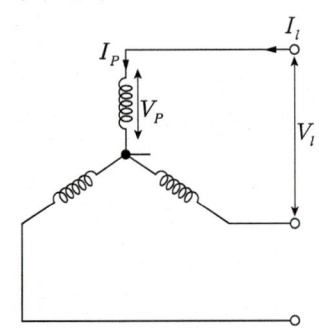

① 선간전압 : $V_l = \sqrt{3}\, V_p \angle 30°$

   (선간전압이 상전압보다 위상이 $\dfrac{\pi}{6}$ 만큼 앞선다.)

② 선전류 : $I_l = I_p$

2) △결선 (선간전압과 상전압의 크기가 같다.)

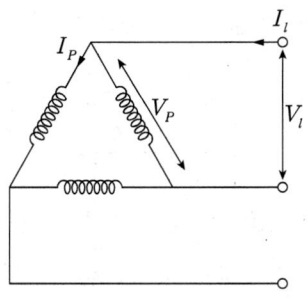

① 선간전압 : $V_l = V_p$
② 선전류 : $I_l = \sqrt{3}\, I_p \angle -30°$

(선전류가 상전류보다 위상이 $\dfrac{\pi}{6}$ 만큼 뒤진다.)

3) Y-Y결선

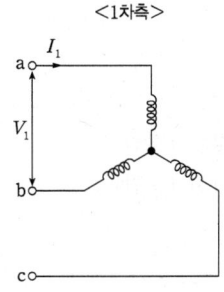
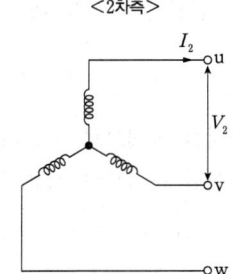
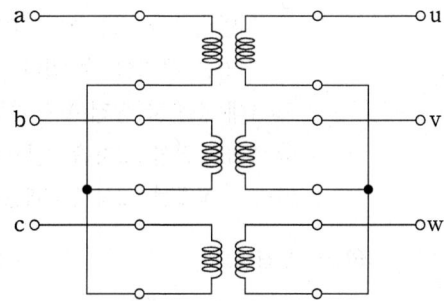

① Y-Y결선 특징
  ㉠ 1차 전류와 2차 전류 사이에 위상차가 없다.
  ㉡ 1차와 2차 모두 중성점을 접지할 수 있으므로 이상전압이 방지된다.
  ㉢ 보호계전기의 동작을 확실히 할 수 있다.
  ㉣ 제3고조파 전류에 의한 통신선 유도장해가 발생할 수 있다.

4) △-△결선

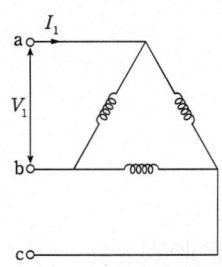
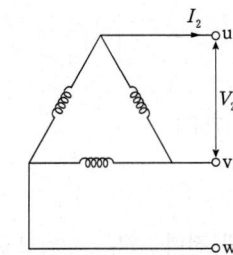
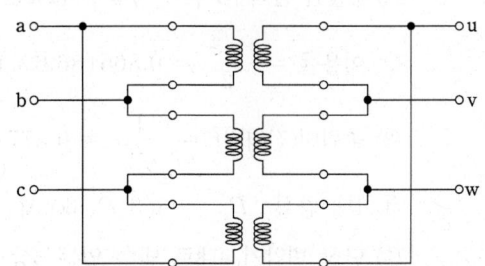

① △-△결선 특징
  ㉠ 1차 전압과 2차 전압 사이에 위상차가 없다.
  ㉡ 제3고조파 전류가 △결선 내에서 순환하므로 정현파 전압을 유기할 수 있다.

ⓒ 1대가 소손되어도 나머지 2대로 V결선하여 계속 송전가능하다.
ⓔ 중성점을 접지할 수 없으므로 사고 시 이상전압이 크게 발생한다.

5) Y－△, △－Y결선

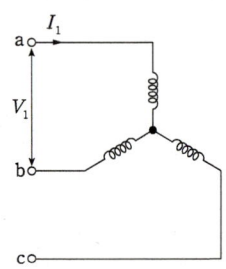 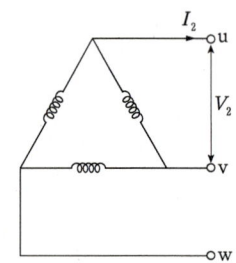 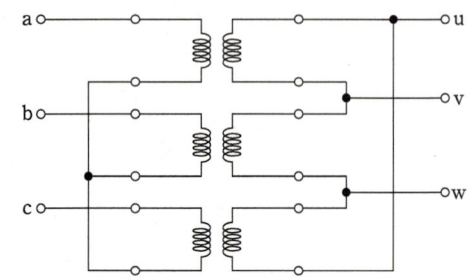

① Y－△, △－Y결선 특징
  ㉠ 1차 전압과 2차 전압 사이에 ±30°의 위상차가 있다.
  ㉡ 고압측은 Y결선하여 중성점을 접지할 수 있으므로 이상전압이 방지된다.
  ㉢ 저압측은 △결선하여 제3고조파 전류가 △결선 내에서 순환하므로 정현파 전압을 유기할 수 있다.
  ㉣ 1대 소손시 송전이 불가능하다.
  ㉤ Y－△결선 : 2차측 전류를 증가시킬 목적으로 사용되는 결선 (강압)
  ㉥ △－Y결선 : 2차측 전압를 증가시킬 목적으로 사용되는 결선 (승압)

6) V－V결선

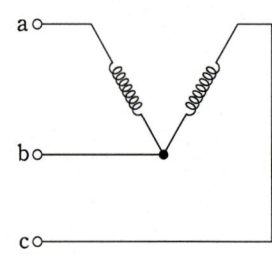 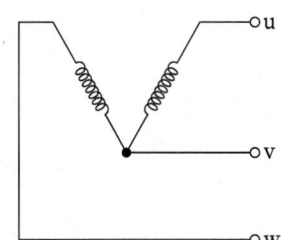

① V결선 출력 : $P_V = \sqrt{3}\,P$ [kVA]

② 이용률 $= \dfrac{\sqrt{3}}{2} = 0.866\,(86.6\%)$

③ 출력비(전력비) $= \dfrac{1}{\sqrt{3}} = 0.577\,(57.7\%)$

④ 1대 증설 : $P_\triangle = \sqrt{3}\,P_V$ [kVA]

⑤ 단상 변압기 4대로 낼수 있는 3상 최대 전력 : $P_{V-V} = 2\sqrt{3}\,P$ [kVA]

❸ 변압기 상수 변환

　1) 3상을 2상으로 변환 : 스코트(T)결선, 우드브리지결선, 메이어결선

　2) 3상을 6상으로 변환 : 포오크결선, 환상결선, 대각결선, 2중 △결선, 2중 성형결선

문제 풀이 ✓

1 다음의 변압기 극성에 관한 설명에서 틀린 것은?

① 우리나라는 감극성이 표준이다.
② 1차와 2차권선에 유기되는 전압의 극성이 서로 반대이면 감극성이다.
③ 3상결선 시 극성을 고려해야 한다.
④ 병렬운전 시 극성을 고려해야 한다.

[해설] 가극성 변압기 : 1차와 2차 권선에 유기되는 전압의 극성이 서로 반대인 변압기
감극성 변압기 : 1차와 2차 권선에 유기되는 전압의 극성이 서로 같은 변압기

2 권수비 30인 변압기의 저압측 전압이 8[V]인 경우 극성 시험에서 가극성과 감극성의 전압 차이는 몇 [V]인가?

① 24
② 16
③ 8
④ 4

[해설] 권수비(a)와 저압측 전압(V_2)이 주어졌으므로 먼저 고압측 전압(V_1)을 구하면
고압측 전압 : $V_1 = a\,V_2 = 30 \times 8 = 240[V]$
가극성 전압 : $V = V_1 + V_2 = 240 + 8 = 248[V]$
감극성 전압 : $V = V_1 - V_2 = 240 - 8 = 232[V]$
가극성과 감극성 전압차 = 248 - 232 = 16[V]

3 변압기의 결선에서 제3고조파를 발생시켜 통신선에 유도장해를 일으키는 3상 결선은?

① Y − Y
② △ − △
③ Y − △
④ △ − Y

[해설] △결선 : 제 3고조파 제거 따라서 △결선이 없는 Y − Y결선만 통신선 유도장해가 발생한다.

4 송배전계통에 거의 사용되지 않는 변압기 3상 결선방식은?

① Y−△
② Y−Y
③ △−Y
④ △−△

[해설] 송배전계통에 거의 사용되지 않는 변압기 3상 결선 : Y−Y결선
이유 : 송배전선로에 통신선 유도장해를 발생시킬 수 있기 때문에

정답 1 ② 2 ② 3 ① 4 ②

5 다음 그림은 단상 변압기 결선도이다. 1, 2차는 각각 어떤 결선인가?

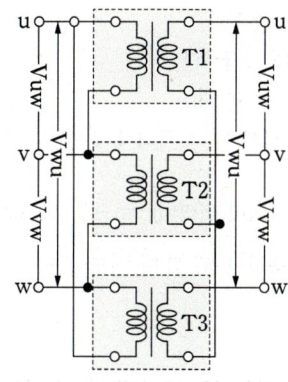

① Y-Y 결선
② △-Y 결선
③ △-△ 결선
④ Y-△ 결선

[해설] 1차측은 한변압기 끝과 다음 변압기 시작이 연결된 △결선이고, 2차측은 3변압기의 한 단자씩을 묶어서 중성점을 만든 Y결선이므로 △-Y결선 회로이다.

6 변압기를 △-Y 로 연결할 때 1, 2차 간의 위상차는?

① 30°
② 45°
③ 60°
④ 90°

[해설] △-Y결선, Y-△ 결선 1차와 2차 간의 위상차 : 30°

7 낮은 전압을 높은 전압으로 승압할 때 일반적으로 사용되는 변압기의 3상 결선방식은?

① △-△
② △-Y
③ Y-Y
④ Y-△

[해설] 낮은 전압을 높은 전압으로 승압할 때 사용되는 변압기 3상 결선 : △-Y결선
높은 전압를 낮은 전압으로 강압할 때 사용되는 변압기 3상 결선 : Y-△결선

8 수전단 발전소용 변압기 결선에 주로 사용하고 있으며 한쪽은 중성점을 접지할 수 있고 다른 한쪽은 제3고조파에 의한 영향을 없애주는 장점을 가지고 있는 3상 결선 방식은?

① Y-Y
② △-△
③ Y-△
④ V

[해설] 중성점을 접지할 수 있는 결선은 Y결선이고, 제3고조파에 영향을 없애주는 결선은 △결선이므로 이 결선 방식은 Y-△결선 방식이다.

정답 5 ② 6 ① 7 ② 8 ③

9 변압기 V결선의 특징으로 틀린 것은?

① 고장 시 응급처치 방법으로도 쓰인다.
② 단상변압기 2대로 3상 전력을 공급한다.
③ 부하증가가 예상되는 지역에 시설한다.
④ V결선 시 출력은 △결선 시 출력과 그 크기가 같다.

[해설] △결선에 대한 V결선의 출력비(전력비) $= \dfrac{1}{\sqrt{3}} = 0.577\,(57.7\%)$

V결선의 출력은 △결선 출력의 57.7[%] 정도이다.

10 20[kVA]의 단상 변압기 2대를 사용하여 V-V결선으로 하고 3상 전원을 얻고자 한다. 이때 여기에 접속시킬 수 있는 3상 부하의 용량은 약 몇 [kVA]인가?

① 34.6
② 44.6
③ 54.6
④ 66.6

[해설] V결선 시 출력 : $P_V = \sqrt{3}\,P = \sqrt{3} \times 20 = 34.6[\text{kVA}]$

11 500[kVA]의 단상변압기 4대를 사용하여 과부하가 되지 않게 사용할 수 있는 3상 전력의 최대값은 약 몇 [kVA]인가?

① $500\sqrt{3}$
② 1,500
③ $1,000\sqrt{3}$
④ 2,000

[해설] 단상 변압기 4대로 낼수 있는 3상 최대 전력 : $P_{V-V} = 2\sqrt{3}\,P = 2\sqrt{3} \times 500 = 1000\sqrt{3}\,[\text{kVA}]$

12 3상 전원에서 2상 전원을 얻기 위한 변압기 결선 방법은?

① △
② Y
③ V
④ T

[해설] 3상을 2상으로 변환하는 결선 : 스코트(T)결선, 우드브리지결선, 메이어결선

정답 9 ④ 10 ① 11 ③ 12 ④

2 특수 변압기 및 변압기 보호계전기

❶ 계기용 변압기(PT) : 고전압을 저전압으로 변성
  1) 계기용 변압기 2차 전압 : $V_2 = 110$ [V]
  2) 계기용 변압기 2차측에 전압계 설치

❷ 계기용 변류기(CT) : 대전류를 소전류로 변류
  1) 계기용 변류기 2차 전류 : $I_2 = 5$ [A]
  2) 계기용 변류기 2차측에 전류계 설치
  3) 계기용 변류기 점검 시 2차측의 절연을 보호하기 위하여 2차측을 단락시킨다.
     (계기용 변류기의 2차측 개방 시 고전압이 유도되어 절연이 파괴될 수 있다.)

❸ 누설 변압기 : 누설 리액턴스가 크고, 수하특성이 좋아 용접용 변압기로 사용

❹ 3권선 변압기 : 송전선 1차 변전소에 사용되는 변압기
  1) 결선 : Y-Y-△결선
  2) 3차권선에 조상기를 접속하여 송전선의 전압 및 역률 개선 (3차권선 : 안정권선)

❺ 보호계전기
  1) 보호계전기 시험 : 보호계전기의 정상적인 작동 여부 및 작동특성을 시험하는 것으로 직류/교류확인, 영점확인, 오차확인, 직류의 경우 극성 등을 확인한다.
  2) 보호계전기 동작 원리에 따른 분류 : 유도형(전자기계형), 정지형, 디지털형
  3) 유도형계전기 : 회전 자계 내에 두어진 원판에 유도 작용으로 생기는 토크를 이용하여 출력값을 얻는 계기

❻ 변압기 내부고장 보호계전기 : 부흐홀츠계전기, 차동계전기, 비율차동계전기
  1) 부흐홀츠계전기
     ① 변압기 내부 고장시 유류 변화, 가스 이동 등을 검출하여 동작하는 계전기
     ② 설치위치 : 변압기 탱크와 콘서베이터가 연결된 파이프 중간에 설치한다.
  2) 비율차동계전기 : 발전기나 변압기 고장 시 불평형 차전류가 3상 평형전류의 어떤 비율 이상이 되면 동작하는 계전기

3) 차동계전기 : 기계기구의 유입 전류와 유출 전류의 차에 의해 동작하는 계전기

> ※ 발전기, 전동기, 변압기 내부고장 보호 : 차동계전기, 비율차동계전기
> ※ 기계기구 단락사고 보호 : 차동계전기, 비율차동계전기

❼ 기타 보호계전기

1) 과전류 계전기(OCR)
   ① 전류치가 어떤 일정한 값 이상으로 흘렀을 때 동작하는 계전기
   ② 용량이 작은 변압기 단락 보호용으로 사용되는 계전기

2) 거리(임피던스) 계전기
   ① 계전기 설치점으로부터 고장점까지의 임피던스(전압/전류)가 일정치 이하인 경우 동작하는 계전기
   ② 154[kV], 345[kV] 송전선로 후비 보호용으로 사용

3) 선택지락계전기 : 다회선 선로에서 지락고장 회선을 선택하여 보호하는 계전기

4) 재폐로 계전기 : 송전 계통에 순간적인 사고로 계통에서 분리된 구간을 신속히 계통에 재투입 시킴으로서 계통의 안정도를 향상시키고 정전 시간을 단축시키기 위해 사용되는 계전기

문제 풀이 ✓

1 다음 설명 중 틀린 것은?

① 3상 유도 전압조정기의 회전자 권선은 분로권선이고, Y결선으로 되어 있다.
② 디프 슬롯형 전동기는 냉각효과가 좋아 기동 정지가 빈번한 중·대형 저속기에 적당하다.
③ 누설 변압기가 네온사인이나 용접기의 전원으로 알맞은 이유는 수하특성 때문이다.
④ 계기용 변압기의 2차 표준은 110/220[V]로 되어 있다.

[해설] 계기용 변압기(PT) : 고전압을 저전압으로 변성
- 계기용 변압기 2차 전압 : $V_2 = 110\,[\text{V}]$
- 계기용 변압기 2차측에 전압계 설치

2 계기용 변압기의 2차측 단자에 접속하여야 할 것은?

① O.C.R
② 전압계
③ 전류계
④ 전열부하

[해설] 계기용 변압기(PT) : 고전압을 저전압으로 변성
- 계기용 변압기 2차 전압 : $V_2 = 110\,[\text{V}]$
- 계기용 변압기 2차측에 전압계 설치

3 변류기 개방 시 2차측을 단락하는 이유는?

① 2차측 절연보호
② 2차측 과전류 보호
③ 측정오차 감소
④ 변류비 유지

[해설] 계기용 변류기(CT) : 대전류를 소전류로 변류
- 계기용 변류기 2차 전류 : $I_2 = 5\,[\text{A}]$
- 계기용 변류기 점검 시 2차측의 절연을 보호하기 위하여 2차측을 단락시킨다.
  (계기용 변류기의 2차측 개방 시 고전압이 유도되어 절연이 파괴될 수 있다.)

정답 1 ④ 2 ② 3 ①

4 사용 중인 변류기의 2차를 개방하면?

① 1차 전류가 감소한다.
② 2차 권선에 110[V]가 걸린다.
③ 개방단의 전압은 불변하고 안전하다.
④ 2차 권선에 고압이 유도된다.

[해설] 계기용 변류기(CT) : 대전류를 소전류로 변류
- 계기용 변류기 2차 전류 : $I_2 = 5$ [A]
- 계기용 변류기 점검 시 2차측의 절연을 보호하기 위하여 2차측을 단락시킨다.
  (계기용 변류기의 2차측 개방 시 고전압이 유도되어 절연이 파괴될 수 있다.)

5 아크 용접용 변압기가 일반 전력용 변압기와 다른 점은?

① 권선의 저항이 크다.
② 누설 리액턴스가 크다.
③ 효율이 높다.
④ 역률이 좋다.

[해설] 누설 변압기 : 누설 리액턴스가 크고, 수하특성이 좋아 용접용 변압기로 사용

6 3권선 변압기에 대한 설명으로 옳은 것은?

① 한 개의 전기회로에 3개의 자기회로로 구성되어 있다.
② 3차 권선에 조상기를 접속하여 송전선의 전압조정과 역률개선에 사용된다.
③ 3차 권선에 단권변압기를 접속하여 송전선의 전압조정에 사용된다.
④ 고압배전선의 전압을 10[%] 정도 올리는 승압용이다.

[해설] 3권선 변압기 : 송전선 1차 변전소에 사용되는 변압기
- 결선 : Y-Y-△결선
- 3차권선에 조상기를 접속하여 송전선의 전압 및 역률 개선 (3차권선 : 안정권선)

7 보호계전기 시험을 하기 위한 유의사항이 아닌 것은?

① 시험회로 결선 시 교류와 직류 확인
② 시험회로 결선 시 교류의 극성 확인
③ 계전기 시험 장비의 오차 확인
④ 영점의 정확성 확인

[해설] 보호계전기 시험 : 보호계전기의 정상적인 작동 여부 및 작동특성을 시험하는 것으로 직류/교류확인, 영점확인, 오차확인, 직류의 경우 극성 등을 확인한다.

정답 4 ④ 5 ② 6 ② 7 ②

8 보호 계전기를 동작 원리에 따라 구분할 때 입력된 전기량에 의한 전자력으로 회전 원판을 이동시켜 출력값을 얻는 계기는?

① 유도형 ② 정지형
③ 디지털형 ④ 저항형

[해설] 유도형 : 회전 자계 내에 두어진 원판에 유도 작용으로 생기는 토크를 이용하여 출력값을 얻는 계기

9 보호 계전기를 동작 원리에 따라 구분할 때 해당되지 않는 것은?

① 유도형 ② 정지형
③ 디지털형 ④ 저항형

[해설] 보호계전기 동작 원리에 따른 분류 : 유도형(전자기계형), 정지형, 디지털형

10 부흐홀츠계전기로 보호되는 기기는?

① 변압기 ② 유도전동기
③ 직류발전기 ④ 교류발전기

[해설] 부흐홀츠계전기
- 변압기 내부 고장시 유류 변화, 가스 이동 등을 검출하여 동작하는 계전기
- 설치위치 : 변압기 탱크와 콘서베이터가 연결된 파이프 중간에 설치한다.

11 변압기 내부고장 시 급격한 유류 또는 Gas의 이동이 생기면 동작하는 부흐홀츠 계전기의 설치 위치는?

① 변압기 본체
② 변압기의 고압측 부싱
③ 컨서베이터 내부
④ 변압기 본체와 컨서베이터를 연결하는 파이프

[해설] 부흐홀츠계전기
- 변압기 내부 고장시 유류 변화, 가스 이동 등을 검출하여 동작하는 계전기
- 설치위치 : 변압기 탱크와 콘서베이터가 연결된 파이프 중간에 설치한다.

12 변압기 내부고장에 대한 보호용으로 가장 많이 사용되는 것은?

① 과전류 계전기 ② 차동 임피던스
③ 비율차동 계전기 ④ 임피던스 계전기

[해설] 변압기 내부고장 보호계전기 : 부흐홀츠계전기, 차동계전기, 비율차동계전기

[정답] 8 ① 9 ④ 10 ① 11 ④ 12 ③

13 전력용 변압기의 내부 고장 보호용 계전 방식은?

① 역상계전기 ② 차동계전기
③ 접지계전기 ④ 과전류계전기

해설 변압기 내부고장 보호용 계전기 : 부흐홀츠계전기, 차동계전기, 비율차동계전기

14 고장 시의 불평형 차전류가 평형전류의 어떤 비율 이상으로 되었을 때 동작하는 계전기는?

① 과전압 계전기 ② 과전류 계전기
③ 전압 차동 계전기 ④ 비율 차동 계전기

해설 비율차동계전기 : 발전기나 변압기 고장 시 불평형 차전류가 3상 평형전류의 어떤 비율 이상이 되면 동작하는 계전기

15 일종의 전류계전기로 보호 대상 설비에 유입되는 전류와 유출되는 전류의 차에 의해 동작하는 계전기는?

① 차동계전기 ② 전류계전기
③ 주파수계전기 ④ 재폐로계전기

해설 차동계전기 : 기계기구의 유입 전류와 유출 전류의 차에 의해 동작하는 계전기

16 변압기, 동기기 등의 층간 단락 등의 내부 고장 보호에 사용되는 계전기는?

① 차동 계전기 ② 접지 계전기
③ 과전압 계전기 ④ 역상 계전기

해설 발전기, 전동기, 변압기 내부고장 보호 : 차동계전기, 비율차동계전기

17 발전기 권선의 층간단락보호에 가장 적합한 계전기는?

① 차동 계전기 ② 방향 계전기
③ 온도 계전기 ④ 접지 계전기

해설 발전기, 전동기, 변압기 내부고장 보호 : 차동계전기, 비율차동계전기

정답 13 ② 14 ④ 15 ① 16 ① 17 ①

18 보호를 요하는 회로의 전류가 어떤 일정한 값(정정값) 이상으로 흘렀을 때 동작하는 계전기는?

① 과전류 계전기　　　　　　② 과전압 계전기
③ 차동 계전기　　　　　　　④ 비율 차동 계전기

[해설] 과전류 계전기(OCR)
- 전류치가 어떤 일정한 값 이상으로 흘렀을 때 동작하는 계전기
- 용량이 작은 변압기 단락 보호용으로 사용되는 계전기

19 용량이 작은 변압기의 단락 보호용으로 주보호방식으로 사용되는 계전기는?

① 차동전류 계전방식　　　　② 과전류 계전방식
③ 비율차동 계전방식　　　　④ 기계적 계전방식

[해설] 과전류 계전기(OCR)
- 전류치가 어떤 일정한 값 이상으로 흘렀을 때 동작하는 계전기
- 용량이 작은 변압기 단락 보호용으로 사용되는 계전기

20 계전기가 설치된 위치에서 고장점까지의 임피던스에 비례하여 동작하는 보호계전기는?

① 방향단락 계전기　　　　　② 거리 계전기
③ 단락회로 선택 계전기　　　④ 과전압 계전기

[해설] 거리(임피던스) 계전기
- 계전기 설치점으로부터 고장점까지의 임피던스(전압/전류)가 일정치 이하인 경우 동작하는 계전기
- 154[kV], 345[kV] 송전선로 후비 보호용으로 사용

21 다음 중 거리 계전기의 설명으로 틀린 것은?

① 전압과 전류의 크기 및 위상차를 이용한다.
② 154[kV] 계통 이상의 송전선로 후비 보호를 한다.
③ 345[kV] 변압기의 후비 보호를 한다.
④ 154[kV] 및 345[kV] 모선 보호에 주로 사용한다.

[해설] 거리(임피던스) 계전기
- 계전기 설치점으로부터 고장점까지의 임피던스(전압/전류)가 일정치 이하인 경우 동작하는 계전기
- 154[kV], 345[kV] 송전선로 후비 보호용으로 사용

정답　18 ①　19 ②　20 ②　21 ④

22 보호 계전기의 기능상 분류로 틀린 것은?

① 차동 계전기　　　　　　　② 거리 계전기
③ 저항 계전기　　　　　　　④ 주파수 계전기

[해설] 보호 계전기의 기능상 분류 : 전압, 전류, 차동, 거리, 주파수, 재폐로 계전기 등

23 최소 동작값 이상의 구동 전기량이 주어지면 일정 시한으로 동작하는 계전기?

① 반한시 계전기　　　　　　② 정한시 계전기
③ 역한시 계전기　　　　　　④ 반한시-정한시 계전기

[해설] 순한시 계전기 : 규정값 이상의 전류가 흐면 즉시 동작하는 계전기
　　　　정한시 계전기 : 규정값 이상의 전류가 흐를 때 전류의 크기에 상관없이 일정시간 후에 동작
　　　　반한시 계전기 : 전류가 크면 동작시간이 짧고, 전류가 작으면 동작시간이 길어지는 계전기

정답　22 ③　23 ②

CHAPTER 4 유도기

제1절   3상 유도 전동기

1 3상 유도 전동기 원리 및 특징

❶ 3상 유도 전동기 원리 : 회전자계(자장)

  1) 유도전동기 특징
     ① 전원을 쉽게 얻을 수 있고, 구조가 간단하며 취급이 용이하다.
     ② 가격이 저렴하고, 기계적으로 튼튼하다.
     ③ 고정자 권선은 2층 권선의 중권을 사용한다.
     ④ 고정자 권선은 보통 3상 4극이며, 홈(슬롯) 수는 24개 또는 36개이다.
     ⑤ 슬롯(홈) 모양 : 고압전동기는 개방형, 저압전동기는 반폐형

❷ 3상 유도 전동기 종류 : 농형 유도전동기, 권선형 유도전동기

  1) 농형 유도전동기 특징
     ① 구조가 간단하고 기계적으로 튼튼하다.
     ② 효율이 좋다.
     ③ 기동 및 속도조절이 어렵다.
     ④ 소음을 줄이기 위해 회전자 홈이 약간 비틀어져 있다.

  2) 권선형 유도전동기 특징
     ① 기동 및 속도조절이 용이하다.
     ② 2차측 가변저항기로 비례추이를 이용할 수 있다.
     ③ 구조가 복잡하다.

❸ 슬립(Slip) : 동기속도(N_s)와 회전자속도(N)의 차와 동기속도와의 비

  1) 동기속도 : $N_s = \dfrac{120f}{P}$ [rpm]

     ① 동기속도(N_s) : 1차측 회전자계 속도

  2) 회전자속도 : $N = N_s - sN_s = (1-s)N_s = \eta_2 N_s$ [rpm]

     ① 회전자속도(N) : 2차측 회전자 속도

3) 슬립 : $s = \dfrac{N_s - N}{N_s} \times 100 \, [\%]$

4) 슬립의 범위
① 유도전동기 : 0 < S < 1
② 유도발전기 : S < 0
③ 유도제동기 : 1 < S < 2

> ※ 소형 유도전동기 전부하 시 슬립 범위 : 5 ~ 10[%]
> ※ 기동 시 ($N = 0$) 슬립 : $s = 1$
> ※ 무부하시 ($N_s = N$) 슬립 : $s = 0$

5) 역상제동 : 3상 전원 3선중 2선의 접속을 바꾸어 역방향 토오크를 발생시켜 급정지시키는 제동 방식
① 슬립 : $s = \dfrac{N_s + N}{N_s} \times 100 = 1 + \dfrac{N}{N_s} \times 100 \, [\%]$

> ※ 역상 제동 = 역전 제동 = 플러깅 제동
> ※ 단상 유도전동기 역회전 슬립 : $s' = 2 - s = 2 -$ 정회전 슬립
> ※ 3상 유도전동기 회전방향을 바꾸는 방법 : 정지시 전원 3선 중 2선의 접속을 바꾸어 기동시킨다.
> ※ 슬립측정법 : DC밀리볼트계법, 수화기법, 스트로브법

문제 풀이 ✓

1 유도전동기가 많이 사용되는 이유가 아닌 것은?

① 값이 저렴　　　　　　　　② 취급이 어려움
③ 전원을 쉽게 얻음　　　　　④ 구조가 간단하고 튼튼함

[해설] 유도전동기 특징
- 전원을 쉽게 얻을 수 있고, 구조가 간단하며 취급이 용이하다.
- 가격이 저렴하고, 기계적으로 튼튼하다.
- 고정자 권선은 2층 권선의 중권을 사용한다.
- 고정자 권선은 보통 3상 4극이며, 홈(슬롯) 수는 24개 또는 36개이다.
- 슬롯(홈) 모양 : 고압전동기는 개방형, 저압전동기는 반폐형

2 유도 전동기 권선법 중 맞지 않는 것은?

① 고정자 권선은 단층 파권이다.　　② 고정자 권선은 3상 권선이 쓰인다.
③ 소형 전동기는 보통 4극이다.　　 ④ 홈 수는 24개 또는 36개이다.

[해설] 유도전동기 특징
- 전원을 쉽게 얻을 수 있고, 구조가 간단하며 취급이 용이하다.
- 가격이 저렴하고, 기계적으로 튼튼하다.
- 고정자 권선은 2층 권선의 중권을 사용한다.
- 고정자 권선은 보통 3상 4극이며, 홈(슬롯) 수는 24개 또는 36개이다.
- 슬롯(홈) 모양 : 고압전동기는 개방형, 저압전동기는 반폐형

3 다음은 3상 유도전동기 고정자 권선의 결선도를 나타낸 것이다. 맞는 사항을 고르시오.

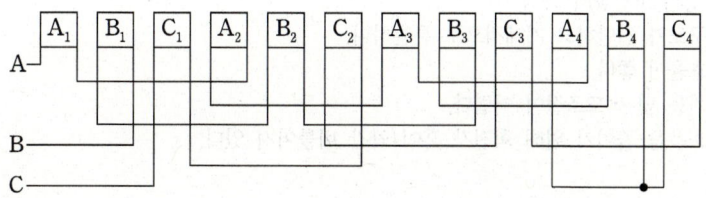

① 3상 2극, Y결선　　　　　② 3상 4극, Y결선
③ 3상 2극, △결선　　　　　④ 3상 4극, △결선

[해설] 유도전동기 고정자 권선 : 3상 4극
- 3상 : A상, B상, C상
- 4극 : 1 ~ 4
- Y결선 : A_4, B_4, C_4 의 3선이 연결되어 중성점이 만들어졌으므로 Y결선회로이다.

정답 1 ②　2 ①　3 ②

4 고압전동기 철심의 강판 홈(Slot)의 모양은?

① 반폐형　　　　　　　　② 개방형
③ 반구형　　　　　　　　④ 밀폐형

[해설] 유도전동기 특징
- 전원을 쉽게 얻을 수 있고, 구조가 간단하며 취급이 용이하다.
- 가격이 저렴하고, 기계적으로 튼튼하다.
- 고정자 권선은 2층 권선의 중권을 사용한다.
- 고정자 권선은 보통 3상 4극이며, 홈(슬롯) 수는 24개 또는 36개이다.
- 슬롯(홈) 모양 : 고압전동기는 개방형, 저압전동기는 반폐형

5 농형 유도전동기를 많이 사용하는 이유가 아닌 것은?

① 구조가 간단하다.　　　　② 보수가 용이하다.
③ 효율이 좋다.　　　　　　④ 속도 조정이 쉽다.

[해설] 농형 유도전동기 특징
- 구조가 간단하고 기계적으로 튼튼하다.
- 효율이 좋다.
- 기동 및 속도조절이 어렵다.
- 소음을 줄이기 위해 회전자 홈이 약간 비틀어져 있다.

6 농형 회전자에 비뚤어진 홈을 쓰는 이유는?

① 출력을 높인다.　　　　　② 회전수를 증가시킨다.
③ 소음을 줄인다.　　　　　④ 미관상 좋다.

[해설] 농형 유도전동기 특징
- 구조가 간단하고 기계적으로 튼튼하다.
- 효율이 좋다.
- 기동 및 속도조절이 어렵다.
- 소음을 줄이기 위해 회전자 홈이 약간 비틀어져 있다.

7 용량이 작은 유도 전동기의 경우 전부하에서의 슬립[%]은?

① 1~2.5　　　　　　　　② 2.5~4
③ 5~10　　　　　　　　 ④ 10~20

[해설] 소형 유도전동기 전부하 시 슬립 범위 : 5 ~ 10[%]

정답　4 ②　5 ④　6 ③　7 ③

8 3상 유도전동기 슬립의 범위는?

① $0 < s < 1$
② $-1 < s < 0$
③ $1 < s < 2$
④ $0 < s < 2$

[해설] 슬립의 범위
- 유도전동기 : $0 < s < 1$
- 유도발전기 : $s < 0$
- 유도제동기 : $1 < s < 2$

9 3상 유도전동기의 회전원리를 설명한 것 중 틀린 것은?

① 회전자의 회전속도가 증가하면 도체를 관통하는 자속수는 감소한다.
② 회전자의 회전속도가 증가하면 슬립도 증가한다.
③ 부하를 회전시키기 위해서는 회전자의 속도는 동기속도이하로 운전되어야 한다.
④ 3상 교류전압을 고정자에 공급하면 고정자 내부에서 회전 자기장이 발생된다.

[해설] 슬립 : $s = \dfrac{N_s - N}{N_s}$ 에서 회전속도(N)가 증가하면 분자($N_s - N$)가 작아지므로 슬립(s)은 감소하게 된다.

10 유도전동기의 동기속도 N_s, 회전속도 N일 때 슬립은?

① $s = \dfrac{N_s - N}{N}$
② $s = \dfrac{N - N_s}{N}$
③ $s = \dfrac{N_s - N}{N_s}$
④ $s = \dfrac{N_s + N}{N_s}$

[해설] 유도전동기 슬립 : $s = \dfrac{N_s - N}{N_s}$

11 유도전동기에서 회전자장의 속도가 1,200[rpm]이고, 전동기의 회전수가 1,176[rpm]일 때 슬립[%]은 얼마인가?

① 2
② 4
③ 4.5
④ 5

[해설] 유도전동기 슬립 : $s = \dfrac{N_s - N}{N_s} \times 100 = \dfrac{1,200 - 1,176}{1,200} \times 100 = 2[\%]$

12 60[Hz], 4극 유도 전동기가 1,700[rpm]으로 회전하고 있다. 이 전동기의 슬립은 약 얼마인가?

① 3.42[%]　　　　　　　　　② 4.56[%]
③ 5.56[%]　　　　　　　　　④ 6.64[%]

[해설] 유도전동기 슬립 : $s = \dfrac{N_s - N}{N_s}$ 에서 먼저 동기속도를 구하면

동기속도 : $N_s = \dfrac{120f}{P} = \dfrac{120 \times 60}{4} = 1,800$ [rpm]이므로 슬립을 구하면

슬립 : $s = \dfrac{N_s - N}{N_s} \times 100 = \dfrac{1,800 - 1,700}{1,800} \times 100 = 5.56$ [%]

13 단상 유도전동기의 정회전 슬립이 s이면 역회전 슬립은 어떻게 되는가?

① $1 - s$　　　　　　　　　② $2 - s$
③ $1 + s$　　　　　　　　　④ $2 + s$

[해설] 단상 유도전동기 역회전 슬립 : $S' = 2 - S$

14 유도 전동기에서 슬립이 가장 큰 경우는?

① 무부하 운전 시　　　　　② 경부하 운전 시
③ 정격부하 운전 시　　　　④ 기동 시

[해설] 기동 시($N = 0$) 슬립 : $s = 1$ (기동 시 슬립은 최대가 된다.)

15 정지 상태에 있는 3상 유도전동기의 슬립 값은?

① ∞　　　　　　　　　　　② 0
③ 1　　　　　　　　　　　④ -1

[해설] 기동 시 슬립 : $s = 1$ (기동 시 슬립은 최대가 된다.)
기동 시킬 당시의 전동기는 정지 상태($N = 0$)이므로 슬립은 1이 된다.

16 유도전동기의 무부하 시 슬립은?

① 4　　　　　　　　　　　② 3
③ 1　　　　　　　　　　　④ 0

[해설] 무부하시($N_s = N$) 슬립 : $s = 0$

정답 12 ③　13 ②　14 ④　15 ③　16 ④

17 유도 전동기에서 슬립이 0이란 것은 어느 것과 같은가?

① 유도 전동기가 동기 속도로 회전한다.   ② 유도 전동기가 정지 상태이다.
③ 유도 전동기가 전부하 운전상태이다.   ④ 유도 제동기의 역할을 한다.

[해설] 무부하시($N_s = N$) 슬립 : $s = 0$
무부하시는 유도 전동기 회전속도가 거의 동기속도로 회전하기 때문에 슬립이 0이 된다.

18 3상 유도전동기의 최고 속도는 우리나라에서 몇 [rpm]인가?

① 3,600   ② 3,000
③ 1,800   ④ 1,500

[해설] 우리나라 상용주파수 $f = 60$ [Hz]이며, 최소 극수는 2[극]이므로 동기속도를 구하면
3상 유도전동기 동기속도 : $N_s = \dfrac{120f}{P} = \dfrac{120 \times 60}{2} = 3,600 \, [\text{rpm}]$

19 6극 60[Hz] 3상 유도 전동기의 동기속도는 몇 [rpm]인가?

① 200   ② 750
③ 1,200   ④ 1,800

[해설] 3상 유도전동기 동기속도 : $N_s = \dfrac{120f}{P} = \dfrac{120 \times 60}{6} = 1,200 \, [\text{rpm}]$

20 슬립이 4[%]인 유도전동기에서 동기속도가 1,200[rpm]일 때 전동기의 회전속도[rpm]는?

① 697   ② 1,051
③ 1,152   ④ 1,321

[해설] 유도전동기 회전자속도 : $N = (1-s)N_s = (1-0.04) \times 1,200 = 1,152 \, [\text{rpm}]$

21 3상 380[V], 60[Hz], 4P, 슬립 5[%], 55[kW] 유도 전동기가 있다. 회전자속도는 몇 [rpm]인가?

① 1,200   ② 1,526
③ 1,710   ④ 2,280

[해설] 동기속도 : $N_s = \dfrac{120f}{P} = \dfrac{120 \times 60}{4} = 1,800 \, [\text{rpm}]$이므로 회전자속도를 구하면
회전자속도 : $N = (1-s)N_s = (1-0.05) \times 1,800 = 1,710 \, [\text{rpm}]$

정답 17 ① 18 ① 19 ③ 20 ③ 21 ③

22 주파수 60[Hz]의 회로에 접속되어 슬립 3[%], 회전수 1,164[rpm]으로 회전하고 있는 유도 전동기의 극수는?

① 4
③ 8
② 6
④ 10

[해설] 유도전동기 회전자속도 : $N = (1-s)N_s = (1-s)\dfrac{120f}{P}$ 에서 극수(P)를 구하면

극수 : $P = (1-s)\dfrac{120f}{N} = (1-0.03) \times \dfrac{120 \times 60}{1,164} = 6$ 극

23 50[Hz], 슬립 0.2인 경우의 회전자 속도가 600[rpm]이 되는 유도전동기의 극수는?

① 16극
③ 8극
② 12극
④ 4극

[해설] 유도전동기 회전자속도 : $N = (1-s)N_s = (1-s)\dfrac{120f}{P}$ 에서 극수(P)를 구하면

극수 : $P = (1-s)\dfrac{120f}{N} = (1-0.2) \times \dfrac{120 \times 50}{600} = 8$ 극

24 유도전동기의 제동법이 아닌 것은?

① 3상 제동
③ 회생제동
② 발전제동
④ 역상제동

[해설] 전동기 제동법 : 발전제동, 회생제동, 역상제동

25 3상 유도전동기의 운전 중 급속 정지가 필요할 때 사용하는 제동방식은?

① 단상제동
③ 발전제동
② 회생제동
④ 역상제동

[해설] 역상제동 : 3상 전원 3선중 2선의 접속을 바꾸어 역방향 토오크를 발생시켜 급정지시키는 제동 방식

정답 22 ② 23 ③ 24 ① 25 ④

26. 3상 유도전동기의 회전방향을 바꾸기 위한 방법으로 가장 옳은 것은?

① △-Y 결선으로 결선법을 바꾸어 본다.
② 전원의 전압과 주파수를 바꾸어 준다.
③ 전동기의 1차 권선에 있는 3개의 단자 중 어느 2개의 단자를 서로 바꾸어 준다.
④ 기동 보상기를 사용하여 권선을 바꾸어 준다.

[해설] 역상제동 : 3상 전원 3선중 2선의 접속을 바꾸어 역방향 토오크를 발생시켜 급정지시키는 제동 방식
- 운전중 2선 접속 변경 : 급정지
- 정지중 2선 접속 변경 : 역회전

27. 유도 전동기의 슬립을 측정하는 방법으로 옳은 것은?

① 전압계법
② 전류계법
③ 평형 브리지법
④ 스트로보법

[해설] 슬립측정법 : DC밀리볼트계법, 수화기법, 스트로보법

정답 26 ③ 27 ④

2 3상 유도 전동기 계산

❶ 회전시 전압, 전류, 주파수

1) 회전시 2차 주파수 : $f_{2s} = sf$ [Hz]

2) 회전시 2차 전압 : $E_{2s} = sE_2$ [V]

3) 회전시 2차 전류 : $I_{2s} = \dfrac{E_{2s}}{Z_{2s}} = \dfrac{sE_2}{\sqrt{r_2^2 + (sX_2)^2}} = \dfrac{E_2}{\sqrt{(\dfrac{r_2}{s})^2 + X_2^2}}$ [A]

4) 등가 부하저항 : $R' = (\dfrac{1-s}{s}) r_2$ [Ω]

여기서, E_2 : 정지시 2차 전압[V], f : 주파수[Hz], s : 슬립, r_2 : 2차 저항[Ω], X_2 : 2차 리액턴스[Ω]

❷ 전력의 변환

1) 2차 입력(회전자 입력)
$$P_2 = P_0 + P_{C2} = \dfrac{P_0}{1-s} = \dfrac{P_{C2}}{s} \text{[W]}$$

2) 2차 출력(기계적 출력)
$$P_0 = P_2 - P_{C2} = (1-s)P_2 = P_{C2}(\dfrac{1-s}{s}) \text{[W]}$$

3) 2차 동손(2차 저항손)
$$P_{C2} = P_2 - P_0 = sP_2 \text{[W]}$$

4) 2차 효율 : $\eta_2 = \dfrac{P_0}{P_2} = 1 - s = \dfrac{N}{N_s}$

> ※ 슬립 : $s = \dfrac{N_s - N}{N_s} = \dfrac{P_{C2}}{P_2} = \dfrac{E_{2s}}{E_2} = \dfrac{f_{2s}}{f}$
>
> ※ 2차 입력 : 2차 출력 : 2차 동손
> $P_2 : P_0 : P_{c2} = 1 : 1-s : s$

❸ 토오크 (회전력)

1) 1차측 조건이 주어진 경우

① 토오크 : $T = \dfrac{P_2}{\omega_s} = \dfrac{60 P_2}{2 \pi N_s}$ [N·m]

② 토오크 : $T = 0.975 \dfrac{P_2[W]}{N_s} = 975 \dfrac{P_2[kW]}{N_s}$ [kg·m]

> ※ P_2 : 2차 입력 또는 토크에서 동기 와트라고 한다.
> ※ $T \propto V^2$: 토크는 전압(유도기전력) 제곱에 비례한다.
> ※ 동기 각속도 : $W_s = 2\pi \dfrac{N_s}{60}$
> ※ 회전자 각속도 : $W = 2\pi \dfrac{N}{60}$

2) 2차측 조건이 주어진 경우

① 토오크 : $T = \dfrac{P_0}{\omega} = \dfrac{60 P_0}{2 \pi N}$ [N·m]

② 토오크 : $T = 0.975 \dfrac{P_0[W]}{N} = 975 \dfrac{P_0[kW]}{N}$ [kg·m]

여기서, P_2 : 2차 입력(동기와트)[W], W_s : 동기 각속도, N_s : 동기 속도[rpm]
P_0 : 2차 출력[W], W : 회전자 각속도, N : 회전자 속도[rpm]

문제 풀이 ✓

1 슬립이 0.05이고 전원 주파수가 60[Hz]인 유도전동기의 회전자 회로의 주파수[Hz]는?

① 1 ② 2
③ 3 ④ 4

[해설] 고전자(2차) 회로 주파수 : $f_{2s} = sf = 0.05 \times 60 = 3\,[\text{Hz}]$

2 2차 전압 200[V], 2차 권선저항 0.03[Ω], 2차 리액턴스 0.04[Ω]인 유도전동기가 3[%]인 슬립으로 운전 중이라면 2차 전류[A]는?

① 20[A] ② 100[A]
③ 200[A] ④ 254[A]

[해설] 운전중(회전시) 2차 전류 : $I_{2s} = \dfrac{sE_2}{\sqrt{r_2^2 + (sX_2)^2}} = \dfrac{0.03 \times 200}{\sqrt{0.03^2 + (0.03 \times 0.04)^2}} = 200\,[\text{A}]$

3 슬립 4[%]인 유도전동기의 등가부하저항은 2차 저항의 몇 배인가?

① 5 ② 19
③ 20 ④ 24

[해설] 등가 부하저항 : $r_2' = \left(\dfrac{1-s}{s}\right)r_2 = \left(\dfrac{1-0.04}{0.04}\right)r_2 = 24r$ ∴ 24배

4 슬립 $s = 5\,[\%]$, 2차 저항 $r_2 = 0.1\,[\Omega]$인 유도 전동기의 등가 저항 $R[\Omega]$은 얼마인가?

① 0.4 ② 0.5
③ 1.9 ④ 2.0

[해설] 등가 부하저항 : $r_2' = \left(\dfrac{1-s}{s}\right)r_2 = \left(\dfrac{1-0.05}{0.05}\right) \times 0.1 = 1.9\,[\Omega]$

정답 1 ③ 2 ③ 3 ④ 4 ③

문제 풀이

5 슬립 4[%]인 3상 유도전동기의 2차 동손이 0.4[kW]일 때 회전자 입력[kW]은?

① 6 ② 8
③ 10 ④ 12

[해설] 2차 입력 : $P_2 = P_0 + P_{C2} = \dfrac{P_0}{1-s} = \dfrac{P_{C2}}{s}$ 에서 슬립(s)과 2차 동손(P_{C2})이 주어졌으므로

2차 입력 : $P_2 = \dfrac{P_{C2}}{s} = \dfrac{0.4}{0.04} = 10\,[\text{kW}]$

6 회전자 입력을 P_2, 슬립을 s라 할 때 3상 유도 전동기의 기계적 출력의 관계식은?

① sP_2 ② $(1-s)P_2$
③ $s^2 P_2$ ④ P_2/s

[해설] 2차(기계적) 출력 : $P_0 = P_2 - P_{C2} = (1-s)P_2 = P_{C2}\left(\dfrac{1-s}{s}\right)[\text{W}]$

7 3상 유도전동기의 1차 입력 60[kW], 1차 손실 1[kW], 슬립 3[%]일 때 기계적 출력[kW]은?

① 62[kW] ② 60[kW]
③ 59[kW] ④ 57[kW]

[해설] 1차 출력 = 1차 입력(P_1) - 1차 손실(P_{C1}) = 60 - 1 = 59[kW]이고,
1차 출력은 2차 입력(P_2)과 같으므로 2차 출력을 구하면
2차 출력 : $P_0 = (1-s)P_2 = (1-0.03) = 57\,[\text{kW}]$

8 유도 전동기가 회전하고 있을 때 생기는 손실 중에서 구리손이란?

① 브러시의 마찰손 ② 베어링의 마찰손
③ 표유 부하손 ④ 1차, 2차 권선의 저항손

[해설] 구리손 = 1차, 2차 권선의 동손 = 1차, 2차 권선의 저항손

정답 5 ③ 6 ② 7 ④ 8 ④

9 3상 유도전동기의 2차 입력이 P_2, 슬립이 s라면 2차 저항손은 어떻게 표현되는가?

① sP_2
② $\dfrac{P_2}{s}$
③ $\dfrac{1-s}{P_2}$
④ $\dfrac{P_2}{1-s}$

[해설] 2차 동손(저항손) : $P_{C2} = P_2 - P_0 = sP_2$ [W]

10 회전자 입력 10[kW], 슬립 4[%]인 3상 유도전동기의 2차 동손은 몇 [kW]인가?

① 0.4[kW]
② 1.8[kW]
③ 4.0[kW]
④ 9.6[kW]

[해설] 2차 동손 : $P_{C2} = sP_2 = 0.04 \times 10 = 0.4$[kW] (회전자 입력 = 2차 입력)

11 출력 10[kW], 슬립 4[%]로 운전되고 있는 3상 유도 전동기의 2차 동손은 약 몇 [W]인가?

① 250
② 315
③ 417
④ 620

[해설] 2차 동손 : $P_{C2} = sP_2 = s \times \left(\dfrac{P_0}{1-s}\right) = 0.04 \times \left(\dfrac{10,000}{1-0.04}\right) = 417$[W]

12 동기 와트 P_2, 출력 P_0, 슬립 s, 동기속도 N_s, 회전속도 N, 2차 동손 P_{c2}일 때 2차 효율 표기로 틀린 것은?

① $1-s$
② P_{c2}/P_2
③ P_0/P_2
④ N/N_s

[해설] 2차 효율 : $\eta_2 = \dfrac{P_0}{P_2} = \dfrac{N}{N_s} = (1-s)$

정답 9 ① 10 ① 11 ③ 12 ②

13 200[V], 50[Hz], 8극, 15[kW] 3상 유도전동기에서 전부하 회전수가 720[rpm]이라면 이 전동기의 2차 효율은?

① 86[%]
② 96[%]
③ 98[%]
④ 100[%]

[해설] 2차 효율 : $\eta_2 = \dfrac{P_0}{P_2} = \dfrac{N}{N_s} = (1-s)$ 에서 2차 효율을 구하기 위해 먼저 동기속도를 구하면

동기속도 : $N_s = \dfrac{120f}{P} = \dfrac{120 \times 50}{8} = 750 \,[\text{rpm}]$

2차 효율 : $\eta_2 = \dfrac{N}{N_s} \times 100 = \dfrac{720}{750} \times 100 = 96\,[\%]$

14 유도 전동기에 대한 설명 중 옳은 것은?

① 유도 발전기일 때의 슬립은 1보다 크다.
② 유도 전동기의 회전자 회로의 주파수는 슬립에 반비례한다.
③ 전동기 슬립은 2차 동손을 2차 입력으로 나눈 것과 같다.
④ 슬립이 크면 클수록 2차 효율은 커진다.

[해설] ① 유도 발전기일 때의 슬립은 0보다 작다. (유도발전기 : s < 0)
② 유도 전동기의 회전자 회로의 주파수는 슬립에 비례한다. (회전시 2차 주파수 : $f_{2s} = sf_1$)
③ 전동기 슬립은 2차 동손을 2차 입력으로 나눈 것과 같다. (슬립 : $s = \dfrac{P_{C2}}{P_2}$)
④ 슬립이 크면 클수록 2차 효율은 작아진다. (2차 효율 : $\eta_2 = 1-s$)

15 3상 유도 전동기의 토크는?

① 2차 유도기전력의 2승에 비례한다.
② 2차 유도기전력에 비례한다.
③ 2차 유도기전력과 무관하다.
④ 2차 유도기전력의 0.5승에 비례한다.

[해설] $T \propto V^2$: 토크는 전압(유도기전력) 제곱에 비례한다.

[정답] 13 ② 14 ③ 15 ①

16 슬립이 일정한 경우 유도전동기의 공급 전압이 $\frac{1}{2}$로 감소되면 토크는 처음에 비해 어떻게 되는가?

① 2배가 된다.
② 1배가 된다.
③ 1/2로 줄어든다.
④ 1/4로 줄어든다.

[해설] 토크 : $T \propto V^2 = (\frac{1}{2})^2 = \frac{1}{4}$ ∴ $\frac{1}{4}$로 줄어든다.

17 일정한 주파수의 전원에서 운전하는 3상 유도전동기의 전원 전압이 80[%]가 되었다면 토크는 약 몇 [%]가 되는가?(단, 회전수는 변하지 않는 상태로 한다)

① 55
② 64
③ 76
④ 82

[해설] 토크 : $T \propto V^2 = 0.8^2 = 0.64$ ∴ 64[%]

18 3[kW], 1,500[rpm] 유도 전동기의 토크 [N·m]는 약 얼마인가?

① 1.91[N·m]
② 19.1[N·m]
③ 29.1[N·m]
④ 114.6[N·m]

[해설] 토크 : $T = \frac{P_0}{\omega} = \frac{60 P_0}{2\pi N} = \frac{60 \times 3 \times 10^3}{2\pi \times 1,500} \fallingdotseq 19.1$ [N·m]

> 다른 방법으로 토크 계산
> 토크 : $T = 975 \frac{P_0[kW]}{N} = 975 \times \frac{3}{1,500} = 1.95$ [kg·m]이므로
> 토크 : T = 1.95 × 9.8 ≒ 19.1[N·m]
>
> ※ 1[kg·m] = 9.8[N·m], 1[N·m] = $\frac{1}{9.8}$ [kg·m]

정답 16 ④ 17 ② 18 ②

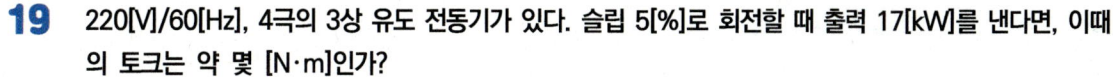

19 220[V]/60[Hz], 4극의 3상 유도 전동기가 있다. 슬립 5[%]로 회전할 때 출력 17[kW]를 낸다면, 이때의 토크는 약 몇 [N·m]인가?

① 56.2[N·m]
② 95.5[N·m]
③ 191[N·m]
④ 935.8[N·m]

[해설] 회전자(2차) 출력(P_0)이 주어졌으므로 2차측에서 토크를 계산하기 위해 회전자 속도를 먼저 구하면 회전자속도 : $N = (1-s)N_s = (1-s)\dfrac{120f}{P} = (1-0.05) \times \dfrac{120 \times 60}{4} = 1,710 \, [\text{rpm}]$

토크 : $T = \dfrac{P_0}{\omega} = \dfrac{60 P_0}{2\pi N} = \dfrac{60 \times 17 \times 10^3}{2\pi \times 1,710} \fallingdotseq 95 [\text{N·m}]$

> 다른 방법으로 토크 계산
> 토크 : $T = 975 \dfrac{P_0[kW]}{N} = 975 \times \dfrac{17}{1,710} \fallingdotseq 9.7 \, [\text{kg·m}]$이므로
> 토크 : T = 9.7 × 9.8 ≒ 95.05[N·m]

20 출력 12[kW], 회전수 1,140[rpm]인 유도전동기의 동기 와트는 약 몇 [kW]인가?(단, 동기속도 N_s 는 1,200[rpm]이다)

① 10.4
② 11.5
③ 12.6
④ 13.2

[해설] 동기와트 = 2차입력(P_2)이므로 2차 입력을 구하기 위해 토크를 먼저 구하면

토크(2차측) : $T = 975 \dfrac{P_0[kW]}{N} = 975 \times \dfrac{12}{1,140} \fallingdotseq 10.26 \, [\text{kg·m}]$

토크(1차측) : $T = 975 \dfrac{P_2[kW]}{N_s} \, [\text{kg·m}]$에서 2차 입력(동기와트)을 구하면

2차입력(동기와트) : $P_2 = \dfrac{TN_s}{975} = \dfrac{10.26 \times 1,200}{975} \fallingdotseq 12.6 [\text{kW}]$

정답 19 ② 20 ③

3 3상 유도 전동기의 특성

❶ 비례추이 : 전압이 일정한 상태에서 전류, 회전력 등이 2차 저항에 비례하여 변화하는 것

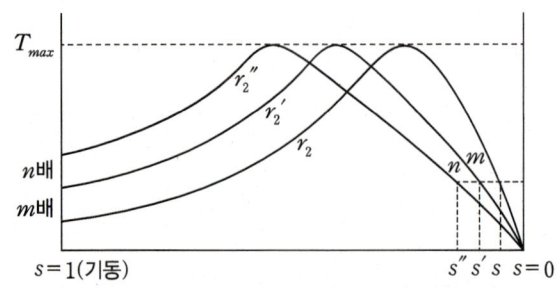

1) 비례추이를 이용하는 전동기 : 권선형 유도전동기(3상 유도전동기)
  ① 2차 저항을 m배 증가시 슬립이 비례하여 m배 증가한다. ($r_2 \propto s$)
  ② 2차 저항 삽입 이유 : 기동 전류 감소, 기동 토크 증가

  > ※ 2차 저항 삽입 시 기동토크는 증가 하지만 최대토크는 일정하다.

2) 비례추이 할 수 없는 것 : 출력, 효율, 2차동손, 동기속도

❷ 원선도 작성에 필요한 시험 : 고정자 저항 측정시험, 무부하 시험, 구속 시험

문제 풀이 ✓

1 권선형 유도전동기의 회전자에 저항을 삽입하였을 경우 틀린 사항은?

① 기동전류가 감소된다.　　② 기동전압은 증가한다.
③ 역률이 개선된다.　　　　④ 기동 토크는 증가한다.

[해설] 권선형 유도전동기 2차측 저항을 삽입하는 이유 : 기동전류 감소, 기동토크 증가

2 3상 권선형 유도 전동기의 기동 시 2차 측에 저항을 접속하는 이유는?

① 기동 토크를 크게 하기 위해　　② 회전수를 감소시키기 위해
③ 기동전류를 크게 하기 위해　　　④ 역률을 개선하기 위해

[해설] 권선형 유도전동기 2차측 저항을 삽입하는 이유 : 기동전류 감소, 기동토크 증가

3 3상 유도 전동기의 2차 저항을 2배로 하면 그 값이 2배로 되는 것은?

① 슬 립　　　　　　② 토 크
③ 전 류　　　　　　④ 역 률

[해설] 2차 저항(r_2) ∝ 슬립(s)　∴ 2차 저항을 2배로 하면 슬립이 2배가 된다.

4 교류 전동기를 기동할 때 그림과 같은 기동특성을 가지는 전동기는?(단, 곡선 (1)~(5)는 기동단계에 대한 토크특성 곡선이다)

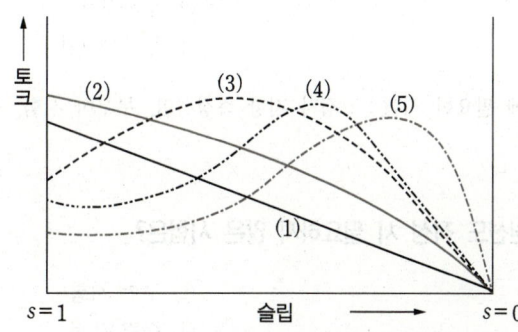

① 반발 유도 전동기　　　　② 2중 농형 유도 전동기
③ 3상 분권 정류자 전동기　　④ 3상 권선형 유도 전동기

[해설] 그림은 2차 저항 삽입 시 3상 권선형 유도전동기 비례추이를 나타내는 곡선이다.

정답　1 ②　2 ①　3 ①　4 ④

5 유도전동기에 기계적 부하를 걸었을 때 출력에 따라 속도, 토크, 효율, 슬립 등이 변화를 나타낸 출력특성 곡선에서 슬립을 나타내는 곡선은?

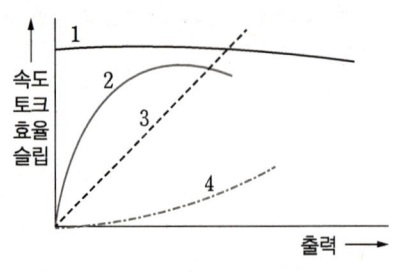

① 1 ② 2
③ 3 ④ 4

[해설] 1번 : 속도, 2번 : 효율, 3번 : 토크, 4번 : 슬립을 나타내는 곡선이다.

6 다음 중 유도전동기에서 비례추이를 할 수 있는 것은?

① 출력 ② 2차 동손
③ 효율 ④ 역률

[해설] 권선형 유도전동기 비례추이 할 수 없는 것 : 출력, 효율, 2차동손, 동기속도

7 3상 유도전동기에서 원선도 작성에 필요한 시험은?

① 전력시험 ② 부하시험
③ 전압측정시험 ④ 무부하시험

[해설] 원선도 작성에 필요한 시험 : 고정자 저항 측정시험, 무부하 시험, 구속 시험

8 유도 전동기에서 원선도 작성 시 필요하지 않은 시험은?

① 무부하 시험 ② 구속 시험
③ 저항 측정 ④ 슬립 측정

[해설] 원선도 작성에 필요한 시험 : 고정자 저항 측정시험, 무부하 시험, 구속 시험

정답 5 ④ 6 ④ 7 ④ 8 ④

❸ 3상 유도 전동기 기동법
1) 3상 농형 유도 전동기 기동법
① 전전압(직입) 기동법
㉠ 직접 정격 전압을 전동기에 가하여 전동기를 기동시키는 방법
㉡ 5[kW] 이하의 소형 전동기 기동에 이용
② Y-△기동법
㉠ 기동 : Y결선으로 기동, 운전 : △결선으로 운전
㉡ Y-△기동 시 기동전류는 전전압 기동 시 기동전류보다 $\frac{1}{3}$로 감소시킬 수 있다.
㉢ 5 ~ 15[kW] 이하의 전동기 기동에 이용

※ Y-△기동 시 기동 전류와 토오크가 모두 $\frac{1}{3}$로 감소한다.

③ 기동보상기 기동법 (콘도르퍼 기동법)
㉠ 단권 변압기 탭을 이용하여 기동
㉡ 15[kW] 이상의 전동기 기동에 이용
④ 리액터 기동법
㉠ 기동 시 리액터로 기동전류 감소

2) 3상 권선형 유도전동기 기동법
① 2차 저항기동법
② 게르게스법

❹ 3상 유도 전동기 속도 제어법
1) 3상 농형 유도 전동기
① 주파수 변환(제어)법
㉠ 인버터를 이용한 주파수 변환장치로 속도제어를 제어하는 방식
 - 인버터장치 약호 : VVVF(가변 전압 가변 주파수)
㉡ 용도 : 선박 전기추진기, 인견공업 포트모터 등
② 극수 변환법
㉠ 슬롯에 극수가 서로 다른 권선을 넣어 속도를 제어하는 방식
㉡ 용도 : 엘리베이터, 승강기 등
③ 전압제어법
㉠ 1차 공급 전압을 변화시켜 속도를 제어하는 방식

2) 3상 권선형 유도전동기 속도제어
① 2차 저항법 : 비례 추이를 이용하여 속도를 제어하는 방식
② 2차 여자법 : 슬립 주파수 전압을 2차측에 인가하여 속도를 제어하는 방식

3) 종속 접속법 : 2대 이상의 유도 전동기를 이용하여 속도를 제어하는 방법

① 직렬 종속 시 무부하 속도 : $N_0 = \dfrac{120f}{P_1 + P_2}$ [rpm]

② 차동 종속 시 무부하 속도 : $N_0 = \dfrac{120f}{P_1 - P_2}$ [rpm]

③ 병렬 종속 시 무부하 속도 : $N_0 = \dfrac{2 \times 120f}{P_1 + P_2}$ [rpm]

문제 풀이 ✓

1 농형 유도전동기의 기동법이 아닌 것은?

① 2차 저항기법 ② Y-△ 기동법
③ 전전압 기동법 ④ 기동보상기에 의한 기동법

[해설] 3상 농형 유도전동기 기동법
- 전전압(직입) 기동
- Y-△ 기동
- 기동보상기 기동
- 리액터 기동

3상 권선형 유도전동기 기동법
- 2차 저항기동법
- 게르게스법

2 3상 농형유도전동기의 Y-△ 기동 시의 기동전류를 전전압기동시와 비교하면?

① 전전압 기동전류의 $\frac{1}{3}$로 된다.
② 전전압 기동전류의 $\sqrt{3}$ 배로 된다.
③ 전전압 기동전류의 3배로 된다.
④ 전전압 기동전류의 9배로 된다.

[해설] Y-△기동 시 기동 전류와 토크는 전전압 기동 시 보다 $\frac{1}{3}$로 감소한다.

3 10[kW]의 농형 유도전동기의 기동방법으로 가장 적당한 것은?

① 전전압 기동법 ② Y-△ 기동법
③ 기동 보상기법 ④ 2차 저항 기동법

[해설] Y-△기동법
- 기동 : Y결선으로 기동, 운전 : △결선으로 운전
- Y-△기동 시 기동전류는 전전압 기동 시 기동전류보다 $\frac{1}{3}$로 감소시킬 수 있다.
- 5 ~ 15[kW] 이하의 전동기 기동에 이용

[정답] 1 ① 2 ① 3 ②

4 5.5[kW], 200[V] 유도전동기의 전전압 기동 시의 기동전류가 150[A]이었다. 여기에 Y-△ 기동 시 기동전류는 몇 [A]가 되는가?

① 50
② 70
③ 87
④ 95

[해설] Y-△기동 시 기동전류는 전전압 기동 시 기동전류보다 $\frac{1}{3}$로 감소시킬 수 있으므로 기동전류를 구하면 기동전류 $= \frac{150}{3} = 50$ [A]

5 50[kW]의 농형 유도전동기를 기동하려고 할 때, 다음 중 가장 적당한 기동 방법은?

① 분상기동법
② 기동보상기법
③ 권선형 기동법
④ 2차 저항기동법

[해설] 기동보상기 기동법 (콘도르퍼 기동법)
 • 단권 변압기 탭을 이용하여 기동
 • 15[kW] 이상의 전동기 기동에 이용

6 권선형에서 비례추이를 이용한 기동법은?

① 리액터 기동법
② 기동 보상기법
③ 2차 저항기동법
④ Y-△ 기동법

[해설] 비례추이를 이용하는 전동기는 3상 권선형 유도전동기이므로
3상 권선형 유도전동기 기동법 : 2차 저항기동법, 게르게스법

7 권선형 유도전동기 기동 시 회전자 측에 저항을 넣는 이유는?

① 기동 전류 증가
② 기동 토크 감소
③ 회전수 감소
④ 기동전류 억제와 토크 증대

[해설] 3상 권선형 유도전동기 기동 시 회전자(2차)측에 저항을 삽입하는 이유
 : 기동전류 감소, 기동토크 증가 (기동전류 억제와 토크 증대)

정답 4 ① 5 ② 6 ③ 7 ④

8 3상 농형 유도전동기의 속도 제어에 주로 이용되는 것은?

① 사이리스터 제어 ② 2차 저항 제어
③ 주파수 제어 ④ 계자 제어

[해설] 3상 농형 유도전동기 속도 제어 : 주파수 제어, 극수 제어, 전압 제어
(인버터를 이용한 주파수 제어 방식이 주로 이용한다.)

9 3상 유도전동기의 속도제어 방법 중 인버터(Inverter)를 이용한 속도 제어법은?

① 극수 변환법 ② 전압 제어법
③ 초퍼 제어법 ④ 주파수 제어법

[해설] 주파수 변환(제어)법
- 인버터를 이용한 주파수 변환장치로 속도제어를 제어하는 방식
  - 인버터장치 약호 : VVVF(가변 전압 가변 주파수)
- 용도 : 선박 전기추진기, 인견공업 포트모터 등

10 반도체 사이리스터에 의한 전동기의 속도 제어 중 주파수 제어는?

① 초퍼 제어 ② 인버터 제어
③ 컨버터 제어 ④ 브리지 정류 제어

[해설] 주파수 변환(제어)법
- 인버터를 이용한 주파수 변환장치로 속도제어를 제어하는 방식
  - 인버터장치 약호 : VVVF(가변 전압 가변 주파수)
- 용도 : 선박 전기추진기, 인견공업 포트모터 등

11 다음 중 유도 전동기의 속도 제어에 사용되는 인버터 장치의 약호는?

① CVCF ② VVVF
③ CVVF ④ VVCF

[해설] 주파수 변환(제어)법
- 인버터를 이용한 주파수 변환장치로 속도제어를 제어하는 방식
  - 인버터장치 약호 : VVVF(가변 전압 가변 주파수)
- 용도 : 선박 전기추진기, 인견공업 포트모터 등

[정답] 8 ③ 9 ④ 10 ② 11 ②

12 인견공업에 사용되는 포트 전동기의 속도제어는?

① 극수변환에 의한 제어
② 1차 회전에 의한 제어
③ 주파수 변환에 의한 제어
④ 저항에 의한 제어

[해설] 주파수 변환(제어)법
- 인버터를 이용한 주파수 변환장치로 속도제어를 제어하는 방식
  - 인버터장치 약호 : VVVF(가변 전압 가변 주파수)
- 용도 : 선박 전기추진기, 인견공업 포트모터 등

13 비례추이를 이용하여 속도제어가 되는 전동기는?

① 권선형 유도전동기
② 농형 유도전동기
③ 직류 분권전동기
④ 동기 전동기

[해설] 비례추이를 이용하는 전동기 : 3상 권선형 유도전동기

14 유도 전동기의 회전자에 슬립 주파수의 전압을 공급하여 속도 제어를 하는 것은?

① 2차 저항법
② 2차 여자법
③ 자극수 변환법
④ 인버터 주파수 변환법

[해설] 2차 여자법 : 슬립 주파수 전압을 2차측에 인가하여 속도를 제어하는 방식

15 12극과 8극인 2개의 유도전동기를 종속법에 의한 직렬 종속법으로 속도 제어할 때 전원 주파수가 50[Hz]인 경우 무부하 속도 N은 몇 [rps]인가?

① 5
② 50
③ 300
④ 3,000

[해설] 직렬 종속 시 무부하 속도 : $N = \dfrac{2f}{P_1 + P_2} = \dfrac{2 \times 50}{12 + 8} = 5[\text{rps}]$

정답 12 ③ 13 ① 14 ② 15 ①

16 3상 유도 전동기의 정격전압을 V_n [V], 출력을 P [kW], 1차 전류를 I_1 [A], 역률을 $\cos\theta$ 라 하면 효율을 나타내는 식은?

① $\dfrac{P\times 10^3}{3\,V_n I_1 \cos\theta}\times 100\,[\%]$

② $\dfrac{3\,V_n I_1 \cos\theta}{P\times 10^3}\times 100\,[\%]$

③ $\dfrac{P\times 10^3}{\sqrt{3}\,V_n I_1 \cos\theta}\times 100\,[\%]$

④ $\dfrac{\sqrt{3}\,V_n I_1 \cos\theta}{P\times 10^3}\times 100\,[\%]$

[해설] 3상 유도전동기 효율 : $\eta = \dfrac{출력}{입력}\times 100 = \dfrac{P\times 10^3}{\sqrt{3}\,V_n I_1 \cos\theta}\times 100\,[\%]$

정답 16 ③

제2절 단상 유도 전동기

❶ 단상 유도 전동기 기동방식에 의한 분류
   : 반발 기동형, 반발 유도형, 콘덴서 기동형, 분상 기동형, 세이딩 코일형

   1) 단상 유도 전동기 기동 토크가 큰 순서 (반 > 콘 > 분 > 세)
      반발 기동형 > 반발 유도형 > 콘덴서 기동형 > 분상 기동형 > 세이딩 코일형

   2) 콘덴서 기동형 단상 유도 전동기 특징
      ① 용도 : 가정용선풍기, 세탁기, 냉장고 등(영구 콘덴서 기동형)
      ② 기동전류는 작고, 기동토크가 크다.
      ③ 소음이 작다.
      ④ 역률과 효율이 좋다.

   3) 분상 기동형 단상 유도 전동기 특징
      ① 저항이 크고, 리액턴스가 작은 기동권선을 이용한다.
      ② 동기속도의 60 ~ 80[%]정도에서 원심개폐기가 작동된다.
      ③ 기동(보조)권선 또는 운전권선의 전류 방향 중 한 권선의 전류 방향을 바꾸면 회전 방향이 반대로 회전한다.

   4) 세이딩 코일형 단상 유도 전동기 특징
      ① 10[kW] 이하의 소형전동기 기동에 사용된다.
      ② 기동 토오크가 작고, 역률 및 효율이 나쁘다.
      ③ 회전 방향을 변경할 수 없다.

❷ 단상 유도 전압 조정기 : 단권 변압기 원리

   1) 단상 유도 전압 조정기 사용 권선 : 직렬 권선, 분로 권선, 단락 권선

   2) 단락 권선 : 2차 누설 리액턴스에 의한 전압강하를 방지하기 위하여 1차 권선과 수직으로 연결 시킨다.

   3) 2차 전압 : $V_2 = V_1 \pm E_2$(조정전압)[V]

   4) 용량 : $P = E_2 I_2 \times 10^{-3}$ [kVA]

❸ 권상기 용량 : $P = \dfrac{WV}{6.12\eta}$ [kW]

   여기서, W : 권상 하중[t], V : 권상 속도[m/min], η : 효율

문제 풀이 ✓

1 단상 유도전동기 기동장치에 의한 분류가 아닌 것은?

① 분상 기동형 ② 콘덴서 기동형
③ 셰이딩 코일형 ④ 회전계자형

[해설] 단상 유도전동기 기동 방식에 의한 분류
: 반발 기동형, 반발 유도형, 콘덴서 기동형, 분상 기동형, 셰이딩 코일형

2 단상 유도전동기에 보조권선을 사용하는 주된 이유는?

① 역률개선을 한다. ② 회전자장을 얻는다.
③ 속도제어를 한다. ④ 기동 전류를 줄인다.

[해설] 단상 유도전동기는 교번자계에 의해 어느 방향으로도 회전하지 않는다. 따라서 보조(기동)권선을 설치하고 한쪽 방향으로 회전할 수 있는 회전자장을 만들어주면 단상 유도전동기는 회전하게 된다.

3 단상 유도 전동기의 기동방법 중 기동토크가 가장 큰 것은?

① 반발 기동형 ② 분상 기동형
③ 반발 유도형 ④ 콘덴서 기동형

[해설] 단상 유도 전동기 기동 토크가 큰 순서(반 > 콘 > 분 > 셰)
반발 기동형 > 반발 유도형 > 콘덴서 기동형 > 분상 기동형 > 셰이딩 코일형

4 단상 유도 전동기의 기동법 중에서 기동 토크가 가장 작은 것은?

① 반발 유도형 ② 반발 기동형
③ 콘덴서 기동형 ④ 분상 기동형

[해설] 단상 유도 전동기 기동 토크가 큰 순서(반 > 콘 > 분 > 셰)
반발 기동형 > 반발 유도형 > 콘덴서 기동형 > 분상 기동형 > 셰이딩 코일형

[정답] 1 ④ 2 ② 3 ① 4 ④

5 다음 단상 유도전동기 중 기동토크가 큰 것부터 옳게 나열한 것은?

> ㉠ 반발 기동형 ㉡ 콘덴서 기동형
> ㉢ 분상 기동형 ㉣ 셰이딩 코일형

① ㉠ > ㉡ > ㉢ > ㉣
② ㉠ > ㉣ > ㉡ > ㉢
③ ㉠ > ㉢ > ㉣ > ㉡
④ ㉠ > ㉡ > ㉣ > ㉢

[해설] 단상 유도 전동기 기동 토크가 큰 순서(반 > 콘 > 분 > 세)
반발 기동형 > 반발 유도형 > 콘덴서 기동형 > 분상 기동형 > 셰이딩 코일형

6 역률과 효율이 좋아서 가정용 선풍기, 전기세탁기, 냉장고 등에 주로 사용되는 것은?

① 분상 기동형 전동기
② 반발 기동형 전동기
③ 콘덴서 기동형 전동기
④ 셰이딩 코일형 전동기

[해설] 콘덴서 기동형 단상 유도 전동기
• 용도 : 가정용선풍기, 세탁기, 냉장고 등(영구 콘덴서 기동형)
• 기동전류는 작고, 기동토크가 크다.
• 소음이 작다.
• 역률과 효율이 좋다.

7 가정용 선풍기나 세탁기 등에 많이 사용되는 단상 유도 전동기는?

① 분상 기동형   ② 콘덴서 기동형
③ 영구 콘덴서 전동기   ④ 반발 기동형

[해설] 콘덴서 기동형 단상 유도 전동기
• 용도 : 가정용선풍기, 세탁기, 냉장고 등(영구 콘덴서 기동형)
• 기동전류는 작고, 기동토크가 크다.
• 소음이 작다.
• 역률과 효율이 좋다.

정답 5 ① 6 ③ 7 ③

8 선풍기, 가정용 펌프, 헤어 드라이기 등에 주로 사용되는 전동기는?

① 단상 유도전동기　　　　　　② 권선형 유도전동기
③ 동기전동기　　　　　　　　　④ 직류 직권전동기

해설　콘덴서 기동형 단상 유도 전동기 용도 : 가정용선풍기, 세탁기, 냉장고 등

9 분상기동형 단상 유도전동기 원심개폐기의 작동 시기는 회전자 속도가 동기속도의 몇 [%] 정도인가?

① 10~30[%]　　　　　　　　② 40~50[%]
③ 60~80[%]　　　　　　　　④ 90~100[%]

해설　분상 기동형 단상 유도 전동기
- 저항이 크고, 리액턴스가 작은 기동권선을 이용한다.
- 동기속도의 60 ~ 80[%]정도에서 원심개폐기가 작동된다.
- 기동(보조)권선 또는 운전권선의 전류 방향 중 한 권선의 전류 방향을 바꾸면 회전 방향이 반대로 회전한다.

10 그림과 같은 분상 기동형 단상 유도 전동기를 역회전시키기 위한 방법이 아닌 것은?

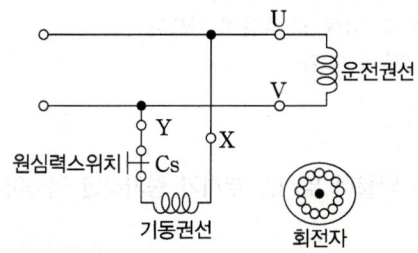

① 원심력스위치를 개로 또는 폐로 한다.
② 기동권선이나 운전권선의 어느 한 권선의 단자접속을 반대로 한다.
③ 기동권선의 단자접속을 반대로 한다.
④ 운전권선의 단자접속을 반대로 한다.

해설　분상 기동형 단상 유도 전동기
- 저항이 크고, 리액턴스가 작은 기동권선을 이용한다.
- 동기속도의 60 ~ 80[%]정도에서 원심개폐기가 작동된다.
- 기동(보조)권선 또는 운전권선의 전류 방향 중 한 권선의 전류 방향을 바꾸면 회전 방향이 반대로 회전한다.

정답　8 ①　9 ③　10 ①

11 기동 토크가 대단히 작고 역률과 효율이 낮으며 전축, 선풍기 등 수 10[kW] 이하의 소형 전동기에 널리 사용되는 단상 유도 전동기는?

① 반발 기동형
② 셰이딩 코일형
③ 모노사이클릭형
④ 콘덴서형

[해설] 셰이딩 코일형 단상 유도 전동기
- 10[kW] 이하의 소형전동기 사용된다.
- 기동 토오크가 작고, 역률 및 효율이 나쁘다.
- 회전 방향을 변경할 수 없다.

12 셰이딩 코일형 유도 전동기의 특징을 나타낸 것으로 틀린 것은?

① 역률과 효율이 좋고 구조가 간단하여 세탁기 등 가정용 기기에 많이 쓰인다.
② 회전자는 농형이고 고정자의 성층철심은 몇 개의 돌극으로 되어 있다.
③ 기동 토크가 작고 출력이 수 10[W] 이하의 소형 전동기에 주로 사용한다.
④ 운전 중에도 셰이딩 코일에 전류가 흐르고 속도 변동률이 크다.

[해설] 셰이딩 코일형 단상 유도 전동기
- 10[kW] 이하의 소형전동기 사용된다.
- 기동 토오크가 작고, 역률 및 효율이 나쁘다.
- 회전 방향을 변경할 수 없다.

13 무부하 시 유도전동기는 역률이 낮지만 부하가 증가하면 역률이 높아지는 이유로 가장 알맞은 것은?

① 전압이 떨어지므로
② 효율이 좋아지므로
③ 전류가 증가하므로
④ 2차측 저항이 증가하므로

[해설] 유도전동기는 부하가 증가하면 여자전류도 증가하면서 역률이 높아진다.

14 일반적으로 10[kW] 이하 소용량인 전동기는 동기속도의 몇 [%]에서 최대 토크를 발생시키는가?

① 2
② 5
③ 80
④ 98

[해설] 일반적으로 10[kW] 이하 소용량 전동기는 동기속도의 약 80[%]에서 최대 토크를 발생시킨다.

정답 11 ② 12 ① 13 ③ 14 ③

15 단상 유도전압조정기의 단락권선의 역할은?

① 절연 보호
② 철손 경감
③ 전압강하 경감
④ 전압조정 용이

[해설] 단상 유도 전압 조정기 : 단권 변압기 원리
- 단상 유도 전압 조정기 사용 권선 : 직렬 권선, 분로 권선, 단락 권선
- 단락 권선 : 2차 누설 리액턴스에 의한 전압강하를 방지하기 위하여 1차 권선과 수직으로 연결 시킨다.

16 200[V], 10[kW], 3상 유도전동기의 전부하 전류는 약 몇 [A]인가?(단, 효율과 역률은 각각 85[%]이다)

① 30[A]
② 40[A]
③ 50[A]
④ 60[A]

[해설] 3상 출력 : $P = \eta\sqrt{3}\,VI\cos\theta$[W]에서 전부하 전류를 구하면

전부하 전류 : $I = \dfrac{P}{\eta\sqrt{3}\,V\cos\theta} = \dfrac{10\times 10^3}{0.85\times\sqrt{3}\times 200\times 0.85} \fallingdotseq 40\,[A]$

17 기중기로 200[t]의 하중을 1.5[m/min]의 속도로 권상할 때 소요되는 전동기 용량은?(단, 권상기의 효율은 70[%]이다)

① 약 35[kW]
② 약 50[kW]
③ 약 70[kW]
④ 약 75[kW]

[해설] 권상기 용량 : $P = \dfrac{WV}{6.12\eta} = \dfrac{200\times 1.5}{6.12\times 0.7} \fallingdotseq 70\,[kW]$

18 기중기로 100[t]의 하중을 2[m/min]의 속도로 권상할 때 소요되는 전동기의 용량은?(단, 기계 효율은 70[%]이다)

① 약 47[kW]
② 약 94[kW]
③ 약 143[kW]
④ 약 286[kW]

[해설] 권상기 용량 : $P = \dfrac{WV}{6.12\eta} = \dfrac{100\times 2}{6.12\times 0.7} \fallingdotseq 47\,[kW]$

정답 15 ③ 16 ② 17 ③ 18 ①

CHAPTER 5 정류기

제1절 변환 장치 및 반도체 소자

1 변환 장치

❶ 정류기
1) 순변환장치 또는 컨버터라고도 한다.
2) 교류를 직류로 변환시키는 기기이다. (AC → DC)

❷ 인버터
1) 역변환장치라고도 한다.
2) 직류를 교류로 변환시키는 기기이다. (DC → AC)

❸ 사이크로 컨버터
1) 주파수 변환장치이다.
2) 교류를 교류로 변환시키는 기기이다.

❹ 초퍼형 인버터
1) 직류 전압을 직접 제어하며, 직류 변압기 등에 사용된다.
2) 직류를 직류로 변환시키는 기기이다.
3) ON, OFF를 고속 변환이 가능한 스위치이다.

2 반도체 소자

❶ 반도체 (Semiconductor)
1) 진성 반도체 : 불순물이 혼합되지 않은 4가(족) 원소로 대표적인 반도체로는 실리콘(Si)과 게르마늄(Ge) 등이 있다.

> ※ 반도체 정류소자 재료 : 실리콘, 게르마늄, 산화구리, 황화카드뮴

2) P(Positive)형 반도체
　① 4가 원소인 진성 반도체에 3가 불순물을 혼합하여 만든 반도체
　② 3가 불순물(억셉터) : 붕소(B), 인듐(In), 갈륨(Ga)
　③ 반송자(다수 캐리어) : 정공(+)

3) N(Negative)형 반도체
　① 4가 원소인 진성 반도체에 5가 불순물을 혼합하여 만든 반도체
　② 5가 불순물(도우너) : 비소(As), 인(P), 안티몬(Sb)
　③ 반송자(다수 캐리어) : 전자(-)

4) 부(-) 저항 온도계수를 갖는다. (온도가 증가함에 따라 저항이 감소한다.)

❷ 다이오드(Diode)

1) 다이오드 : 정류작용(PN접합형)

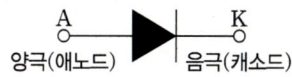

[단방향(역저지) 2단자 소자]

　① 순바이어스(정방향) 된 경우
　　㉠ 애노드(A)에서 캐소드(K)로 전류가 도통(ON)된다.
　　㉡ 전위장벽이 낮아진다.
　　㉢ 공간전하 영역(공핍층)이 좁아진다.
　　㉣ 저항의 크기가 최소가 된다.

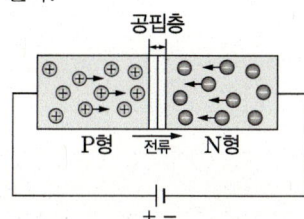

　② 역바이어스(역방향) 된 경우
　　㉠ 캐소드(K)에서 애노드(A)로 역방향 전원이 공급되어 차단(OFF)된다.
　　㉡ 전위장벽이 높아진다.
　　㉢ 공간전하 영역(공핍층)이 넓어진다.
　　㉣ 저항의 크기가 최대가 된다.

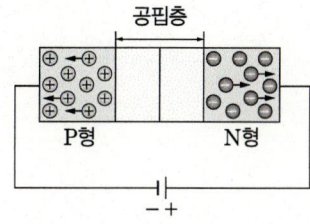

2) 제너 다이오드 : 정전압 정류작용
　① 직류측 전원 전압을 일정하게 유지하는 다이오드

3) 다이오드 보호
　① 다이오드 추가 직렬 접속 : 과전압으로부터 보호
　② 다이오드 추가 병렬 접속 : 과전류로부터 보호

❸ 회로 보호용 반도체 소자

1) 서미스터 : 온도 보상용 소자로 부(−) 저항 온도계수를 갖는다.

2) 바리스터 : 인가된 전압의 크기에 따라 저항이 비직선적으로 변하는 2단자 소자
　① 서어지전압에 대한 회로 보호용으로 사용된다.
　② 계전기 접점의 불꽃 소거용에 사용된다.

문제 풀이 ✓

1 전력 변환 기기가 아닌 것은?

① 변압기 ② 정류기
③ 유도 전동기 ④ 인버터

[해설] 전력 변환 기기 : 변압기, 정류기, 인버터
- 변압기 : 전압 변환
- 정류기 : 교류를 직류로 변환
- 인버터 : 직류를 교류로 변환

2 직류를 교류로 변환하는 장치는?

① 정류기 ② 충전기
③ 순변환 장치 ④ 역변환 장치

[해설] 인버터
- 역변환장치라고도 한다.
- 직류를 교류로 변환시키는 기기이다. (DC → AC)

3 인버터(Inverter)에 대한 설명으로 알맞은 것은?

① 교류를 직류로 변환 ② 직류를 교류로 변환
③ 교류를 교류로 변환 ④ 직류를 직류로 변환

[해설] 인버터
- 역변환장치라고도 한다.
- 직류를 교류로 변환시키는 기기이다. (DC → AC)

4 교류 전동기를 직류 전동기처럼 속도 제어하려면 가변 주파수의 전원이 필요하다. 주파수 f_1에서 직류로 변환하지 않고 바로 주파수 f_2로 변환하는 변환기는?

① 사이클로 컨버터 ② 주파수원 인버터
③ 전압·전류원 인버터 ④ 사이리스터 컨버터

[해설] 사이크로 컨버터
- 주파수 변환장치이다.
- 교류를 교류로 변환시키는 기기이다.

[정답] 1 ③ 2 ④ 3 ② 4 ①

5 직류 전동기의 제어에 널리 응용되는 직류-직류전압 제어장치는?

① 초 퍼
② 인버터
③ 전파정류회로
④ 사이크로 컨버터

[해설] 초퍼형 인버터
- 직류 전압을 직접 제어하며, 직류 변압기 등에 사용된다.
- 직류를 직류로 변환시키는 기기이다.
- ON, OFF를 고속 변환이 가능한 스위치이다.

6 ON, OFF를 고속도로 변환할 수 있는 스위치이고 직류 변압기 등에 사용되는 회로는 무엇인가?

① 초퍼 회로
② 인버터 회로
③ 컨버터 회로
④ 정류기 회로

[해설] 초퍼형 인버터
- 직류 전압을 직접 제어하며, 직류 변압기 등에 사용된다.
- 직류를 직류로 변환시키는 기기이다.
- ON, OFF를 고속 변환이 가능한 스위치이다.

7 다음 중 반도체 정류 소자로 사용할 수 없는 것은?

① 게르마늄
② 비스무트
③ 실리콘
④ 산화구리

[해설] 반도체 정류소자 재료 : 실리콘(규소), 게르마늄, 산화구리, 황화카드뮴

8 P형 반도체의 전기 전도의 주된 역할을 하는 반송자는?

① 전 자
② 정 공
③ 가전자
④ 5가 불순물

[해설] P(Positive)형 반도체
- 4가 원소인 진성 반도체에 3가 불순물을 혼합하여 만든 반도체
- 3가 불순물(억셉터) : 붕소(B), 인듐(In), 갈륨(Ga)
- 반송자(다수 캐리어) : 정공(+)

정답 5 ① 6 ① 7 ② 8 ②

9 P형 반도체의 설명 중 틀린 것은?

① 불순물은 4가의 원소이다.
② 다수 반송자는 정공이다.
③ 불순물을 억셉터라 한다.
④ 정공 및 전자의 이동으로 전도가 된다.

[해설] P(Positive)형 반도체
- 4가 원소인 진성 반도체에 3가 불순물을 혼합하여 만든 반도체
- 3가 불순물(억셉터) : 붕소(B), 인듐(In), 갈륨(Ga)
- 반송자(다수 캐리어) : 정공(+)

10 N형 반도체의 주반송자는 어느 것인가?

① 억셉터　　　　　　　　② 전 자
③ 도 너　　　　　　　　④ 정 공

[해설] N(Negative)형 반도체
- 4가 원소인 진성 반도체에 5가 불순물을 혼합하여 만든 반도체
- 5가 불순물(도우너) : 비소(As), 인(P), 안티몬(Sb)
- 반송자(다수 캐리어) : 전자(−)

11 진성 반도체인 4가의 실리콘에 N형 반도체를 만들기 위하여 첨가하는 것은?

① 게르마늄　　　　　　　② 갈 륨
③ 인 듐　　　　　　　　④ 안티모니

[해설] N(Negative)형 반도체
- 4가 원소인 진성 반도체에 5가 불순물을 혼합하여 만든 반도체
- 5가 불순물(도우너) : 비소(As), 인(P), 안티몬(Sb)
- 반송자(다수 캐리어) : 전자(−)

12 일반적으로 온도가 높아지게 되면 전도율이 커져서 온도계수가 부(−)의 값을 가지는 것이 아닌 것은?

① 구 리　　　　　　　　② 반도체
③ 탄 소　　　　　　　　④ 전해액

[해설] 반도체 : 부(−) 저항 온도계수를 갖는다. (온도가 증가함에 따라 저항이 감소한다.)
도체(구리) : 정(+) 저항 온도계수를 갖는다. (온도가 증가함에 따라 저항이 증가한다.)

[정답] 9 ①　10 ②　11 ④　12 ①

13 일반적으로 반도체의 저항값과 온도와의 관계가 바른 것은?

① 저항값은 온도에 비례한다.
② 저항값은 온도에 반비례한다.
③ 저항값은 온도의 제곱에 반비례한다.
④ 저항값은 온도의 제곱에 비례한다.

[해설] 반도체 : 부(−) 저항 온도계수를 갖는다. (온도가 증가함에 따라 저항이 감소한다.)

14 PN접합 다이오드의 대표적인 작용으로 옳은 것은?

① 정류작용   ② 변조작용
③ 증폭작용   ④ 발진작용

[해설] PN접합형 다이오드 : 정류작용

15 PN 접합의 순방향 저항은 (㉠), 역방향 저항은 매우 (㉡). 따라서 (㉢)작용을 한다. 괄호 안에 들어갈 말로 옳은 것은?

① ㉠ 크고, ㉡ 크다, ㉢ 정류   ② ㉠ 작고, ㉡ 크다, ㉢ 정류
③ ㉠ 작고, ㉡ 작다, ㉢ 검파   ④ ㉠ 작고, ㉡ 크다, ㉢ 검파

[해설]

순바이어스(정방향) 된 경우	역바이어스(역방향) 된 경우
• 애노드(A)에서 캐소드(K)로 전류가 도통(ON)된다. • 전위장벽이 낮아진다. • 공간전하 영역(공핍층)이 좁아진다. • 저항의 크기가 최소가 된다.	• 캐소드(K)에서 애노드(A)로 역방향 전원이 공급되어 차단(OFF)된다. • 전위장벽이 높아진다. • 공간전하 영역(공핍층)이 넓어진다. • 저항의 크기가 최대가 된다.

16 다이오드의 정특성이란 무엇을 말하는가?

① PN 접합면에서의 반송자 이동 특성
② 소신호로 동작할 때의 전압과 전류의 관계
③ 다이오드를 움직이지 않고 저항률을 측정한 것
④ 직류전압을 걸었을 때 다이오드에 걸리는 전압과 전류의 관계

[해설] 직류전압을 걸었을 때 다이오드에 걸리는 전압과 전류의 관계를 다이오드의 정특성이라고 한다.

정답 13 ② 14 ① 15 ② 16 ④

17 전압을 일정하게 유지하기 위해서 이용되는 다이오드는?

① 발광 다이오드 ② 포토 다이오드
③ 제너 다이오드 ④ 바리스터 다이오드

[해설] 제너 다이오드 : 정전압 정류작용
• 직류측 전원 전압을 일정하게 유지하는 다이오드

18 PN 접합 정류소자의 설명 중 틀린 것은?(단, 실리콘 정류소자인 경우이다)

① 온도가 높아지면 순방향 및 역방향 전류가 모두 감소한다.
② 순방향 전압은 P형에 (+), N형에 (−) 전압을 가함을 말한다.
③ 정류비가 클수록 정류특성은 좋다.
④ 역방향 전압에서는 극히 작은 전류만이 흐른다.

[해설] 전류가 많이 흐를수록 온도는 높아진다.

19 다이오드를 사용한 정류회로에서 다이오드를 여러 개 직렬로 연결하여 사용하는 경우의 설명으로 가장 옳은 것은?

① 다이오드를 과전류로부터 보호할 수 있다.
② 다이오드를 과전압으로부터 보호할 수 있다.
③ 부하출력의 맥동률을 감소시킬 수 있다.
④ 낮은 전압 전류에 적합하다.

[해설] 다이오드 보호
• 다이오드 추가 직렬 접속 : 과전압으로부터 보호
• 다이오드 추가 병렬 접속 : 과전류로부터 보호

20 계전기 접점의 불꽃 소거용 등으로 사용되는 것은?

① 서미스터 ② 바리스터
③ 터널 다이오드 ④ 제너 다이오드

[해설] 바리스터 : 인가된 전압의 크기에 따라 저항이 비직선적으로 변하는 2단자 소자
• 서어지전압에 대한 회로 보호용으로 사용된다.
• 계전기 접점의 불꽃 소거용에 사용된다.

정답 17 ③ 18 ① 19 ② 20 ②

21 인가된 전압의 크기에 따라 저항이 비직선적으로 변하는 소자로, 고압 송전용 피뢰침으로 사용되어 왔고 계전기의 접점 보호 장치에 사용되는 반도체 소자는?

① 서미스터　　　　　　　　② Cds
③ 바리스터　　　　　　　　④ 트라이액

[해설] 바리스터 : 인가된 전압의 크기에 따라 저항이 비직선적으로 변하는 2단자 소자
- 서어지전압에 대한 회로 보호용으로 사용된다.
- 계전기 접점의 불꽃 소거용에 사용된다.

22 다음 중 저항의 온도계수가, 부(−)의 특성을 가지는 것은?

① 경동선　　　　　　　　② 백금선
③ 텅스텐　　　　　　　　④ 서미스터

[해설] 서미스터 : 온도 보상용 소자로 부(−) 저항 온도계수를 갖는다.

정답　21 ③　22 ④

❹ 사이리스터(Thyristor)

1) SCR : 정류작용, 위상제어(위상각)

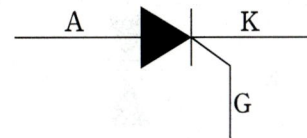

[단방향(역저지) 3단자(극)]

① 특징
  ㉠ PNPN 4층 구조로 되어있다.
  ㉡ 소형이면서 대전력계통에 사용된다.
  ㉢ 부(-) 저항 온도계수를 갖는다.
  ㉣ 사이라트론과 전압, 전류 특성이 비슷하다.
  ㉤ 순방향 도통시 전압강하가 1.5[V] 이하로 작다.
② ON(턴온)방법 : 게이트(G)에 래칭 전류 이상인가
③ OFF(턴오프) 방법
  ㉠ 애노드(A)를 0 또는 (-)로 한다.
  ㉡ 양극을 음으로 한다. (역전압)
  ㉢ 도통 전류를 유지전류 이하로 한다. (전원 차단)
  ㉣ 게이트 단자와는 무관하다.
④ 래칭 전류 : SCR을 턴 온(ON)시키는데 필요한 최소한의 순방향 전류
⑤ 유지 전류 : SCR을 턴 온시킨 후 ON상태를 유지하는데 필요한 최소한 주전류

2) GTO SCR

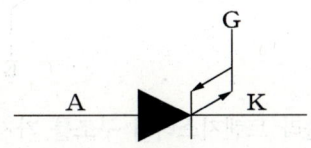

[단방향(역저지) 3단자(극)]

① 자기 소호 능력이 우수하다.
② 게이트(G) 단자에 (+)전원이 인가되면 도통(ON)된다.
③ 게이트(G) 단자에 (-)전원이 인가되면 차단(OFF)된다.

SCS	SSS	DIAC(다이액)	TRIAC(트라이액)
[단방향(역저지) 4단자(극)]	[양방향 2단자(극)]	[양방향 2단자(극)]	[양방향 3단자(극)]

3) TRIAC(트라이액)

① SCR 2개를 역병렬로 접속시킨 구조이다.
② 과전압이 걸려도 파괴되지 않는다.
③ 교류 제어용이므로 직류는 제어할 수 없다.

> ※ 단방향(역저지) 소자 : 다이오드, SCR, GTO, SCS
> ※ 양방향 소자 : SSS, DIAC(다이액), TRIAC(트라이액)
> ※ 2단자 소자 : DIODE(다이오드), SSS, DIAC(다이액)
> ※ 3단자 소자 : SCR, GTO, TRIAC(트라이액)

4) IGBT

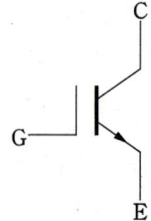

① MOS FET와 바이폴라 트랜지스터의 구조를 가지는 스위칭 소자
② 대전류, 고전압의 전기량을 제어할 수 있다.
③ 자기소호 기능을 가지고 있다.
④ 게이트(G), 이미터(E), 컬렉터(C) 3단자 소자이다.

문제 풀이 ✓

1 실리콘 제어 정류기(SCR)에 대한 설명으로서 적합하지 않은 것은?

① 정류 작용을 할 수 있다.
② P-N-P-N 구조로 되어 있다.
③ 정방향 및 역방향의 제어 특성이 있다.
④ 인버터 회로에 이용될 수 있다.

[해설] SCR은 정방향(단방향)만 제어하는 소자로 단방향(역저지) 3단자(극) 소자이다.

2 애벌런치항복 전압은 온도 증가에 따라 어떻게 변화하는가?

① 감소한다.   ② 증가한다.
③ 증가했다 감소한다.   ④ 무관하다.

[해설] 애벌런치 항복전압 : 항복전압에 가까운 역전압이 걸리면 전류의 흐름이 증배되는 현상
(온도와 전압이 비례하므로 온도가 증가함에 따라 전압도 같이 증가한다.)

3 다음 중 전력 제어용 반도체 소자가 아닌 것은?

① LED   ② TRIAC
③ GTO   ④ IGBT

[해설] 전력 제어용 반도체 소자 : SCR, SCS, SSS, DIAC, TRIAC, IGBT 등

정답 1 ③ 2 ② 3 ①

4 다음 중 SCR의 기호는?

① 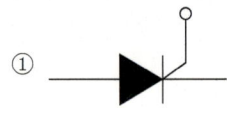   ②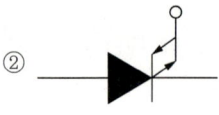

③ 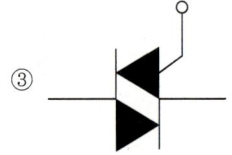   ④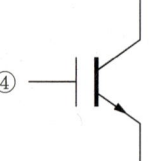

해설

SCR	GTO	TRIAC	IGBT

5 게이트(Gate)에 신호를 가해야만 작동되는 소자는?

① SCR ② MPS
③ UJT ④ DIAC

해설 SCR : 게이트(G) 단자에 트리거신호를 인가해야 도통되는 소자

6 역저지 3단자에 속하는 것은?

① SCR ② SSS
③ SCS ④ TRIAC

해설 SCR : 단방향(역저지) 3단자 소자
SSS : 양방향 2단자 소자
SCS : 단방향(역저지) 4단자 소자
TRIAC : 양방향 3단자 소자

정답 4 ① 5 ① 6 ①

> 문제 풀이

7 SCR의 애노드 전류가 20[A]로 흐르고 있었을 때 게이트 전류를 반으로 줄이면 애노드 전류는?

① 5[A]
② 10[A]
③ 20[A]
④ 40[A]

[해설] SCR은 도통 후 게이트 전류의 영향을 받지 않으므로 애노드 전류는 그대로 20[A]가 흐른다.

8 다음 중 턴오프(소호)가 가능한 소자는?

① GTO
② TRIAC
③ SCR
④ LASCR

[해설] GTO SCR (GTO)
- 자기 소호 능력이 우수하다.
- 게이트(G) 단자에 (+)전원이 인가되면 도통(ON)된다.
- 게이트(G) 단자에 (−)전원이 인가되면 차단(OFF)된다.

9 통전 중인 사이리스터를 턴 오프(Turn Off)하려면?

① 순방향 Anode 전류를 유지전류 이하로 한다.
② 순방향 Anode 전류를 증가시킨다.
③ 게이트 전압을 0 또는 −로 한다.
④ 역방향 Anode 전류를 통전한다.

[해설] SCR 턴 오프 방법
- 애노드(A)드를 0 또는 (−)로 한다.
- 도통 전류를 유지전류 이하로 한다.(전원차단)
- 양극을 음으로 한다. (역전압)
- 게이트 단자와 무관하다.

10 3단자 사이리스터가 아닌 것은?

① SCS
② SCR
③ TRIAC
④ GTO

[해설] SCS : 단방향(역저지) 4단자 소자,   SCR : 단방향(역저지) 3단자 소자
TRIAC : 양방향 3단자 소자,   GTO : 단방향(역저지) 3단자 소자

※ 단방향(역저지) 소자 : 다이오드, SCR, GTO, SCS
※ 양방향 소자 : SSS, DIAC(다이액), TRIAC(트라이액)
※ 2단자 소자 : DIODE(다이오드), SSS, DIAC(다이액)
※ 3단자 소자 : SCR, GTO, TRIAC(트라이액)

정답   7 ③   8 ①   9 ①   10 ①

11 다음 중 2단자 사이리스터가 아닌 것은?

① SCR
③ SSS
② DIAC
④ DIODE

[해설] SCR : 단방향(역저지) 3단자 소자,
SSS : 양방향 2단자 소자,
DIAC : 양방향 2단자 소자
DIODE : 단방향(역저지) 2단자 소자

12 트라이액(TRIAC)의 기호는?

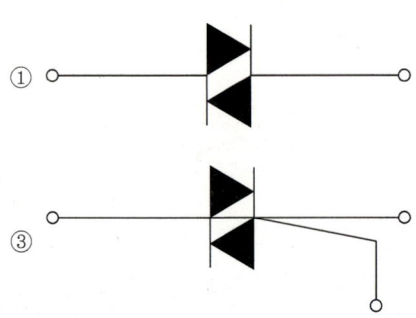
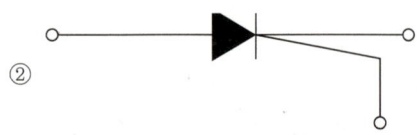
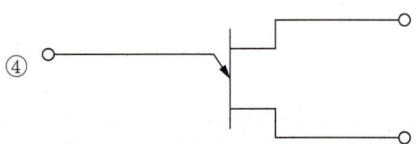

[해설] 트라이액

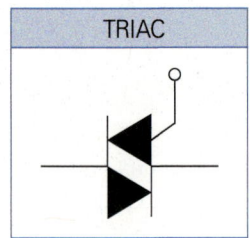

13 SCR 2개를 역병렬로 접속한 그림과 같은 기호의 명칭은?

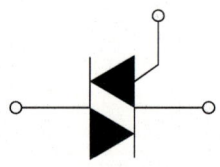

① SCR
③ GTO
② TRIAC
④ UJT

[해설] TRIAC(트라이액)
- SCR 2개를 역병렬로 접속시킨 구조이다.
- 과전압이 걸려도 파괴되지 않는다.
- 교류 제어용이므로 직류는 제어할 수 없다.

정답 11 ① 12 ③ 13 ②

14 양방향성 3단자 사이리스터의 대표적인 것은?

① SCR
② SSS
③ DIAC
④ TRIAC

[해설] SCR : 단방향(역저지) 3단자 소자,　DIAC : 양방향 2단자 소자
　　　 SSS : 양방향 2단자 소자,　　　　TRIAC : 양방향 3단자 소자

15 양방향으로 전류를 흘릴 수 있는 양방향 소자는?

① SCR
② GTO
③ TRIAC
④ MOSFET

[해설] TRIAC : 양방향 3단자 소자

16 교류회로에서 양방향 점호(ON) 및 소호(OFF)를 이용하며, 위상제어를 할 수 있는 소자는?

① TRIAC
② SCR
③ GTO
④ IGBT

[해설] TRIAC(트라이액)
- SCR 2개를 역병렬로 접속시킨 구조이다.
- 과전압이 걸려도 파괴되지 않는다.
- 교류 제어용이므로 직류는 제어할 수 없다.

17 다음 중에서 초퍼나 인버터용 소자가 아닌 것은?

① TRIAC
② GTO
③ SCR
④ BJT

[해설] 초퍼나 인버터는 직류를 스위칭 시키는 소자이고, TRIAC은 교류위상제어 소자이다.

정답　14 ④　15 ③　16 ①　17 ①

18 다음 그림과 같은 기호의 소자 명칭은?

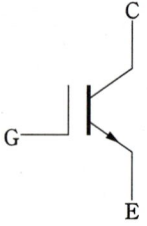

① SCR
② TRIAC
③ IGBT
④ GTO

[해설]

SCR	TRIAC	IGBT	GTO

19 대전류·고전압의 전기량을 제어할 수 있는 자기소호형 소자는?

① FET
② Diode
③ Triac
④ IGBT

[해설] IGBT
- MOS FET와 바이폴라 트랜지스터의 구조를 가지는 스위칭 소자
- 대전류, 고전압의 전기량을 제어할 수 있다.
- 자기소호 기능을 가지고 있다.
- 게이트(G), 이미터(E), 컬렉터(C) 3단자 소자이다.

정답 18 ③ 19 ④

20 그림은 실리콘제어소자인 SCR을 통전시키기 위한 회로도이다. 바르게 된 회로는?

① 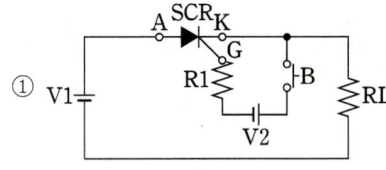   ②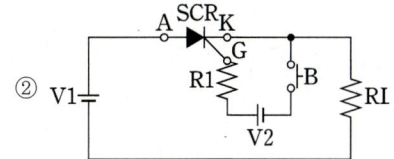

③ 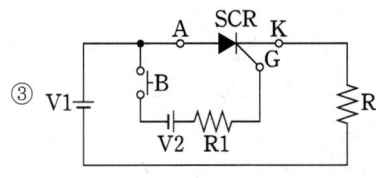   ④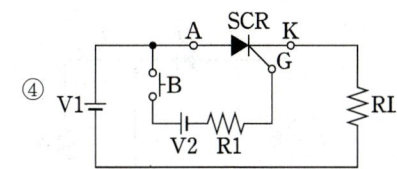

[해설] SCR의 게이트(G) 단자 트리거 신호는 SCR 후단에서 직류전원 중 (+)전원이 공급되어야 한다.

정답 20 ②

제2절 정류 회로

1 단상 정류 회로

❶ 단상 반파 정류 회로

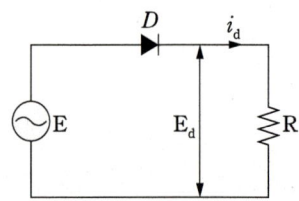

[정류 회로 : 다이오드 1개 이용]

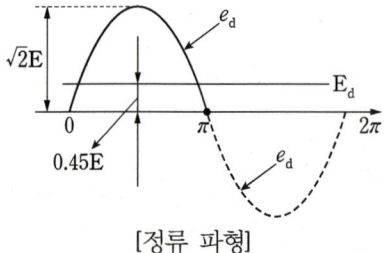

[정류 파형]

1) 직류전압 : $E_d = \dfrac{\sqrt{2}}{\pi} E - e = 0.45\,E - e\,[\text{V}]$

2) 직류전류 : $I_d = \dfrac{E_d}{R} = \dfrac{\frac{\sqrt{2}\,E}{\pi}}{R} = \dfrac{\sqrt{2}}{\pi}\dfrac{E}{R} = 0.45\,I\,[\text{A}]$

3) 최대역전압 : $PIV = \sqrt{2}\,E\,[\text{V}]$

4) 맥동률 : 121[%]

5) 맥동 주파수 : f[Hz]

❷ 단상 전파 정류 회로

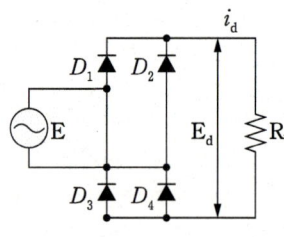

[정류 회로 : 다이오드 2개, 4개 이용]

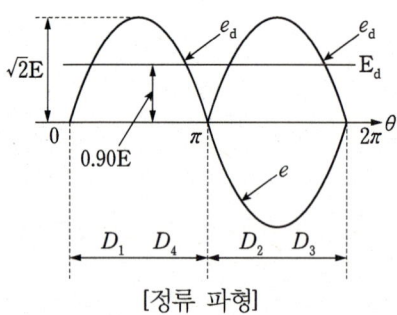

[정류 파형]

1) 직류전압 : $E_d = \dfrac{2\sqrt{2}}{\pi} E - e = 0.9\,E - e\,[\text{V}]$

2) 직류전류 : $I_d = \dfrac{E_d}{R} = \dfrac{2\sqrt{2}}{\pi}\dfrac{E}{R} = 0.9\,I$ [A]

3) 최대역전압 : $PIV = 2\sqrt{2}\,E$ [V]

4) 맥동률 : 48[%]

5) 맥동 주파수 : 2f[Hz]

여기서, E : 교류전압(변압기 2차 실효전압)[V], E_d : 직류전압(평균전압)[V]
I : 교류전류[A], I_d : 직류전류[A], R : 저항[Ω], e : 전압강하[V]

	단상반파	단상전파	3상반파	3상전파 (6상반파)
직류 전압	$E_d = 0.45\,E - e$	$E_d = 0.9\,E - e$	$E_d = 1.17\,E$	$E_d = 1.35\,E$
직류 전류	$I_d = 0.45\,I$	$I_d = 0.9\,I$	$I_d = 1.17\,I$	$I_d = 1.35\,I$
최대역전압	$PIV = \sqrt{2}\,E$	$PIV = 2\sqrt{2}\,E$		
맥동률	121[%]	48[%]	17[%]	4[%]
주파수	f (60Hz)	2f (120Hz)	3f (180Hz)	6f (360Hz)

※ 전압강하(e)는 주어지면 계산하고, 주어지지 않을시 무시

문제 풀이

1 $e=\sqrt{2}E\sin\omega t[V]$의 정현파 전압을 가했을 때 직류 평균값 $E_m=0.45E[V]$인 회로는?

① 단상 반파 정류회로
② 단상 전파 정류회로
③ 3상 반파 정류회로
④ 3상 전파 정류회로

[해설] 단상 반파 정류회로 직류전압 : $E_d=0.45E=\dfrac{\sqrt{2}}{\pi}E[V]$

	단상 반파	단상 전파	3상 반파	3상 전파
직류 전압	$E_d=0.45E-e$	$E_d=0.9E-e$	$E_d=1.17E$	$E_d=1.35E$

2 반파 정류 회로에서 변압기 2차 전압의 실효치를 $E[V]$라 하면 직류 전류 평균치는?(단, 정류기의 전압강하는 무시한다)

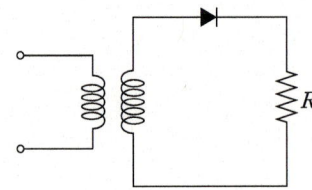

① $\dfrac{E}{R}$ ② $\dfrac{1}{2}\cdot\dfrac{E}{R}$

③ $\dfrac{2\sqrt{2}}{\pi}\cdot\dfrac{E}{R}$ ④ $\dfrac{\sqrt{2}}{\pi}\cdot\dfrac{E}{R}$

[해설] 반파 정류회로 직류전류 평균치 : $I_d=\dfrac{E_d}{R}=\dfrac{\frac{\sqrt{2}E}{\pi}}{R}=\dfrac{\sqrt{2}}{\pi}\dfrac{E}{R}=0.45I[A]$

정답 **1** ① **2** ④

3 그림의 정류회로에서 다이오드의 전압강하를 무시할 때 콘덴서 양단의 최대전압은 약 몇 [V]까지 충전되는가?

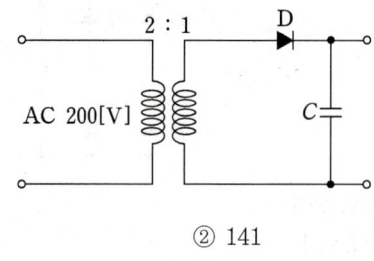

① 70
② 141
③ 280
④ 352

[해설] 변압기 1차 전압이 200[V]이고, 권수비가 2 : 1이므로 변압기 2차 전압을 구하면

2차 전압 : $E_2 = \dfrac{200}{2} = 100$ [V]이므로 콘덴서 양단의 최대전압을 구하면

최대전압 : $V_m = \sqrt{2}\,E_2 = \sqrt{2} \times 100 = 141.4$[V]

4 단상 반파 정류 회로의 전원전압 200[V], 부하저항이 20[Ω]이면 부하 전류는 약 몇 [A]인가?

① 4
② 4.5
③ 6
④ 6.5

[해설] 반파 정류회로 직류전압 : $E_d = 0.45\,E = 0.45 \times 200 = 90$ [V]

부하(직류)전류 : $I_d = \dfrac{E_d}{R} = \dfrac{90}{20} = 4.5$ [A]

5 반파정류 회로에서 직류전압 100[V]를 얻는 데 필요한 변압기 2차 상전압은?(단, 부하는 순저항이며, 변압기 내 전압강하는 무시하고 정류기 내 전압강하는 5[V]로 한다)

① 약 100[V]
② 약 105[V]
③ 약 222[V]
④ 약 233[V]

[해설] 반파 정류회로 직류전압 : $E_d = 0.45\,E - e$ [V]에서 변압기 2차 상전압(교류전압)을 구하면

변압기 2차 상전압(교류전압) : $E = \dfrac{E_d + e}{0.45} = \dfrac{100 + 5}{0.45} ≒ 233$ [V]

6 다음 그림에 대한 설명으로 틀린 것은?

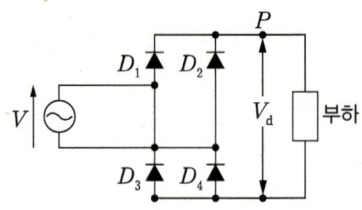

① 브리지(Bridge) 회로라고도 한다.
② 실제의 정류기로 널리 사용된다.
③ 반파 정류회로라고도 한다.
④ 전파 정류회로라고도 한다.

[해설] 그림은 현재 브리지 정류기로 널리 사용되고 있는 단상 전파 정류회로이다.

7 단상 전파 정류회로에서 직류 전압의 평균값으로 가장 적당한 것은?(단, E는 교류 전압의 실효값)

① $1.35E[V]$
② $1.17E[V]$
③ $0.9E[V]$
④ $0.45E[V]$

[해설] 단상 전파 정류회로 직류전압(평균값) : $E_d = 0.9E = \dfrac{2\sqrt{2}}{\pi} E\,[V]$

8 단상 전파 정류회로에서 전원이 220[V]이면 부하에 나타나는 전압의 평균값은 약 몇 [V]인가?

① 99
② 198
③ 257.4
④ 297

[해설] 단상 전파 정류회로 직류전압(평균값) : $E_d = 0.9E = 0.9 \times 220 = 198\,[V]$

9 단상 전파정류회로에서 $\alpha = 60°$ 일 때 정류전압은?(단, 전원 측 실효값 전압은 100[V]이며, 유도성 부하를 가지는 제어정류기이다)

① 약 15[V]
② 약 22[V]
③ 약 35[V]
④ 약 45[V]

[해설] 단상 전파 정류회로 직류전압(위상제어방식에서 점호각이 주어진 경우)
직류전압 : $E_d = 0.9E\cos\alpha = 0.9 \times 100 \times \cos 60° = 45\,[V]$

정답 6 ③ 7 ③ 8 ② 9 ④

10 상전압 300[V]의 3상 반파 정류 회로의 직류 전압은 약 몇 [V]인가?

① 520[V]   ② 350[V]
③ 260[V]   ④ 50[V]

[해설] 3상 반파 정류회로 직류전압 : $E_d = 1.17\,E = 1.17 \times 300 = 351[V]$

11 60[Hz] 3상 반파 정류회로의 맥동주파수는?

① 60[Hz]   ② 120[Hz]
③ 180[Hz] ④ 360[Hz]

[해설] 3상 반파 정류회로 맥동주파수 : $f = 3 \times 60 = 180[Hz]$

12 3상 전파 정류회로에서 출력전압의 평균전압값은?(단, V는 선간 전압의 실효값)

① $0.45\,V[V]$ ② $0.9\,V[V]$
③ $1.17\,V[V]$ ④ $1.35\,V[V]$

[해설] 3상 전파 정류회로 직류전압(평균값) : $V_d = 1.35\,V$ [V]

13 3상 전파 정류회로에서 전원 250[V]일 때 부하에 나타나는 전압(V)의 최대값은?

① 약 177   ② 약 292
③ 약 354   ④ 약 433

[해설] 최대전압 : $V_m = \sqrt{2}\,E_2 = \sqrt{2} \times 250 = 353.5[V]$

14 3상 제어 정류 회로에서 점호각의 최대값은?

① 30°   ② 150°
③ 180°   ④ 210°

[해설] 3상 제어 정류 회로에서 점호각 최대값 : $\alpha = 150°$

정답 10 ② 11 ③ 12 ④ 13 ③ 14 ②

PART 3
전기설비

CHAPTER 1 배선 재료 및 공구
CHAPTER 2 전선로
CHAPTER 3 접지 및 절연
CHAPTER 4 옥내 배선 공사
CHAPTER 5 전기사용장소의 시설
CHAPTER 6 수전 및 배전설비
CHAPTER 7 조명 설비

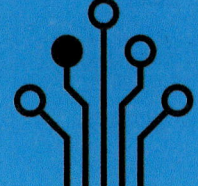

CHAPTER 1 배선 재료 및 공구

제1절 전선 및 케이블

1 전선

❶ 전선의 구비 조건

　1) 도전율 및 기계적 강도가 높을 것.

　2) 가격이 저렴하고 가선이 용이 할 것.

　3) 비중(밀도)이 작고 가요성이 좋을 것.

　4) 부식성 및 내구성이 좋을 것.

❷ 단선 및 연선

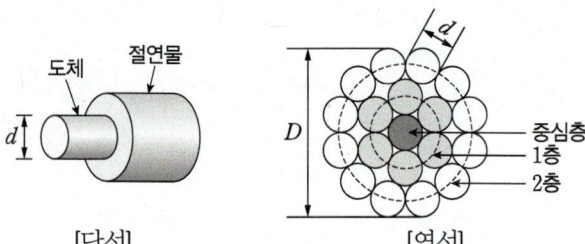

[단선]　　　[연선]

1) 단선 : 전선의 도체가 한 가닥인 전선으로 단위는 [mm]로 표시한다.

2) 연선 : 여러 가닥의 소선을 꼬아서 만든 전선으로 단위는 [mm²]로 표시한다.
　① 전선의 굵기는 공칭단면적으로 표시한다.

> ※ 연선 표기법 : [N/d]

　② 총 소선수 : $N = 1 + 3n(n+1)$

> ※ 2층 소선수 : 19가닥,　3층 소선수 : 37가닥

　③ 연선의 지름 : $D = (1 + 2n)d$ [mm]

　④ 연선의 단면적 : $A = aN = \dfrac{\pi d^2}{4} N$ [mm²]

　　여기서, n : 층수, d : 소선의 직경(지름), a : 소선의 단면적[mm²], N : 소선가닥수

❸ 전선의 굵기 결정 : 허용전류, 전압강하, 기계적강도

※ 허용전류 : 도체가 안전하게 흘릴 수 있는 최대전류로 전선의 굵기는 허용전류 값에 의해 결정된다.

❹ 전선의 접속 기준

1) 전선의 접속 기준
① 전선의 세기(인장강도)를 20[%] 이상 감소 시키지 아니할 것.
 (전선의 세기는 80[%] 이상이 되도록 유지할 것.)
② 접속부분은 전기적 부식이 생기지 아니할 것.
③ 접속부분의 전기저항을 증가 시키지 아니할 것.
④ 접속부분은 원래 절연효력 이상의 절연물로 절연시킬 것.
⑤ 접속부분은 접속 기구를 사용하거나 납땜을 할 것.

2) 전선의 접속 또는 전선과 기구와의 접속이 불완전하거나 헐거울 경우
① 누전 및 감전의 위험이 있다.
② 접속부분의 전기저항이 증가하여 열이 발생하고 화재의 위험이 있다.
③ 전선 주위의 통신선이나 약전선에 유도장해, 전파장해 등이 발생할 수 있다.

❺ 전선의 식별

1) 전선의 식별

상(문자)	색상
L1	갈색
L2	흑색
L3	회색
N	청색
보호도체	녹색-노란색

색상 식별이 종단 및 연결 지점에서만 이루어지는 나도체 등은 전선 종단부에 색상이 반영구적으로 유지될 수 있는 도색, 밴드, 색 테이프 등의 방법으로 표시해야 한다.

문제 풀이 ✓

1 전선의 재료로서 구비해야 할 조건이 아닌 것은?

① 기계적 강도가 클 것
② 가요성이 풍부할 것
③ 고유저항이 클 것
④ 비중이 작을 것

[해설] 전선의 구비 조건
- 도전율 및 기계적 강도가 높을 것.
- 가격이 저렴하고 가선이 용이 할 것.
- 비중(밀도)이 작고 가요성이 좋을 것.
- 부식성 및 내구성이 좋을 것.
- 고유저항이 작을 것

2 전선의 공칭단면적에 대한 설명으로 옳지 않은 것은?

① 소선 수와 소선의 지름으로 나타낸다.
② 단위는 $[mm^2]$로 표시한다.
③ 전선의 실제단면적과 같다.
④ 연선의 굵기를 나타내는 것이다.

[해설] 연선 : 여러 가닥의 소선을 꼬아서 만든 전선으로 단위는 $[mm^2]$로 표시한다.
- 전선은 실제 단면적이 아닌 굵기는 공칭단면적으로 표시한다.
  (전선의 공칭 단면적 : $1.5[mm^2]$, $2.5[mm^2]$, $4[mm^2]$, $6[mm^2]$, $10[mm^2]$, $16[mm^2]$ 등)
- 전선 단면적 : $A = \dfrac{\pi d^2}{4}\,[mm^2]$
- 연선 표기법 : [N/d]

3 인입용 비닐절연전선의 공칭단면적 $8[mm^2]$되는 연선의 구성은 소선의 지름이 $1.2[mm]$일 때 소선수는 몇 가닥으로 되어 있는가?

① 3
② 4
③ 6
④ 7

[해설] 연선의 단면적 : $A = aN = \dfrac{\pi d^2}{4} N\,[mm^2]$에서 소선수를 구하면

소선수 : $N = \dfrac{4A}{\pi d^2} = \dfrac{4 \times 8}{3.14 \times 1.2} = 7$가닥

정답 1 ③ 2 ③ 3 ④

▶ 문제 풀이

4 연선 결정에 있어서 중심 소선을 뺀 층수가 2층이다. 소선의 총수 N은 얼마인가?

① 45　　　　　　　　② 39
③ 19　　　　　　　　④ 9

해설　2층 연선의 총 소선수 : $N = 1 + 3n(n+1) = 1 + 3 \times 2 \times (2+1) = 19$가닥

5 연선 결정에 있어서 중심 소선을 뺀 층수가 3층이다. 전체 소선수는?

① 91　　　　　　　　② 61
③ 37　　　　　　　　④ 19

해설　총 소선수 : $N = 1 + 3n(n+1) = 1 + 3 \times 3 \times (3+1) = 37$가닥

6 전선에 일정량 이상의 전류가 흘러서 온도가 높아지면 절연물을 열화하여 절연성을 극도로 악화시킨다. 그러므로 도체에는 안전하게 흘릴 수 있는 최대 전류가 있다. 이 전류를 무엇이라 하는가?

① 줄 전류　　　　　　② 불평형 전류
③ 평형 전류　　　　　④ 허용 전류

해설　허용전류 : 도체가 안전하게 흘릴 수 있는 최대전류로 전선의 굵기는 허용전류 값에 의해 결정된다.

7 전선을 접속하는 경우 전선의 강도는 몇 [%] 이상 감소시키지 않아야 하는가?

① 10　　　　　　　　② 20
③ 40　　　　　　　　④ 80

해설　전선의 접속 기준
　　• 전선의 세기(인장강도)를 20[%] 이상 감소 시키지 아니할 것.
　　　(전선의 세기는 80[%] 이상이 되도록 유지할 것.)
　　• 접속부분은 전기적 부식이 생기지 아니할 것.
　　• 접속부분의 전기저항을 증가 시키지 아니할 것.
　　• 접속부분은 원래 절연효력 이상의 절연물로 절연시킬 것.
　　• 접속부분은 접속 기구를 사용하거나 납땜을 할 것.

정답　4 ③　5 ③　6 ④　7 ②

8 전선의 접속에 대한 설명으로 틀린 것은?

① 접속 부분의 전기저항을 20[%] 이상 증가되도록 한다.
② 접속 부분의 인장강도를 80[%] 이상 유지되도록 한다.
③ 접속 부분에 전선 접속 기구를 사용한다.
④ 알루미늄전선과 구리선의 접속 시 전기적인 부식이 생기지 않도록 한다.

[해설] 전선의 접속 기준
- 전선의 세기(인장강도)를 20[%] 이상 감소 시키지 아니할 것.
  (전선의 세기는 80[%] 이상이 되도록 유지할 것.)
- 접속부분은 전기적 부식이 생기지 아니할 것.
- 접속부분의 전기저항을 증가 시키지 아니할 것.
- 접속부분은 원래 절연효력 이상의 절연물로 절연시킬 것.
- 접속부분은 접속 기구를 사용하거나 납땜을 할 것.

9 전선의 접속이 불완전하여 발생할 수 있는 사고로 볼 수 없는 것은?

① 감 전   ② 누 전
③ 화 재   ④ 절 전

[해설] 전선의 접속 또는 전선과 기구와의 접속이 불완전하거나 헐거울 경우
- 누전 및 감전의 위험이 있다.
- 접속부분의 전기저항이 증가하여 열이 발생하고 화재의 위험이 있다.
- 전선 주위의 통신선이나 약전선에 유도장해, 전파장해 등이 발생할 수 있다.

10 해안지방의 송전용 나전선에 가장 적당한 것은?

① 철 선   ② 강심알루미늄선
③ 동 선   ④ 알루미늄합금선

[해설] 해안지방에는 철과 알루미늄 등 염해에 약한 전선은 사용하지 않는다.

정답 8 ① 9 ④ 10 ③

11. 전기 전도도가 좋은 순서대로 도체를 나열한 것은?

① 은 → 구리 → 금 → 알루미늄
② 구리 → 금 → 은 → 알루미늄
③ 금 → 구리 → 알루미늄 → 은
④ 알루미늄 → 금 → 은 → 구리

[해설] 전기 전도도가 좋은 순서 : 은 → 구리 → 금 → 알루미늄
(전도도 = 전도율 = 도전율)

12. 전선의 식별에 따른 색상 표시에 포함되지 않는 색상은?

① 적색
② 갈색
③ 흑색
④ 회색

[해설] 전선의 식별

상(문자)	색상
L1	갈색
L2	흑색
L3	회색
N	청색
보호도체	녹색 – 노란색

정답 11 ① 12 ①

❺ 전선의 접속 방법

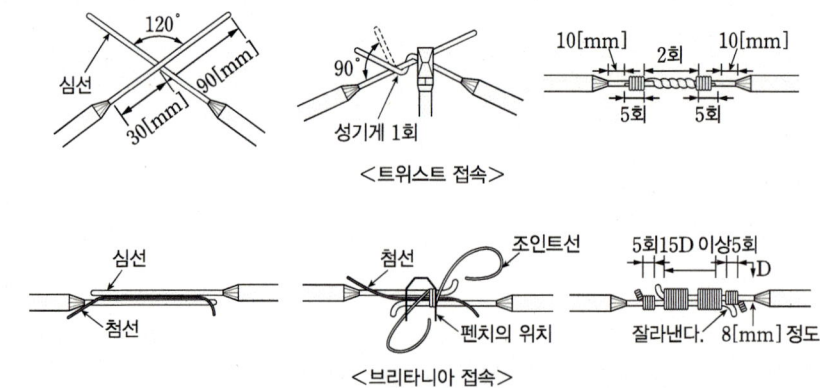

<트위스트 접속>

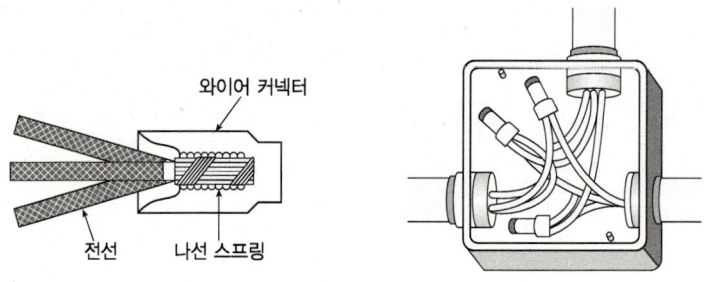

<브리타니아 접속>

1) 트위스트 접속 : 6[mm²]이하 가는 전선 접속

2) 브리타니아 접속 : 10[mm²]이상 굵은 전선 접속
   ① 브리타니아 직선 접속시 전선 피복을 벗기는 길이 : 전선 지름의 약 20배
   ② 단선 브리타니아 직선 접속에 사용되는 전선 : 조인트선

<와이어 커넥터를 이용한 접속>

3) 박스 내에서 가는 전선을 접속하는 경우 쥐꼬리 접속을 한 후 와이어 커넥터로 절연시켜야 한다.

4) 동전선 접속
   ① 직선 접속 : 직선 맞대기용 슬리브(B형)에 의한 압착 접속
   ② 종단 접속
      ㉠ 비틀어 꽂는 형의 전선 접속기에 의한 접속
      ㉡ 종단 겹침용 슬리브(E형)에 의한 접속
      ㉢ 직선 겹침용 슬리브(P형)에 의한 접속

5) 알루미늄(Al)전선 접속
   ① 접속방법 : 직선접속, 분기접속, 종단접속, 터미널러그접속
   ② 알루미늄전선의 박스 안 접속
      ㉠ 가는 전선 : 종단 겹침용 슬리브, 비틀어 꽂는 형의 전선 접속기에 의한 접속
      ㉡ 굵은 전선 : C형 접속기에 의한 접속

6) 코드 상호간 또는 캡타이어케이블 상호간을 접속할 때는 코드 접속기를 이용하여 접속한다.

7) 슬리브
   ① 같은 재질 재료의 원형 또는 타원단면의 것으로 양단에서 접속하는 전선을 삽입하며 보통 2개소를 압착시켜 접속할 때 사용되는 재료
   ② 옥내 배선의 직선 접속 및 분기 접속에 주로 사용된다.

8) 두 개 이상의 전선을 병렬로 사용하는 경우의 시설기준
   ① 병렬로 사용하는 각 전선의 굵기는 동선 50[mm²] 이상 또는 알루미늄 70[mm²] 이상으로 하고, 전선은 같은 도체, 같은 재료, 같은 길이 및 같은 굵기의 것을 사용할 것.
   ② 같은 극의 각 전선은 동일한 터미널러그에 완전히 접속할 것.
   ③ 병렬로 사용하는 전선은 각각에 퓨즈를 설치하지 않을 것.

❻ 전선의 종류 및 약호

1) 절연전선의 종류와 약호

약 호	명 칭
OW	옥외용 비닐절연전선
DV	인입용 비닐절연전선
FL	형광방전등용 비닐전선
NV	비닐절연 네온전선
NR	450/750[V] 일반용 단심 비닐절연전선
NF	450/750[V] 일반용 유연성 비닐절연전선
NRI(90)	300/500[V] 기기 배선용 단심 비닐절연전선(90[℃])
NFI(90)	300/500[V] 기기 배선용 유연성 비닐절연전선(90[℃])

2) 케이블의 종류와 약호

약 호	명 칭
ACSR	강심알루미늄 연선
VV	0.6/1[kV] 비닐절연 비닐시스 케이블
CV	0.6/1[kV] 가교 폴리에틸렌 절연 비닐시스 케이블
EV	폴리에틸렌절연 비닐 시스케이블
MI	미네럴 인슐레이션 케이블
CN-CV	동심중성선 차수형 전력케이블
CN-CV-W	동심중성선 수밀형 전력케이블

문제 풀이 ✓

1 동전선의 직선접속(트위스트 조인트)은 몇 [mm²] 이하의 전선이어야 하는가?

① 2.5 ② 6
③ 10 ④ 16

[해설] 트위스트 접속 : 6[mm^2]이하 가는 전선 접속

2 단선의 직선 접속 시 트위스트 접속을 할 경우 적합하지 않은 전선규격[mm²]은?

① 2.5 ② 4.0
③ 6.0 ④ 10

[해설] 트위스트 접속 : 6[mm^2]이하 가는 전선 접속

3 전선 접속 방법 중 트위스트 직선 접속의 설명으로 옳은 것은?

① 연선의 직선 접속에 적용된다.
② 연선의 분기 접속에 적용된다.
③ 6[mm²] 이하의 가는 단선인 경우에 적용된다.
④ 6[mm²] 초과의 굵은 단선인 경우에 적용된다.

[해설] 트위스트 직선 접속 : 6[mm^2]이하 가는 전선 접속

4 단선의 브리타니아(Britannia) 직선 접속 시 전선 피복을 벗기는 길이는 전선 지름의 약 몇 배로 하는가?

① 5배 ② 10배
③ 20배 ④ 30배

[해설] 브리타니아 접속 : 10[mm²]이상 굵은 전선 접속
  • 브리타니아 직선 접속시 전선 피복을 벗기는 길이 : 전선 지름의 약 20배
  • 단선 브리타니아 직선 접속에 사용되는 전선 : 조인트선

[정답] 1 ② 2 ④ 3 ③ 4 ③

5 다음 중 단선의 브리타니아 직선 접속에 사용되는 것은?

① 조인트선 ② 파라핀선
③ 바인드선 ④ 에나멜선

해설 브리타니아 접속 : 10[mm²]이상 굵은 전선 접속
- 브리타니아 직선 접속시 전선 피복을 벗기는 길이 : 전선 지름의 약 20배
- 단선 브리타니아 직선 접속에 사용되는 전선 : 조인트선

6 박스 내에서 가는 전선을 접속할 때의 접속방법으로 가장 적합한 것은?

① 트위스트 접속 ② 쥐꼬리 접속
③ 브리타니아 접속 ④ 슬리브 접속

해설 박스 내에서 가는 전선을 접속하는 경우 쥐꼬리 접속을 한 후 와이어 커넥터로 절연시켜야 한다.

7 일반적으로 정크션 박스 내에서 사용되는 전선 접속방식은?

① 슬리브 ② 코드노트
③ 코드파스너 ④ 와이어커넥터

해설 박스 내에서 가는 전선을 접속하는 경우 쥐꼬리 접속을 한 후 와이어 커넥터로 절연시켜야 한다.

8 옥내배선 공사 작업 중 접속함에서 쥐꼬리 접속을 할 때 필요한 것은?

① 커플링 ② 와이어 커넥터
③ 로크너트 ④ 부 싱

해설 박스 내에서 가는 전선을 접속하는 경우 쥐꼬리 접속을 한 후 와이어 커넥터로 절연시켜야 한다.

9 절연전선을 서로 접속할 때 사용하는 방법이 아닌 것은?

① 커플링에 의한 접속
② 와이어 커넥터에 의한 접속
③ 슬리브에 의한 접속
④ 압축 슬리브에 의한 접속

해설 전선을 접속할 때 사용되는 재료 : 슬리브, 와이어 커넥터 등
커플링 : 전선관과 전선관을 연결할 때 사용되는 배관 재료

정답 5 ① 6 ② 7 ④ 8 ② 9 ①

10 동전선의 직선접속에서 단선 및 연선에 적용되는 접속 방법은?

① 직선 맞대기용 슬리브에 의한 압착접속
② 가는단선(2.6[mm] 이상)의 분기접속
③ S형 슬리브에 의한 분기접속
④ 터미널 러그에 의한 접속

[해설] 동전선 접속
- 직선 접속 : 직선 맞대기용 슬리브(B형)에 의한 압착 접속
- 종단 접속
  - 비틀어 꽂는 형의 전선 접속기에 의한 접속
  - 종단 겹침용 슬리브(E형)에 의한 접속
  - 직선 겹침용 슬리브(P형)에 의한 접속

11 동전선의 접속방법에서 종단접속 방법이 아닌 것은?

① 비틀어 꽂는 형의 전선접속기에 의한 접속
② 종단겹침용 슬리브(E형)에 의한 접속
③ 직선 맞대기용 슬리브(B형)에 의한 압착접속
④ 직선 겹침용 슬리브(P형)에 의한 접속

[해설] 동전선 접속
- 직선 접속 : 직선 맞대기용 슬리브(B형)에 의한 압착 접속
- 종단 접속
  - 비틀어 꽂는 형의 전선 접속기에 의한 접속
  - 종단 겹침용 슬리브(E형)에 의한 접속
  - 직선 겹침용 슬리브(P형)에 의한 접속

12 알루미늄전선의 접속방법으로 적합하지 않은 것은?

① 직선접속　　　　② 분기접속
③ 종단접속　　　　④ 트위스트접속

[해설] 알루미늄(Al)전선 접속
- 접속방법 : 직선접속, 분기접속, 종단접속, 터미널러그접속
- 알루미늄전선의 박스 안 접속
  - 가는 전선 : 종단 겹침용 슬리브, 비틀어 꽂는 형의 전선 접속기에 의한 접속
  - 굵은 전선 : C형 접속기에 의한 접속

정답　10 ①　11 ③　12 ④

13. 다음 중 굵은 Al선을 박스 안에서 접속하는 방법으로 적합한 것은?

① 링 슬리브에 의한 접속
② 비틀어 꽂는 형의 전선접속기에 의한 방법
③ C형 접속기에 의한 접속
④ 맞대기용 슬리브에 의한 압착 접속

[해설] 알루미늄(Al)전선 접속
- 접속방법 : 직선접속, 분기접속, 종단접속, 터미널러그접속
- 알루미늄전선의 박스 안 접속
  - 가는 전선 : 종단 겹침용 슬리브, 비틀어 꽂는 형의 전선 접속기에 의한 접속
  - 굵은 전선 : C형 접속기에 의한 접속

14. 옥내 배선에서 주로 사용하는 직선 접속 및 분기 접속방법은 어떤 것을 사용하여 접속하는가?

① 동선압착단자
② 슬리브
③ 와이어 커넥터
④ 꽂음형 커넥터

[해설] 슬리브
- 같은 재질 재료의 원형 또는 타원단면의 것으로 양단에서 접속하는 전선을 삽입하며 보통 2개소를 압착시켜 접속할 때 사용되는 재료
- 옥내 배선의 직선 접속 및 분기 접속에 주로 사용된다.

15. 전선을 종단겹침용 슬리브에 의해 종단 접속할 경우 소정의 압축공구를 사용하여 보통 몇 개소를 압착하는가?

① 1
② 2
③ 3
④ 4

[해설] 슬리브
- 같은 재질 재료의 원형 또는 타원단면의 것으로 양단에서 접속하는 전선을 삽입하며 보통 2개소를 압착시켜 접속할 때 사용되는 재료
- 옥내 배선의 직선 접속 및 분기 접속에 주로 사용된다.

16. 코드 상호 간 또는 캡타이어케이블 상호 간을 접속하는 경우 가장 많이 사용되는 기구는?

① T형 접속기
② 코드 접속기
③ 와이어 커넥터
④ 박스용 커넥터

[해설] 코드 상호간 또는 캡타이어케이블 상호간을 접속할 때는 코드 접속기를 이용하여 접속한다.

정답 13 ③ 14 ② 15 ② 16 ②

17 전선 접속 시 사용되는 슬리브(Sleeve)의 종류가 아닌 것은?

① D형　　　　　　　　　② S형
③ E형　　　　　　　　　④ P형

[해설] 슬리브 종류 : S형, E형, B형, P형

18 S형 슬리브를 사용하여 전선을 접속하는 경우의 유의사항이 아닌 것은?

① 전선은 연선만 사용이 가능하다.
② 전선의 끝은 슬리브의 끝에서 조금 나오는 것이 좋다.
③ 슬리브는 전선의 굵기에 적합한 것을 사용한다.
④ 도체는 샌드페이퍼 등으로 닦아서 사용한다.

[해설] S형 슬리브 접속 : 단선 접속 및 연선 접속에 모두 사용할수 있다.

19 전선의 접속법에서 두 개 이상의 전선을 병렬로 사용하는 경우의 시설기준으로 틀린 것은?

① 각 전선의 굵기는 구리인 경우 $50[mm^2]$ 이상이어야 한다.
② 각 전선의 굵기는 알루미늄인 경우 $70[mm^2]$ 이상이어야 한나.
③ 병렬로 사용하는 전선은 각각에 퓨즈를 설치해야 한다.
④ 동극의 각 전선은 동일한 터미널러그에 완전히 접속해야 한다.

[해설] 두 개 이상의 전선을 병렬로 사용하는 경우의 시설기준
- 병렬로 사용하는 각 전선의 굵기는 동선 $50[mm^2]$ 이상 또는 알루미늄 $70[mm^2]$ 이상으로 하고, 전선은 같은 도체, 같은 재료, 같은 길이 및 같은 굵기의 것을 사용할 것.
- 같은 극의 각 전선은 동일한 터미널러그에 완전히 접속할 것.
- 병렬로 사용하는 전선은 각각에 퓨즈를 설치하지 않을 것.

20 옥내에서 두 개 이상의 전선을 병렬로 사용하는 경우 동선은 각 전선의 굵기가 몇 $[mm^2]$ 이상이어야 하는가?

① $50[mm^2]$　　　　　　　② $70[mm^2]$
③ $95[mm^2]$　　　　　　　④ $150[mm^2]$

[해설] 두 개 이상의 전선을 병렬로 사용하는 경우의 시설기
- 병렬로 사용하는 각 전선의 굵기는 동선 $50[mm^2]$ 이상 또는 알루미늄 $70[mm^2]$ 이상으로 하고, 전선은 같은 도체, 같은 재료, 같은 길이 및 같은 굵기의 것을 사용할 것.
- 같은 극의 각 전선은 동일한 터미널러그에 완전히 접속할 것.
- 병렬로 사용하는 전선은 각각에 퓨즈를 설치하지 않을 것.

정답　17 ①　18 ①　19 ③　20 ①

21 옥외용 비닐절연전선의 약호는?

① OW
② DV
③ NR
④ FTC

[해설] 절연전선의 종류와 약호

약 호	명 칭
OW	옥외용 비닐절연전선
DV	인입용 비닐절연전선
FL	형광방전등용 비닐전선
NV	비닐절연 네온전선
NR	450/750[V] 일반용 단심 비닐절연전선
NF	450/750[V] 일반용 유연성 비닐절연전선
NRI(90)	300/500[V] 기기 배선용 단심 비닐절연전선(90[℃])
NFI(90)	300/500[V] 기기 배선용 유연성 비닐절연전선(90[℃])

22 인입용 비닐절연전선을 나타내는 약호는?

① OW
② EV
③ DV
④ NV

[해설] DV : 인입용 비닐절연전선

23 다음 중 450/750[V] 일반용 단심 비닐 절연전선을 나타내는 약호는?

① FL
② NV
③ NF
④ NR

[해설] NR : 450/750[V] 일반용 단심 비닐 절연전선

24 다음 중 300/500[V] 기기 배선용 유연성 단심 비닐절연전선을 나타내는 약호는?

① NFR
② NFI
③ NR
④ NRC

[해설] NFI : 300/500[V] 기기 배선용 유연성 단심 비닐절연전선

정답 21 ① 22 ③ 23 ④ 24 ②

25 ACSR 약호의 품명은?

① 경동연선 ② 중공연선
③ 알루미늄선 ④ 강심알루미늄 연선

해설 케이블의 종류와 약호

약 호	명 칭
ACSR	강심알루미늄 연선
VV	0.6/1[kV] 비닐절연 비닐시스 케이블
CV	0.6/1[kV] 가교 폴리에틸렌 절연 비닐시스 케이블
EV	폴리에틸렌절연 비닐 시스케이블
MI	미네랄 인슐레이션 케이블
CN-CV	동심중성선 차수형 전력케이블
CN-CV-W	동심중성선 수밀형 전력케이블

26 전선 약호가 VV인 케이블의 종류로 옳은 것은?

① 0.6/1[kV] 비닐절연 비닐시스 케이블
② 0.6/1[kV] EP 고무절연 클로로프렌시스 케이블
③ 0.6/1[kV] EP 고무절연 비닐시스 케이블
④ 0.6/1[kV] 비닐절연 비닐캡타이어 케이블

해설 VV : 0.6/1[kV] 비닐절연 비닐시스 케이블

27 전선 약호가 CN-CV-W인 케이블의 품명은?

① 동심중성선 수밀형 전력케이블
② 동심중성선 차수형 전력케이블
③ 동심중성선 수밀형 저독성 난연 전력케이블
④ 동심중성선 차수형 저독성 난연 전력케이블

해설 CN-CV-W : 동심중성선 수밀형 전력케이블

정답 25 ④ 26 ① 27 ①

제2절　배선재료 및 공구

1 배선 재료 및 기구

❶ 배선 재료

1) 리셉터클 : 천장이나 벽에 붙이는 소켓으로 백열 전구를 노출공사로 시설하는 경우에 사용되는 배선 기구

2) 멀티 탭 : 하나의 콘센트에 2개 이상의 플러그를 접속할 때 사용되는 배선 기구

3) 테이블 탭 : 코드의 길이가 짧을 때 길이를 연장하여 플러그를 접속할 수 있도록 사용하는 배선 기구

4) 플러그 : 전기 기계기구 끝에 접속되어 콘센트에 접속할 때 사용되는 배선 기구

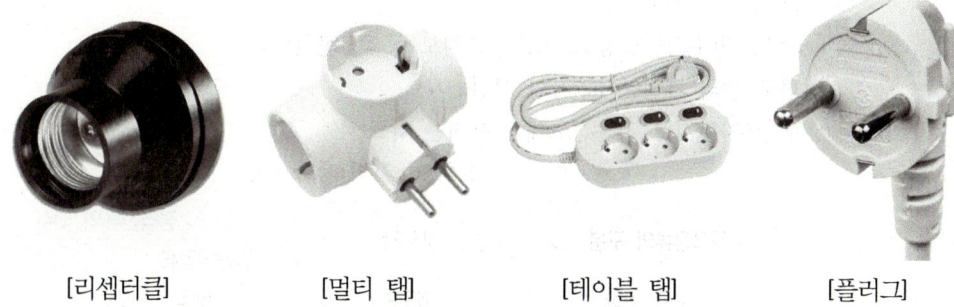

[리셉터클]　　[멀티 탭]　　[테이블 탭]　　[플러그]

5) 3로 스위치 : 3개의 단자를 가진 전환용 스위치로 전등을 2개소에서 점멸시키는 회로에 사용되는 개폐기

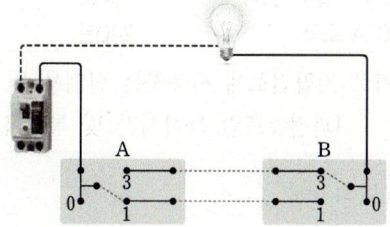

[3로 스위치 2개를 이용한 2개소 점멸 회로]

6) 리노테이프 : 연피케이블 접속에 사용되는 테이프로 접착성은 떨어지나 절연성, 내온성, 내유성 등이 좋은 테이프

❷ 배선 기구

1) 누전 차단기(ELB : Earth Leakage Breaker)
: 50[V]를 초과하는 저압의 금속제 외함을 가지는 전기기계기구에 전기를 공급하는 전로에 지락 또는 누전사고 등을 보호하기 위해 설치하는 보호 장치

※ 누설전류 : 전로 이외를 흐르는 전류로서 전로의 절연체 내부 및 표면과 공간을 통하여 선간 또는 대지 사이를 흐르는 전류

2) 과전류 차단기
① 안전을 위해 과부하 보호장치를 생략할 수 있는 경우
: 사용 중 예상치 못한 회로의 개방이 위험 또는 큰 손상을 초래할 수 있는 다음과 같은 부하에 전원을 공급하는 회로에 대해서는 과부하 보호장치를 생략할 수 있다.
㉠ 회전기의 여자회로
㉡ 전자석 크레인의 전원회로
㉢ 전류변성기의 2차회로
㉣ 소방설비의 전원회로
㉤ 안전설비(주거침입경보, 가스누출경보 등)의 전원회로
② 저압전로 중의 과전류차단기의 시설
㉠ 과전류차단기로 저압전로에 사용하는 퓨즈

[퓨즈(gG)의 용단특성]

정격전류의 구분	시 간	정격전류의 배수	
		불용단전류	용단전류
4 A 이하	60분	1.5배	2.1배
4 A 초과 16 A 미만	60분	1.5배	1.9배
16 A 이상 63 A 이하	60분	1.25배	1.6배
63 A 초과 160 A 이하	120분	1.25배	1.6배
160 A 초과 400 A 이하	180분	1.25배	1.6배
400 A 초과	240분	1.25배	1.6배

㉡ 과전류차단기로 저압전로에 사용하는 산업용 및 주택용 배선용차단기

[과전류트립 동작시간 및 특성(산업용 배선용 차단기)]

정격전류의 구분	시 간	정격전류의 배수(모든 극에 통전)	
		부동작 전류	동작 전류
63 A 이하	60분	1.05배	1.3배
63 A 초과	120분	1.05배	1.3배

[과전류트립 동작시간 및 특성(주택용 배선용 차단기)]

정격전류의 구분	시 간	정격전류의 배수(모든 극에 통전)	
		부동작 전류	동작 전류
63 A 이하	60분	1.13배	1.45배
63 A 초과	120분	1.13배	1.45배

[순시트립에 따른 구분(주택용 배선용 차단기)]

형	순시트립범위
B	$3I_n$ 초과 ~ $5I_n$ 이하
C	$5I_n$ 초과 ~ $10I_n$ 이하
D	$10I_n$ 초과 ~ $20I_n$ 이하

비고 1. B, C, D : 순시트립전류에 따른 차단기 분류
  2. I_n : 차단기 정격전류

 ⓒ 다만, 일반인이 접촉할 우려가 있는 장소(세대내 분전반 및 이와 유사한 장소)에는 주택용 배선차단기를 시설하여야 한다.
③ 과전류 차단기 시설 제한 장소
 ㉠ 접지공사의 접지도체
 ㉡ 다선식 전로의 중성선
 ㉢ 전로의 일부에 접지공사를 한 저압 가공전선로의 접지측 전선

문제 풀이 ✓

1 220[V] 옥내 배선에서 백열전구를 노출로 설치할 때 사용하는 기구는?

① 리셉터클 ② 테이블 탭
③ 콘센트 ④ 코드 커넥터

[해설] 리셉터클 : 천장이나 벽에 붙이는 소켓으로 백열 전구를 노출공사로 시설하는 경우에 사용되는 배선 기구

2 하나의 콘센트에 두 개 이상의 플러그를 꽂아 사용할 수 있는 기구는?

① 코드 접속기 ② 멀티 탭
③ 테이블 탭 ④ 아이언 플러그

[해설] 멀티 탭 : 하나의 콘센트에 2개 이상의 플러그를 접속할 때 사용되는 배선 기구

3 전등 한 개를 2개소에서 점멸하고자 할 때 옳은 배선은?

① 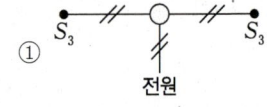   ②

③    ④

[해설] 전원 : 2가닥 (단상 전원이므로 배선 2가닥)
3로 스위치(S_3) : 3가닥 (전원선 : 1가닥, 선택선 : 2가닥)

[정답] 1 ① 2 ② 3 ④

4 한 개의 전등을 두 곳에서 점멸할 수 있는 배선으로 옳은 것은?

①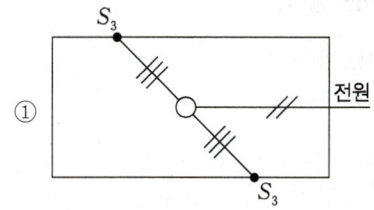
②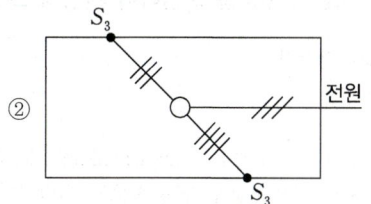
③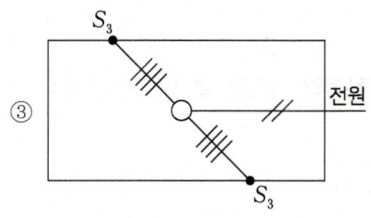
④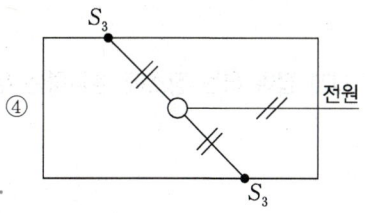

[해설] 전원 : 2가닥 (단상 전원이므로 배선 2가닥)
3로 스위치(S_3) : 3가닥 (전원선 : 1가닥, 선택선 : 2가닥)

5 전등 1개를 2개소에서 점멸하고자 할 때 3로 스위치는 최소 몇 개 필요한가?

① 4개 ② 3개
③ 2개 ④ 1개

[해설] 전등 1개를 2개소에서 점멸 : 스위치 최소 2개 필요
전등 1개를 3개소에서 점멸 : 스위치 최소 3개 필요

6 접착력은 떨어지나 절연성, 내온성, 내유성이 좋아 연피케이블의 접속에 사용되는 테이프는?

① 고무 테이프 ② 리노 테이프
③ 비닐 테이프 ④ 자기 융착 테이프

[해설] 리노테이프 : 연피케이블 접속에 사용되는 테이프로 접착성은 떨어지나 절연성, 내온성, 내유성 등이 좋은 테이프

7 누전차단기의 설치목적은 무엇인가?

① 단 락 ② 단 선
③ 지 락 ④ 과부하

[해설] 누전 차단기(ELB : Earth Leakage Breaker) : 50[V]를 초과하는 저압의 금속제 외함을 가지는 전기기계기구에 전기를 공급하는 전로에 지락 또는 누전사고 등을 보호하기 위해 설치하는 보호 장치

[정답] 4 ① 5 ③ 6 ② 7 ③

8 전로에 지락이 생겼을 경우에 부하 기기, 금속제 외함 등에 발생하는 고장전압 또는 지락전류를 검출하는 부분과 차단기 부분을 조합하여 자동적으로 전로를 차단하는 장치는?

① 누전차단장치
② 과전류 차단기
③ 누전경보장치
④ 배선용 차단기

해설 누전 차단기(ELB : Earth Leakage Breaker) : 50[V]를 초과하는 저압의 금속제 외함을 가지는 전기기계기구에 전기를 공급하는 전로에 지락 또는 누전사고 등을 보호하기 위해 설치하는 보호 장치

9 사람이 쉽게 접촉 하는 장소에 설치하는 누전차단기의 사용전압 기준은 몇 [V] 초과인가?

① 50
② 110
③ 150
④ 220

해설 누전 차단기(ELB : Earth Leakage Breaker) : 50[V]를 초과하는 저압의 금속제 외함을 가지는 전기기계기구에 전기를 공급하는 전로에 지락 또는 누전사고 등을 보호하기 위해 설치하는 보호 장치

10 전로 이외를 흐르는 전류로서 전로의 절연체 내부 및 표면과 공간을 통하여 선간 또는 대지 사이를 흐르는 전류를 무엇이라 하는가?

① 지락전류
② 누설전류
③ 정격전류
④ 영상전류

해설 누설전류 : 전로 이외를 흐르는 전류로서 전로의 절연체 내부 및 표면과 공간을 통하여 선간 또는 대지 사이를 흐르는 전류

정답 8 ① 9 ① 10 ②

11 안전을 위해 과부하 보호장치를 생략할 수 있는 경우가 아닌 것은?

① 회전기의 여자회로
② 전자석 크레인의 전원회로
③ 전동기의 전원회로
④ 전류변성기의 2차회로

[해설] 안전을 위해 과부하 보호장치를 생략할 수 있는 경우
- 회전기의 여자회로
- 전자석 크레인의 전원회로
- 전류변성기의 2차회로
- 소방설비의 전원회로
- 안전설비(주거침입경보, 가스누출경보 등)의 전원회로

12 과전류차단기로 저압전로에 사용하는 주택용 배선용 차단기가 63[A] 이하에서 60분 이내 동작하는 정격전류의 배수는?

① 1배
② 1.2배
③ 1.3배
④ 1.45배

[해설] 주택용 배선용 차단기가 63[A] 이하에서 60분 이내 동작하는 정격전류의 배수 : 1.45배
주택용 배선용 차단기가 63[A] 이하에서 60분 이내 부동작하는 정격전류의 배수 : 1.13배

13 저압전로에 사용하는 퓨즈의 정격전류가 4[A] 이하인 경우 과전류에서 몇 분 이내에 용단 되어야 하는가?

① 20분
② 30분
③ 40분
④ 60분

[해설] 과전류차단기로 저압전로에 사용하는 퓨즈

정격전류의 구분	시 간	정격전류의 배수	
		불용단전류	용단전류
4 A 이하	60분	1.5배	2.1배
4 A 초과 16 A 미만	60분	1.5배	1.9배
16 A 이상 63 A 이하	60분	1.25배	1.6배
63 A 초과 160 A 이하	120분	1.25배	1.6배
160 A 초과 400 A 이하	180분	1.25배	1.6배
400 A 초과	240분	1.25배	1.6배

정답 11 ③ 12 ④ 13 ④

14 저압전로에 사용하는 5[A]용 퓨즈는 정격전류의 몇 배에서 용단되지 않아야 하는가?

① 1배
② 1.1배
③ 1.3배
④ 1.5배

[해설] 과전류차단기로 저압전로에 사용하는 퓨즈

정격전류의 구분	시 간	정격전류의 배수	
		불용단전류	용단전류
4 A 이하	60분	1.5배	2.1배
4 A 초과 16 A 미만	60분	1.5배	1.9배
16 A 이상 63 A 이하	60분	1.25배	1.6배
63 A 초과 160 A 이하	120분	1.25배	1.6배
160 A 초과 400 A 이하	180분	1.25배	1.6배
400 A 초과	240분	1.25배	1.6배

15 저압전로에 사용하는 15[A]용 퓨즈는 정격전류의 몇 배 전류가 흐를 경우 용단 되는가?

① 1.5배
② 1.9배
③ 2.1배
④ 2.5배

[해설] 과전류차단기로 저압전로에 사용하는 퓨즈

정격전류의 구분	시 간	정격전류의 배수	
		불용단전류	용단전류
4 A 이하	60분	1.5배	2.1배
4 A 초과 16 A 미만	60분	1.5배	1.9배
16 A 이상 63 A 이하	60분	1.25배	1.6배
63 A 초과 160 A 이하	120분	1.25배	1.6배
160 A 초과 400 A 이하	180분	1.25배	1.6배
400 A 초과	240분	1.25배	1.6배

정답 14 ④ 15 ②

문제 풀이

16 저압전로에 사용하는 산업용 배선용차단기는 63[A] 이하에서 몇 분 이내에 동작하는 것을 사용하여야 하는가?

① 60분   ② 90분
③ 100분 ④ 120분

[해설] 과전류차단기로 저압전로에 사용하는 산업용 배선용차단기

정격전류의 구분	시 간	정격전류의 배수(모든 극에 통전)	
		부동작 전류	동작 전류
63 A 이하	60분	1.05배	1.3배
63 A 초과	120분	1.05배	1.3배

17 저압전로에 사용하는 주택용 배선용차단기는 몇 배의 전류까지는 동작하지 않고, 몇 배의 전류 이상이면 동작하는가?

① 1배, 1.5배   ② 1.13배, 1.45배
③ 1.1배, 1.4배   ④ 1.05배, 1.45배

[해설] 과전류차단기로 저압전로에 사용하는 주택용 배선용차단기

정격전류의 구분	시 간	정격전류의 배수(모든 극에 통전)	
		부동작 전류	동작 전류
63 A 이하	60분	1.13배	1.45배
63 A 초과	120분	1.13배	1.45배

정답 16 ①   17 ②

❸ 배선 심벌

1) 콘센트

명 칭	콘센트	접지극 붙이 콘센트	방수형 콘센트	비상 콘센트
그림 기호	◐	◐E	◐WP	⊙⊙

2) 개폐기 및 차단기

명 칭	배선용 차단기	누전 차단기	개폐기	지진 감지기
그림 기호	B	E	S	EQ

3) 배전반, 분전반, 제어반

명 칭	배전반	분전반	제어반
그림 기호	⊠	◣	◼⊠

4) 조 명

명 칭	백열등	비상용 조명등	실링 라이트	샹들리에
그림 기호	○	●	CL	CH

5) 스위치(점멸기)

명 칭	스위치	2극 스위치	3로 스위치	방수용 스위치
그림 기호	●	●2P	●3	●WP

6) 배선 기호

명 칭	그림 기호
천장 은폐 배선	————
천장 속의 배선	—·—·—·—
바닥 은폐 배선	— — — —
바닥면 노출 배선	—··—··—
노출 은폐 배선	- - - - - -

❹ 배선공사에 사용되는 공구 및 계측기구
1) 공구

공구	용도
펜치	• 전선을 절단하거나 접속할 때 사용되는 공구
클리퍼	• 펜치로 절단하기 어려운 굵은 전선을 절단할 때 사용되는 공구
와이어 스트리퍼	• 옥내배선공사에서 절연전선의 피복을 벗길 때 사용되는 공구
프레셔 툴	• 솔더리스 커넥터 또는 솔더리스 터미널 등을 압착할 때 사용되는 공구
드라이브이트 툴	• 콘크리트에 구멍을 뚫어 드라이브 핀을 경제적으로 고정하는데 사용되는 공구
녹아웃 펀치	• 배전반 및 분전반과 연결된 배관을 변경하거나 이미 설치되어 있는 캐비닛에 구멍을 뚫을 때 사용되는 공구
홀소	• 녹아웃 펀치와 같은 용도로 배전반이나 분전반 등의 캐비닛에 구멍을 뚫을 때 사용되는 공구

공 구	용 도
피시테이프(요비선)	• 옥내 배선공사에서 전선관에 전선을 입선작업을 할 때 사용되는 공구
토치램프	• 합성수지관 공사시 합성수지관을 구부리거나 가공할 때 열을 가하기 위해 사용되는 공구
전선 피박기	• 절연전선으로 가선된 배전 선로의 활선 상태에서 전선의 피복을 벗기는데 사용되는 공구
와이어 통	• 충전되어 있는 활선을 움직이거나 작업권 밖으로 밀어낼 때 또는 활선을 다른 장소로 옮길 때 사용하는 절연봉

2) 측정 기구

측정 기구	용 도
마이크로미터	• 전선의 굵기나 철판, 구리판의 두께를 측정하는 측정 기구
버니어 캘리퍼스	• 물체의 두께, 깊이, 원형 배관의 안지름 및 바깥지름 등을 모두 측정할 수 있는 측정 기구

측정 기구	용 도
와이어 게이지	• 둥근 홈에 전선을 끼워서 전선의 굵기를 측정하는 측정 기구
멜티메타(회로시험기)	• 회로의 전압, 전류, 저항 등을 측정할 수 있으며 도통시험을 할 수 있는 측정 기구
메거(절연저항계)	• 회로의 절연저항을 측정하는 측정 기구

문제 풀이 ✓

1 다음 중 방수형 콘센트의 심벌은?

① 　　② ●

③ 　　④

접지극붙이콘센트	비상용 조명등	방수용 콘센트	콘센트
E	●	WP	

2 다음의 그림 기호가 나타내는 것은?

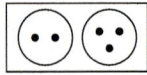

① 비상콘센트　　② 형광등
③ 점멸기　　④ 접지저항 측정용 단자

[해설] 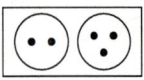 : 비상 콘센트(소방용으로 사용)

3 전기 배선용 도면을 작성할 때 사용하는 콘센트 도면 기호는?

①　　② ●

③ ○　　④ ☐

콘센트	비상용 조명등	백열등	형광등(기구안)
	●	○	☐

정답 1 ③ 2 ① 3 ①

4 배선용 차단기의 심벌은?

① B ② E
③ B E ④ S

해설

배선용 차단기	누전 차단기	누전차단기 (과전류 소자붙이)	개폐기
B	E	B E	S

5 다음 EQ 기호가 뜻하는 것은?

① 접지단자 ② 누전차단기
③ 누전경보기 ④ 지진감지기

해설 EQ : 지진감지기

6 배전반을 나타내는 그림 기호는?

①  ② ⊠
③  ④ S

해설

분전반	배전반	제어반	개폐기
	⊠		S

7 실링·직접부착등을 시설하고자 한다. 배선도에 표기할 그림기호로 옳은 것은?

① ─Ⓝ ② ⊗
③ ⒸⓁ ④ Ⓡ

해설 ⒸⓁ : 실링 라이트 (직접 부착등)

정답 4 ① 5 ④ 6 ② 7 ③

8 다음 중 3로 스위치를 나타내는 그림 기호는?

① ●EX ② ●3
③ ●2P ④ ●15A

방수용 스위치	3로 스위치	2극 스위치	15A 스위치
●EX	●3	●2P	●15A

9 다음 그림 기호 중 천장은폐배선은?

① ──────
② ─ ─ ─ ─ ─ ─
③ ─ ─ ─ ─ ─ ─
④ ─────●─────

명 칭	그림 기호
천장 은폐 배선	──────────
천장 속의 배선	─·─·─·─·─·─
바닥 은폐 배선	─ ─ ─ ─ ─ ─
바닥면 노출 배선	─··─··─··─··
노출 은폐 배선	─ ─ ─ ─ ─ ─

10 굵은 전선을 절단할 때 사용하는 전기공사용 공구는?

① 프레셔 툴 ② 녹아웃 펀치
③ 파이프 커터 ④ 클리퍼

[해설] 클리퍼 : 펜치로 절단하기 어려운 굵은 전선을 절단할 때 사용되는 공구

11 옥내배선 공사에서 절연전선의 피복을 벗길 때 사용하면 편리한 공구는?

① 드라이버 ② 플라이어
③ 압착펜치 ④ 와이어스트리퍼

[해설] 와이어 스트리퍼 : 옥내배선공사에서 절연전선의 피복을 벗길 때 사용되는 공구

정답 8 ② 9 ① 10 ④ 11 ④

▶ 문제 풀이

12 전선에 압착단자 접속 시 사용되는 공구는?

① 와이어 스트리퍼　　② 프레셔 툴
③ 클리퍼　　　　　　　④ 니퍼

[해설] 프레셔 툴 : 전선에 압착단자 접속 시 압착단자를 압착시킬 때 사용되는 공구

13 큰 건물의 공사에서 콘크리트에 구멍을 뚫어 드라이브 핀을 경제적으로 고정하는 공구는?

① 스패너　　　　　　② 드라이브이트 툴
③ 오스터　　　　　　④ 록 아웃 펀치

[해설] 드라이브이트 툴 : 콘크리트에 구멍을 뚫어 드라이브 핀을 경제적으로 고정하는데 사용되는 공구

14 배전반 및 분전반과 연결된 배관을 변경하거나 이미 설치되어 있는 캐비닛에 구멍을 뚫을 때 필요한 공구는?

① 오스터　　　　　　② 클리퍼
③ 토치램프　　　　　④ 녹아웃펀치

[해설] 녹아웃 펀치 : 배전반이나 분전반과 연결된 배관을 변경하거나 이미 설치되어 있는 캐비닛에 구멍을 뚫을 때 사용되는 공구

15 녹아웃 펀치와 같은 용도로 배전반이나 분전반 등에 구멍을 뚫을 때 사용하는 것은?

① 클리퍼(Clipper)　　　　　② 홀소(Hole Saw)
③ 프레스 툴(Pressure Tool)　④ 드라이브이트 툴(Drive-it Tool)

[해설] 홀소(Hole Saw) : 녹아웃 펀치와 같은 용도로 배전반이나 분전반 등의 캐비닛에 구멍을 뚫을 때 사용되는 공구

16 피시 테이프(Fish Tape)의 용도는?

① 전선을 테이핑하기 위해서 사용
② 전선관의 끝마무리를 위해서 사용
③ 전선관에 전선을 넣을 때 사용
④ 합성수지관을 구부릴 때 사용

[해설] 피시 테이프(요비선) : 옥내 배선공사에서 전선관에 전선을 입선작업을 할 때 사용되는 공구

[정답] 12 ②　13 ②　14 ④　15 ②　16 ③

17 전기공사에 사용하는 공구와 작업내용이 잘못된 것은?

① 토치 램프 – 합성 수지관 가공하기
② 홀쏘 – 분전반 구멍 뚫기
③ 와이어 스트리퍼 – 전선 피복 벗기기
④ 피시 테이프 – 전선관 보호

[해설] 피시 테이프(요비선) : 옥내 배선공사에서 전선관에 전선을 입선작업을 할 때 사용되는 공구

18 절연전선으로 가선된 배전 선로에서 활선 상태인 경우 전선의 피복을 벗기는 것은 매우 곤란한 작업이다. 이런 경우 활선 상태에서 전선의 피복을 벗기는 공구는?

① 전선 피박기　　　　② 애자커버
③ 와이어 통　　　　　④ 데드앤드 커버

[해설] 전선 피박기 : 절연전선으로 가선된 배전 선로의 활선 상태에서 전선의 피복을 벗기는데 사용되는 공구

19 물체의 두께, 깊이, 안지름 및 바깥지름 등을 모두 측정할 수 있는 공구의 명칭은?

① 버니어 캘리퍼스　　② 마이크로미터
③ 다이얼 게이지　　　④ 와이어 게이지

[해설] 버니어 캘리퍼스 : 물체의 두께, 깊이, 원형 배관의 안지름 및 바깥지름 등을 모두 측정할 수 있는 측정 기구

20 다음 중 전선의 굵기를 측정하는 것은?

① 프레셔 툴　　　　　② 스패너
③ 파이어 포트　　　　④ 와이어 게이지

[해설] 와이어 게이지 : 둥근 홈에 전선을 끼워서 전선의 굵기를 측정하는 측정 기구

[정답] 17 ④　18 ①　19 ①　20 ④

CHAPTER 2 전선로

제1절 가공 전선로 및 지중 전선로

1 가공 전선로

❶ 전압의 종류
  1) 저 압 : 직류 1[kV] 이하, 교류 1.5[kV] 이하
  2) 고 압 : 저압을 초과하고 7[kV] 이하
  3) 특고압 : 7[kV] 초과

❷ 지지물 : 목주, 철주, 철근 콘크리트주, 철탑 이와 유사한 시설물
  1) 지지물의 기초 안전율 : 2
     (지지물 목주 : 풍압하중의 1.2배에 견디는 강도)

  2) 지지물 매설깊이
     ① 전체 길이가 16[m] 이하이고, 설계하중 6.8[kN] 이하인 목주, 강관주, 철근 콘크리트주
        ㉠ 전장 15[m]이하 : 전장의 $\frac{1}{6}$ 이상
        ㉡ 전장 15[m]초과 : 2.5[m] 이상
        ㉢ 논 또는 지반이 약한 곳은 전주가 넘어지지 않도록 근가를 설치 할 것.
     ② 철근 콘크리트주로서 전체 길이가 16[m] 이상 20[m] 이하이고, 설계하중 6.8[kN] 이하인 경우
        : 매설 깊이 2.8[m] 이상
     ③ 철근 콘크리트주로서 전체 길이가 14[m] 이상 20[m] 이하이고, 설계하중이 6.8[kN] 초과
        9.8[kN] 이하인 경우 : ① 기준보다 30[cm] 가산하여 시설

  3) 가공 전선로에 가장 많이 사용되는 지지물 : 철근 콘크리트주

  4) 수직 투영면적 1[m²]에 대한 지지물의 갑종 풍압하중
     ① 원형의 전주(목주, 철주, 철근 콘크리트주) : 588[Pa]
     ② 철탑 : 1255[Pa]

문제 풀이 ✓

1 전압의 구분에서 저압 직류전압은 몇 [V] 이하인가?

① 400　　　　　　　　　② 1000
③ 1500　　　　　　　　　④ 2000

[해설] 저　압 : 교류 1[kV]이하, 직류 1.5[kV]이하
　　　　고　압 : 저압(교류 1[kV], 직류 1.5[kV])을 넘고 7[kV]이하
　　　　특고압 : 7[kV]초과

2 전압을 저압, 고압 및 특고압으로 구분할 때 교류에서 "저압"이란?

① 110[V] 이하의 것　　　　② 220[V] 이하의 것
③ 1000[V] 이하의 것　　　 ④ 1500[V] 이하의 것

[해설] 저　압 : 교류 1[kV]이하, 직류 1.5[kV]이하

3 전압의 구분에서 고압에 대한 설명으로 가장 옳은 것은?

① 직류는 1.5[kV]를, 교류는 1[kV] 이하인 것
② 직류는 1.5[kV]를, 교류는 1[kV] 이상인 것
③ 직류는 1.5[kV]를, 교류는 1[kV]를 초과하고, 7[kV] 이하인 것
④ 7[kV]를 초과하는 것

[해설] 고　압 : 저압(교류 1[kV], 직류 1.5[kV])을 넘고 7[kV] 이하

4 다음 중 특별고압은?

① 600[V] 이하　　　　　　② 750[V] 이하
③ 600[V] 초과, 7,000[V] 이하　④ 7,000[V] 초과

[해설] 특고압 : 7[kV]초과

정답 1 ③　2 ③　3 ③　4 ④

5 가공 전선로의 지지물이 아닌 것은?

① 목 주 ② 지 선
③ 철근 콘크리트주 ④ 철 탑

[해설] 지지물 : 목주, 철주, 철근 콘크리트주, 철탑 이와 유사한 시설물

6 가공배전선로 시설에는 전선을 지지하고 각종 기기를 설치하기 위한 지지물이 필요하다. 이 지지물 중 가장 많이 사용되는 것은?

① 철 주 ② 철 탑
③ 강관 전주 ④ 철근콘크리트주

[해설] 가공 전선로에 가장 많이 사용되는 지지물 : 철근 콘크리트주

7 논이나 기타 지반이 약한 곳에서 건주 공사 시 전주의 넘어짐을 방지하기 위해 시설하는 것은?

① 완 금 ② 근 가
③ 완 목 ④ 행거밴드

[해설] 논 또는 지반이 약한 곳은 전주가 넘어지지 않도록 근가를 설치 할 것.

8 가공 전선 지지물의 기초 강도는 주체에 가하여지는 곡하중에 대하여 안전율은 얼마 이상으로 하여야 하는가?

① 1.0 ② 1.5
③ 1.8 ④ 2.0

[해설] 지지물의 기초 안전율 : 2(지지물 목주 : 풍압하중의 1.2배에 견디는 강도)

9 저압 가공전선로의 지지물이 목주인 경우 풍압하중의 몇 배에 견디는 강도를 가져야 하는가?

① 2.5 ② 2.0
③ 1.5 ④ 1.2

[해설] 지지물의 기초 안전율 : 2(지지물 목주 : 풍압하중의 1.2배에 견디는 강도)

정답 5 ② 6 ④ 7 ② 8 ④ 9 ④

10 전주의 길이가 15[m] 이하인 경우 땅에 묻히는 깊이는 전장의 얼마 이상인가?

① 1/8 이상 ② 1/6 이상
③ 1/4 이상 ④ 1/3 이상

[해설] 설계하중 6.8[KN]이하인 목주, 철주, 철근 콘크리트주 매설깊이
- 전장 15[m]이하 : 전장의 $\frac{1}{6}$ 이상
- 전장 15[m]초과 : 2.5[m] 이상

11 설계하중 6.8[kN] 이하인 철근 콘크리트 전주의 길이가 7[m]인 지지물을 건주하는 경우 땅에 묻히는 깊이로 가장 옳은 것은?

① 1.2[m] ② 1.0[m]
③ 0.8[m] ④ 0.6[m]

[해설] 매설 깊이 = $7 \times \frac{1}{6} = 1.166$ [m]

12 전주를 건주할 경우 A종 철근콘크리트주의 길이가 10[m]이면 땅에 묻는 표준 깊이는 최저 약 몇 [m]인가?(단, 설계하중이 6.8[kN] 이하이다)

① 2.5 ② 3.0
③ 1.7 ④ 2.4

[해설] 매설 깊이 = $10 \times \frac{1}{6} = 1.66$ [m]

13 A종 철근 콘크리트주의 전장이 15[m] 인 경우에 땅에 묻히는 깊이는 최소 몇 [m] 이상으로 해야 하는가?(단, 설계하중은 6.8[kN] 이하이다)

① 2.5 ② 3.0
③ 3.5 ④ 4.0

[해설] 매설 깊이 = $15 \times \frac{1}{6} = 2.5$ [m]

정답 10 ② 11 ① 12 ③ 13 ①

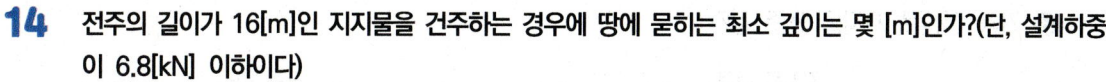

14 전주의 길이가 16[m]인 지지물을 건주하는 경우에 땅에 묻히는 최소 깊이는 몇 [m]인가?(단, 설계하중이 6.8[kN] 이하이다)

① 1.5　　　　　　　　　　② 2
③ 2.5　　　　　　　　　　④ 3

[해설] 전장 15[m]초과 : 2.5[m] 이상

15 철근 콘크리트주의 길이가 14[m]이고, 설계하중이 9.8[kN] 이하일 때, 땅에 묻히는 표준깊이는 몇 [m]이어야 하는가?

① 2[m]　　　　　　　　　② 2.2[m]
③ 2.5[m]　　　　　　　　④ 2.7[m]

[해설] 철근 콘크리트주로서 전체 길이가 14[m] 이상 20[m] 이하이고, 설계하중이 6.8[kN] 초과 9.8[kN] 이하인 경우는 기준보다 30[cm] 가산하여 시설

매설 깊이 $= 14 \times \dfrac{1}{6} + 0.3 = 2.633\,[m]$

16 철근콘크리트주가 원형의 것인 경우 갑종 풍압하중[Pa]은?(단, 수직 투영면적 1[m²]에 대한 풍압임)

① 588[Pa]　　　　　　　　② 882[Pa]
③ 1,039[Pa]　　　　　　　④ 1,412[Pa]

[해설] 수직 투영면적 1[m²]에 대한 지지물의 갑종 풍압하중
• 원형의 전주(목주, 철주, 철근 콘크리트주) : 588[Pa]
• 철탑 : 1255[Pa]

정답　14 ③　15 ④　16 ①

❸ 가공 전선로 지지물 표준 경간

지지물 종류	표준 경간
목주, A종 지지물	150[m]이하
B종 지지물	250[m]이하
철 탑	600[m]이하

❹ 보안공사 시 지지물 경간

지지물	저압, 고압	1종 특고압	2종, 3종 특고압
목주 A종 지지물	100[m]이하	-	100[m]이하
B종 지지물	150[m]이하	150[m]이하	200[m]이하
철 탑	400[m]이하	400[m]이하	400[m]이하

※ 보안공사 종류 : 저압, 고압, 특고압 (1종, 2종, 3종)

❺ 애자의 종류 및 용도

애자 종류	용 도
놉(노브) 애자	• 옥내 배선의 은폐 또는 건조하고 전개된 곳의 노출 공사에 사용되는 애자
저압 인류 애자	• 저압 가공전선로 또는 인입선에 사용되는 애자로서 주로 앵글베이스 스트랩과 스트랩볼트 인류바인드선과 함께 사용하는 애자로 가섭선(전선)을 인류장소에 시설하는 애자
구형 애자	• 가공전선로의 지선 중간에 시설하는 애자

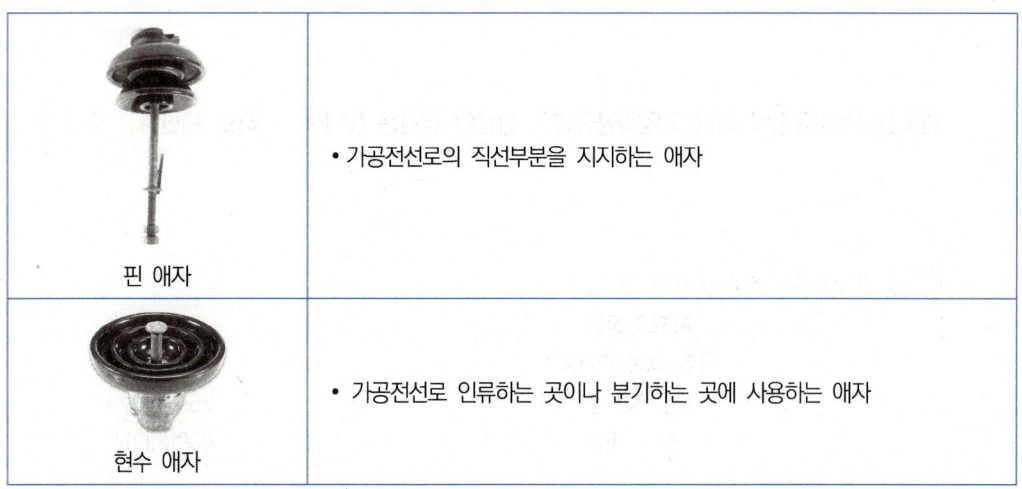

핀 애자	• 가공전선로의 직선부분을 지지하는 애자
현수 애자	• 가공전선로 인류하는 곳이나 분기하는 곳에 사용하는 애자

❻ 가공 전선의 시설 높이

장 소	저.고압	특고압
도로횡단	지표면상 6[m]이상	지표면상 6[m]이상
철도횡단	레일면상 6.5[m]이상	레일면상 6.5[m]이상

❼ 가공케이블 시설

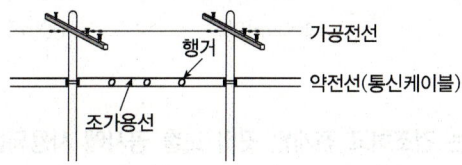

1) 가공 케이블 시설 시 조가용선에 행거로써 지지하며 행거간의 간격은 50[cm] 이하로 한다.
(단, 조가용선에 금속 테이프로 지지할 경우 : 20[cm]이하)

문제 풀이 ✓

1 한국전기설비규정에 의한 고압가공전선로 철탑의 경간은 몇 [m] 이하로 제한하고 있는가?

① 150　　　　　　　　② 250
③ 500　　　　　　　　④ 600

[해설] 가공전선로 지지물 표준 경간

지지물 종류	표준 경간
목주, A종 지지물	150[m]이하
B종 지지물	250[m]이하
철 탑	600[m]이하

2 고압 보안공사 시 고압 가공전선로의 경간은 철탑의 경우 얼마 이하이어야 하는가?

① 100[m]　　　　　　② 150[m]
③ 400[m]　　　　　　④ 600[m]

[해설] 보안공사 시 지지물 경간

지지물	저압, 고압	1종 특고압	2종, 3종 특고압
목주 A종 지지물	100[m]이하	-	100[m]이하
B종 지지물	150[m]이하	150[m]이하	200[m]이하
철 탑	400[m]이하	400[m]이하	400[m]이하

3 옥내 배선의 은폐, 또는 건조하고 전개된 곳의 노출 공사에 사용되는 애자는?

① 현수 애자　　　　　② 놉(노브) 애자
③ 장간 애자　　　　　④ 구형 애자

[해설] 놉(노브) 애자 : 옥내 배선의 은폐 또는 건조하고 전개된 곳의 노출 공사에 사용되는 애자

4 주로 저압 가공전선로 또는 인입선에 사용되는 애자로서 주로 앵글베이스 스트랩과 스트랩볼트 인류바인드선(비닐절연 바인드선)과 함께 사용하는 애자는?

① 고압 핀 애자　　　　② 저압 인류 애자
③ 저압 핀 애자　　　　④ 라인포스트 애자

[해설] 저압 인류 애자 : 저압 가공전선로 또는 인입선에 사용되는 애자로서 주로 앵글베이스 스트랩과 스트랩볼트 인류바인드선(비닐절연 바인드선)과 함께 사용하는 애자

[정답] 1 ④　2 ③　3 ②　4 ②

5 가공전선로의 지선에 사용되는 애자는?

① 노브애자 ② 인류애자
③ 현수애자 ④ 구형애자

[해설] 구형(지선) 애자 : 가공전선로의 지선 중간에 시설하는 애자

6 전선로의 직선부분을 지지하는 애자는?

① 핀애자 ② 지지애자
③ 가지애자 ④ 구형애자

[해설] 핀 애자 : 가공전선로의 직선부분을 지지하는 애자

7 인류하는 곳이나 분기하는 곳에 사용하는 애자는?

① 구형 애자 ② 가지 애자
③ 새클 애자 ④ 현수 애자

[해설] 현수 애자 : 가공전선로 인류하는 곳이나 분기하는 곳에 사용하는 애자

8 저압 가공전선 또는 고압 가공전선이 도로를 횡단하는 경우 전선의 지표상 최소 높이는?

① 2[m] ② 3[m]
③ 5[m] ④ 6[m]

[해설] 가공 전선의 시설 높이

장 소	저·고압	특고압
도로횡단	지표면상 6[m]이상	지표면상 6[m]이상
철도횡단	레일면상 6.5[m]이상	레일면상 6.5[m]이상

9 저고압 가공전선이 철도 또는 궤도를 횡단하는 경우 높이는 궤도면상 몇 [m] 이상이어야 하는가?

① 10 ② 8.5
③ 7.5 ④ 6.5

[해설] 가공 전선의 시설 높이

장 소	저·고압	특고압
도로횡단	지표면상 6[m]이상	지표면상 6[m]이상
철도횡단	레일면상 6.5[m]이상	레일면상 6.5[m]이상

정답 5 ④ 6 ① 7 ④ 8 ④ 9 ④

10 가공전선에 케이블을 사용하는 경우에는 케이블은 조가용선에 행거를 사용하여 조가한다. 사용전압이 고압일 경우 그 행거의 간격은?

① 50[cm] 이하
② 50[cm] 이상
③ 75[cm] 이하
④ 75[cm] 이상

[해설] 가공 케이블 시설 시 조가용선에 행거로써 지지하며 행거간의 간격은 50[cm] 이하로 한다.
(단, 조가용선에 금속 테이프로 지지할 경우 : 20[cm]이하)

11 가공케이블 시설 시 조가용선에 금속테이프 등을 사용하여 케이블 외장을 견고하게 붙여 조가하는 경우 나선형으로 금속테이프를 감는 간격은 몇 [cm] 이하를 확보하여 감아야 하는가?

① 50
② 30
③ 20
④ 10

[해설] 가공 케이블 시설 시 조가용선에 행거로써 지지하며 행거간의 간격은 50[cm] 이하로 한다.
(단, 조가용선에 금속 테이프로 지지할 경우 : 20[cm]이하)

정답 10 ② 11 ③

❽ 병가 : 동일 지지물에 가공전선과 가공전선을 별개 완금류에 의해 시설

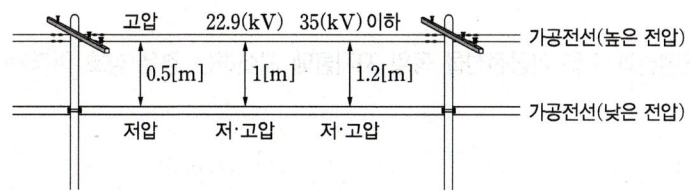

1) 저압 – 고압 : 0.5[m] 이상 이격 (단, 케이블 사용시 : 0.3[m]이상)

2) 저·고압 – 22.9[kV] : 1[m] 이상 이격

3) 저·고압 – 35[kV] 이하 특고압 : 1.2[m] 이상 이격

❾ 지선 : 지지물의 강도를 보강하기 위해 시설 (철탑은 시설하지 않는다.)

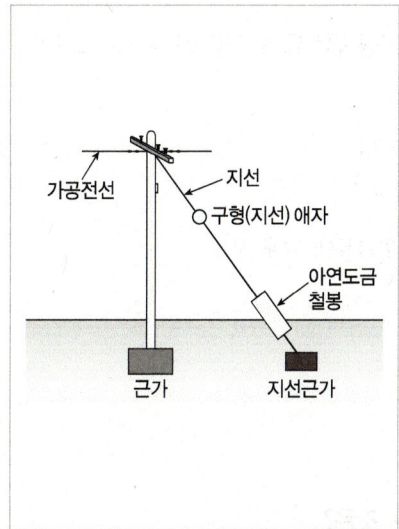

1) 지선의 기초 안전율 : 2.5

2) 지선 인장하중 : 4.31[KN] 이상

3) 소선의 굵기는 지름 2.6[mm] 이상 금속선 사용

4) 지선은 3가닥 이상의 연선 사용

5) 지중부분 및 지표상 30[cm]까지의 부분에는 내식성이 있는 것 또는 아연도금한 철봉 사용.

6) 지선이 도로를 횡단하는 경우 시설 높이 : 5[m] 이상 (단, 교통에 지장이 없을 시 : 4.5[m] 이상)

7) 지선의 중간에 시설하는 애자 : 구형(지선) 애자

8) 지선 종류 : 보통지선, 수평지선, Y지선, 공동지선, 궁지선
  ① 보통지선 : 선로가 끝나는 부분에 설치하는 지선으로 일반적으로 시설하는 지선
  ② 수평지선 : 토지의 상황이나 기타 사유로 인하여 보통지선을 시설할 수 없을 때 전주와 전주간 또는 전주와 지주간에 시설할 수 있는 지선
  ③ Y지선 : 다수의 완금을 설치하거나 지지물에 장력이 크게 작용할 때 보통지선을 2단으로 시설한 지선
  ④ 공동지선 : 장력이 거의 같은 지지물이 인접하여 있는 경우에 양 전주간에 공동으로 수평이 되도록 시설하는 지선
  ⑤ 궁지선 : 비교적 장력이 적고 다른 종류의 지선을 시설할 수 없는 경우에 적용하며, 지선용 근가를 지지물 근원 가까이 매설하여 시설하는 지선

문제 풀이 ✓

1 저압 가공전선과 고압 가공전선을 동일 지지물에 시설하는 경우 상호 이격거리는 몇 [cm] 이상이어야 하는가?

① 20[cm] ② 30[cm]
③ 40[cm] ④ 50[cm]

해설) 병가 : 동일 지지물에 가공전선과 가공전선을 별개 완금류에 의해 시설
- 저압 – 고압 : 0.5[m]이상 이격
- 35[KV]이하 특고압
  저·고압 – 22.9KV : 1[m]이상 이격
  저·고압 – 35KV]이하 : 1.2[m]이상 이격

2 사용전압이 35[kV] 이하인 특고압 가공전선과 200[V] 가공 전선을 병가할 때, 가공선로 간의 이격거리는 몇 [m] 이상이어야 하는가?

① 0.5 ② 0.75
③ 1.2 ④ 1.5

해설) 병가 : 동일 지지물에 가공전선과 가공전선을 별개 완금류에 의해 시설
- 저압 – 고압 : 0.5[m]이상 이격
- 35[KV]이하 특고압
  저·고압 – 22.9KV : 1[m]이상 이격
  저·고압 – 35KV]이하 : 1.2[m]이상 이격

3 가공 전선로의 지지물을 지선으로 보강하여서는 안되는 것은?

① 목 주 ② A종 철근콘크리트주
③ B종 철근콘크리트주 ④ 철 탑

해설) 지선 : 지지물의 강도를 보강하기 위해 시설 (철탑은 시설하지 않는다.)
- 지선의 기초 안전율 : 2.5
- 지선 인장하중 : 4.31[KN] 이상
- 소선의 굵기는 지름 2.6[mm] 이상 금속선 사용
- 지선은 3가닥 이상의 연선 사용
- 지중부분 및 지표상 30[cm]까지의 부분에는 내식성이 있는 것 또는 아연도금한 철봉 사용.
- 지선이 도로를 횡단하는 경우 시설 높이 : 5[m] 이상
  (단, 교통에 지장이 없을 시 : 4.5[m] 이상)

정답 1 ④ 2 ③ 3 ④

4 가공전선로의 지지물에 시설하는 지선에서 맞지 않는 것은?

① 지선의 안전율은 2.5 이상일 것
② 지선의 안전율이 2.5 이상일 경우에 허용 인장하중의 최저는 4.31[kN]으로 한다.
③ 소선의 지름이 1.6[mm] 이상의 동선을 사용한 것일 것
④ 지선에 연선을 사용할 경우에는 소선 3가닥 이상의 연선일 것

[해설] 소선의 굵기는 지름 2.6[mm] 이상 금속선 사용

5 가공 전선로의 지지물에 시설하는 지선의 안전율은 얼마 이상이어야 하는가?

① 2
② 2.5
③ 3
④ 3.5

[해설] 지선 : 지선의 기초 안전율 : 2.5

6 지지물의 지선에 연선을 사용하는 경우 소선 몇 가닥 이상의 연선을 사용하는가?

① 1
② 2
③ 3
④ 4

[해설] 지선은 3가닥 이상의 연선을 사용한다.

7 가공전선로의 지지물에 시설하는 지선은 지표상 몇 [cm]까지의 부분에 내식성이 있는 것 또는 아연도금을 한 철봉을 사용하여야 하는가?

① 15
② 20
③ 30
④ 50

[해설] 지중부분 및 지표상 30[cm]까지의 부분에는 내식성이 있는 것 또는 아연도금한 철봉을 사용할 것

8 지선의 시설에서 가공 전선로의 직선부분이란 수평각도 몇 °까지 인가?

① 2°
② 3°
③ 5°
④ 6°

[해설] 지선 시설 시 직선부분의 수평 각도는 5° 이하이다.

정답 4 ③ 5 ② 6 ③ 7 ③ 8 ③

9 도로를 횡단하여 시설하는 지선의 높이는 지표상 몇 [m] 이상이어야 하는가?

① 5[m]   ② 6[m]
③ 8[m]   ④ 10[m]

[해설] 지선이 도로를 횡단하는 경우 시설 높이 : 5[m] 이상
(단, 교통에 지장이 없을 시 : 4.5[m] 이상)

10 교통에 지장이 없는 도로를 횡단하는 지선의 높이는 지표상 몇 [m] 이상이어야 하는가?

① 4[m]   ② 4.5[m]
③ 5[m]   ④ 6[m]

[해설] 지선이 도로를 횡단하는 경우 시설 높이 : 5[m] 이상
(단, 교통에 지장이 없을 시 : 4.5[m] 이상)

11 비교적 장력이 적고 다른 종류의 지선을 시설할 수 없는 경우에 적용하며, 지선용 근가를 지지물 근원 가까이 매설하여 시설하는 지선은?

① 수평지선   ② 공통지선
③ 궁지선   ④ Y지선

[해설] 궁지선 : 비교적 장력이 적고 다른 종류의 지선을 시설할 수 없는 경우에 적용하며, 지선용 근가를 지지물 근원 가까이 매설하여 시설하는 지선

12 토지의 상황이나 기타 사유로 인하여 보통지선을 시설할 수 없을 때 전주와 전주간 또는 전주와 지주간에 시설할 수 있는 지선은?

① 보통지선   ② 수평지선
③ Y지선   ④ 궁지선

[해설] 수평지선 : 토지의 상황이나 기타 사유로 인하여 보통지선을 시설할 수 없을 때 전주와 전주간 또는 전주와 지주간에 시설할 수 있는 지선

정답 9 ① 10 ② 11 ③ 12 ②

2 인입선 및 지중 전선로

❶ 인입선 : 수용가의 인입구에 이르는 전선

  1) 가공 인입선 : 가공 전선로 지지물에서 다른 지지물을 거치지 아니하고 수용장소 인입구에 이르는 전로
   ① 가공 인입선의 전선 굵기
     ㉠ 저압 가공 인입선 : 2.6[mm] 이상 인입용 비닐 절연전선 사용
       (단, 선로 길이 15[m] 이하인 경우 : 2[mm] 이상)
     ㉡ 고압 가공 인입선 : 5[mm] 이상 경동선 사용
   ② 가공 인입선의 시설 높이

구분	저압	고압
도로횡단	지표면상 5[m] 이상	지표면상 6[m] 이상
철도횡단	레일면상 6.5[m] 이상	레일면상 6.5[m] 이상
기타	횡단 보도교 위에 시설 : 3[m]	

  2) 연접 인입선 : 한 수용장소 인입구에서 다른 지지물을 거치지 아니하고 다른 수용장소 인입구에 이르는 전로
   ① 저압에만 시설할 것.
   ② 인입선에서 분기하는 점으로부터 100[m]를 넘지 않을 것.
   ③ 폭 5[m]를 초과하는 도로를 횡단하지 않을 것.
   ④ 옥내를 통과하지 아니할 것.

❷ 지중 전선로 : 케이블을 사용하여 지중에 시설하는 전선로

  1) 매설 방법 : 직접 매설식(직매식), 관로 인입식(관로식), 암거식

  2) 직접매설 시 매설 깊이
   ① 차량 기타 중량물의 압력을 받을 우려가 있는 경우 : 1[m]이상
   ② 차량 기타 중량물의 압력을 받을 우려가 없는 경우 : 0.6[m]이상

  3) 저, 고압 직매식에 사용되는 케이블 : 콤바인덕트(CD) 케이블

> ※ 지중에 매설되어 있는 금속제 수도관을 접지극으로 사용시 접지 저항은 3[Ω] 이하이어야 한다.

문제 풀이 ✓

1 저압 인입선의 접속점 선정으로 잘못된 것은?

① 인입선이 옥상을 가급적 통과하지 않도록 시설할 것
② 인입선은 약전류 전선로와 가까이 시설할 것
③ 인입선은 장력에 충분히 견딜 것
④ 가공배전선로에서 최단거리로 인입선이 시설될 수 있을 것

[해설] 인입선을 약전류 전선로와 가까운 곳에 시설 시 약전선에 유도장해가 발생

2 가공 전선로의 지지물에서 다른 지지물을 거치지 아니하고 수용장소의 인입선 접속점에 이르는 가공 전선을 무엇이라 하는가?

① 연접 인입선　　② 가공 인입선
③ 구대 전선로　　④ 구대 인입선

[해설] 가공 인입선 : 가공 전선로 지지물에서 다른 지지물을 거치지 아니하고 수용장소 인입구에 이르는 전로

3 하나의 수용장소의 인입선 접속점에서 분기하여 지지물을 거치지 아니하고 다른 수용장소의 인입선 접속점에 이르는 전선은?

① 가공 인입선　　② 구내 인입선
③ 연접 인입선　　④ 옥측배선

[해설] 연접 인입선 : 한 수용장소 인입구에서 다른 지지물을 거치지 아니하고 다른 수용장소 인입구에 이르는 전로

4 저압 연접 인입선의 시설과 관련된 설명으로 잘못된 것은?

① 옥내를 통과하지 아니할 것
② 전선의 굵기는 1.5[mm^2] 이하일 것
③ 폭 5[m]를 넘는 도로를 횡단하지 아니할 것
④ 인입선에서 분기하는 점으로부터 100[m]를 넘는 지역에 미치지 아니할 것

[해설] 연접 인입선
- 저압에만 시설할 것. (저압 인입선 : 2.6[mm] 이상)
- 인입선에서 분기하는 점으로부터 100[m]를 넘지 않을 것.
- 폭 5[m]를 초과하는 도로를 횡단하지 않을 것.
- 옥내를 통과하지 아니할 것.

[정답] 1 ②　2 ②　3 ③　4 ②

5 저압 연접 인입선의 시설규정으로 적합한 것은?

① 분기점으로부터 90[m] 지점에 시설
② 6[m] 도로를 횡단하여 시설
③ 수용가 옥내를 관통하여 시설
④ 지름 1.5[mm] 인입용 비닐절연전선을 사용

[해설] 연접 인입선
- 저압에만 시설할 것.
- 인입선에서 분기하는 점으로부터 100[m]를 넘지 않을 것.
- 폭 5[m]를 초과하는 도로를 횡단하지 않을 것.
- 옥내를 통과하지 아니할 것.

6 연접 인입선 시설 제한규정에 대한 설명으로 잘못된 것은?

① 분기하는 점에서 100[m]를 넘지 않아야 한다.
② 폭 5[m]를 넘는 도로를 횡단하지 않아야 한다.
③ 옥내를 통과해서는 안 된다.
④ 분기하는 점에서 고압의 경우에는 200[m]를 넘지 않아야 한다.

[해설] 연접 인입선
- 저압에만 시설할 것.
- 인입선에서 분기하는 점으로부터 100[m]를 넘지 않을 것.
- 폭 5[m]를 초과하는 도로를 횡단하지 않을 것.
- 옥내를 통과하지 아니할 것.

7 저압 연접 인입선은 인입선에서 분기하는 점으로부터 몇 [m]를 넘지 않는 지역에 시설하고 폭 몇 [m]를 넘는 도로를 횡단하지 않아야 하는가?

① 50[m], 4[m]
② 100[m], 5[m]
③ 150[m], 6[m]
④ 200[m], 8[m]

[해설] 연접 인입선
- 저압에만 시설할 것.
- 인입선에서 분기하는 점으로부터 100[m]를 넘지 않을 것.
- 폭 5[m]를 초과하는 도로를 횡단하지 않을 것.
- 옥내를 통과하지 아니할 것.

정답 5 ① 6 ④ 7 ②

8 저압 구내 가공 인입선으로 DV 전선 사용 시 전선의 길이가 15[m] 이하인 경우 사용할 수 있는 최소 굵기는 몇 [mm] 이상인가?

① 1.5　　　　　　　　　　② 2.0
③ 2.6　　　　　　　　　　④ 4.0

[해설] 가공 인입선의 전선 굵기
- 저압 가공 인입선 : 2.6[mm] 이상 인입용 비닐 절연전선 사용
  (단, 선로 길이 15[m] 이하인 경우 : 2[mm] 이상)
- 고압 가공 인입선 : 5[mm] 이상 경동선 사용

9 저압 가공 인입선이 횡단보도교 위에 시설되는 경우 노면상 몇 [m] 이상의 높이에 설치되어야 하는가?

① 3　　　　　　　　　　② 4
③ 5　　　　　　　　　　④ 6

[해설] 가공 인입선의 시설 높이

구분	저압	고압
도로횡단	지표면상 5[m] 이상	지표면상 6[m] 이상
철도횡단	레일면상 6.5[m] 이상	레일면상 6.5[m] 이상
기타	횡단 보도교 위에 시설 : 3[m]	

10 일반적으로 저압 가공 인입선이 도로를 횡단하는 경우 노면상 시설하여야 할 높이는?

① 4[m] 이상　　　　　　　② 5[m] 이상
③ 6[m] 이상　　　　　　　④ 6.5[m] 이상

[해설] 가공 인입선의 시설 높이

구분	저압	고압
도로횡단	지표면상 5[m] 이상	지표면상 6[m] 이상
철도횡단	레일면상 6.5[m] 이상	레일면상 6.5[m] 이상
기타	횡단 보도교 위에 시설 : 3[m]	

정답　8 ②　9 ①　10 ②

11 고압 가공 인입선이 도로를 횡단하는 경우 노면상 설치 높이는 몇 [m] 이상이어야 하는가?

① 3[m] 이상　　　　　　　　② 5[m] 이상
③ 6[m] 이상　　　　　　　　④ 6.5[m] 이상

해설 가공 인입선의 시설 높이

구분	저압	고압
도로횡단	지표면상 5[m] 이상	지표면상 6[m] 이상
철도횡단	레일면상 6.5[m] 이상	레일면상 6.5[m] 이상
기타	횡단 보도교 위에 시설 : 3[m]	

12 저압 인입선 공사 시 저압 가공 인입선이 철도 또는 궤도를 횡단하는 경우 레일 면상에서 몇 [m] 이상 시설하여야 하는가?

① 3　　　　　　　　　　② 4
③ 5.5　　　　　　　　　④ 6.5

해설 가공 인입선의 시설 높이

구분	저압	고압
도로횡단	지표면상 5[m] 이상	지표면상 6[m] 이상
철도횡단	레일면상 6.5[m] 이상	레일면상 6.5[m] 이상
기타	횡단 보도교 위에 시설 : 3[m]	

13 지중전선로 시설 방식이 아닌 것은?

① 직접 매설식　　　　　　② 관로식
③ 트라이식　　　　　　　④ 암거식

해설 지중전선로 매설 방법 : 직접 매설식(직매식), 관로 인입식(관로식), 암거식

14 연피케이블을 직접 매설식에 의하여 차량 기타 중량물의 압력을 받을 우려가 있는 장소에 시설하는 경우 매설 깊이는 몇 [m] 이상이어야 하는가?

① 0.6　　　　　　　　　② 1.0
③ 1.2　　　　　　　　　④ 1.6

해설 직접매설 시 매설 깊이
• 차량 기타 중량물의 압력을 받을 우려가 있는 경우 : 1[m]이상
• 차량 기타 중량물의 압력을 받을 우려가 없는 경우 : 0.6[m]이상

정답 11 ③　12 ④　13 ③　14 ②

15 지중 전선로를 직접 매설식에 의하여 시설하는 경우 차량의 압력을 받을 우려가 없는 장소의 매설 깊이는?

① 0.6[m] 이상 ② 0.8[m] 이상
③ 1.0[m] 이상 ④ 1.2[m] 이상

[해설] 직접매설 시 매설 깊이
- 차량 기타 중량물의 압력을 받을 우려가 있는 경우 : 1[m]이상
- 차량 기타 중량물의 압력을 받을 우려가 없는 경우 : 0.6[m]이상

16 지중전선로에 사용되는 케이블 중 고압용 케이블은?

① 콤바인덕트(CD) 케이블 ② 폴리에틸렌 외장케이블
③ 클로로프렌 외장케이블 ④ 비닐 외장케이블

[해설] 저, 고압 직매식에 사용되는 케이블 : 콤바인덕트(CD) 케이블

17 지중에 매설되어 있는 금속제 수도관로는 대지와의 전기 저항값이 얼마 이하로 유지되어야 접지극으로 사용할 수 있는가?

① 1[Ω] ② 3[Ω]
③ 4[Ω] ④ 5[Ω]

[해설] 지중에 매설되어 있는 금속제 수도관을 접지극으로 사용시 접지 저항은 3[Ω] 이하이어야 한다.

정답 15 ① 16 ① 17 ②

CHAPTER 3 접지 및 절연

제1절 접지시스템

❶ 접지시스템의 구분 및 종류

1) 접지시스템은 계통접지, 보호접지, 피뢰시스템 접지 등으로 구분한다.

2) 접지시스템의 시설 종류에는 단독접지, 공통접지, 통합접지가 있다.

3) 접지시스템의 구성요소 : 접지극, 접지도체, 보호도체, 기타 설비로 구성

4) 접지극은 접지도체를 사용하여 주 접지단자에 연결하여야 한다.

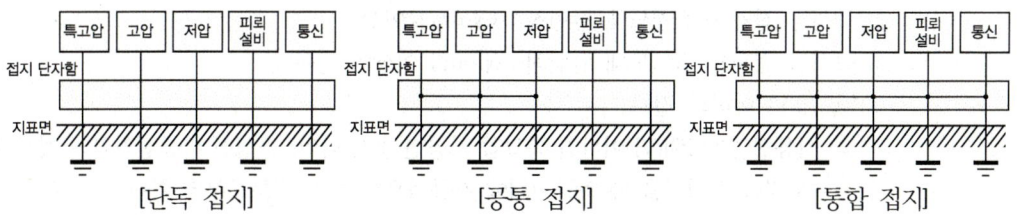

[단독 접지]   [공통 접지]   [통합 접지]

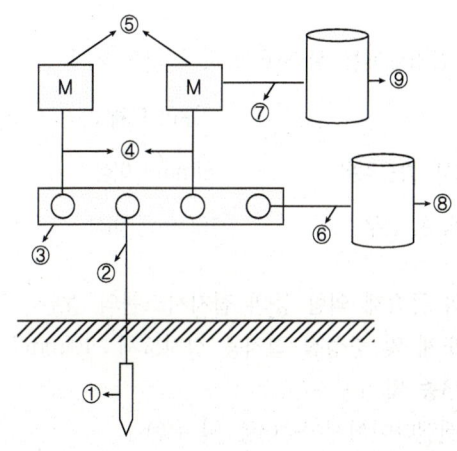

① 접지극
② 접지도체
③ 주 접지단자
④ 보호도체
⑤ 노출도전성 부분
⑥ 보호등전위본딩용 도체
⑦ 보조 보호등전위본딩용 도체
⑧ 주 금속제 수도관
⑨ 계통외 도전성 부분

❷ 접지극

1) 접지극의 매설

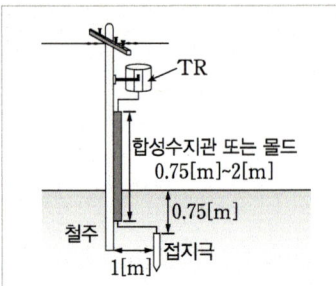

① 접지극은 지하 75[cm] 이상의 깊이에 매설할 것.
② 접지도체는 지하 75[cm]부터 지표상 2[m]까지는 합성수지관 또는 몰드 등으로 덮는다.
③ 접지극은 지중에서 금속체와 1[m] 이상 이격할 것.
(단, 금속체의 밑면에서 30[cm] 이상 깊이 매설 시 예외)

❸ 접지도체

1) 접지도체 단면적 : 고장 시 흐르는 전류를 안전하게 통할 수 있는 것
   ① 특고압·고압 전기설비용 접지도체 단면적 : 6[mm²] 이상
   ② 중성점 접지용 접지도체 단면적 : 16[mm²] 이상
   ③ 중성점 접지용 접지도체 단면적 : 6[mm²] 이상인 경우
      ㉠ 7[kV] 이하의 전로
      ㉡ 사용전압이 25[kV] 이하인 특고압 가공전선로. 다만, 중성선 다중접지식의 것으로서 전로에 지락이 생겼을 때 2초 이내에 자동적으로 이를 전로로부터 차단하는 장치가 되어 있는 것.

2) 접지도체 단면적 : 큰 고장전류가 접지도체를 통하여 흐르지 않을 경우

구 분	구리 도체	철제 도체
접지도체에 큰 고장전류가 흐르지 않는 경우	6[mm²] 이상	50[mm²] 이상
접지도체에 피뢰시스템이 접속 된 경우	16[mm²] 이상	50[mm²] 이상

3) 이동하여 사용하는 전기기계기구의 금속제 외함 등의 접지시스템의 경우
   ① 특고압·고압 전기설비용 접지도체 및 중성점 접지용 접지도체 : 10[mm²] 이상
      ㉠ 클로로프렌캡타이어케이블(3종 및 4종)
      ㉡ 클로로설포네이트폴리에틸렌캡타이어케이블(3종 및 4종)
      ㉢ 다심 캡타이어케이블의 차폐 또는 기타의 금속체
   ② 저압 전기설비용 접지도체
      ㉠ 다심 코드 또는 다심 캡타이어케이블의 1개 도체의 단면적 : 0.75[mm²] 이상
      ㉡ 유연성이 있는 연동연선은 1개 도체의 단면적 : 1.5[mm²] 이상

❹ 보호도체

1) 보호도체가 케이블의 일부가 아니거나 상도체와 동일 외함에 설치되지 않은 경우

구 분	구리 도체	알루미늄 도체
기계적 손상에 대해 보호가 되는 경우	2.5[mm²] 이상	16[mm²] 이상
기계적 손상에 대해 보호가 되지 않는 경우	4[mm²] 이상	16[mm²] 이상

※ 케이블의 일부가 아니라도 전선관 및 트렁킹 내부에 설치되거나, 이와 유사한 방법으로 보호되는 경우 기계적으로 보호되는 것으로 간주한다.

2) 보호도체의 보강
① 보호도체는 정상 운전상태에서 전류의 전도성 경로로 사용되지 않아야 한다.
② 전기설비의 정상 운전상태에서 보호도체에 10[mA]를 초과하는 전류가 흐르는 경우

구 분	구리 도체	알루미늄 도체
보호도체가 하나인 경우	10[mm²] 이상	16[mm²] 이상
추가로 보호도체를 위한 별도의 단자가 구비된 경우	10[mm²] 이상	16[mm²] 이상

3) 보호도체와 계통도체를 겸용하는 겸용도체
① 겸용도체의 종류 : 중성선과 겸용(PEN), 선도체와 겸용(PEL), 중간도체와 겸용(PEM)
② 겸용도체는 고정된 전기설비에서만 사용할 것.
  ㉠ 단면적은 구리 10[mm²] 또는 알루미늄 16[mm²] 이상이어야 한다.
  ㉡ 중성선과 보호도체의 겸용도체는 전기설비의 부하 측으로 시설하여서는 안 된다.
  ㉢ 폭발성 분위기 장소는 보호도체를 전용으로 하여야 한다.

❺ 변압기 중성점 접지 저항값

1) 접지 저항값 : $R = \dfrac{150}{1선 \ 지락전류} [\Omega]$

2) 변압기의 고압·특고압측 전로 또는 사용전압이 35[kV] 이하의 특고압전로가 저압측 전로와 혼촉하고 저압전로의 대지전압이 150[V]를 초과하는 경우의 저항값
① 1초 초과 2초 이내에 고압·특고압 전로를 자동으로 차단하는 장치 설치 : 300
② 1초 이내에 고압·특고압 전로를 자동으로 차단하는 장치 설치 : 600
③ 전로의 1선 지락전류는 실측값에 의한다. 다만, 실측이 곤란한 경우에는 선로정수 등으로 계산한 값에 의한다.

❻ 저압전로 접지계통

1) 분류 : TN 계통, TT 계통, IT 계통

2) TN 계통 : 전원측의 한 점을 직접접지하고 설비의 노출도전부를 보호도체로 접속시키는 방식
   ① TN-S 계통 : 계통 전체에 대해 별도의 중성선 또는 PE 도체를 사용하는 방식
   ② TN-C 계통 : 그 계통 전체에 대해 중성선과 보호도체의 기능을 동일도체로 겸용한 PEN 도체를 사용하는 방식
   ③ TN-C-S 계통 : 계통의 일부분에서 PEN 도체를 사용하거나, 중성선과 별도의 PE 도체를 사용하는 방식

3) TT 계통 : 전원의 한 점을 직접 접지하고 설비의 노출도전부는 전원의 접지전극과 전기적으로 독립적인 접지극에 접속시키는 방식

4) IT 계통 : 충전부 전체를 대지로부터 절연시키거나, 한 점을 임피던스를 통해 대지에 접속시키는 방식

❼ 전로의 중성점 접지 목적

1) 이상전압의 억제

2) 대지전압의 저하(대지 전위 상승 방지)

3) 보호장치의 확실한 동작 확보

4) 감전방지

❽ 접지저항 저감 대책

1) 접지극의 길이를 길게 한다.

2) 접지극을 병렬 접속한다.

3) 접지극 매설 깊이를 깊게 한다.

4) 화학약품을 이용한 접지저항 저감제를 사용한다.

5) 접지판의 면적을 크게 한다.

문제 풀이 ✓

1 접지시스템을 구분할 때 포함되지 않는 것은?

① 계통접지　　　　　　　② 보호접지
③ 차단기접지　　　　　　④ 피뢰시스템접지

[해설] 접지시스템의 구분 : 계통접지, 보호접지, 피뢰시스템접지

2 접지시스템의 종류가 아닌 것은?

① 단독접지　　　　　　　② 공통접지
③ 변압기접지　　　　　　④ 통합접지

[해설] 접지시스템의 종류 : 단독접지, 공통접지, 통합접지

3 접지시스템의 구성요소가 아닌 것은?

① 배선용차단기　　　　　② 접지극
③ 접지도체　　　　　　　④ 보호도체

[해설] 접지시스템의 구성요소 : 접지극, 접지도체, 보호도체, 기타 설비로 구성

4 접지시스템에서 접지극과 주 접지단자는 무엇으로 연결하는가?

① 접지도체　　　　　　　② 보조 보호등전위본딩용 도체
③ 보호도체　　　　　　　④ 보호등전위본딩용 도체

[해설] 접지극은 접지도체를 사용하여 주 접지단자에 연결하여야 한다.

5 접지도체를 철주, 기타 금속체를 따라 시설하는 경우 접지극은 지중에서 그 금속체로부터 몇 [cm] 이상 떼어 매설하나?

① 30　　　　　　　　　　② 60
③ 75　　　　　　　　　　④ 100

[해설] 접지극의 매설
- 접지극은 지하 75[cm] 이상의 깊이에 매설할 것.
- 접지도체는 지하 75[cm]부터 지표상 2[m]까지는 합성수지관 또는 몰드 등으로 덮는다.
- 접지극은 지중에서 금속체와 1[m]이상 이격할 것.
 (단, 금속체의 밑면에서 30[cm] 이상 깊이 매설 시 예외)

[정답] 1 ③　2 ③　3 ①　4 ①　5 ④

6 사람이 접촉될 우려가 있는 곳에 시설하는 경우 접지극은 지하 몇 [cm] 이상의 깊이에 매설하여야 하는가?

① 30
② 45
③ 50
④ 75

[해설] 접지극의 매설
- 접지극은 지하 75[cm] 이상의 깊이에 매설할 것.
- 접지도체는 지하 75[cm]부터 지표상 2[m]까지는 합성수지관 또는 몰드 등으로 덮는다.
- 접지극은 지중에서 금속체와 1[m]이상 이격할 것.
  (단, 금속체의 밑면에서 30[cm] 이상 깊이 매설 시 예외)

7 다음 괄호 안에 알맞은 내용은?

> "고압 및 특고압용 기계기구의 시설에 있어 고압은 지표상 (㉠) 이상(시가지에 시설하는 경우), 특고압은 지표상 (㉡) 이상의 높이에 설치하고 사람이 접촉될 우려가 없도록 시설하여야 한다."

① ㉠ 3.5[m], ㉡ 4[m]
② ㉠ 4.5[m], ㉡ 5[m]
③ ㉠ 5.5[m], ㉡ 6[m]
④ ㉠ 5.5[m], ㉡ 7[m]

[해설] 시설 높이
- 고압 : 4[m] 이상 (시가지 : 4.5[m] 이상)
- 특고압 : 5[m] 이상

8 특고압 전기설비용 접지도체의 단면적은 몇 [mm²] 이상이어야 하는가?

① 2.5
② 5
③ 6
④ 16

[해설] 접지도체 단면적 : 고장 시 흐르는 전류를 안전하게 통할 수 있는 것
- 특고압·고압 전기설비용 접지도체 단면적 : 6[mm²] 이상
- 중성점 접지용 접지도체 단면적 : 16[mm²] 이상

정답 6 ④ 7 ② 8 ③

9 사용전압이 7[kV] 이하의 전로에 접지를 할 경우 중성점 접지용 접지도체의 단면적은 몇 [mm²] 이상이어야 하는가?

① 4.0[mm²] ② 6[mm²]
③ 16[mm²] ④ 50[mm²]

해설 중성점 접지용 접지도체 단면적 : 16[mm²] 이상
중성점 접지용 접지도체 단면적 : 6[mm²] 이상인 경우
- 7[kV] 이하의 전로
- 사용전압이 25[kV] 이하인 특고압 가공전선로. 다만, 중성선 다중접지식의 것으로서 전로에 지락이 생겼을 때 2초 이내에 자동적으로 이를 전로로부터 차단하는 장치가 되어 있는 것.

10 접지도체에 큰 고장전류가 흐르지 않을 경우 접지도체의 단면적은 구리 도체인 경우 몇 [mm²] 이상이어야 하는가?

① 2.5[mm²] ② 5[mm²]
③ 6[mm²] ④ 16[mm²]

해설 접지도체 단면적 : 큰 고장전류가 접지도체를 통하여 흐르지 않을 경우

구 분	구리 도체	철제 도체
접지도체에 큰 고장전류가 흐르지 않는 경우	6[mm²] 이상	50[mm²] 이상
접지도체에 피뢰시스템이 접속 된 경우	16[mm²] 이상	50[mm²] 이상

11 접지도체에 피뢰시스템이 접속 된 경우 접지도체의 단면적은 구리 도체인 경우 몇 [mm²] 이상이어야 하는가?

① 4.0 ② 6
③ 16 ④ 50

해설 접지도체 단면적 : 큰 고장전류가 접지도체를 통하여 흐르지 않을 경우

구 분	구리 도체	철제 도체
접지도체에 큰 고장전류가 흐르지 않는 경우	6[mm²] 이상	50[mm²] 이상
접지도체에 피뢰시스템이 접속 된 경우	16[mm²] 이상	50[mm²] 이상

정답 9 ② 10 ③ 11 ③

12 접지도체에 피뢰시스템이 접속 된 경우 접지도체의 단면적은 철제 도체인 경우 몇 [mm²] 이상이어야 하는가?

① 4.0
② 6
③ 16
④ 50

[해설] 접지도체 단면적 : 큰 고장전류가 접지도체를 통하여 흐르지 않을 경우

구 분	구리 도체	철제 도체
접지도체에 큰 고장전류가 흐르지 않는 경우	6[mm²] 이상	50[mm²] 이상
접지도체에 피뢰시스템이 접속 된 경우	16[mm²] 이상	50[mm²] 이상

13 이동하여 사용하는 전기기계기구의 금속제 외함에 고압 전기설비용 접지도체 및 중성점 접지용 접지도체의 단면적은 최소 몇 [mm²] 이상이어야 하는가?

① 2.5[mm²]
② 4[mm²]
③ 6[mm²]
④ 10[mm²]

[해설] 이동하여 사용하는 전기기계기구의 금속제 외함 등의 접지시스템의 경우
• 특고압·고압 전기설비용 접지도체 및 중성점 접지용 접지도체 : 10[mm²] 이상
  – 클로로프렌캡타이어케이블(3종 및 4종)
  – 클로로설포네이트폴리에틸렌캡타이어케이블(3종 및 4종)
  – 다심 캡타이어케이블의 차폐 또는 기타의 금속체
• 저압 전기설비용 접지도체
  – 다심 코드 또는 다심 캡타이어케이블의 1개 도체의 단면적 : 0.75[mm²] 이상
  – 유연성이 있는 연동연선은 1개 도체의 단면적 : 1.5[mm²] 이상

14 이동하여 사용하는 전기기계기구의 금속제 외함에 저압 전기설비용 접지도체의 중 캡타이어케이블을 사용하는 경우 단면적은 최소 몇 [mm²] 이상이어야 하는가?

① 0.75[mm²]
② 1.5[mm²]
③ 2.5[mm²]
④ 4.0[mm²]

[해설] 이동하여 사용하는 전기기계기구의 금속제 외함 등의 접지시스템의 경우
• 특고압·고압 전기설비용 접지도체 및 중성점 접지용 접지도체 : 10[mm²] 이상
  – 클로로프렌캡타이어케이블(3종 및 4종)
  – 클로로설포네이트폴리에틸렌캡타이어케이블(3종 및 4종)
  – 다심 캡타이어케이블의 차폐 또는 기타의 금속체
• 저압 전기설비용 접지도체
  – 다심 코드 또는 다심 캡타이어케이블의 1개 도체의 단면적 : 0.75[mm²] 이상
  – 유연성이 있는 연동연선은 1개 도체의 단면적 : 1.5[mm²] 이상

정답 12 ④ 13 ④ 14 ①

15
보호도체가 케이블의 일부가 아니거나 상도체와 동일 외함에 설치되지 않고, 기계적 손상에 대해 보호가 되는 경우에 구리 도체의 단면적은 최소 몇 [mm²] 이상이어야 하는가?

① 2.5
② 4
③ 6
④ 10

해설 보호도체가 케이블의 일부가 아니거나 상도체와 동일 외함에 설치되지 않은 경우

구 분	구리 도체	알루미늄 도체
기계적 손상에 대해 보호가 되는 경우	2.5[mm²] 이상	16[mm²] 이상
기계적 손상에 대해 보호가 되지 않는 경우	4[mm²] 이상	16[mm²] 이상

16
보호도체가 케이블의 일부가 아니거나 상도체와 동일 외함에 설치되지 않고, 기계적 손상에 대해 보호가 되는 경우에 알루미늄 도체의 단면적은 최소 몇 [mm²] 이상이어야 하는가?

① 2.5[mm²]
② 4[mm²]
③ 6[mm²]
④ 16[mm²]

해설 보호도체가 케이블의 일부가 아니거나 상도체와 동일 외함에 설치되지 않은 경우

구 분	구리 도체	알루미늄 도체
기계적 손상에 대해 보호가 되는 경우	2.5[mm²] 이상	16[mm²] 이상
기계적 손상에 대해 보호가 되지 않는 경우	4[mm²] 이상	16[mm²] 이상

17
보호도체와 계통도체를 겸용하는 겸용도체의 종류가 아닌 것은?

① PEN
② PEL
③ PER
④ PEM

해설 보호도체와 계통도체를 겸용하는 겸용도체
- 겸용도체의 종류 : 중성선과 겸용(PEN), 선도체와 겸용(PEL), 중간도체와 겸용(PEM)
- 겸용도체는 고정된 전기설비에서만 사용할 것.
  - 단면적은 구리 10[mm²] 또는 알루미늄 16[mm²] 이상이어야 한다.
  - 중성선과 보호도체의 겸용도체는 전기설비의 부하 측으로 시설하여서는 안 된다.
  - 폭발성 분위기 장소는 보호도체를 전용으로 하여야 한다.

정답 15 ① 16 ④ 17 ③

18 보호도체와 중성선을 겸용하는 도체의 약호는 무엇인가?

① PEN ② PEL
③ PER ④ PEM

[해설] 겸용도체의 종류 : 중성선과 겸용(PEN), 선도체와 겸용(PEL), 중간도체와 겸용(PEM)

19 보호도체와 중간도체를 겸용하는 도체의 약호는 무엇인가?

① PEN ② PEL
③ PER ④ PEM

[해설] 겸용도체의 종류 : 중성선과 겸용(PEN), 선도체와 겸용(PEL), 중간도체와 겸용(PEM)

20 3상 4선식 380/220[V]선로에서 전원의 중성극에 접속된 전선을 무엇이라 하는가?

① 접지선 ② 중성선
③ 전원선 ④ 접지측선

[해설] 3상 4선 다선식 선로의 중성극에 접속된 전선 : 중성선

21 접지를 하는 목적이 아닌 것은?

① 이상 전압의 발생 ② 전로의 대지전압의 저하
③ 보호계전기의 동작 확보 ④ 감전의 방지

[해설] 전로의 중성점 접지 목적 : 감전사고 방지, 이상전압 억제, 대지전압 저하, 보호장치의 확실한 동작 확보

22 다음 중 접지의 목적으로 알맞지 않은 것은?

① 감전의 방지 ② 전로의 대지전압 상승
③ 보호 계전기의 동작 확보 ④ 이상 전압의 억제

[해설] 전로의 중성점 접지 목적 : 감전사고 방지, 이상전압 억제, 대지전압 저하, 보호장치의 확실한 동작 확보

정답 18 ① 19 ④ 20 ② 21 ① 22 ②

> 문제 풀이

23 다음 중 전극봉 2개를 매설한 후 저항기의 접촉자를 조정하여 검류계의 지시가 0으로 되었을 때의 값을 읽는 계측방법은?

① 검류기
② 변류기
③ 메 거
④ 접지저항계

[해설] 접지저항계 : 전극봉 2개를 매설한 후 저항기의 접촉자를 조정하여 검류계의 지시가 0으로 되었을 때의 값을 읽는 계측방법

24 전기공사에서 접지저항을 측정할 때 사용하는 측정기는 무엇인가?

① 검류기
② 변류기
③ 메 거
④ 어스테스터

[해설] 접지 저항 측정 : 접지 저항계(어스테스터), 콜라우시 브리지

25 접지저항이나 전해액 저항 측정에 쓰이는 것은?

① 휘트스톤 브리지
② 전위차계
③ 콜라우시 브리지
④ 메 거

[해설] 접지 저항 측정 : 접지 저항계(어스테스터), 콜라우시 브리지

26 접지 전극과 대지 사이의 저항은?

① 고유저항
② 대지전극저항
③ 접지저항
④ 접촉저항

[해설] 접지 전극과 대지 사이의 저항 : 접지저항

27 접지 저항값에 가장 큰 영향을 주는 것은?

① 접지선 굵기
② 접지전극 크기
③ 온 도
④ 대지저항

[해설] 접지저항은 대지저항값에 가장 큰 영향을 받는다.

정답 23 ④ 24 ④ 25 ③ 26 ③ 27 ④

28 접지저항 저감 대책이 아닌 것은?

① 접지봉의 연결 개수를 증가시킨다.
② 접지판의 면적을 감소시킨다.
③ 접지극을 깊게 매설한다.
④ 토양의 고유저항을 화학적으로 저감시킨다.

[해설] 접지저항 저감 대책
- 접지극의 길이를 길게 한다.
- 접지극을 병렬 접속한다.
- 접지극 매설 깊이를 깊게 한다.
- 화학약품을 이용한 접지저항 저감제를 사용 한다.
- 접지판의 면적을 크게 한다.

29 접지사고 발생 시 다른 선로의 전압은 상전압 이상으로 되지 않으며, 이상전압의 위험도 없고 선로나 변압기의 절연 레벨을 저감시킬 수 있는 접지방식은?

① 저항 접지
② 비접지
③ 직접 접지
④ 소호 리액터 접지

[해설] 직접 접지 : 송전선로 접지방식으로 지락사고 시 선위상승을 $\sqrt{3}$ 배 이하로 낮출수 있으며 절연 레벨을 저감 시킬 수 있어 154[kV], 345[kV] 송전선로에 사용되는 접지 방식이다.

정답 28 ② 29 ③

❾ 변압기 시설 및 부속 설비

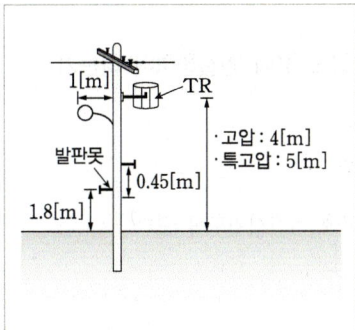

1) 시설 높이
   ① 고압 : 4[m] 이상 (시가지 : 4.5[m] 이상)
   ② 특고압 : 5[m] 이상

2) 변압기 보호 설비(단락사고 보호)
   ① 변압기 1차측 보호 : COS (컷 아웃 스위치)
   ② 변압기 2차측 보호 : 캐치 홀더 (저압 퓨즈)
   ③ 특고압 컷 아웃 스위치(COS) 용량 : 300[kVA] 이하

3) 전주에 유지 보수를 위해 시설하는 발판 볼트 시설 높이 : 1.8[m] 이상
   (180° 방향으로 높이 0.45[m] 간격으로 양쪽에 설치한다.)

4) 전주에 외등을 설치한 경우 부착점으로부터 돌출되는 부분은 수평거리가 1[m]이내 설치하여야 한다.

5) 암 밴드 : 철근 콘크리트주에 완금(암)을 고정시킬 때 사용

6) 행거 밴드 : 철근 콘크리트주에 주상 변압기를 설치할 때 사용

7) 가공전선로 장주에 사용되는 완금의 표준길이[mm]

전선의 개수	특고압	고압	저압
2조	1,800	1,400	900
3조	2,400	1,800	1,400

문제 풀이 ✓

1 특고압(22.9kV-Y) 가공전선로의 완금 접지 시 접지선은 어느 곳에 연결하여야 하는가?

① 변압기　　　　② 전 주
③ 지 선　　　　　④ 중성선

[해설] 특고압 가공전선로에서 완금에 접지 시 접지선은 중성선에 연결시키도록 한다.

2 철근 콘크리트주에 완금을 고정시키려면 어떤 밴드를 사용하는가?

① 암 밴드　　　　② 지선 밴드
③ 래크 밴드　　　④ 행거 밴드

[해설] 암 밴드 : 철근 콘크리트주에 완금(암)을 고정시킬 때 사용

3 주상 변압기를 철근 콘크리트주에 설치할 때 사용되는 것은?

① 앵 커　　　　　② 암 밴드
③ 암타이 밴드　　④ 행거 밴드

[해설] 행거 밴드 : 철근 콘크리트주에 주상 변압기를 설치할 때 사용

4 가공전선로 지지물의 승탑 및 승주방지에서 가공전선로의 지지물에 취급자가 오르고 내리는 데 사용하는 발판 볼트 등은 지표상 몇 [m] 미만에 시설하여서는 아니 되는가?

① 1.2　　　　　　② 1.8
③ 2.4　　　　　　④ 3.0

[해설] 전주에 유지 보수를 위해 시설하는 발판 볼트 시설 높이 : 1.8[m] 이상

정답　1 ④　2 ①　3 ④　4 ②

문제 풀이

5 배전선로 기기설치 공사에서 전주에 승주 시 발판, 못, 볼트는 지상 몇 [m] 지점에서 180° 방향에 몇 [m]씩 양쪽으로 설치하여야 하는가?

① 1.5[m], 0.3[m] ② 1.5[m], 0.45[m]
③ 1.8[m], 0.3[m] ④ 1.8[m], 0.45[m]

[해설] 전주에 유지 보수를 위해 시설하는 발판 볼트 시설 높이 : 1.8[m] 이상
(180° 방향으로 높이 0.45[m] 간격으로 양쪽에 설치한다.)

6 전주 외등 설치 시 백열전등 및 형광등의 조명기구를 전주에 부착하는 경우 부착한 점으로부터 돌출되는 수평거리는 몇 [m] 이내로 하여야 하는가?

① 0.5 ② 0.8
③ 1.0 ④ 1.2

[해설] 전주에 외등을 설치하 경우 부착점으로부터 돌출되는 부분은 수평거리가 1[m]이내 설치하여야 한다.

7 주상변압기의 1차측 보호 장치로 사용하는 것은?

① 컷 아웃 스위치 ② 유입 개폐기
③ 캐치홀더 ④ 리클로저

[해설] 변압기 보호 설비(단락사고 보호)
- 변압기 1차측 보호 : COS (컷 아웃 스위치)
- 변압기 2차측 보호 : 캣치 홀더 (저압 퓨즈)
- 특고압 컷 아웃 스위치(COS) 용량 : 300[kVA] 이하

8 배전용 기구인 COS(컷아웃스위치)의 용도로 알맞은 것은?

① 배전용 변압기의 1차 측에 시설하여 변압기의 단락보호용으로 쓰인다.
② 배전용 변압기의 2차 측에 시설하여 변압기의 단락보호용으로 쓰인다.
③ 배전용 변압기의 1차 측에 시설하여 배전 구역 전환용으로 쓰인다.
④ 배전용 변압기의 2차 측에 시설하여 배전 구역 전환용으로 쓰인다.

[해설] 변압기 보호 설비(단락사고 보호)
- 변압기 1차측 보호 : COS (컷 아웃 스위치)
- 변압기 2차측 보호 : 캣치 홀더 (저압 퓨즈)
- 특고압 컷 아웃 스위치(COS) 용량 : 300[kVA] 이하

정답 5 ④ 6 ③ 7 ① 8 ①

9 변압기의 보호 및 개폐를 위해 사용되는 특고압 컷아웃 스위치는 변압기 용량의 몇 [kVA] 이하에 사용되는가?

① 100[kVA] ② 200[kVA]
③ 300[kVA] ④ 400[kVA]

[해설] 변압기 보호 설비(단락사고 보호)
- 변압기 1차측 보호 : COS (컷 아웃 스위치)
- 변압기 2차측 보호 : 캣치 홀더 (저압 퓨즈)
- 특고압 컷 아웃 스위치(COS) 용량 : 300[kVA] 이하

10 저압 2조의 전선을 설치 시, 크로스 완금의 표준 길이[mm]는?

① 900   ② 1400
③ 1800 ④ 2400

[해설] 가공전선로 장주에 사용되는 완금의 표준길이[mm]

전선의 개수	특고압	고압	저압
2조	1800	1400	900
3조	2400	1800	1400

11 고압 가공 전선로의 전선의 조수가 3조일 때 완금의 길이는?

① 1200 ② 1400
③ 1800 ④ 2400

[해설] 가공전선로 장주에 사용되는 완금의 표준길이[mm]

전선의 개수	특고압	고압	저압
2조	1800	1400	900
3조	2400	1800	1400

정답 9 ③ 10 ① 11 ③

제2절 절연 저항 및 절연 내력 시험

1 절연 저항

❶ 절연 저항 : 클수록 좋다. [MΩ]

1) 절연저항 측정기구 : 메거 (절연저항계)

2) 사용전압이 저압인 전로에서 정전이 어려운 경우 등 절연저항 측정이 곤란한 경우에는 누설전류를 1[mA] 이하로 유지하여야 한다.

3) 누설전류 : 전로 이외를 흐르는 전류로서 전로의 절연체 내부 및 표면과 공간을 통하여 선간 또는 대지 사이를 흐르는 전류

4) 저압 전로의 절연저항 측정
   ① 저압 전로의 절연저항 측정
      ㉠ 전선 상호 간 및 전로와 대지 사이의 절연저항 측정
      ㉡ 전선 상호 간의 절연저항은 기계기구를 쉽게 분리가 곤란한 분기회로의 경우 기기 접속 전에 측정할 수 있다.
      ㉢ 측정 시 영향을 주거나 손상을 받을 수 있는 SPD 또는 기타 기기 등은 측정 전에 분리시켜야 하고, 부득이하게 분리가 어려운 경우에는 시험 전압을 직류(DC) 250[V]로 낮추어 측정할 수 있지만 절연저항 값은 1[MΩ] 이상이어야 한다.
   ② 저압 전로의 절연저항 시험전압 및 절연저항값

전로의 사용전압[V]	직류(DC) 시험전압[V]	절연저항[MΩ]
SELV 및 PELV	250	0.5
FELV, 500[V] 이하	500	1.0
500[V] 초과	1000	1.0

- ELV(특별저압) : 2차 전압이 교류 50[V], 직류 120[V] 이하
- SELV : 비접지식회로 구성
- PELV : 접지회로 구성 (1차와 2차가 전기적으로 절연된 회로)
- FELV : 접지회로 구성 (1차와 2차가 전기적으로 절연되지 않은 회로)

2 절연 내력 시험 전압

❶ 비접지식

  1) 7000[V]이하 : 최대사용전압 × 1.5배 (최저 전압 : 500[V] 이상)

  2) 7000[V]초과 : 최대사용전압 × 1.25배 (최저 전압 : 10,500[V] 이상)

❷ 중성점 직접접지식

  1) 170000[V]이하 : 최대사용전압 × 0.72배

  2) 170000[V]초과 : 최대사용전압 × 0.64배

문제 풀이 ✓

1 다음 중 저항값이 클수록 좋은 것은?

① 접지저항 ② 절연저항
③ 도체저항 ④ 접촉저항

[해설] 절연저항 : 절연물이 가지는 저항으로 클수록 좋다. ⇨ 기본단위 [MΩ]

2 저압 전로의 사용전압이 500[V] 이하인 경우 전로의 절연저항은 몇 [MΩ] 이상이어야 하는가?

① 0.1 ② 0.5
③ 0.7 ④ 1.0

[해설] 저압 전로의 절연저항 시험전압 및 절연저항값

전로의 사용전압[V]	직류(DC) 시험전압[V]	절연저항[MΩ]
SELV 및 PELV	250	0.5
FELV, 500[V] 이하	500	1.0
500[V] 초과	1000	1.0

3 절연저항을 측정하는 경우 SELV 및 PELV는 직류 250[V]의 시험전압으로 절연저항이 몇 [MΩ] 이상이어야 하는가?

① 0.1 ② 0.5
③ 0.7 ④ 1.0

[해설] 저압 전로의 절연저항 시험전압 및 절연저항값

전로의 사용전압[V]	직류(DC) 시험전압[V]	절연저항[MΩ]
SELV 및 PELV	250	0.5
FELV, 500[V] 이하	500	1.0
500[V] 초과	1000	1.0

4 특별저압(ELV)이란 교류에서 2차 전압이 몇 [V] 이하인 전압을 말하는가?

① 50[V] ② 80[V]
③ 100[V] ④ 120[V]

[해설] ELV(특별저압) : 2차 전압이 교류 50[V], 직류 120[V] 이하

[정답] 1 ② 2 ④ 3 ② 4 ①

5 직류에서 특별저압은 2차 전압이 몇 [V] 이하인 전압을 말하는가?

① 50[V] ② 80[V]
③ 100[V] ④ 120[V]

[해설] ELV(특별저압) : 2차 전압이 교류 50[V], 직류 120[V] 이하

6 절연물을 전극사이에 삽입하고 전압을 가하면 전류가 흐르는데 이 전류는?

① 과전류 ② 접촉전류
③ 단락전류 ④ 누설전류

[해설] 누설전류 : 전로 이외를 흐르는 전류로서 전로의 절연체 내부 및 표면과 공간을 통하여 선간 또는 대지 사이를 흐르는 전류

7 다음 중 옥내에 시설하는 저압 전로와 대지 사이의 절연 저항 측정에 사용되는 계기는?

① 멀티 테스터 ② 메 거
③ 어스 테스터 ④ 훅 온 미터

[해설] 절연저항 측정기구 : 메거 (절연저항계)

8 400[V] 이하 옥내배선의 절연저항 측정에 가장 알맞은 절연저항계는?

① 250[V] 메거 ② 500[V] 메거
③ 1,000[V] 메거 ④ 1,500[V] 메거

[해설] 사용 전압이 500[V] 이하이므로 500[V] 절연저항계로 측정한다.

9 다음 중 권선저항 측정 방법이 아닌 것은?

① 메 거 ② 전압 전류계법
③ 켈빈 더블 브리지법 ④ 휘트스톤 브리지법

[해설] 켈빈 더블 브리지법 : $10^{-5} \sim 1[\Omega]$ 정도의 저 저항 정밀 측정

정답 5 ④ 6 ④ 7 ② 8 ② 9 ③

10 최대사용전압이 220[V]인 3상 유도 전동기가 있다. 이것의 절연내력 시험전압은 몇 [V]로 하여야 하는가?

① 330　　　　　　　　　　　　② 500
③ 750　　　　　　　　　　　　④ 1,050

[해설] 절연내력 시험전압 (비접지식)
- 7000[V]이하 : 최대사용전압 × 1.5배 (최저전압 : 500[V] 이상)에서 절연내력 시험전압을 구하면
  절연내력 시험전압 = 최대사용전압 × 1.5배 = 220 × 1.5 = 330[V]
  ∴ 절연내력 시험전압 : 500[V]

11 최대사용전압이 70[kV]인 중성점 직접접지식 전로의 절연내력 시험전압은 몇 [V]인가?

① 35,000[V]　　　　　　　　　② 42,000[V]
③ 44,800[V]　　　　　　　　　④ 50,400[V]

[해설] 중성점 직접접지식
- 170000[V]이하 = 최대사용전압 × 0.72배 = 70000 × 0.72 = 50400[V]

정답　10 ②　11 ④

CHAPTER 4 옥내 배선 공사

제1절 옥내 배선 공사의 시설 장소에 의한 분류

1 옥내 배선 공사 종류

❶ 공사방법의 분류

종류	공사방법
전선관시스템	합성수지관공사, 금속관공사, 가요전선관공사
케이블트렁킹시스템	합성수지몰드공사, 금속몰드공사, 금속트렁킹공사[a]
케이블덕팅시스템	플로어덕트공사, 셀룰러덕트공사, 금속덕트공사[b]
애자공사	애자공사
케이블트레이시스템 (래더, 브래킷 포함)	케이블트레이공사
케이블공사	고정하지 않는 방법, 직접 고정하는 방법, 지지선 방법

a. 금속본체와 커버가 별도로 구성되어 커버를 개폐할 수 있는 금속덕트공사를 말한다.
b. 본체와 커버 구분 없이 하나로 구성된 금속덕트공사를 말한다.

❷ 옥내 배선 공사 시설기준

1) 시설기준
① 옥외용 비닐절연전선(OW)은 사용할 수 없다.
② 몰드, 덕트, 관 내에는 접속점이 있어서는 않된다.
③ 몰드, 덕트, 관 끝 부분은 폐쇄 시킬 것.
④ 물기나 습기가 있는 곳은 반드시 방습장치 할 것.

❸ 애자사용공사

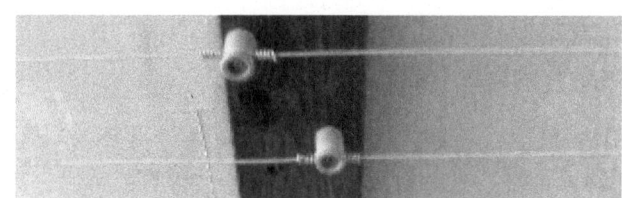

1) 시설 방법
   ① 전선은 절연전선을 사용할 것.
      (단, 옥외용 비닐 절연전선(OW) 및 인입용 비닐 절연전선(DV)은 제외)
   ② 400[V] 초과의 저압 옥내배선은 사람이 접촉할 우려가 없도록 시설할 것.
   ③ 애자사용공사에 사용하는 애자는 절연성, 난연성 및 내수성의 것을 사용할 것.
   ④ 애자사용공사에 일반적으로 사용되는 애자는 놉(노브) 애자를 사용한다.

2) 시설 기준

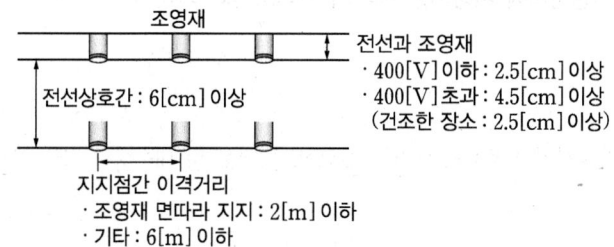

   ① 전선 상호간의 간격은 6[cm] 이상일 것.
   ② 전선과 조영재 사이의 이격거리
      ㉠ 사용전압이 400[V] 이하인 경우에는 2.5[cm] 이상
      ㉡ 사용전압이 400[V] 초과인 경우에는 4.5[cm] 이상일 것.
         (단, 건조한 장소에 시설하는 경우에는 2.5[cm] 이상)
   ③ 전선의 지지점간 이격거리
      ㉠ 조영재의 윗면 또는 옆면 따라 붙일 경우 : 2[m] 이하.
      ㉡ 사용전압이 400[V] 초과이고 조영재에 따르지 않을 경우 : 6[m]이하.

문제 풀이 ✓

1 애자사용배선공사 시 사용할 수 없는 전선은?

① 고무 절연전선
② 폴리에틸렌 절연전선
③ 플루오르 수지 절연전선
④ 인입용 비닐 절연전선

[해설] 애자사용공사 시설 방법
- 전선은 절연전선을 사용할 것.
  (단, 옥외용 비닐 절연전선(OW) 및 인입용 비닐 절연전선(DV)은 제외)
- 400[V] 초과의 저압 옥내배선은 사람이 접촉할 우려가 없도록 시설할 것.
- 애자사용공사에 사용하는 애자는 절연성, 난연성 및 내수성의 것을 사용할 것.
- 애자사용공사에 일반적으로 사용되는 애자는 놉(노브) 애자를 사용한다.

2 다음 중 애자사용공사에 사용되는 애자의 구비조건과 거리가 먼 것은?

① 광택성
② 절연성
③ 난연성
④ 내수성

[해설] 애자사용공사에 사용하는 애자는 절연성, 난연성 및 내수성의 것을 사용할 것.

3 저압 애자사용공사에서 전선 상호 간의 간격은 몇 [cm] 이상이어야 하는가?

① 4
② 5
③ 6
④ 8

[해설] 애자사용공사 시설 기준
- 전선 상호간의 간격은 6[cm] 이상일 것.
- 전선과 조영재 사이의 이격거리
  - 사용전압이 400[V] 이하인 경우에는 2.5[cm] 이상
  - 사용전압이 400[V] 초과인 경우에는 4.5[cm] 이상일 것.
    (단, 건조한 장소에 시설하는 경우에는 2.5[cm] 이상)
- 전선의 지지점간 이격거리
  - 조영재의 윗면 또는 옆면 따라 붙일 경우 : 2[m] 이하.
  - 사용전압이 400[V] 초과이고 조영재에 따르지 않을 경우 : 6[m]이하.

[정답] 1 ④ 2 ① 3 ③

> 문제 풀이

4 애자사용공사에서 전선의 지지점 간의 거리는 전선을 조영재의 윗면 또는 옆면에 따라 붙이는 경우에는 몇 [m] 이하인가?

① 1
② 2
③ 2.5
④ 3

해설 애자사용공사에서 전선의 지지점 간의 거리는 전선을 조영재의 윗면 또는 옆면 따라 붙일 경우 : 2[m] 이하.

5 애자사용공사를 건조한 장소에 시설하고자 한다. 사용전압이 400[V] 이하인 경우 전선과 조영재 사이의 이격거리는 최소 몇 [cm] 이상이어야 하는가?

① 2.5[cm] 이상
② 4.5[cm] 이상
③ 6[cm] 이상
④ 12[cm] 이상

해설 전선과 조영재 사이의 이격거리
- 사용전압이 400[V] 이하인 경우에는 2.5[cm] 이상
- 사용전압이 400[V] 초과인 경우에는 4.5[cm] 이상일 것.
  (단, 건조한 장소에 시설하는 경우에는 2.5[cm] 이상)

6 저압 옥내배선에서 애자사용공사를 할 때 올바른 것은?

① 전선 상호 간의 간격은 6[cm] 이상
② 400[V] 초과하는 경우 전선과 조영재 사이의 이격거리는 2.5[cm] 미만
③ 전선의 지지점 간의 거리는 조영재의 윗면 또는 옆면에 따라 붙일 경우에는 3[m] 이상
④ 애자사용공사에 사용되는 애자는 절연성·난연성 및 내수성과 무관

해설 전선 상호간의 간격은 6[cm] 이상일 것.

7 애자사용공사에 대한 설명 중 틀린 것은?

① 사용전압이 400[V] 이하이면 전선과 조영재의 간격은 2.5[cm] 이상일 것
② 사용전압이 400[V] 이하이면 전선 상호간의 간격은 6[cm] 이상일 것
③ 사용전압이 220[V] 이면 전선과 조영재의 이격거리는 2.5[cm] 이상일 것
④ 전선을 조영재의 옆면을 따라 붙일 경우 전선 지지점 간의 거리는 3[m] 이하일 것

해설 전선을 조영재의 윗면 또는 옆면 따라 붙일 경우 : 2[m] 이하.

정답 4 ② 5 ① 6 ① 7 ④

❹ 몰드 공사 : 합성수지 몰드, 금속 몰드

[합성수지 몰드]

[알루미늄 몰드]

1) 합성수지 몰드 공사 시설기준
   ① 전선은 절연전선(옥외용 비닐 절연전선을 제외한다)일 것.
   ② 합성수지 몰드 안에는 전선에 접속점이 없도록 할 것.
   ③ 합성수지 몰드는 홈의 폭 및 깊이가 3.5 [cm] 이하의 것일 것. 다만, 사람이 쉽게 접촉할 우려가 없도록 시설하는 경우에는 폭이 5 [cm] 이하의 것을 사용할 수 있다.
   (합성수지 몰드 두께 : 2 [mm] 이상)
   ④ 합성수지 몰드 상호 간 및 합성수지 몰드와 박스 기타의 부속품과는 전선이 노출되지 아니하도록 접속할 것.

2) 금속 몰드 공사 시설기준
   ① 전선은 절연전선(옥외용 비닐 절연전선을 제외한다)일 것.
   ② 금속 몰드 안에는 전선에 접속점이 없도록 할 것.
   ③ 황동제 또는 동제의 몰드는 폭이 5 [cm] 이하, 두께 0.5 [mm] 이상인 것일 것.
   (지지점간의 이격거리는 1.5 [m] 이하마다 지지할 것.)
   ④ 몰드 상호 간 및 몰드 박스 기타의 부속품과는 견고하고 또한 전기적으로 완전하게 접속할 것.

 문제 풀이 ✓

1 합성수지몰드공사에서 틀린 것은?

① 전선은 절연전선일 것
② 합성수지몰드 안에는 접속점이 없도록 할 것
③ 합성수지몰드는 홈의 폭 및 깊이가 6.5[cm] 이하일 것
④ 합성수지몰드와 박스 기타의 부속품과는 전선이 노출되지 않도록 할 것

[해설] 합성수지 몰드 공사 시설기준
- 전선은 절연전선(옥외용 비닐 절연전선을 제외한다)일 것.
- 합성수지 몰드 안에는 전선에 접속점이 없도록 할 것.
- 합성수지 몰드는 홈의 폭 및 깊이가 3.5[cm] 이하의 것일 것. 다만, 사람이 쉽게 접촉할 우려가 없도록 시설하는 경우에는 폭이 5[cm] 이하의 것을 사용할 수 있다.
  (합성수지 몰드 두께 : 2[mm] 이상)
- 합성수지 몰드 상호 간 및 합성수지 몰드와 박스 기타의 부속품과는 전선이 노출되지 아니하도록 접속할 것.

2 합성수지몰드 공사의 시공에서 잘못된 것은?

① 사용 전압이 400[V] 이하에 사용
② 점검할 수 있고 전개된 장소에 사용
③ 베이스를 조영재에 부착하는 경우 1[m] 간격마다 나사 등으로 견고하게 부착한다.
④ 베이스와 캡이 완전하게 결합하여 충격으로 이탈되지 않을 것

[해설] 베이스를 조영재에 부착하는 경우 40 ~ 50[cm] 간격마다 나사못, 접착제 등으로 견고하게 부착한다.

3 다음 괄호 안에 들어갈 내용으로 알맞은 것은?

> 사람의 접촉 우려가 있는 합성수지제 몰드는 홈의 폭 및 깊이가 (㉠)[cm] 이하로 두께는 (㉡)[mm] 이상의 것이어야 한다.

① ㉠ 3.5, ㉡ 1
② ㉠ 5, ㉡ 1
③ ㉠ 3.5, ㉡ 2
④ ㉠ 5, ㉡ 2

[해설] 합성수지 몰드는 홈의 폭 및 깊이가 3.5[cm] 이하의 것일 것. 다만, 사람이 쉽게 접촉할 우려가 없도록 시설하는 경우에는 폭이 5[cm] 이하의 것을 사용할 수 있다. (합성수지 몰드 두께 : 2[mm] 이상)

[정답] 1 ③ 2 ③ 3 ③

4 금속몰드의 지지점 간의 거리는 몇 [m] 이하로 하는 것이 가장 바람직한가?

① 1
② 1.5
③ 2
④ 3

[해설] 금속 몰드 공사 시설기
- 전선은 절연전선(옥외용 비닐 절연전선을 제외한다)일 것.
- 금속 몰드 안에는 전선에 접속점이 없도록 할 것.
- 황동제 또는 동제의 몰드는 폭이 5[cm] 이하, 두께 0.5[mm] 이상인 것일 것.
  (지지점간의 이격거리는 1.5[m] 이하마다 지지할 것.)
- 몰드 상호 간 및 몰드 박스 기타의 부속품과는 견고하고 또한 전기적으로 완전하게 접속할 것.

5 2종 금속 몰드의 구성 부품에서 조인트 금속 부품이 아닌 것은?

① 노멀밴드형
② L형
③ T형
④ 크로스형

[해설] 2종 금속 몰드의 조인트 금속 부품 : 크로스형, L형, T형

정답 4 ② 5 ①

❺ 덕트 공사 : 금속 덕트, 버스 덕트, 라이팅 덕트, 플로어 덕트, 셀룰러 덕트

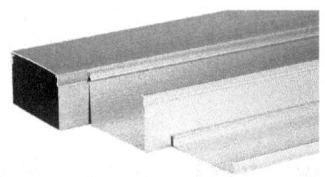
[금속 덕트]

[버스 덕트]

[라이팅 덕트]

심벌	명칭	비고
■	버스덕트	
MD	금속덕트	

심벌	명칭	비고
(F7)	플로어 덕트	
LD	라이팅 덕트	

1) 금속 덕트 공사 시설기준
   ① 전선은 절연전선(옥외용 비닐절연전선을 제외한다)일 것.
   ② 금속 덕트에 넣은 전선 단면적(절연피복의 단면적을 포함한다)의 합계는 덕트의 내부 단면적의 20 [%](전광표시 장치 기타 이와 유사한 장치 또는 제어회로 등의 배선만을 넣는 경우에는 50 [%]) 이하일 것.
   ③ 금속 덕트 공사에 사용하는 금속덕트는 폭이 4 [cm]를 초과하고 또한 두께가 1.2 [mm] 이상인 철판 또는 동등 이상의 세기를 가지는 금속제의 것으로 견고하게 제작한 것일 것.
   ④ 덕트 상호 간은 견고하고 또한 전기적으로 완전하게 접속할 것.
   ⑤ 덕트를 조영재에 붙이는 경우에는 덕트의 지지점 간의 거리를 3 [m] 이하로 하고 또한 견고하게 붙일 것.
   ⑥ 덕트의 뚜껑은 쉽게 열리지 아니하도록 시설할 것.
   ⑦ 덕트 안에 먼지가 침입하지 아니하도록 덕트의 끝부분은 막을 것.

2) 버스 덕트 공사 시설기준
   ① 덕트 상호 간 및 전선 상호 간은 견고하고 또한 전기적으로 완전하게 접속할 것.
   ② 덕트를 조영재에 붙이는 경우에는 덕트의 지지점 간의 거리를 3 [m] 이하로 하고 또한 견고하게 붙일 것.
   ③ 덕트의 내부에 먼지가 침입하지 아니하도록 덕트의 끝부분은 막을 것.
   ④ 버스덕트 공사 종류 : 피더 버스덕트, 트롤리 버스덕트, 플러그인 버스덕트

3) 라이팅 덕트 공사 시설기준

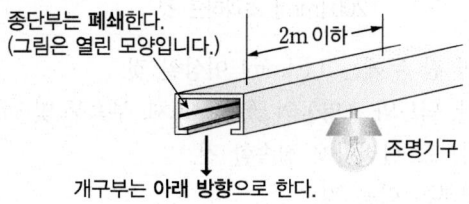

① 덕트 상호 간 및 전선 상호 간은 견고하게 또한 전기적으로 완전히 접속할 것.
② 덕트는 조영재에 견고하게 붙일 것.
③ 덕트의 지지점 간의 거리는 2 [m] 이하로 할 것.
④ 덕트의 끝부분은 막을 것.
⑤ 덕트의 개구부는 아래로 향하여 시설할 것.
⑥ 덕트를 사람이 용이하게 접촉할 우려가 있는 장소에 시설하는 경우에는 전로에 지락이 생겼을 때에 자동적으로 전로를 차단하는 장치를 시설할 것.

4) 플로어 덕트 공사 시설기준
① 전선은 절연전선(옥외용 비닐 절연전선을 제외한다)일 것.
② 전선은 연선일 것. 다만, 단면적 10 [mm^2](알루미늄선은 단면적 16 [mm^2]) 이하인 것은 그러하지 아니하다.
③ 플로어 덕트 안에는 전선에 접속점이 없도록 할 것. 다만, 전선을 분기하는 경우에 접속점을 쉽게 점검할 수 있을 때에는 그러하지 아니하다.
④ 덕트 상호 간 및 덕트와 박스 및 인출구와는 견고하고 또한 전기적으로 완전하게 접속할 것.
⑤ 덕트의 끝부분은 막을 것.
⑥ 덕트 공사에 금속제 박스를 사용하는 경우 두께 2[mm] 이상의 강판 일 것.
⑦ 바닥 매입공사에 시설할 수 있다.

5) 셀룰러 덕트 공사 시설기준
① 전선은 절연전선(옥외용 비닐 절연전선을 제외한다)일 것.
② 전선은 연선일 것. 다만, 단면적 10 [mm^2](알루미늄선은 단면적 16 [mm^2]) 이하의 것은 그러하지 아니하다.
③ 셀룰러 덕트 안에는 전선에 접속점을 만들지 아니할 것. 다만, 전선을 분기하는 경우 그 접속점을 쉽게 점검할 수 있을 때에는 그러하지 아니하다.
④ 셀룰러 덕트 공사에 사용하는 셀룰러 덕트의 부속품
㉠ 강판으로 제작한 것일 것.
㉡ 셀룰러 덕트의 판 두께

덕트의 최대 폭	덕트의 판 두께
150 [mm] 이하	1.2 [mm]
150 [mm] 초과 200 [mm] 이하	1.4 [mm]
200 [mm] 초과하는 것	1.6 [mm]

㉢ 부속품의 판 두께는 1.6 [mm] 이상일 것.
⑤ 덕트 상호 간, 덕트와 조영물의 금속 구조체, 부속품 및 덕트에 접속하는 금속체와는 견고하게 또한 전기적으로 완전하게 접속할 것.
⑥ 덕트의 끝부분은 막을 것.

6) 덕트공사 시설기준
① 덕트내에서는 전선 접속점이 있어서는 않된다.
② 덕트 상호간 및 전선 상호간은 견고하고 전기적으로 완전하게 접속할 것.
③ 덕트 안에 전선을 넣는 경우 단선 최대 굵기는 10[mm²]이하 연동선, 16[mm²]이하 알루미늄선을 제외하고는 연선일 것.
④ 덕트 말단은 폐쇄 시킬 것.

문제 풀이 ✓

1 다음 중 덕트공사의 종류가 아닌 것은?

① 금속 덕트공사　　　　　② 버스 덕트공사
③ 케이블 덕트공사　　　　④ 플로어 덕트공사

[해설] 덕트공사 종류 : 금속 덕트, 버스 덕트, 라이팅 덕트, 플로어 덕트, 셀룰러 덕트

2 그림과 같은 심벌의 명칭은?

MD

① 금속덕트　　　　　　② 버스덕트
③ 피드버스덕트　　　　④ 플러그인버스덕트

[해설] MD : 금속덕트

3 다음 중 금속덕트공사의 시설방법 중 틀린 것은?

① 덕트 상호 간은 견고하고 또한 전기적으로 완전하게 접속할 것
② 덕트 지지점 간의 거리는 3[m] 이하로 할 것
③ 덕트의 끝 부분은 열어 둘 것
④ 저압 옥내배선의 사용전압이 400[V] 이하인 경우에는 덕트에 접지공사를 할 것

[해설] 금속 덕트 공사 시설기준
- 전선은 절연전선(옥외용 비닐절연전선을 제외한다)일 것.
- 금속 덕트에 넣은 전선의 단면적(절연피복의 단면적을 포함한다)의 합계는 덕트의 내부 단면적의 20[%](전광표시 장치 기타 이와 유사한 장치 또는 제어회로 등의 배선만을 넣는 경우에는 50[%]) 이하일 것.
- 금속 덕트 공사에 사용하는 금속덕트는 폭이 4[cm]를 초과하고 또한 두께가 1.2[mm] 이상인 철판 또는 동등 이상의 세기를 가지는 금속제의 것으로 견고하게 제작한 것일 것.
- 덕트 상호 간은 견고하고 또한 전기적으로 완전하게 접속할 것.
- 덕트를 조영재에 붙이는 경우에는 덕트의 지지점 간의 거리를 3[m] 이하로 하고 또한 견고하게 붙일 것.
- 덕트의 뚜껑은 쉽게 열리지 아니하도록 시설할 것.
- 덕트 안에 먼지가 침입하지 아니하도록 덕트의 끝부분은 막을 것.

[정답] 1 ③　2 ①　3 ③

4 금속덕트를 조영재에 붙이는 경우에는 지지점 간의 거리는 최대 몇 [m] 이하로 하여야 하는가?

① 1.5
② 2.0
③ 3.0
④ 3.5

[해설] 금속덕트를 조영재에 붙이는 경우에는 덕트의 지지점 간의 거리를 3[m] 이하로 하고 또한 견고하게 붙일 것.

5 금속덕트 배선에 사용하는 금속덕트의 철판 두께는 몇 [mm] 이상이어야 하는가?

① 0.8
② 1.2
③ 1.5
④ 1.8

[해설] 금속 덕트 공사에 사용하는 금속덕트는 폭이 4[cm]를 초과하고 또한 두께가 1.2[mm] 이상인 철판 또는 동등 이상의 세기를 가지는 금속제의 것으로 견고하게 제작한 것일 것.

6 절연전선을 동일 금속 덕트 내에 넣을 경우 금속 덕트의 크기는 전선의 피복절연물을 포함한 단면적의 총합계가 금속 덕트 내 단면적의 몇 [%] 이하로 하여야 하는가?

① 10
② 20
③ 32
④ 48

[해설] 금속 덕트에 넣은 전선의 단면적(절연피복의 단면적을 포함한다)의 합계는 덕트의 내부 단면적의 20[%] (전광표시 장치 기타 이와 유사한 장치 또는 제어회로 등의 배선만을 넣는 경우에는 50[%]) 이하일 것.

7 절연전선을 동일 금속덕트 내에 넣을 경우 금속덕트의 크기는 전선의 피복절연물을 포함한 단면적의 총합계가 금속덕트 내 단면적의 몇[%] 이하가 되도록 선정하여야 하는가?(단, 제어회로 등의 배선에 사용하는 전선만을 넣는 경우이다)

① 30[%]
② 40[%]
③ 50[%]
④ 60[%]

[해설] 금속 덕트에 넣은 전선의 단면적(절연피복의 단면적을 포함한다)의 합계는 덕트의 내부 단면적의 20[%] (전광표시 장치 기타 이와 유사한 장치 또는 제어회로 등의 배선만을 넣는 경우에는 50[%]) 이하일 것.

정답 4 ③ 5 ② 6 ② 7 ③

8 라이팅 덕트 공사에 의한 저압 옥내 배선 시 덕트의 지지점 간의 거리는 몇 [m] 이하로 해야 하는가?

① 1.0
② 1.2
③ 2.0
④ 3.0

[해설] 라이팅 덕트 공사 시설기준
- 덕트 상호 간 및 전선 상호 간은 견고하게 또한 전기적으로 완전히 접속할 것.
- 덕트는 조영재에 견고하게 붙일 것.
- 덕트의 지지점 간의 거리는 2[m] 이하로 할 것.
- 덕트의 끝부분은 막을 것.
- 덕트의 개구부는 아래로 향하여 시설할 것.
- 덕트를 사람이 용이하게 접촉할 우려가 있는 장소에 시설하는 경우에는 전로에 지락이 생겼을 때에 자동적으로 전로를 차단하는 장치를 시설할 것.

9 라이팅 덕트 공사에 의한 저압 옥내배선의 시설 기준으로 틀린 것은?

① 덕트의 끝부분은 막을 것
② 덕트는 조영재에 견고하게 붙일 것
③ 덕트의 개구부는 위로 향하여 시설할 것
④ 덕트는 조영재를 관통하여 시설하지 아니할 것

[해설] 라이팅 덕트의 개구부는 아래로 향하여 시설할 것

10 다음 중 버스 덕트가 아닌 것은?

① 플로어 버스 덕트
② 피더 버스 덕트
③ 트롤리 버스 덕트
④ 플러그인 버스 덕트

[해설] 버스 덕트 공사 시설기준
- 덕트 상호 간 및 전선 상호 간은 견고하고 또한 전기적으로 완전하게 접속할 것.
- 덕트를 조영재에 붙이는 경우에는 덕트의 지지점 간의 거리를 3[m] 이하로 하고 또한 견고하게 붙일 것.
- 덕트의 내부에 먼지가 침입하지 아니하도록 덕트의 끝부분은 막을 것.
- 버스덕트 공사 종류 : 피더 버스덕트, 트롤리 버스덕트, 플러그인 버스덕트

11 버스덕트 공사에서 덕트를 조영재에 붙이는 경우에는 덕트의 지지점 간의 거리를 몇 [m] 이하로 하여야 하는가?

① 3
② 4.5
③ 6
④ 9

[해설] 버스덕트를 조영재에 붙이는 경우에는 덕트의 지지점 간의 거리를 3[m] 이하로 하고 또한 견고하게 붙일 것.

정답 8 ③   9 ③   10 ①   11 ①

12 저압크레인 또는 호이스트 등의 트롤리선을 애자사용 공사에 의하여 옥내의 노출장소에 시설하는 경우 트롤리선의 바닥에서의 최소 높이는 몇 [m] 이상으로 설치하는가?

① 2
② 2.5
③ 3
④ 3.5

[해설] 저압 크레인 또는 호이스트 등의 트롤리선을 옥내의 노출장소에 시설하는 경우 설치 높이는 바닥으로부터 3.5[m] 이상 높이에 시설할 것

13 플로어 덕트 공사에서 금속제 박스는 강판이 몇 [mm] 이상 되는 것을 사용하여야 하는가?

① 2.0
② 1.5
③ 1.2
④ 1.0

[해설] 플로어 덕트 공사에 금속제 박스를 사용하는 경우 두께 2[mm] 이상의 강판 일 것.

14 플로어덕트 부속품 중 박스의 플러그 구멍을 메우는 것의 명칭은?

① 덕트서포트
② 아이언플러그
③ 덕트플러그
④ 인서트 마커

[해설] 아이언 플러그 : 플로어덕트 부속품 중 박스의 플러그 구멍을 메우는데 사용

[정답] 12 ④ 13 ① 14 ②

15 셀룰러덕트 공사 시 덕트 상호 간을 접속하는 것과 셀룰러덕트 끝에 접속하는 부속품에 대한 설명으로 적합하지 않은 것은?

① 알루미늄 판으로 특수 제작할 것
② 부속품의 판 두께는 1.6[mm] 이상일 것
③ 덕트 끝과 내면은 전선의 피복이 손상하지 않도록 매끈한 것일 것
④ 덕트의 내면과 외면은 녹을 방지하기 위하여 도금 또는 도장을 한 것일 것

[해설] 셀룰러 덕트 공사에 사용하는 셀룰러 덕트의 부속품
- 강판으로 제작한 것일 것.
- 셀룰러 덕트의 판 두께

덕트의 최대 폭	덕트의 판 두께
150[mm] 이하	1.2[mm] 이상
150[mm] 초과 200[mm] 이하	1.4[mm] 이상
200[mm] 초과하는 것	1.6[mm] 이상

- 부속품의 판 두께는 1.6[mm] 이상일 것.

16 셀룰러덕트의 최대 폭이 180[mm]일 때 덕트의 판 두께는?

① 1.0[mm] 이상
② 1.2[mm] 이상
③ 1.4[mm] 이상
④ 1.6[mm] 이상

[해설] 셀룰러덕트의 판 두께

덕트의 최대 폭	덕트의 판 두께
150[mm] 이하	1.2[mm] 이상
150[mm] 초과 200[mm] 이하	1.4[mm] 이상
200[mm] 초과하는 것	1.6[mm] 이상

정답 15 ① 16 ③

❻ 관 공사 : 합성수지관, 금속관, 가요전선관
   1) 합성수지관 공사 시설기준

합성수지관   커플링   커넥터

① 중량물의 압력 또는 현저한 기계적 충격을 받을 우려가 없도록 시설하여야 한다.
② 전선은 절연전선(옥외용 비닐 절연전선을 제외한다)일 것.
③ 전선은 연선일 것. 다만, 단면적 10 [mm^2](알루미늄선은 단면적 16 [mm^2]) 이하의 것은 그러하지 아니하다.
④ 전선은 합성수지관 안에서 접속점이 없도록 할 것.
⑤ 관의 지지점 간의 거리는 1.5 [m] 이하로 하고, 관의 두께는 2 [mm] 이상일 것.
⑥ 관 상호 간 및 박스와는 관을 삽입하는 깊이를 관의 바깥 지름의 1.2배(접착제를 사용하는 경우에는 0.8배) 이상으로 하고 또한 꽂음 접속에 의하여 견고하게 접속할 것.
⑦ 습기가 많은 장소 또는 물기가 있는 장소에 시설하는 경우에는 방습 장치를 할 것.
⑧ 합성수지관 공사의 특징
   ㉠ 시공이 용이하고, 내식성이 강하다.
   ㉡ 누전이 없으며, 절연체이므로 접지할 필요가 없다.
   ㉢ 기계적 강도가 약하다.
   ㉣ 열에 약하다.

> ※ 경질비닐 전선관(PVC) 1본의 길이 : 4[m]
> ※ 합성수지관 상호 간을 연결할 때 사용되는 관 부속자재 : 커플링
> ※ 합성수지관과 박스를 연결할 때 사용되는 관 부속자재 : 커넥터
> ※ 합성수지관의 호칭은 관 안지름에 가까운 짝수로 표기한다.
>   호칭 : 8, 12, 14, 16, 22, 28, 36, 42, 54, 70, 82, 100[mm]

문제 풀이 ✓

1 옥내 배선을 합성수지관 공사에 의하여 실시할 때 사용할 수 있는 단선의 최대 굵기[mm²]는?

① 4　　　　　　　　　　② 6
③ 10　　　　　　　　　 ④ 16

해설 합성수지관 공사 시설기준
- 중량물의 압력 또는 현저한 기계적 충격을 받을 우려가 없도록 시설하여야 한다.
- 전선은 절연전선(옥외용 비닐 절연전선을 제외한다)일 것.
- 전선은 연선일 것. 다만, 단면적 10[mm²](알루미늄선은 단면적 16[mm²]) 이하의 것은 그러하지 아니하다.
- 전선은 합성수지관 안에서 접속점이 없도록 할 것.
- 관의 지지점 간의 거리는 1.5[m] 이하로 하고, 관의 두께는 2[mm] 이상일 것.
- 관 상호 간 및 박스와는 관을 삽입하는 깊이를 관의 바깥 지름의 1.2배(접착제를 사용하는 경우에는 0.8배) 이상으로 하고 또한 꽂음 접속에 의하여 견고하게 접속할 것.
- 습기가 많은 장소 또는 물기가 있는 장소에 시설하는 경우에는 방습 장치를 할 것.

2 합성수지관 공사에서 지지점 간의 거리는 몇 [m] 이하로 하여야 하는가?

① 0.6　　　　　　　　　② 1.0
③ 1.2　　　　　　　　　④ 1.5

해설 관의 지지점 간의 거리는 1.5[m] 이하로 하고, 관의 두께는 2[mm] 이상일 것.

3 합성수지관 상호 및 관과 박스는 접속 시에 삽입하는 깊이를 관 바깥지름의 몇 배 이상으로 하여야 하는가?(단, 접착제를 사용하지 않은 경우이다)

① 0.2　　　　　　　　　② 0.5
③ 1　　　　　　　　　　④ 1.2

해설 관 상호 간 및 박스와는 관을 삽입하는 깊이를 관의 바깥 지름의 1.2배(접착제를 사용하는 경우에는 0.8배) 이상으로 하고 또한 꽂음 접속에 의하여 견고하게 접속할 것.

4 합성수지관 상호 및 관과 박스는 접속 시에 삽입하는 깊이를 관 바깥지름의 몇 배 이상으로 하여야 하는가?(단, 접착제를 사용한 경우이다)

① 0.6배　　　　　　　　② 0.8배
③ 1.2배　　　　　　　　④ 1.6배

해설 관 상호 간 및 박스와는 관을 삽입하는 깊이를 관의 바깥 지름의 1.2배(접착제를 사용하는 경우에는 0.8배) 이상으로 하고 또한 꽂음 접속에 의하여 견고하게 접속할 것.

정답 1 ③　2 ④　3 ④　4 ②

▶ 문제 풀이

5 합성수지관공사의 설명 중 틀린 것은?

① 관의 지지점 간의 거리는 1.5[m] 이하로 할 것
② 합성수지관 안에는 전선에 접속점이 없도록 할 것
③ 전선은 절연전선(옥외용 비닐 절연전선을 제품 제외한다)일 것
④ 관 상호 간 및 박스와는 관을 삽입하는 깊이를 관의 바깥지름의 1.5배 이상으로 할 것

[해설] 관 상호 간 및 박스와는 관을 삽입하는 깊이를 관의 바깥 지름의 1.2배(접착제를 사용하는 경우에는 0.8배) 이상으로 하고 또한 꽂음 접속에 의하여 견고하게 접속할 것.

6 저압옥내 배선에서 합성수지관 공사에 대한 설명 중 잘못된 것은?

① 합성수지관 안에는 전선에 접속점이 없도록 한다.
② 합성수지관을 새들 등으로 지지하는 경우는 그 지지점 간의 거리를 3[m] 이상으로 한다.
③ 합성수지관 상호, 관과 박스는 접속 시 삽입 깊이를 관 바깥지름의 1.2배 이상으로 한다.
④ 관 상호의 접속은 박스 또는 커플링(Coupling) 등을 사용하고 직접 접속하지 않는다.

[해설] 관의 지지점 간의 거리는 1.5[m] 이하로 하고, 관의 두께는 2[mm] 이상일 것.

7 합성수지관 공사의 특징 중 옳은 것은?

① 내열성
② 내한성
③ 내부식성
④ 내충격성

[해설] 합성수지관 공사의 특징
• 시공이 용이하고, 내식성이 강하다.
• 누전이 없으며, 절연체이므로 접지할 필요가 없다.
• 기계적 강도가 약하다.
• 열에 약하다.

8 금속 전선관과 비교한 합성수지 전선관 공사의 특징으로 거리가 먼 것은?

① 내식성이 우수하다.
② 배관 작업이 용이하다.
③ 열에 강하다.
④ 절연성이 우수하다.

[해설] 합성수지관 공사의 특징
• 시공이 용이하고, 내식성이 강하다.
• 누전이 없으며, 절연체이므로 접지할 필요가 없다.
• 기계적 강도가 약하다.
• 열에 약하다.

정답 5 ④ 6 ② 7 ③ 8 ③

9 합성수지전선관의 장점이 아닌 것은?

① 절연이 우수하다. ② 기계적 강도가 높다.
③ 내부식성이 우수하다. ④ 시공하기 쉽다.

[해설] 합성수지관 공사의 특징
- 시공이 용이하고, 내식성이 강하다.
- 누전이 없으며, 절연체이므로 접지할 필요가 없다.
- 기계적 강도가 약하다.
- 열에 약하다.

10 합성수지관 배선에 대한 설명으로 틀린 것은?

① 합성수지관 배선은 절연전선을 사용하여야 한다.
② 합성수지관 내에서 전선에 접속점을 만들어서는 안 된다.
③ 합성수지관 배선은 중량물의 압력 또는 심한 기계적 충격을 받는 장소에 시설하여서는 안 된다.
④ 합성수지관의 배선에 사용되는 관 및 박스, 기타 부속품은 온도변화에 의한 신축을 고려할 필요가 없다.

[해설] 합성수지관은 열에 약하기 때문에 온도변화에 대한 신축을 고려하여 시설해야 한다.

11 경질 비닐 전선관 1본의 표준 길이[m]는?

① 3 ② 3.6
③ 4 ④ 5.5

[해설] 경질비닐 전선관(PVC) 1본의 길이 : 4[m]

12 합성수지 전선관공사에서 관 상호간 접속에 필요한 부속품은?

① 커플링 ② 커넥터
③ 리 머 ④ 노멀밴드

[해설] 합성수지관 상호 간을 연결할 때 사용되는 관 부속자재 : 커플링

13 합성수지제 전선관의 호칭은 관 굵기의 무엇으로 표시하는가?

① 홀수인 안지름 ② 짝수인 바깥지름
③ 짝수인 안지름 ④ 홀수인 바깥지름

[해설] 합성수지관의 호칭은 관 안지름에 가까운 짝수로 표기한다.
호칭 : 8, 12, 14, 16, 22, 28, 36, 42, 54, 70, 82, 100[mm]

정답 9 ② 10 ④ 11 ③ 12 ① 13 ③

14 경질 비닐 전선관의 호칭으로 맞는 것은?

① 굵기는 관 안지름의 크기에 가까운 짝수의 [mm]로 나타낸다.
② 굵기는 관 안지름의 크기에 가까운 홀수의 [mm]로 나타낸다.
③ 굵기는 관 바깥지름의 크기에 가까운 짝수의 [mm]로 나타낸다.
④ 굵기는 관 바깥지름의 크기에 가까운 홀수의 [mm]로 나타낸다.

[해설] 합성수지관의 호칭은 관 안지름에 가까운 짝수로 표기한다.
호칭 : 8, 12, 14, 16, 22, 28, 36, 42, 54, 70, 82, 100[mm]

15 합성수지관 배선에서 경질비닐전선관의 굵기에 해당되지 않는 것은?(단, 관의 호칭을 말한다)

① 14
② 16
③ 18
④ 22

[해설] 합성수지관의 호칭은 관 안지름에 가까운 짝수로 표기한다.
호칭 : 8, 12, 14, 16, 22, 28, 36, 42, 54, 70, 82, 100[mm]

16 경질 비닐 전선관의 설명으로 틀린 것은?

① 1본의 길이는 3.6[m]가 표준이다.
② 굵기는 관 안지름의 크기에 가까운 짝수 [mm]로 나타낸다.
③ 금속관에 비해 절연성이 우수하다.
④ 금속관에 비해 내식성이 우수하다.

[해설] 경질비닐 전선관(PVC) 1본의 길이 : 4[m]

정답 14 ① 15 ③ 16 ①

2) 금속관 공사 시설기준

| 금속관 | 커플링 | 유니버설 엘보 | 노멀밴드 |

① 전선은 절연전선(옥외용 비닐절연전선을 제외한다)일 것.
② 전선은 연선일 것. 다만, 단면적 10 [mm²](알루미늄선은 단면적 16 [mm²]) 이하의 것은 그러하지 아니하다.
③ 전선은 금속관 안에서 접속점이 없도록 할 것.
④ 관의 지지점 간의 거리는 2 [m] 이하로 하고, 관의 두께는 콘크리트에 매설하는 것은 1.2 [mm] 이상, 이외의 것은 1 [mm] 이상일 것.
⑤ 관의 끝부분 및 안쪽 면은 전선의 피복을 손상하지 아니하도록 매끈한 것일 것.
⑥ 금속관과 박스 기타의 부속품은 다음 각 호에 따라 시설하여야 한다.
　㉠ 관 상호 간 및 관과 박스 기타의 부속품과는 나사접속 기타 이와 동등 이상의 효력이 있는 방법에 의하여 견고하고 또한 전기적으로 완전하게 접속할 것.
　㉡ 관의 끝 부분에는 전선의 피복을 손상하지 아니하도록 적당한 구조의 부싱을 사용할 것. 다만, 금속관공사로부터 애자사용공사로 옮기는 경우에는 그 부분의 관의 끝부분에는 절연부싱 또는 이와 유사한 것을 사용하여야 한다.
　㉢ 습기가 많은 장소 또는 물기가 있는 장소에 시설하는 경우에는 방습 장치를 할 것.
⑦ 관 안에 넣는 전선은 절연피복을 포함한 전체 단면적이 관 내부 단면적의 32[%]이하일 것. (단, 동일재질, 동일전선인 경우 48[%]이하일 것.)

※ 1본의 길이 : 3.6[m]
※ 금속관을 구부리는 경우 곡률 반지름은 관 안지름의 6배 이상으로 한다.
　– 직각 구부리기 할 때 굽힘 반지름 : $r = 6d + \dfrac{D}{2}$
　여기서, d : 금속관 안지름,　D : 금속관 바깥지름
※ 금속관의 후강전선관 호칭은 관 안지름에 가까운 짝수로 표기한다.
　호칭 : 16, 22, 28, 36, 42, 54, 70, 82, 92, 104[mm]
※ 금속관과 박스, 기타 부속품을 연결시킬 경우 나사 조임 횟수 : 5턱 이상

⑧ 금속관 공사 시 사용되는 공구 및 부속 자재

공구	용도
파이프 커터	• 금속관 공사 시 금속관을 절단할 때 사용되는 공구
리머	• 금속관 절단 시 날카로운 절단면 내부를 매끄럽게 다듬기 위해 사용되는 공구
오스터	• 금속 전선관 작업에서 나사산을 낼 때 사용되는 공구
히키, 밴더	• 금속관 배관공사를 할 때 금속관을 구부리는데 사용되는 공구
플라이어	• 금속관 공사 시 로크너트 등을 고정시키거나 조일 때 사용되는 공구로 전선의 슬리브 접속 시 펜치와 같이 사용되는 공구
파이프렌치	• 금속관을 커플링이나 커넥터 등에 연결시 고정시키거나 돌려 끼울 때 사용되는 공구
철망 그리프	• 금속관에 여러 가닥의 전선을 매우 편리하게 넣을 때 사용되는 공구

부속 자재	용도
[부싱]　[절연부싱]	• 절연전선이나 케이블을 금속관에 넣을 때 전선의 피복이 손상되는 것을 방지하기 위해 금속관 끝에 사용되는 자재
로크너트	• 금속관을 박스에 고정 시킬 때 사용되는 자재
커플링	• 금속관과 금속관 상호를 연결할 때 사용되는 자재
유니온 커플링	• 금속관과 금속관 상호를 연결할 때 한쪽 금속관이 고정되어 관을 돌릴 수 없는 경우에 사용되는 자재
링리듀서	• 금속관과 접속함을 접속하는 경우 녹아웃 구멍이 금속관보다 클 때 관을 박스에 고정시키기 위해 사용되는 자재
유니버셜 엘보	• 금속관 노출공사에서 관이 직각으로 구부러지는 곳에 사용되는 자재
노멀밴드	• 금속관 매입공사에서 관이 직각으로 구부러지는 곳에 사용되는 자재
풀박스	• 금속관의 굴곡이 3개소가 이상이거나 관의 길이가 30[m]를 초과하는 경우 배관에 입선작업을 용이하게 하기위해 배관 중간에 시설하는 박스

 접지클램프	• 금속관에 접지공사를 할 경우 금속관에 접지선을 고정시킬 때 사용되는 자재
 새들	• 금속관, 합성수지관, 가요전선관 등을 조영재(천장, 벽, 바닥, 기둥)에 고정 시킬 때 사용되는 자재
 스프링와셔	• 전선을 전기 기계기구나 단자에 접속 시 진동 등으로 헐거워질 염려가 있는 곳에 사용되는 자재
 엔트런스 캡	• 저압 가공 인입선의 인입구에 사용하여 금속관 공사에서 끝부분의 빗물 침입을 방지하는데 사용되는 자재

문제 풀이 ✓

1 금속관공사에 의한 저압 옥내배선에서 잘못된 것은?

① 전선은 절연전선일 것
② 금속관 안에서는 전선의 접속점이 없도록 할 것
③ 알루미늄 전선은 단면적 16[mm²] 초과 시 연선을 사용할 것
④ 옥외용 비닐절연전선을 사용할 것

[해설] 옥내배선공사에 옥외용 비닐절연전선은 사용할 수 없다.

2 서로 다른 굵기의 절연전선을 동일 관내에 넣는 경우 금속관의 굵기는 전선의 피복절연물을 포함한 단면적의 총합계가 관의 내 단면적의 몇 [%] 이하가 되도록 선정하여야 하는가?

① 32　　　　　　　　　　② 38
③ 45　　　　　　　　　　④ 48

[해설] 관 안에 넣는 전선은 절연피복을 포함한 전체 단면적이 관 내부 단면적의 32[%]이하일 것.
(단, 동일재질, 동일전선인 경우 48[%]이하일 것.)

3 금속관 내의 같은 굵기의 전선을 넣을 때는 절연전선의 피복을 포함한 총 단면적이 금속관 내부 단면적의 몇 [%] 이하이어야 하는가?

① 16　　　　　　　　　　② 24
③ 32　　　　　　　　　　④ 48

[해설] 관 안에 넣는 전선은 절연피복을 포함한 전체 단면적이 관 내부 단면적의 32[%]이하일 것.
(단, 동일재질, 동일전선인 경우 48[%]이하일 것.)

[정답] 1 ④ 2 ① 3 ④

문제 풀이

4 금속관 배선에 대한 설명으로 잘못된 것은?

① 금속관 두께는 콘크리트에 매입하는 경우 1.2[mm] 이상일 것
② 교류회로에서 전선을 병렬로 사용하는 경우 관내에 전자적 불평형이 생기지 않도록 시설할 것
③ 굵기가 다른 절연전선을 동일 관 내에 넣은 경우 피복절연물을 포함한 단면적이 관 내 단면적의 48[%] 이하일 것
④ 관의 호칭에서 후강전선관은 짝수, 박강전선관은 홀수로 표시할 것

[해설] 고금속관에 굵기가 다른 절연전선을 동일 관 내에 넣은 경우 피복절연물을 포함한 단면적이 관 내 단면적의 32[%] 이하일 것

5 금속 전선관을 구부릴 때 금속관의 단면이 심하게 변형되지 않도록 구부려야 하며 일반적으로 그 안측의 반지름은 관 안지름의 몇 배 이상이 되어야 하는가?

① 2배
② 4배
③ 6배
④ 8배

[해설] 금속관을 구부리는 경우 곡률 반지름 : 관 안지름의 6배 이상

6 금속 전선관을 직각 구부리기 할 때 굽힘 반지름 r은?(단, d는 금속 전선관의 안지름, D는 금속 전선관의 바깥지름이다)

① $r = 6d + \dfrac{D}{2}$
② $r = 6d + \dfrac{D}{4}$
③ $r = 2d + \dfrac{D}{6}$
④ $r = 4d + \dfrac{D}{6}$

[해설] 직각 구부리기 할 때 굽힘 반지름 : $r = 6d + \dfrac{D}{2}$

7 후강전선관의 관 호칭은 (㉠) 크기로 정하여 (㉡)로 표시하는데, ㉠과 ㉡에 들어갈 내용으로 옳은 것은?

① ㉠ 안지름 ㉡ 홀수
② ㉠ 안지름 ㉡ 짝수
③ ㉠ 바깥지름 ㉡ 홀수
④ ㉠ 바깥지름 ㉡ 짝수

[해설] 후강전선관 : 안지름에 가까운 짝수 (짝수로 표시한 근사 내경)

[정답] 4 ③ 5 ③ 6 ① 7 ②

8 금속 전선관의 종류에서 후강전선관 규격[mm]이 아닌 것은?

① 16　　　　　　　　　　② 19
③ 28　　　　　　　　　　④ 36

[해설] 후강전선관 : 안지름에 가까운 짝수 (짝수로 표시한 근사 내경)
　　　호칭 : 16, 22, 28, 36, 42, 54, 70, 82, 92, 104[mm]

9 금속 전선관 공사에서 사용되는 후강전선관의 규격이 아닌 것은?

① 16　　　　　　　　　　② 28
③ 36　　　　　　　　　　④ 50

[해설] 후강전선관 : 안지름에 가까운 짝수 (짝수로 표시한 근사 내경)
　　　호칭 : 16, 22, 28, 36, 42, 54, 70, 82, 92, 104[mm]

10 폭발성 분진이 있는 위험장소의 금속관 공사에 있어서 관 상호 및 관과 박스 기타의 부속품이나 풀박스 또는 전기기계기구는 몇 턱 이상의 나사 조임으로 시공하여야 하는가?

① 2턱　　　　　　　　　② 3턱
③ 4턱　　　　　　　　　④ 5턱

[해설] 금속관 상호 및 관과 박스, 기타 부속품 연결시 나사 조임 : 5턱 이상

11 금속관을 절단할 때 사용되는 공구는?

① 오스터　　　　　　　　② 녹 아웃 펀치
③ 파이프 커터　　　　　　④ 파이프 렌치

[해설] 파이프 커터 : 금속관 공사 시 금속관을 절단할 때 사용되는 공구

12 금속관 절단구에 대한 다듬기에 쓰이는 공구는?

① 리 머　　　　　　　　② 홀 쏘
③ 프레셔 툴　　　　　　　④ 파이프 렌치

[해설] 리머 : 금속관 절단 시 날카로운 절단면 내부를 매끄럽게 다듬기 위해 사용되는 공구

[정답] 8 ②　9 ④　10 ④　11 ③　12 ①

13 금속 전선관 작업에서 나사를 낼 때, 필요한 공구는 어느 것인가?

① 파이프 벤더
② 볼트 클리퍼
③ 오스터
④ 파이프 렌치

[해설] 오스터 : 금속 전선관 작업에서 나사산을 낼 때 사용되는 공구

14 금속관 배관공사를 할 때 금속관을 구부리는 데 사용하는 공구는?

① 히키(Hickey)
② 파이프 렌치(Pipe Wrench)
③ 오스터(Oster)
④ 파이프 커터(Pipe Cutter)

[해설] 히키, 밴더 : 금속관 배관공사를 할 때 금속관을 구부리는데 사용되는 공구

15 금속관에 여러 가닥의 전선을 넣을 때 매우 편리하게 넣을 수 있는 방법으로 쓰이는 것은?

① 비닐전선
② 철망그립
③ 접지선
④ 호밍사

[해설] 고철망그립 : 금속관에 여러 가닥의 전선을 매우 편리하게 넣을 때 사용되는 공구

16 옥내배선공사 중 금속관 공사에 사용되는 공구의 설명 중 잘못된 것은?

① 전선관의 굽힘 작업에 사용하는 공구는 토치램프나 스프링 벤더를 사용한다.
② 전선관의 나사를 내는 작업에 오스터를 사용한다.
③ 전선관을 절단하는 공구에는 쇠톱 또는 파이프 커터를 사용한다.
④ 아웃렛 박스의 천공작업에 사용되는 공구는 녹아웃펀치를 사용한다.

[해설] 전선관의 굽힘 작업에 사용되는 공구
• 합성수지관 : 토치램프, 스프링 밴더
• 금속관 : 히키, 밴더

17 금속관 공사를 할 경우 케이블 손상방지용으로 사용하는 부품은?

① 부 싱
② 엘 보
③ 커플링
④ 로크너트

[해설] 부싱 : 절연전선이나 케이블을 금속관에 넣을 때 전선의 피복이 손상되는 것을 방지하기 위해 금속관 끝에 사용되는 자재

정답 13 ③ 14 ① 15 ② 16 ① 17 ①

18 옥내배선 공사 작업 중 전선관 끝부분 작업시에 전선의 피복을 보호하기 위해 사용하는 것은?

① 커플링
② 와이어 커넥터
③ 로크너트
④ 절연부싱

[해설] 절연부싱 : 절연전선이나 케이블을 금속관에 넣을 때 전선의 피복이 손상되는 것을 방지하기 위해 금속관 끝에 사용되는 자재

19 박스에 금속관을 고정할 때 사용하는 것은?

① 유니언 커플링
② 로크너트
③ 부 싱
④ C형 엘보

[해설] 로크너트 : 금속관을 박스에 고정 시킬 때 사용되는 자재

20 금속전선관 공사에서 금속관과 접속함을 접속하는 경우 녹아웃 구멍이 금속관보다 클 때 사용하는 부품은?

① 록너트
② 부 싱
③ 새 들
④ 링 리듀서

[해설] 링리듀셔 : 금속관과 접속함을 접속하는 경우 녹아웃 구멍이 금속관보다 클 때 관을 박스에 고정시키기 위해 사용되는 자재

21 금속관 공사를 노출로 시공할 때 직각으로 구부러지는 곳에는 어떤 배선기구를 사용하는가?

① 유니온 커플링
② 아웃렛 박스
③ 픽스쳐 히키
④ 유니버셜 엘보

[해설] 유니버셜 엘보 : 금속관 노출공사에서 관이 직각으로 구부러지는 곳에 사용되는 자재

22 금속관 구부리기에 있어서 관의 굴곡이 3개소가 넘거나 관의 길이가 30[m]를 초과하는 경우 적용하는 것은?

① 커플링
② 풀박스
③ 로크너트
④ 링 리듀서

[해설] 풀박스 : 금속관의 굴곡이 3개소가 이상이거나 관의 길이가 30[m]를 초과하는 경우 배관에 입선작업을 용이하게 하기위해 배관 중간에 시설하는 박스

정답 18 ④ 19 ② 20 ④ 21 ④ 22 ②

문제 풀이

23 금속관 공사 시 관을 접지하는데 사용하는 것은?

① 노출배관용 박스 ② 엘보
③ 접지클램프 ④ 터미널 캡

[해설] 접지클램프 : 금속관에 접지공사를 할 경우 금속관에 접지선을 고정시킬 때 사용되는 자재

24 저압 가공 인입선의 인입구에 사용하여 금속관 공사에서 끝부분의 빗물 침입을 방지하는 데 적당한 것은?

① 플로어 박스 ② 엔트런스 캡
③ 부 싱 ④ 터미널 캡

[해설] 엔트런스 캡 : 저압 가공 인입선의 인입구에 사용하여 금속관 공사에서 끝부분의 빗물 침입을 방지하는데 사용되는 자재

25 기구 단자에 전선 접속 시 진동 등으로 헐거워지는 염려가 있는 곳에 사용되는 것은?

① 스프링와셔 ② 2중 볼트
③ 삼각 볼트 ④ 접속기

[해설] 스프링와셔 : 전선을 전기 기계기구나 단자에 접속 시 진동 등으로 헐거워질 염려가 있는 곳에 사용되는 자재

26 구리전선과 전기 기계기구 단자를 접속하는 경우에 진동 등으로 인하여 헐거워질 염려가 있는 곳에는 어떤 것을 사용하여 접속하여야 하는가?

① 정 슬리브를 끼운다. ② 평와셔 2개를 끼운다.
③ 코드 패스너를 끼운다. ④ 스프링 와셔를 끼운다.

[해설] 스프링와셔 : 전선을 전기 기계기구나 단자에 접속 시 진동 등으로 헐거워질 염려가 있는 곳에 사용되는 자재

27 다음 중 금속 전선관 부속품이 아닌 것은?

① 로크 너트 ② 노멀 밴드
③ 커플링 ④ 앵글 커넥터

[해설] 앵글 커넥터 : 가요전선관 공사 시 가요전선관을 박스에 직각으로 연결할 때 사용되는 자재

정답 23 ③ 24 ② 25 ① 26 ④ 27 ④

3) 가요전선관 공사 시설기준

: 가요전선관 공사는 굴곡개소가 많아서 금속관에 의하여 공사하기 어려운 경우와 금속관 공사나 금속 덕트 공사 등에 병용하여 부분적으로 이용되며, 가요성이 있으므로 엘리베이터의 배선이나 공장 등의 전동기에 이르는 짧은 배선에 사용된다.

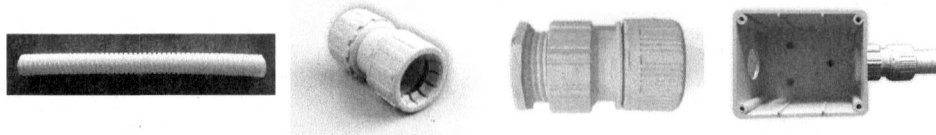

합성수지제 가요전선관   커플링   커넥터

① 중량물의 압력 또는 현저한 기계적 충격을 받을 우려가 없도록 시설하여야 한다.
② 전선은 절연전선(옥외용 비닐 절연전선을 제외한다)일 것.
③ 전선은 연선일 것. 다만, 단면적 10 [mm²](알루미늄선은 단면적 16 [mm²]) 이하의 것은 그러하지 아니하다.
④ 전선은 가요전선관 안에서 접속점이 없도록 할 것.
⑤ 가요전선관은 2종 금속제 가요 전선관일 것. 다만, 전개된 장소 또는 점검할 수 있는 은폐된 장소에는 1종 가요 전선관을 사용할 수 있다.
⑥ 가요전선관을 조영재의 측면에 새들로 지지하는 경우 지지점 간 거리는 1[m] 이하이어야 한다.
⑦ 금속제 가요전선관 부속자재
    ㉠ 가요전선관과 가요전선관 상호를 연결하는 부속 자재 : 스플릿 커플링
    ㉡ 가요전선관과 금속관 상호를 연결하는 부속 자재 : 콤비네이션 커플링
    ㉢ 가요전선관과 박스를 연결할 때 사용되는 부속 자재 : 스트레이트 박스 커넥터
    ㉣ 가요전선관을 박스에 직각으로 연결할 때 사용되는 부속 자재 : 앵글 박스 커넥터

> ※ 합성수지제 가요전선관 종류 : PF전선관, CD전선관
>   합성수지제 가요전선관 호칭 : 14, 16, 22, 28, 36, 42[mm]
> ※ 1종 금속제 가요전선관의 곡률 반지름은 관 안지름의 6배 이상으로 할 것.
> ※ 2종 금속제 가요전선관
>   ㉠ 단면적이 2.5[mm²]인 전선 3본을 동일 관내에 넣는 경우의 2종 가요전선관의 최소 굵기 : 15[mm] 이상
>   ㉡ 단면적이 2.5[mm²]인 전선 6본을 동일 관내에 넣는 경우의 2종 가요전선관의 최소 굵기 : 24[mm] 이상
>   ㉢ 관을 시설하고 제거하는 것이 어렵고 점검 불가능한 장소에 시설 시 곡률반지름은 관 안지름의 6배 이상으로 한다.
>   ㉣ 관을 시설하고 제거하는 것이 자유롭고 점검 가능한 장소에 시설 시 곡률반지름은 관 안지름의 3배 이상으로 한다.

 문제 풀이 ✓

1 가요전선관 공사에 다음의 전선을 사용하였다. 맞게 사용한 것은?

① 알루미늄 35[mm²]의 단선
② 절연전선 16[mm²]의 단선
③ 절연전선 10[mm²]의 연선
④ 알루미늄 25[mm²]의 단선

[해설] 전선은 연선일 것. 다만, 단면적 10[mm²](알루미늄선은 단면적 16[mm²]) 이하의 것은 그러하지 아니하다.
• 절연전선 단선 최대 굵기 : 10[mm²]
• 알루미늄전선 단선 최대 굵기 : 16[mm²]

2 가요전선관 공사 방법에 대한 설명으로 잘못된 것은?

① 전선은 옥외용 비닐 절연전선을 제외한 절연전선을 사용한다.
② 일반적으로 전선은 연선을 사용한다.
③ 가요전선관 안에는 전선의 접속점이 없도록 한다.
④ 사용전압 400[V] 이하의 저압의 경우에만 사용한다.

[해설] 옥내 가요전선관 공사 : 사용전압 400[V] 초과에도 사용할 수 있다.

3 사람이 접촉될 우려가 있는 것으로서 가요전선관을 새들 등으로 지지하는 경우 지지점 간의 거리는 얼마 이하이어야 하는가?

① 0.3[m] 이하
② 0.5[m] 이하
③ 1[m] 이하
④ 1.5[m] 이하

[해설] 가요전선관을 조영재의 측면에 새들로 지지하는 경우 지지점 간 거리는 1[m] 이하이어야 한다.

4 다음 중 가요전선관 공사로 적당하지 않은 것은?

① 옥내의 천장 은폐배선으로 8각 박스에서 형광등기구에 이르는 짧은 부분의 전선관공사
② 프레스 공작기계 등의 굴곡개소가 많아 금속관 공사가 어려운 부분의 전선관공사
③ 금속관에서 전동기부하에 이르는 짧은 부분의 전선관공사
④ 수변전실에서 배전반에 이르는 부분의 전선관공사

[해설] 가요전선관 공사는 굴곡개소가 많아서 금속관에 의하여 공사하기 어려운 경우와 금속관 공사나 금속 덕트 공사 등에 병용하여 부분적으로 이용되며, 가요성이 있으므로 엘리베이터의 배선이나 공장 등의 전동기에 이르는 짧은 배선에 사용된다.

[정답] 1 ③ 2 ④ 3 ③ 4 ④

5 금속제 가요전선관 공사 방법의 설명으로 옳은 것은?

① 가요전선관과 박스와의 직각부분에 연결하는 부속품은 앵글 박스 커넥터이다.
② 가요전선관과 금속관의 접속에 사용하는 부속품은 스트레이트 박스 커넥터이다.
③ 가요전선관 상호접속에 사용하는 부속품은 콤비네이션 커플링이다.
④ 스위치박스에는 콤비네이션 커플링을 사용하여 가요전선관과 접속한다.

[해설] 가요전선관 부속자재
- 가요전선관과 가요전선관 상호를 연결하는 부속 자재 : 스플릿 커플링
- 가요전선관과 금속관 상호를 연결하는 부속 자재 : 콤비네이션 커플링
- 가요전선관과 박스를 연결할 때 사용되는 부속 자재 : 스트레이트 박스 커넥터
- 가요전선관을 박스에 직각으로 연결할 때 사용되는 부속 자재 : 앵글 박스 커넥터

6 가요 전선관의 상호접속은 무엇을 사용하는가?

① 컴비네이션 커플링
② 스플릿 커플링
③ 더블 커넥터
④ 앵글 커넥터

[해설] 가요전선관과 가요전선관 상호를 연결하는 부속 자재 : 스플릿 커플링

7 가요전선관과 금속관의 상호 접속에 쓰이는 재료는?

① 스프리트 커플링
② 콤비네이션 커플링
③ 스트레이트 박스커넥터
④ 앵글 박스커넥터

[해설] 가요전선관과 금속관 상호를 연결하는 부속 자재 : 콤비네이션 커플링

8 건물의 모서리(직각)에서 가요전선관을 박스에 연결할 때 필요한 접속기는?

① 스트레이트 박스 커넥터
② 앵글 박스 커넥터
③ 플렉시블 커플링
④ 콤비네이션 커플링

[해설] 가요전선관을 박스에 직각으로 연결할 때 사용되는 부속 자재 : 앵글 박스 커넥터

정답 5 ① 6 ② 7 ② 8 ②

9 합성수지제 가요전선관으로 옳게 짝지어진 것은?

① 후강전선관과 박강전선관
② PVC전선관과 PF전선관
③ PVC전선관과 제2종 가요전선관
④ PF전선관과 CD전선관

[해설] 합성수지제 가요전선관 종류 : PF전선관, CD전선관

10 제1종 가요전선관을 구부릴 경우의 곡률 반지름은 관 안지름의 몇 배 이상으로 하여야 하는가?

① 3배
② 4배
③ 6배
④ 8배

[해설] 1종 금속제 가요전선관의 곡률 반지름은 관 안지름의 6배 이상으로 할 것.

11 가요전선관에 대한 설명으로 잘못된 것은?

① 가요전선관 상호접속은 커플링으로 한다.
② 가요전선관과 금속관 배선 등과 연결하는 경우 적당한 구조의 커플링으로 완벽하게 접속하여야 한다.
③ 가요전선관을 조영재의 측면에 새들로 지지하는 경우 지지점 간 거리는 1[m] 이하이어야 한다.
④ 1종 가요전선관을 구부리는 경우의 곡률 반지름은 관안지름의 10배 이상으로 하여야 한다.

[해설] 1종 금속제 가요전선관의 곡률 반지름은 관 안지름의 6배 이상으로 할 것.

12 노출장소 또는 점검 가능한 은폐장소에서 제2종 가요전선관을 시설하고 제거하는 것이 부자유하거나 점검 불가능한 경우의 곡률 반지름은 안지름의 몇 배 이상으로 하여야 하는가?

① 2
② 3
③ 5
④ 6

[해설] 2종 금속제 가요전선관
• 관을 시설하고 제거하는 것이 어렵고 점검 불가능한 장소에 시설 시 곡률반지름은 관 안지름의 6배 이상으로 한다.
• 관을 시설하고 제거하는 것이 자유롭고 점검 가능한 장소에 시설 시 곡률반지름은 관 안지름의 3배 이상으로 한다.

[정답] 9 ④ 10 ③ 11 ④ 12 ④

13 관을 시설하고 제거하는 것이 자유롭고 점검 가능한 은폐장소에서 가요전선관을 구부리는 경우 곡률 반지름은 2종 가요전선관 안지름의 몇 배 이상으로 하여야 하는가?

① 10
② 9
③ 6
④ 3

[해설] 2종 금속제 가요전선관
- 관을 시설하고 제거하는 것이 어렵고 점검 불가능한 장소에 시설 시 곡률반지름은 관 안지름의 6배 이상으로 한다.
- 관을 시설하고 제거하는 것이 자유롭고 점검 가능한 장소에 시설 시 곡률반지름은 관 안지름의 3배 이상으로 한다.

14 합성수지제 가요전선관의 규격이 아닌 것은?

① 14
② 22
③ 36
④ 52

[해설] 합성수지제 가요전선관 호칭 : 14, 16, 22, 28, 36, 42[mm]

15 전선의 도체 단면적이 2.5[mm^2]인 전선 3본을 동일 관내에 넣는 경우의 2종 가요전선관의 최소 굵기[mm]는?

① 10
② 15
③ 17
④ 24

[해설] 2종 금속제 가요전선관
- 단면적이 2.5[mm^2]인 전선 3본을 동일 관내에 넣는 경우의 2종 가요전선관의 최소 굵기 : 15[mm] 이상
- 단면적이 2.5[mm^2]인 전선 6본을 동일 관내에 넣는 경우의 2종 가요전선관의 최소 굵기 : 24[mm] 이상

정답 13 ④ 14 ④ 15 ②

16 전선 단면적 2.5[mm²], 접지선 1본을 포함한 전선가닥수 6본을 동일 관 내에 넣는 경우의 제2종 가요전선관의 최소 굵기로 적당한 것은?

① 10[mm] ② 15[mm]
③ 17[mm] ④ 24[mm]

[해설] 2종 금속제 가요전선관
- 단면적이 2.5[mm²]인 전선 3본을 동일 관내에 넣는 경우의 2종 가요전선관의 최소 굵기 : 15[mm] 이상
- 단면적이 2.5[mm²]인 전선 6본을 동일 관내에 넣는 경우의 2종 가요전선관의 최소 굵기 : 24[mm] 이상

17 전기공사 시공에 필요한 공구사용법 설명 중 잘못된 것은?

① 콘크리트의 구멍을 뚫기 위한 공구로 타격용 임팩트 전기드릴을 사용한다.
② 스위치박스에 전선관용 구멍을 뚫기 위해 녹아웃 펀치를 사용한다.
③ 합성수지 가요전선관의 굽힘 작업을 위해 토치램프를 사용한다.
④ 금속 전선관의 굽힘 작업을 위해 파이프 벤더를 사용한다.

[해설] 토치램프 : 합성수지관 공사 시 합성수지관을 구부리거나 가공할 때 열을 가하기 위해 사용되는 공구 (합성수지 가요전선관에 토치램프를 대면 관이 바로 녹아 버림.)

정답 16 ④ 17 ③

❼ 케이블 공사 시설기준

1) 전선은 케이블 및 캡타이어케이블일 것.

2) 중량물의 압력 또는 현저한 기계적 충격을 받을 우려가 있는 곳에 시설하는 케이블에는 적당한 방호 장치를 할 것.

3) 전선을 조영재의 아랫면 또는 옆면에 따라 붙이는 경우에는 전선의 지지점 간의 거리를 케이블은 2 [m] 이하 캡타이어 케이블은 1 [m] 이하로 하고 또한 그 피복을 손상하지 아니하도록 붙일 것.

4) 케이블을 구부리는 경우 케이블의 굴곡 반지름은 6배이상으로 할 것.(단, 단심인 경우 8배이상)

5) 케이블 트레이 종류 : 바닥밀폐형, 사다리형, 메시형, 펀칭형

문제 풀이 ✓

1 저압 옥내배선 시설 시 캡타이어케이블을 조영재의 아랫면 또는 옆면에 따라 붙이는 경우 전선의 지지점 간의 거리는 몇 [m] 이하로 하여야 하는가?

① 1 ② 1.5
③ 2 ④ 2.5

[해설] 전선을 조영재의 아랫면 또는 옆면에 따라 붙이는 경우에는 전선의 지지점 간의 거리를 케이블은 2[m] 이하 캡타이어 케이블은 1[m] 이하로 하고 또한 그 피복을 손상하지 아니하도록 붙일 것.

2 케이블 공사에서 비닐 외장 케이블을 조영재의 옆면에 따라 붙이는 경우 전선의 지지점 간의 거리는 최대 몇 [m]인가?

① 1.0 ② 1.5
③ 2.0 ④ 2.5

[해설] 전선을 조영재의 아랫면 또는 옆면에 따라 붙이는 경우에는 전선의 지지점 간의 거리를 케이블은 2[m] 이하 캡타이어 케이블은 1[m] 이하로 하고 또한 그 피복을 손상하지 아니하도록 붙일 것.

3 케이블을 조영재에 지지하는 경우에 이용되는 것이 아닌 것은?

① 터미널 캡 ② 클리트(Cleat)
③ 스테이플 ④ 새 들

[해설] 케이블을 조영재에 지지할 때 사용되는 것 : 새들, 스테이플, 클리트 등
터미널 캡 : 케이블공사에서 배관공사로 변경되는 수평배관 끝에 시설하는 부속자재

4 연피없는 케이블을 배선할 때 직각 구부리기(L형)는 대략 굴곡 반지름을 케이블의 바깥지름의 몇 배 이상으로 하는가?

① 3 ② 4
③ 6 ④ 10

[해설] 케이블을 구부리는 경우 케이블의 굴곡 반지름은 6배이상으로 할 것.(단,단심인 경우 8배이상)

정답 1 ① 2 ③ 3 ① 4 ③

5 케이블을 구부리는 경우는 피복이 손상되지 않도록 하고 그 굴곡부의 곡률반경은 원칙적으로 케이블이 단심인 경우 완성품 외경의 몇 배 이상이어야 하는가?

① 4
② 6
③ 8
④ 10

[해설] 케이블을 구부리는 경우 케이블의 굴곡 반지름은 6배이상으로 할 것.(단, 단심인 경우 8배이상)

6 금속제 케이블트레이의 종류가 아닌 것은?

① 메시형
② 사다리형
③ 바닥밀폐형
④ 크로스형

[해설] 케이블 트레이 종류 : 바닥밀폐형, 사다리형, 메시형, 펀칭형

[정답] 5 ③ 6 ④

CHAPTER 5 전기사용장소의 시설

1 저압 옥내 배선

❶ 옥내전로 대지 전압의 제한

1) 백열전등 또는 방전등에 전기를 공급하는 옥내의 전로의 대지 전압은 300[V] 이하이어야 하며 다음 각 호에 따라 시설하여야 한다.
   ① 백열전등 또는 방전등 및 이에 부속하는 전선은 사람이 접촉할 우려가 없도록 시설할 것
   ② 백열전등 또는 방전등용 안정기는 저압의 옥내배선과 직접 접속하여 시설할 것.
   ③ 백열전등의 전구소켓은 키나 그 밖의 점멸기구가 없는 것일 것.

❷ 저압 옥내배선의 사용전선

1) 단면적 2.5 [mm²]이상의 연동선 또는 이와 동등 이상의 강도 및 굵기의 것.

2) 옥내배선의 사용 전압이 400 V 이하인 경우 (위의 조건을 따르지 않는 경우)
   ① 전광표시 장치 기타 이와 유사한 장치 또는 제어 회로 등에 사용하는 배선에 단면적 1.5 [mm²] 이상의 연동선을 사용한다.
   ② 전광표시 장치 기타 이와 유사한 장치 또는 제어회로 등의 배선에 단면적 0.75 [mm²] 이상인 다심케이블 또는 다심 캡타이어 케이블을 사용한다.
   ③ 단면적 0.75 [mm²] 이상인 코드 또는 캡타이어케이블을 사용한다.

❸ 저압 옥내전로 인입구에서의 개폐기 시설

1) 저압 옥내전로에는 인입구에 가까운 곳으로서 쉽게 개폐할 수 있는 곳에 개폐기를 시설하여야 한다.

2) 사용전압이 400 [V] 이하인 옥내 전로로서 다른 옥내전로(정격전류가 16 [A] 이하인 과전류 차단기 또는 정격전류가 16 [A]를 초과하고 20 [A] 이하인 배선용 차단기로 보호되고 있는 것에 한한다)에 접속하는 길이 15 [m] 이하의 전로에서 전기의 공급을 받을 것.

3) 저압 옥내전로에 접속하는 전원측의 전로에 그 저압 옥내 전로의 인입구에 가까운 곳에 전용의 개폐기를 쉽게 개폐할 수 있는 곳에 시설할 것.

❹ 전동기의 과부하 보호 장치 시설 (전동기 과부하 보호장치 : 열동 계전기)

1) 옥내에 시설하는 전동기(정격 출력이 0.2 [kW] 이하인 것을 제외한다. 이하 이 조에서 같다)에는 전동기가 손상될 우려가 있는 과전류가 생겼을 때에 자동적으로 이를 저지하거나 이를 경보하는 장치를 하여야 한다. 다만, 다음 각 호의 어느 하나에 해당하는 경우에는 그러하지 아니하다.
① 전동기를 운전 중 상시 취급자가 감시할 수 있는 위치에 시설하는 경우
② 전동기의 구조나 부하의 성질로 보아 전동기가 손상될 수 있는 과전류가 생길 우려가 없는 경우
③ 단상전동기로써 그 전원측 전로에 시설하는 과전류 차단기의 정격전류가 16 [A] (배선용 차단기는 20 [A]) 이하인 경우

❺ 분기회로 보호장치

분기회로(S_2)의 보호장치(P_2)는 (P_2)의 전원 측에서 분기점(O) 사이에 다른 분기회로 또는 콘센트의 접속이 없고, 단락의 위험과 화재 및 인체에 대한 위험성이 최소화 되도록 시설된 경우, 분기회로의 보호장치 (P_2)는 분기회로의 분기점(O)으로부터 3[m]까지 이동하여 설치할 수 있다.

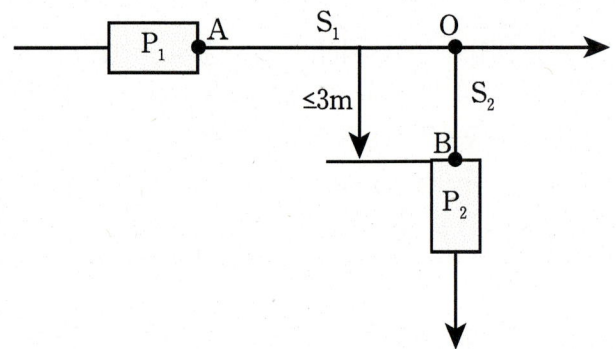

분기회로(S_2)의 분기점(O)에서 3[m] 이내에 설치된 과부하 보호장치(P_2)

❻ 점멸장치와 타임스위치 등의 시설

1) 가정용 전등은 등기구마다 점멸이 가능하도록 할 것.

2) 국부 조명설비는 그 조명대상에 따라 점멸할 수 있도록 시설할 것.

3) 조명용 전등을 설치할 때에는 다음 각 호에 따라 타임스위치를 시설하여야 한다.
① 관광숙박업 또는 숙박업에 이용되는 객실의 입구 등은 1분 이내에 소등되는 것일 것.
② 일반주택 및 아파트 각 호실의 현관등은 3분 이내에 소등되는 것일 것.

문제 풀이 ✓

1 공장 내 등에서 대지전압이 150[V]를 초과하고 300[V] 이하인 전로에 백열전등을 시설할 경우 다음 중 잘못된 것은?

① 백열전등은 사람이 접촉될 우려가 없도록 시설하였다.
② 백열전등은 옥내배선과 직접 접속을 하지 않고 시설하였다.
③ 백열전등의 소켓은 키 및 점멸기구가 없는 것을 사용하였다.
④ 백열전등 회로에는 규정에 따라 누전차단기를 설치하였다.

[해설] 백열전등 또는 방전등에 전기를 공급하는 옥내의 전로의 대지 전압은 300[V] 이하이어야 하며 다음 각 호에 따라 시설하여야 한다.
- 백열전등 또는 방전등 및 이에 부속하는 전선은 사람이 접촉할 우려가 없도록 시설할 것
- 백열전등 또는 방전등용 안정기는 저압의 옥내배선과 직접 접속하여 시설할 것.
- 백열전등의 전구소켓은 키나 그 밖의 점멸기구가 없는 것일 것.

2 옥내배선공사할 때 연동선을 사용할 경우 전선의 최소 굵기[mm^2]는?

① 1.5 ② 2.5
③ 4   ④ 6

[해설] 저압 옥내배선의 사용전
- 단면적 2.5 [mm^2] 이상의 연동선 또는 이와 동등 이상의 강도 및 굵기의 것.
- 옥내배선의 사용 전압이 400 [V] 이하인 경우 (위의 조건을 따르지 않는 경우)
  - 전광표시 장치 기타 이와 유사한 장치 또는 제어 회로 등에 사용하는 배선에 단면적 1.5 [mm^2] 이상의 연동선을 사용한다.
  - 전광표시 장치 기타 이와 유사한 장치 또는 제어회로 등의 배선에 단면적 0.75 [mm^2] 이상인 다심케이블 또는 다심 캡타이어 케이블을 사용한다.
  - 단면적 0.75 [mm^2] 이상인 코드 또는 캡타이어케이블을 사용한다.

3 저압옥외조명시설에 전기를 공급하는 가공전선 또는 지중전선에서 분기하여 전등 또는 개폐기에 이르는 배선에 사용하는 절연전선의 단면적은 몇 [mm^2] 이상이어야 하는가?

① 2.0[mm^2]   ② 2.5[mm^2]
③ 6[mm^2]   ④ 16[mm^2]

[해설] 저압 옥내배선의 사용전선
- 단면적 2.5 [mm^2] 이상의 연동선 또는 이와 동등 이상의 강도 및 굵기의 것.

정답 1 ②   2 ②   3 ②

4 옥내에 시설하는 사용전압이 400[V] 이상인 저압의 이동전선은 0.6/1[kV] EP 고무 절연 클로로프렌 캡타이어 케이블로서 단면적이 몇 [mm^2] 이상이어야 하는가?

① 0.75[mm^2] ② 2[mm^2]
③ 5.5[mm^2] ④ 8[mm^2]

해설 옥내배선의 사용 전압이 400 [V] 이하인 경우
- 전광표시 장치 기타 이와 유사한 장치 또는 제어 회로 등에 사용하는 배선에 단면적 1.5 [mm^2] 이상의 연동선을 사용한다.
- 전광표시 장치 기타 이와 유사한 장치 또는 제어회로 등의 배선에 단면적 0.75 [mm^2] 이상인 다심케이블 또는 다심 캡타이어 케이블을 사용한다.
- 단면적 0.75 [mm^2] 이상인 코드 또는 캡타이어케이블을 사용한다.

5 간선에서 분기하여 분기 과전류 차단기를 거쳐서 부하에 이르는 사이의 배선을 무엇이라 하는가?

① 간 선 ② 인입선
③ 중성선 ④ 분기회로

해설 분기회로 : 간신에서 분기하여 분기 과전류 차단기를 거쳐서 부하에 이르는 회로

6 저압 옥내 간선으로부터 분기하는 곳에 설치하여야 하는 것은?

① 과전압 차단기 ② 과전류 차단기
③ 누전 차단기 ④ 지락 차단기

해설 저압 옥내간선에서 분기하는 곳에 개폐기 및 과전류 차단기를 시설할 것.

7 일반적으로 분기회로의 개폐기 및 과전류 차단기는 저압 옥내 간선과의 분기점에서 전선의 길이가 몇 [m] 이하의 곳에 시설할 수 있는가?

① 3[m] ② 4[m]
③ 5[m] ④ 8[m]

해설 저압 옥내간선과의 분기점에서 전선의 길이가 3 [m] 이하인 곳에 개폐기 및 과전류 차단기를 시설할 것.

정답 4 ① 5 ④ 6 ② 7 ①

8 저압개폐기를 생략하여도 무방한 개소는?

① 부하 전류를 끊거나 흐르게 할 필요가 있는 개소
② 인입구 기타 고장, 점검, 측정 수리 등에서 개로할 필요가 있는 개소
③ 퓨즈의 전원측으로 분기회로용 과전류차단기 이후의 퓨즈가 플러그퓨즈와 같이 퓨즈교환 시에 충전부에 접촉될 우려가 없을 경우
④ 퓨즈에 근접하여 설치한 개폐기인 경우의 퓨즈 전원측

[해설] 퓨즈의 전원측으로 분기회로용 과전류차단기 이후의 퓨즈가 플러그퓨즈와 같이 퓨즈교환 시에 충전부에 접촉될 우려가 없을 경우에는 저압개폐기를 생략할 수 있다.

9 전동기 과부하 보호장치에 해당되지 않는 것은?

① 전동기용 퓨즈
② 열동 계전기
③ 전동기보호용 배선용차단기
④ 전동기 기동장치

[해설] 전동기 과부하 보호장치 : 전동기용 퓨즈, 열동 계전기, 과전류차단기, 배선용차단기 등

10 전자 개폐기에 부착하여 전동기의 소손 방지를 위하여 사용되는 것은?

① 퓨 즈
② 열동 계전기
③ 배선용 차단기
④ 수은 계전기

[해설] 열동 계전기 : 전자 개폐기(MC)와 같이 시설하여 전동기에 과부하 전류가 흐를 경우 동작하여 전동기의 소손을 방지하는 계전기

11 도면과 같은 단상 3선식의 옥외 배선에서 중성선과 양외선 간에 각각 20[A], 30[A]의 전등 부하가 걸렸을 때 인입 개폐기의 X점에서 단자가 빠졌을 경우 발생하는 현상은?

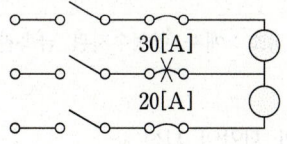

① 별 이상이 일어나지 않는다.
② 20[A] 부하의 단자전압이 상승
③ 30[A] 부하의 단자전압이 상승
④ 양쪽 부하에 전류가 흐르지 않는다.

[해설] 부하전류가 작은 쪽의 전압은 상승하게되고, 부하전류가 큰 쪽의 전압은 강하하게되므로 20[A] 부하의 단자전압이 상승하게 된다.

정답 8 ③ 9 ④ 10 ② 11 ②

2 특수 장소 시설

❶ 먼지가 많은 장소에서의 저압의 시설

1) 폭연성 분진(마그네슘·알루미늄·티탄·지르코늄 등의 먼지가 쌓여있는 상태에서 불이 붙었을 때에 폭발할 우려가 있는 것을 말한다. 이하 같다) 또는 화약류의 분말이 전기설비가 발화원이 되어 폭발할 우려가 있는 곳에 시설하는 저압 옥내 전기설비는 다음 각 호에 따르고 또한 위험의 우려가 없도록 시설하여야 한다.
① 금속관 공사 또는 케이블 공사(캡타이어 케이블을 사용하는 것을 제외한다)에 의할 것.
② 금속관 상호 간 및 관과 박스 기타의 부속품·풀박스 또는 전기기계기구와는 5턱 이상 나사조임으로 접속하는 방법 기타 이와 동등 이상의 효력이 있는 방법에 의하여 견고하게 접속하고 또한 내부에 먼지가 침입하지 아니하도록 접속할 것.

> ※ 폭연성 분진이 체류하는 장소 : 금속관 공사 또는 케이블 공사

2) 가연성 분진(소맥분·전분·유황 기타 가연성의 먼지로 공중에 떠다니는 상태에서 착화하였을 때에 폭발할 우려가 있는 것을 말하며 폭연성분진을 제외한다)에 전기설비가 발화원이 되어 폭발할 우려가 있는 곳에 시설하는 저압 옥내 전기설비는 다음 각 호에 따르고 또한 위험의 우려가 없도록 시설하여야 한다.
① 저압 옥내배선 등은 합성수지관 공사(두께 2[mm] 미만의 합성수지 전선관 및 난연성이 없는 콤바인덕트관을 사용하는 것을 제외한다)·금속관 공사 또는 케이블 공사에 의할 것.

> ※ 가연성 분진이 체류하는 장소 : 합성수지관 공사, 금속관 공사, 케이블 공사

3) 1)항 및 2)항에 규정하는 곳 이외의 곳으로서 먼지가 많은 곳에 시설하는 저압 옥내전기설비는 다음 각 호에 따라 시설하여야 한다.
① 저압 옥내배선 등은 애자사용공사, 합성수지관공사, 금속관공사, 가요전선관공사, 금속덕트공사, 버스덕트공사 또는 케이블 공사에 의하여 시설할 것.

> ※ 기타 분진이 체류하는 장소 : 애자, 합성수지관, 금속관, 가요전선관, 금속덕트, 버스덕트, 케이블 공사

❷ 가연성 가스 등이 있는 곳의 저압의 시설

가연성 가스 또는 인화성 물질의 증기(이하 "가스 등"이라 한다)가 새거나 체류하여 전기설비가 발화원이 되어 폭발할 우려가 있는 곳(프로판 가스 등의 가연성 액화 가스를 다른 용기에 옮기거나 나누는 등의 작업을 하는 곳, 에탄올·메탄올 등의 인화성 액체를 옮기는 곳 등)에 있는 저압 옥내 전기설비는 금속관 공사 또는 케이블 공사(캡타이어 케이블을 사용하는 것을 제외한다)에 의할 것.

> ※ 가연성 가스가 체류하는 장소 : 금속관 공사 또는 케이블 공사

❸ 위험물 등이 있는 장소의 저압의 시설

셀룰로이드·성냥·석유류 기타 타기 쉬운 위험한 물질(이하 이 조에서 "위험물"이라 한다)을 제조하거나 저장하는 곳에 시설하는 저압 옥내 전기설비는 합성수지관 공사(두께 2 [mm] 미만의 합성수지 전선관 및 난연성이 없는 콤바인덕트관을 사용하는 것을 제외한다)·금속관 공사 또는 케이블 공사에 의할 것.

> ※ 위험물 등이 있는 장소 : 합성수지관 공사, 금속관 공사, 케이블 공사

❹ 사람이 상시 통행하는 터널 안의 배선의 시설

1) 인장강도 2.30 [kN] 이상의 절연전선 또는 지름 2.6 [mm] 이상의 경동선의 절연전선을 사용하여 애자사용공사에 의하여 시설하고 또한 노면상 2.5 [m] 이상의 높이로 유지할 것.

2) 합성수지관공사, 금속관공사, 가요전선관공사, 케이블 공사에 의할 것.

❺ 화약류 저장소에서 전기설비의 시설

1) 전로에 대지전압은 300 [V] 이하일 것.

2) 전기기계기구는 전폐형의 것일 것.

3) 케이블을 전기기계기구에 인입할 때에는 인입구에서 케이블이 손상될 우려가 없도록 시설할 것. (화약류 저장소 전선로 시설 방법 : 케이블을 사용한 지중전선로)

4) 화약류 저장소 안의 전기설비에 전기를 공급하는 전로에는 화약류 저장소 이외의 곳에 전용 개폐기 및 과전류 차단기를 각 극에 취급자 이외의 자가 쉽게 조작할 수 없도록 시설하고 또한 전로에 지락이 생겼을 때에 자동적으로 전로를 차단하거나 경보하는 장치를 시설하여야 한다.

❻ 흥행장의 저압 공사

1) 무대·무대마루 밑·오케스트라박스·영사실 기타 사람이나 무대 도구가 접촉할 우려가 있는 곳에 시설하는 저압 옥내배선·전구선 또는 이동전선은 사용전압이 400 [V] 이하일 것.

2) 무대·무대마루 밑·오케스트라 박스 및 영사실의 전로에는 전용 개폐기 및 과전류 차단기를 시설할 것.

❼ 교통신호등의 시설

1) 교통신호등 회로의 사용전압은 300 [V] 이하이어야 한다.

2) 교통신호등 제어장치의 전원측에는 전용 개폐기 및 과전류 차단기를 각 극에 시설하여야 하며 또한 교통신호등 회로의 사용전압이 150 [V]를 초과하는 경우에는 전로에 지락이 생겼을 때에 자동적으로 전로를 차단하는 장치를 시설할 것.

❽ 엘리베이터·덤웨이터 등의 승강로 내에 시설하는 경우 사용전압은 400[V] 이하일 것.

❾ 전기부식방지 시설

1) 전기부식방지 회로의 사용전압은 직류 60[V] 이하일 것.

2) 양극은 지중에 매설하거나 수중에서 쉽게 접촉할 우려가 없는 곳에 시설할 것.

3) 지중에 매설하는 양극의 매설깊이는 75[cm] 이상일 것.

4) 수중에 시설하는 양극과 그 주위 1[m] 이내의 거리에 있는 임의점과의 사이의 전위차는 10[V]를 넘지 아니할 것. 다만, 양극의 주위에 사람이 접촉되는 것을 방지하기 위하여 적당한 울타리를 설치하고 또한 위험 표시를 하는 경우에는 그러하지 아니하다.

5) 지표 또는 수중에서 1[m] 간격의 임의의 2점 간의 전위차가 5[V]를 넘지 아니할 것.

 문제 풀이 ✓

1 폭연성 분진이 존재하는 곳의 저압 옥내배선 공사 시 공사 방법으로 짝지어진 것은?

① 금속관 공사, MI 케이블 공사, 개장된 케이블 공사
② CD 케이블 공사, MI 케이블 공사, 금속관 공사
③ CD 케이블 공사, MI 케이블 공사, 제1종 캡타이어 케이블 공사
④ 개장된 케이블 공사, CD 케이블 공사, 제1종 캡타이어 케이블 공사

[해설] 폭연성 분진 또는 화약류의 분말이 전기설비가 발화원이 되어 폭발할 우려가 있는 곳에 시설하는 저압 옥내 전기설비
 • 금속관 공사 또는 케이블 공사(캡타이어 케이블을 사용하는 것을 제외한다)에 의할 것.

 ※ 콤바인 덕트(CD) 케이블은 지중매설방식에 사용되는 케이블이다.

2 화약류의 분말이 전기설비가 발화원이 되어 폭발할 우려가 있는 곳에 시설하는 저압 옥내배선의 공사 방법으로 가장 알맞은 것은?

① 금속관공사
② 애자사용공사
③ 버스덕트공사
④ 합성수지몰드공사

[해설] 폭연성 분진 또는 화약류의 분말이 전기설비가 발화원이 되어 폭발할 우려가 있는 곳에 시설하는 저압 옥내 전기설비
 • 금속관 공사 또는 케이블 공사(캡타이어 케이블을 사용하는 것을 제외한다)에 의할 것.

3 소맥분, 전분 기타 가연성의 분진이 존재하는 곳의 저압 옥내 배선 공사 방법 중 적당하지 않은 것은?

① 애자 사용 공사
② 합성수지관 공사
③ 케이블 공사
④ 금속관 공사

[해설] 가연성 분진(소맥분·전분·유황 기타 가연성의 먼지로 공중에 떠다니는 상태에서 착화하였을 때에 폭발할 우려가 있는 것을 말하며 폭연성분진을 제외한다)에 전기설비가 발화원이 되어 폭발할 우려가 있는 곳에 시설하는 저압 옥내 전기설비
 • 저압 옥내배선 등은 합성수지관 공사(두께 2[mm] 미만의 합성수지 전선관 및 난연성이 없는 콤바인덕트관을 사용하는 것을 제외한다), 금속관 공사 또는 케이블 공사에 의할 것.

정답 **1** ① **2** ① **3** ①

4 소맥분, 전분 기타 가연성의 분진이 존재하는 곳의 저압 옥내 배선 공사 방법에 해당되는 것으로 짝지어진 것은?

① 케이블 공사, 애자 사용 공사
② 금속관 공사, 콤바인 덕트관, 애자 사용 공사
③ 케이블 공사, 금속관 공사, 애자 사용 공사
④ 케이블 공사, 금속관 공사, 합성수지관 공사

[해설] 가연성 분진(소맥분·전분·유황 기타 가연성의 먼지로 공중에 떠다니는 상태에서 착화하였을 때에 폭발할 우려가 있는 것을 말하며 폭연성분진을 제외한다)에 전기설비가 발화원이 되어 폭발할 우려가 있는 곳에 시설하는 저압 옥내 전기설비
- 저압 옥내배선 등은 합성수지관 공사(두께 2[mm] 미만의 합성수지 전선관 및 난연성이 없는 콤바인덕트관을 사용하는 것을 제외한다), 금속관 공사 또는 케이블 공사에 의할 것.

5 가연성 가스가 존재하는 저압 옥내전기설비 공사방법으로 옳은 것은?

① 가요전선관공사
② 애자사용공사
③ 금속관공사
④ 금속몰드공사

[해설] 가연성 가스 또는 인화성 물질의 증기(이하 "가스 등"이라 한다)가 새거나 체류하여 전기설비가 발화원이 되어 폭발할 우려가 있는 곳(프로판 가스 등의 가연성 액화 가스를 다른 용기에 옮기거나 나누는 등의 작업을 하는 곳, 에탄올·메탄올 등의 인화성 액체를 옮기는 곳 등)에 있는 저압 옥내 전기설비는 금속관 공사 또는 케이블 공사 (캡타이어 케이블을 사용하는 것을 제외한다)에 의할 것.

6 위험물 등이 있는 곳에서의 저압 옥내배선공사 방법이 아닌 것은?

① 케이블공사
② 합성수지관공사
③ 금속관공사
④ 애자사용공사

[해설] 위험물 등이 있는 장소의 저압의 시설
셀룰로이드·성냥·석유류 기타 타기 쉬운 위험한 물질(이하 이 조에서 "위험물"이라 한다)을 제조하거나 저장하는 곳에 시설하는 저압 옥내 전기설비는 합성수지관 공사(두께 2[mm] 미만의 합성수지 전선관 및 난연성이 없는 콤바인덕트관을 사용하는 것을 제외한다), 금속관 공사 또는 케이블 공사에 의할 것.

정답 4 ④ 5 ③ 6 ④

7 셀룰로이드, 성냥, 석유류 등 기타 가연성 위험물질을 제조 또는 저장하는 장소의 배선으로 잘못된 배선은?

① 금속관 배선
② 합성수지관 배선
③ 플로어덕트 배선
④ 케이블 배선

[해설] 위험물 등이 있는 장소의 저압의 시설
셀룰로이드·성냥·석유류 기타 타기 쉬운 위험한 물질(이하 이 조에서 "위험물"이라 한다)을 제조하거나 저장하는 곳에 시설하는 저압 옥내 전기설비는 합성수지관 공사(두께 2[mm] 미만의 합성수지 전선관 및 난연성이 없는 콤바인덕트관을 사용하는 것을 제외한다), 금속관 공사 또는 케이블 공사에 의할 것.

8 셀룰로이드, 성냥, 석유류 등 기타 가연성 위험물질을 제조 또는 저장하는 장소의 배선 방법이 아닌 것은?

① 배선은 금속관 배선, 합성수지관 배선 또는 케이블 배선에 의할 것
② 금속관은 박강전선관 또는 이와 동등 이상의 강도가 있는 것을 사용할 것
③ 두께가 1.6[mm] 이상의 합성수지제 전선관을 사용할 것
④ 합성수지관 배선에 사용하는 합성수지관 및 박스 기타 부속품은 손상될 우려가 없도록 시설할 것

[해설] 위험물 등이 있는 장소의 저압의 시설
셀룰로이드·성냥·석유류 기타 타기 쉬운 위험한 물질(이하 이 조에서 "위험물"이라 한다)을 제조하거나 저장하는 곳에 시설하는 저압 옥내 전기설비는 합성수지관 공사(두께 2[mm] 미만의 합성수지 전선관 및 난연성이 없는 콤바인덕트관을 사용하는 것을 제외한다), 금속관 공사 또는 케이블 공사에 의할 것.

9 성냥을 제조하는 공장의 공사 방법으로 적당하지 않은 것은?

① 금속관 공사
② 케이블 공사
③ 합성수지관 공사
④ 금속 몰드 공사

[해설] 위험물 등이 있는 장소의 저압의 시설
셀룰로이드·성냥·석유류 기타 타기 쉬운 위험한 물질(이하 이 조에서 "위험물"이라 한다)을 제조하거나 저장하는곳에 시설하는 저압 옥내 전기설비는 합성수지관 공사(두께 2[mm] 미만의 합성수지 전선관 및 난연성이 없는 콤바인덕트관을 사용하는 것을 제외한다), 금속관 공사 또는 케이블 공사에 의할 것.

정답 7 ③ 8 ③ 9 ④

10 다음 [보기] 중 금속관, 애자, 합성수지 및 케이블공사가 모두 가능한 특수 장소를 옳게 나열한 것은?

[보기]
㉠ 화약고 등의 위험 장소
㉡ 부식성 가스가 있는 장소
㉢ 위험물 등이 존재하는 장소
㉣ 불연성 먼지가 많은 장소
㉤ 습기가 많은 장소

① ㉠, ㉡, ㉢
② ㉡, ㉢, ㉣
③ ㉡, ㉣, ㉤
④ ㉠, ㉣, ㉤

[해설] ㉠ 화약고 등의 위험 장소 : 금속관 공사 또는 케이블 공사
㉢ 위험물 등이 존재하는 장소 : 합성수지관 공사, 금속관 공사 또는 케이블 공사

11 부식성 가스 등이 있는 장소에 전기설비를 시설하는 방법으로 적합하지 않은 것은?

① 애자사용배전 시 부식성 가스의 종류에 따라 절연전선인 DV전선을 사용한다.
② 애자사용배선에 의한 경우에는 사람이 쉽게 접촉될 우려가 없는 노출장소에 한 한다.
③ 애자사용배선 시 부득이 나전선을 사용하는 경우에는 전선과 조영재와의 거리를 4.5[cm] 이상으로 한다.
④ 애자사용 배선 시 전선의 절연물이 상해를 받는 장소는 나전선을 사용할 수 있으며, 이 경우는 바닥 위 2.5[m] 이상 높이에 시설한다.

[해설] 옥내 애자사용 공사에는 옥외용(OW) 및 인입용(DV) 비닐절연전선은 사용할 수 없다.

12 터널·갱도 기타 이와 유사한 장소에서 사람이 상시 통행하는 터널 내의 공사 방법으로 적절하지 않은 것은?(단, 사용전압은 저압이다)

① 애자사용 공사
② 금속관 공사
③ 합성수지관 공사
④ 금속덕트 공사

[해설] 사람이 상시 통행하는 터널 안의 배선의 시설
• 인장강도 2.30[kN] 이상의 절연전선 또는 지름 2.6[mm] 이상의 경동선의 절연전선을 사용하여 애자사용 공사에 의하여 시설하고 또한 노면상 2.5[m] 이상의 높이로 유지할 것.
• 합성수지관공사, 금속관공사, 가요전선관공사, 케이블 공사에 의할 것.

정답 10 ③ 11 ① 12 ④

문제 풀이

13 화약류 저장소 안에는 백열전등이나 형광등 또는 이에 전기를 공급하기 위한 공작물에 한하여 전로의 대지 전압은 몇 [V] 이하의 것을 사용하는가?

① 100[V]
② 200[V]
③ 300[V]
④ 400[V]

[해설] 화약류 저장소에서 전기설비의 시설
- 전로에 대지전압은 300 [V] 이하일 것.
- 전기기계기구는 전폐형의 것일 것.
- 케이블을 전기기계기구에 인입할 때에는 인입구에서 케이블이 손상될 우려가 없도록 시설할 것.
- 화약류 저장소 안의 전기설비에 전기를 공급하는 전로에는 화약류 저장소 이외의 곳에 전용 개폐기 및 과전류 차단기를 각 극에 취급자 이외의 자가 쉽게 조작할 수 없도록 시설하고 또한 전로에 지락이 생겼을 때에 자동적으로 전로를 차단하거나 경보하는 장치를 시설하여야 한다.

14 화약고 등의 위험장소에서 전기설비 시설에 관한 내용으로 옳은 것은?

① 전로의 대지전압은 400[V] 이하일 것
② 전기기계기구는 전폐형을 사용할 것
③ 화약고 내의 전기설비는 화약고 장소에 전용개폐기 및 과전류차단기를 시설할 것
④ 개폐기 및 과전류차단기에서 화약고 인입구까지의 배선은 케이블 배선으로 노출로 시설할 것

[해설] 화약류 저장소에서 전기설비의 시설
- 전로에 대지전압은 300 [V] 이하일 것.
- 전기기계기구는 전폐형의 것일 것.
- 케이블을 전기기계기구에 인입할 때에는 인입구에서 케이블이 손상될 우려가 없도록 시설할 것.
- 화약류 저장소 안의 전기설비에 전기를 공급하는 전로에는 화약류 저장소 이외의 곳에 전용 개폐기 및 과전류 차단기를 각 극에 취급자 이외의 자가 쉽게 조작할 수 없도록 시설하고 또한 전로에 지락이 생겼을 때에 자동적으로 전로를 차단하거나 경보하는 장치를 시설하여야 한다.

정답 13 ③ 14 ②

15 화약고 등의 위험장소에서 전기설비 시설에 관한 내용으로 틀린 것은?

① 전로의 대지전압은 300[V] 이하일 것
② 전기기계기구는 전폐형을 사용할 것
③ 화약류 저장소 안의 전기설비에 전기를 공급하는 전로에는 화약류 저장소 안에 전용 개폐기 및 과전류 차단기를 설치할 것
④ 케이블을 전기기계기구에 인입할 때에는 인입구에서 케이블이 손상될 우려가 없도록 시설할 것

[해설] 화약류 저장소 안의 전기설비에 전기를 공급하는 전로에는 화약류 저장소 이외의 곳에 전용 개폐기 및 과전류 차단기를 각 극에 취급자 이외의 자가 쉽게 조작할 수 없도록 시설하고 또한 전로에 지락이 생겼을 때에 자동적으로 전로를 차단하거나 경보하는 장치를 시설하여야 한다.

16 화약류 저장장소의 배선공사에서 전용 개폐기에서 화약류 저장소의 인입구까지는 어떤 공사를 하여야 하는가?

① 케이블을 사용한 옥측 전선로
② 금속관을 사용한 지중 전선로
③ 케이블을 사용한 지중 전선로
④ 금속관을 사용한 옥측 전선로

[해설] 케이블을 전기기계기구에 인입할 때에는 인입구에서 케이블이 손상될 우려가 없도록 시설할 것.
(화약류 저장소 전선로 시설 방법 : 케이블을 사용한 지중전선로)

17 무대, 오케스트라박스 등 흥행장의 저압 옥내배선 공사의 사용전압은 몇 [V] 이하인가?

① 200
② 300
③ 400
④ 600

[해설] 흥행장의 저압 공사
- 무대·무대마루 밑·오케스트라박스·영사실 기타 사람이나 무대 도구가 접촉할 우려가 있는 곳에 시설하는 저압 옥내배선·전구선 또는 이동전선은 사용전압이 400[V] 이하일 것.
- 무대·무대마루 밑·오케스트라 박스 및 영사실의 전로에는 전용 개폐기 및 과전류 차단기를 시설할 것.

정답 15 ③ 16 ③ 17 ③

문제 풀이

18 교통신호등의 제어장치로부터 신호등의 전구까지의 전로에 사용하는 전압은 몇 [V] 이하인가?

① 60 ② 100
③ 300 ④ 440

[해설] 교통신호등의 시설
- 교통신호등 회로의 사용전압은 300 [V] 이하이어야 한다.
- 교통신호등 제어장치의 전원측에는 전용 개폐기 및 과전류 차단기를 각 극에 시설하여야 하며 또한 교통신호등 회로의 사용전압이 150 [V]를 초과하는 경우에는 전로에 지락이 생겼을 때에 자동적으로 전로를 차단하는 장치를 시설할 것.

19 한국전기설비규정에서 교통신호등 회로의 사용전압이 몇 [V]를 초과하는 경우에는 지락 발생 시 자동적으로 전로를 차단하는 장치를 시설하여야 하는가?

① 50 ② 100
③ 150 ④ 200

[해설] 교통신호등 제어장치의 전원측에는 전용 개폐기 및 과전류 차단기를 각 극에 시설하여야 하며 또한 교통신호등 회로의 사용전압이 150 [V]를 초과하는 경우에는 전로에 지락이 생겼을 때에 자동적으로 전로를 차단하는 장치를 시설할 것.

20 엘리베이터장치를 시설할 때 승강기 내에서 사용하는 전등 및 전기기계기구에 사용할 수 있는 최대전압은?

① 110[V] 이하 ② 220[V] 이하
③ 400[V] 이하 ④ 440[V] 이하

[해설] 엘리베이터·덤웨이터 등의 승강로 내에 시설하는 경우 사용전압은 400[V] 이하일 것.

정답 18 ③ 19 ③ 20 ③

21 지중 또는 수중에 시설하는 양극과 피방식체 간의 전기부식방지 시설에 대한 설명으로 틀린 것은?

① 사용 전압은 직류 60[V] 초과일 것
② 지중에 매설하는 양극은 75[cm] 이상의 깊이일 것
③ 수중에 시설하는 양극과 그 주위 1[m] 안의 임의의 점과의 전위차는 10[V]를 넘지 않을 것
④ 지표에서 1[m] 간격의 임의의 2점 간의 전위차가 5[V]를 넘지 않을 것

[해설] 전기부식방지 시설
- 전기부식방지 회로의 사용전압은 직류 60[V] 이하일 것.
- 양극은 지중에 매설하거나 수중에서 쉽게 접촉할 우려가 없는 곳에 시설할 것.
- 지중에 매설하는 양극의 매설깊이는 75[cm] 이상일 것.
- 수중에 시설하는 양극과 그 주위 1[m] 이내의 거리에 있는 임의점과의 사이의 전위차는 10[V]를 넘지 아니할 것. 다만, 양극의 주위에 사람이 접촉되는 것을 방지하기 위하여 적당한 울타리를 설치하고 또한 위험 표시를 하는 경우에는 그러하지 아니하다.
- 지표 또는 수중에서 1[m] 간격의 임의의 2점 간의 전위차가 5[V]를 넘지 아니할 것.

22 지중 또는 수중에 시설되는 금속체의 부식을 방지하기 위한 전기부식 방지용 회로의 사용전압은?

① 직류 60[V] 이하
② 교류 60[V] 이하
③ 직류 750[V] 이하
④ 교류 600[V] 이하

[해설] 전기부식방지 회로의 사용전압은 직류 60[V] 이하일 것.

CHAPTER 6 수전 및 배전설비

1 수전 설비

❶ 수전 설비 도면

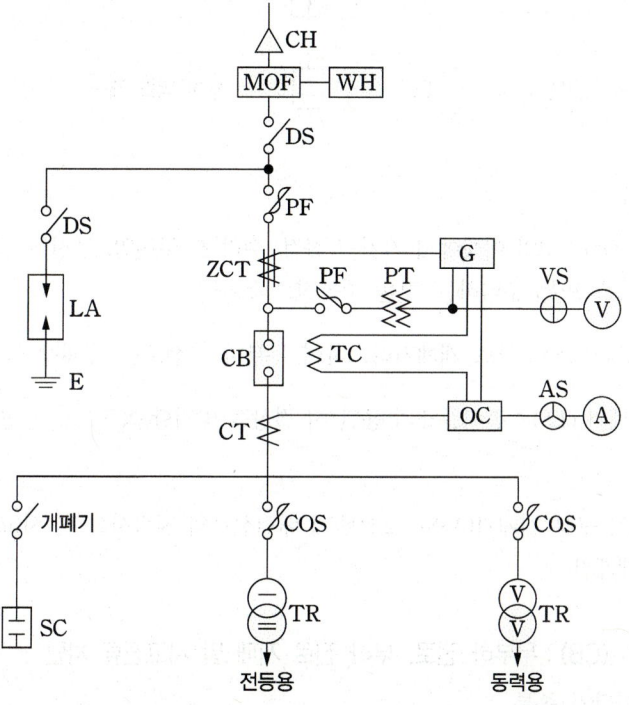

명 칭	약 호	심 벌	용 도
전력 수급용 계기용 변성기	MOF	MOF	한 탱크안에 PT와 CT를 조합하여 전력량계에 전원 공급
단로기	DS		수리 점검 시 무부하 전로를 개폐
전력 퓨즈	PF		단락전류 차단
영상 변류기	ZCT		영상(지락)전류 검출
교류 차단기	CB		무부하 전로, 부하 전로 개폐 및 사고전류 차단

계기용 변압기	PT	⌇⌇	- 고전압을 저전압으로 변성 2차 전압 : 110[V]
변류기	CT	⌇	- 대전류를 소전류로 변류 2차 전류 : 5[A]
피뢰기	LA		이상전압으로부터 기계기구 및 전로 보호
전력용 콘덴서	SC		부하 역률 개선

❷ 인입개폐기

1) 단로기(DS) : 고압 이상에서 기기의 점검, 수리 시 무전압, 무전류 상태로 전로에서 단독으로 전로의 접속 또는 분리하는 것을 주목적으로 사용

2) 라인스위치(LS) : 선로 개폐기라고하며 무부하시 선로를 개폐할 목적으로 사용

3) 부하개폐기(LBS) : 전력퓨즈의 용단 시 결상을 방지할 목적으로 사용되며 사고전류는 차단할 수 없다.

4) 자동고장 구분 개폐기(ASS) : 22.9[kV] 배전선로의 지락사고 시 사고의 파급 범위를 최소화하기 위한 개폐기

❸ 교류 차단기(CB) : 무부하 전로, 부하 전로 개폐 및 사고전류 차단

1) 교류 차단기 종류
  ① 유입차단기(OCB) : 절연유 ② 공기차단기(ABB) : 압축공기
  ③ 진공차단기(VCB) : 진공상태 ④ 자기차단기(MBB) : 전자력
  ⑤ 가스차단기(GCB) : SF_6 가스 ⑥ 기중차단기(ACB) : 배전선로 보호
  ⑦ 배선용차단기(MCCB) : 단락사고 보호 ⑧ 누전차단기(ELB) : 누전 및 지락사고 보호

  ※ 가스차단기(GCB)
    ① 무색, 무미, 무해이면서 절연성 가스
    ② 절연 내력이 공기보다 약 2.5 ~ 3.5배 정도 우수
    ③ 소호 능력이 공기보다 약 100배 정도 우수

2) 차단기 용량
  ① 단상 : $P_S = VI_S$ [VA]
  ② 3상 : $P_S = \sqrt{3} VI_S$ [VA]
    여기서, V : 전압[V], I_S : 단락전류[A]

문제 풀이

1 다음 중 교류 차단기의 단선도 심벌은?

[해설]

교류 차단기 단선도	교류 차단기 복선도

2 다음의 심벌 명칭은 무엇인가?

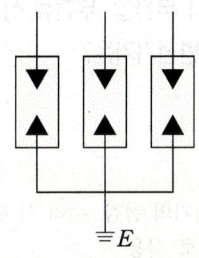

① 파워퓨즈 ② 단로기
③ 피뢰기 ④ 고압 컷아웃 스위치

[해설]

파워퓨즈(PF)	단로기(DS)	피뢰기(LA)	컷아웃 스위치(COS)

정답 1 ① 2 ③

3 인입 개폐기가 아닌 것은?

① ASS
② LBS
③ LS
④ UPS

해설 인입개폐기
- 단로기(DS) : 고압 이상에서 기기의 점검, 수리 시 무전압, 무전류 상태로 전로에서 단독으로 전로의 접속 또는 분리하는 것을 주목적으로 사용
- 라인스위치(LS) : 선로 개폐기라고하며 무부하시 선로를 개폐할 목적으로 사용
- 부하개폐기(LBS) : 전력퓨즈의 용단 시 결상을 방지할 목적으로 사용되며 사고전류는 차단할 수 없다.
- 자동고장 구분 개폐기(ASS) : 22.9[kV] 배전선로의 지락사고 시 사고의 파급 범위를 최소화하기 위한 개폐기

  ※ 무정전전원공급장치(UPS) : 축전지설비를 구비하여 전압이 일정값 이하로 저하시 자동으로 축전지설비로 절환하여 정전으로 인한 피해를 줄이기 위한 설비

4 특고압 수전설비의 결선기호와 명칭으로 잘못된 것은?

① CB – 차단기
② DS – 단로기
③ LA – 피뢰기
④ LF – 전력퓨즈

해설 PF – 전력퓨즈

5 고압 이상에서 기기의 점검, 수리 시 무전압, 무전류 상태로 전로에서 단독으로 전로의 접속 또는 분리하는 것을 주목적으로 사용되는 수·변전기기는?

① 기중부하 개폐기
② 단로기
③ 전력퓨즈
④ 컷아웃 스위치

해설 단로기(DS) : 고압 이상에서 기기의 점검, 수리 시 무전압, 무전류 상태로 전로에서 단독으로 전로의접속 또는 분리하는 것을 주목적으로 사용

6 수·변전 설비에서 전력퓨즈의 용단 시 결상을 방지하는 목적으로 사용하는 것은?

① 자동 고장 구분 개폐기
② 선로 개폐기
③ 부하 개폐기
④ 기중 부하 개폐기

해설 부하개폐기(LBS) : 전력퓨즈의 용단 시 결상을 방지할 목적으로 사용되며 사고전류는 차단할 수 없다.

정답 3 ④ 4 ④ 5 ② 6 ③

> 문제 풀이

7 전류차단과 개폐기 두 가지 기능을 하는 기구는?

① 단로기　　　　　　　　　② 피뢰기
③ 차단기　　　　　　　　　④ 전력퓨즈

[해설] 차단기(CB) : 전로 개폐와 사고전류 차단의 두가지 기능을 가지고 있다.

8 교류 차단기에 포함되지 않는 것은?

① GCB　　　　　　　　　② HSCB
③ VCB　　　　　　　　　④ ABB

[해설] 교류 차단기 종류
- 유입차단기(OCB)
- 진공차단기(VCB)
- 가스차단기(GCB)
- 배선용차단기(MCCB)
- 공기차단기(ABB)
- 자기차단기(MBB)
- 기중차단기(ACB)
- 누전차단기(ELB)

※ HSCB : 직류 고속도차단기로 직류전기철도에서 사용되는 차단기

9 차단기 문자 기호 중 "OCB"는?

① 진공차단기　　　　　　② 기중차단기
③ 자기차단기　　　　　　④ 유입차단기

[해설] 진공차단기 : VCB, 기중차단기 : ACB, 자기차단기 : MBB, 유입차단기 : OCB

10 변전소에 사용되는 주요 기기로서 ABB는 무엇을 의미 하는가?

① 유입차단기　　　　　　② 자기차단기
③ 공기차단기　　　　　　④ 진공차단기

[해설] 유입차단기 : OCB, 자기차단기 : MBB, 공기차단기 : ABB, 진공차단기 : VCB

11 차단기에서 ELB의 용어는?

① 유입 차단기　　　　　　② 진공 차단기
③ 배전용 차단기　　　　　④ 누전 차단기

[해설] 유입차단기 : OCB, 진공차단기 : VCB, 배선용차단기 : MCCB, 누전차단기 : ELB

정답　7 ③　8 ②　9 ④　10 ③　11 ④

12 배전선로 보호를 위하여 설치하는 보호장치는?

① 기중차단기 ② 진공차단기
③ 자동 재폐로차단기 ④ 누전차단기

[해설] 배전선로 보호를 위해 설치하는 보호장치 : 자동 재패로차단기

13 수변전 설비에서 차단기의 종류 중 가스 차단기에 들어가는 가스의 종류는?

① CO_2 ② LPG
③ SF_6 ④ LNG

[해설] 가스차단기(GCB) : SF_6가스를 이용하여 아크 소호
- 무색, 무미, 무해이면서 절연성 가스
- 절연 내력이 공기보다 약 2.5 ~ 3.5배 정도 우수
- 소호 능력이 공기보다 약 100배 정도 우수

14 가스 차단기에 사용되는 가스인 SF_6의 성질이 아닌 것은?

① 같은 압력에서 공기의 2.5~3.5배의 절연내역이 있다.
② 무색, 무취, 무해 가스이다.
③ 가스 압력 3~4[kgf/cm^2]에서 절연내력은 절연유 이하이다.
④ 소호능력은 공기보다 2.5배 정도 낮다.

[해설] 소호 능력이 공기보다 약 100배 정도 우수하다.

15 가스 절연 개폐기나 가스 차단기에 사용되는 가스인 SF_6의 성질이 아닌 것은?

① 연소하지 않는 성질이다.
② 색깔, 독성, 냄새가 없다.
③ 절연유의 1/140로 가볍지만 공기보다 5배 무겁다.
④ 공기의 25배 정도로 절연 내력이 낮다.

[해설] 절연 내력이 공기보다 약 2.5 ~ 3.5배 정도 우수하다.

정답 12 ③ 13 ③ 14 ④ 15 ④

16 정격전압 3상 24[kV], 정격차단전류 300[A]인 수전설비의 차단용량은 몇 [MVA]인가?

① 17.26　　　　　　　　　② 28.34
③ 12.47　　　　　　　　　④ 24.94

[해설] 3상 전압(V)과 차단전류(I_S)가 주어졌으므로 3상 차단용량을 구하면

3상 차단용량 : $P_S = \sqrt{3}\,VI_S = \sqrt{3} \times 24 \times 10^3 \times 300 \times 10^{-6} ≒ 12.47[MVA]$

17 500[kW]의 설비용량을 갖춘 공장에서 정격전압 3상 24[kV], 역률 80[%]일 때의 차단기 정격 전류는 약 몇 [A]인가?

① 8[A]　　　　　　　　　② 15[A]
③ 25[A]　　　　　　　　　④ 30[A]

[해설] 용량(P), 3상 전압(V), 역률이 주어졌으므로 3상 차단기 정격 전류를 구하면

3상 차단기 정격 전류 : $I = \dfrac{P}{\sqrt{3}\,V\cos\theta} = \dfrac{500}{\sqrt{3} \times 24 \times 0.8} ≒ 15[A]$

[정답] 16 ③　17 ②

❹ 피뢰기(LA) : Lightning Arrester
  1) 설치 목적 : 이상전압 내습 시 뇌전류를 방전하고, 속류를 차단하여 기계기구 절연 보호
    ① 구성 : 직렬갭, 특성요소, 실드링
    ② 설치장소
        ㉠ 발전소, 변전소 인입구 및 인출구에 시설
        ㉡ 고압 수용가 및 특고압 수용가 인입구에 시설
        ㉢ 배전용 변압기 고압측 및 특고압측에 시설
        ㉣ 가공전선로와 지중전선로가 접속되는 부근에 시설
    ③ 22.9[kVY] 배전선로의 피뢰기 정격전압 : 18[kV]

❺ 변성기
  1) 전력 수급용 계기용 변성기(MOF) : 계기용 변압기(PT)와 계기용 변류기(CT)를 한 탱크에 조합하여 설치한 것으로 전력량계에 전원을 공급하는 설비
  2) 계기용 변압기(PT) : 고전압을 저전압으로 변압하여 계기나 계전기에 전원 공급
    ① 고압회로와 전압계 사이에 시설 (전압계 앞에 시설)
    ② 2차 전압 : $V_2 = 110$[V]
  3) 변류기(CT) : 대전류를 소전류로 변류하여 계기나 계전기에 전원 공급
    ① 대전류회로와 전류계 사이에 시설 (전류계 앞에 시설)
    ② 2차 전류 : $I_2 = 5$[A]
    ③ 점검 시 2차측 단락 (이유 : 2차측 절연을 보호하기 위하여)
    ④ 부하전류 : $I = CT$비(변류비)$\times$전류계지시값(I_2)[A]

❻ 콘덴서 설비
  1) 1뱅크 용량 : 300[kVA] 이하
  2) 뱅크 3요소 : 직렬 리액터(SR), 방전 코일(DC), 전력용 콘덴서(SC)

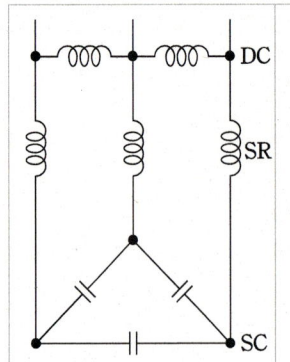

① 직렬리액터(SR) : 제5고조파를 제거한다.
② 방전코일(DC) : 잔류 전하를 방전시켜 인체의 감전사고를 방지한다.
③ 전력용콘덴서(SC) : 부하와 병렬로 연결하여 부하 역률을 개선한다.
 (전력용콘덴서＝진상용콘덴서＝스탁틱콘덴서＝비동기조상기)

3) 역률 개선 효과
① 전기요금이 감소한다.
② 전압강하를 줄일 수 있다.
③ 전력손실을 줄일 수 있다.
④ 설비 이용률을 높일 수 있다.

4) 콘덴서 용량 : $Q_C = P(\tan\theta_1 - \tan\theta_2) = P\left(\dfrac{\sin\theta_1}{\cos\theta_1} - \dfrac{\sin\theta_2}{\cos\theta_2}\right)$ [kVA]

5) 역률 100[%]로 개선 시 콘덴서 용량 : $Q_C = P\tan\theta = P\left(\dfrac{\sin\theta}{\cos\theta}\right)$ [kVA]

❼ 수용률, 부하율, 부등률

1) 수용률 : 수용 설비가 동시에 사용되는 정도
① 수용률 $= \dfrac{\text{최대전력}[kW]}{\text{설비용량}[kW]} \times 100$ [%]

② 최대전력(변압기용량) $= \dfrac{\text{수용률} \times \text{설비용량}}{\text{부등률}}$ [kW]

2) 부하율 : 공급 설비가 어느 정도 유효하게 사용되는가를 나타내는 정도
① 부하율 $= \dfrac{\text{평균전력}[kW]}{\text{최대전력}[kW]} \times 100$ [%]

3) 부등률 : 개별 수용가의 최대전력의 합과 합성 최대전력의 비
① 부등률 $= \dfrac{\text{개별 수용가 최대전력의 합}}{\text{합성 최대전력}} \geqq 1$

문제 풀이 ✓

1 피뢰기의 약호는?

① LA　　　　　　　② PF
③ SA　　　　　　　④ COS

[해설] 피뢰기(LA) : Lightning Arrester

2 수전 전력 500[kW] 이상인 고압 수전 설비의 인입구에 낙뢰나 혼촉 사고에 의한 이상전압으로부터 선로와 기기를 보호할 목적으로 시설하는 것은?

① 단로기(DS)　　　　　② 배선용 차단기(MCCB)
③ 피뢰기(LA)　　　　　④ 누전차단기(ELB)

[해설] 피뢰기(LA) 설치 목적 : 이상전압 내습 시 뇌전류를 방전하고, 속류를 차단하여 기계기구 절연 보호

3 고압 또는 특고압 가공전선로에서 공급을 받는 수용장소의 인입구 또는 이와 근접한 곳에 시설해야 하는 것은?

① 계기용 변성기　　　　② 과전류 계전기
③ 접지 계전기　　　　　④ 피뢰기

[해설] 피뢰기 설치장소
- 발전소, 변전소 인입구 및 인출구에 시설
- 고압 수용가 및 특고압 수용가 인입구에 시설
- 배전용 변압기 고압측 및 특고압측에 시설
- 가공전선로와 지중전선로가 접속되는 부근에 시설

4 전압 22.9[kV-Y] 이하의 배전선로에서 수전하는 설비의 피뢰기 정격전압은 몇 [kV]로 적용하는가?

① 18[kV]　　　　　　② 24[kV]
③ 144[kV]　　　　　 ④ 288[kV]

[해설] 22.9[kVY] 배전선로의 피뢰기 정격전압 : 18[kV]

[정답] 1 ①　2 ③　3 ④　4 ①

> 문제 풀이

5 돌침부에서 이온 또는 펄스를 발생시켜 뇌운의 전하와 작용토록 하여 멀리 있는 뇌운의 방전을 유도하여 보호 범위를 넓게 하는 방식은?

① 돌침방식
② 용마루 위 도체방식
③ 이온 방사형 피뢰방식
④ 케이지 방식

[해설] 이온 방사형 피뢰방식 : 돌침부에서 이온 또는 펄스를 발생시켜 뇌운의 전하와 작용토록 하여 멀리 있는 뇌운의 방전을 유도하여 보호 범위를 넓게 하는 방식

6 MOF는 무엇의 약호인가?

① 계기용 변압기
② 전력 수급용 계기용 변성기
③ 변류기
④ 시험용 변압기

[해설] MOF : 전력 수급용 계기용 변성기

7 수·변전 설비의 고압회로에 걸리는 전압을 표시하기 위해 전압계를 시설할 때 고압회로와 전압계 사이에 시설하는 것은?

① 수전용 변압기
② 변류기
③ 계기용 변압기
④ 권선형 변류기

[해설] 계기용 변압기(PT) : 고전압을 저전압으로 변압하여 계기나 계전기에 전원 공급
- 고압회로와 전압계 사이에 시설 (전압계 앞에 시설)
- 2차 전압 : $V_2 = 110[V]$

8 수변전설비 구성기기의 계기용 변압기(PT) 설명으로 틀린 것은?

① 높은 전압을 낮은 전압으로 변성하는 기기이다.
② 높은 전류를 낮은 전류로 변성하는 기기이다.
③ 회로에 병렬로 접속하여 사용하는 기기이다.
④ 부족전압 트립코일의 전원으로 사용된다.

[해설] 계기용 변압기(PT) : 고전압을 저전압으로 변압하여 계기나 계전기에 전원 공급
- 고압회로와 전압계 사이에 시설 (전압계 앞에 시설)
- 2차 전압 : $V_2 = 110[V]$

정답 5 ③ 6 ② 7 ③ 8 ②

9 변류기의 약호는?

① CT
② WH
③ CB
④ DS

[해설] CT : 변류기,   WH : 전력량계,   CB : 교류 차단기,   DS : 단로기

10 교류 배전반에서 전류가 많이 흘러 전류계를 직접 주회로에 연결할 수 없을 때 사용하는 기기는?

① 전류 제한기
② 계기용 변압기
③ 변류기
④ 전류계용 절환 개폐기

[해설] 변류기(CT) : 대전류를 소전류로 변류하여 계기나 계전기에 전원 공급
• 대전류회로와 전류계 사이에 시설 (전류계 앞에 시설)

11 변류비 100/5[A]의 변류기(C.T)와 5[A]의 전류계를 사용하여 부하전류를 측정한 경우 전류계의 지시가 4[A]이었다. 이때 부하전류는 몇 [A]인가?

① 30[A]
② 40[A]
③ 60[A]
④ 80[A]

[해설] 변류기 부하전류 : $I = CT비(변류비) \times 전류계지시값(I_2) = \dfrac{100}{5} \times 4 = 80[A]$

12 고압전로에 지락사고가 생겼을 때, 지락전류를 검출하는데 사용하는 것은?

① CT
② ZCT
③ MOF
④ PT

[해설] 영상변류기(ZCT) : 영상(지락)전류 검출

13 부하의 역률이 규정 값 이하인 경우 역률 개선을 위하여 설치하는 것은?

① 저 항
② 리액터
③ 컨덕턴스
④ 진상용 콘덴서

[해설] 전력용(진상용) 콘덴서 : 부하와 병렬로 연결하여 부하 역률을 개선

정답 9 ① 10 ③ 11 ④ 12 ② 13 ④

14 역률개선의 효과로 볼 수 없는 것은?

① 전력손실 감소　　　　　② 전압강하 감소
③ 감전사고 감소　　　　　④ 설비용량의 이용률 증가

[해설] 역률 개선 효과
- 전기요금이 감소한다.
- 전압강하를 줄일 수 있다.
- 전력손실을 줄일 수 있다.
- 설비 이용률을 높일 수 있다.

15 전력용 콘덴서를 회로로부터 개방하였을 때 전하가 잔류함으로써 일어나는 위험의 방지와 재투입할 때 콘덴서에 걸리는 과전압의 방지를 위하여 무엇을 설치하는가?

① 직렬 리액터　　　　　② 전력용 콘덴서
③ 방전 코일　　　　　　④ 피뢰기

[해설] 방전코일(DC) : 콘덴서 개방 시 잔류 전하를 방전시켜 인체의 감전사고를 방지하고, 콘덴서를 재투입할 때 콘덴서에 걸리는 과전압을 방지

16 설치 면적과 설치비용이 많이 들지만 가장 이상적이고 효과적인 진상용 콘덴서 설치 방법은?

① 수전단 모선에 설치
② 수전단 모선과 부하 측에 분산하여 설치
③ 부하 측에 분산하여 설치
④ 가장 큰 부하 측에만 설치

[해설] 전력용(진상용) 콘덴서 : 부하와 병렬로 부하 측에 분산하여 설치

[정답] 14 ③　15 ③　16 ③

17 다음 심벌이 나타내는 것은?

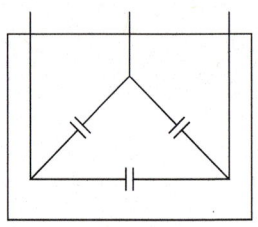

① 저 항
② 진상용 콘덴서
③ 유입 개폐기
④ 변압기

해설
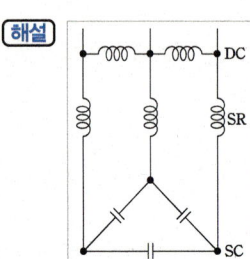

- 직렬리액터(SR) : 제5고조파를 제거한다
- 방전코일(DC) : 잔류 전하를 방전시켜 인체의 감전사고를 방지한다.
- 전력용콘덴서(SC) : 부하와 병렬로 연결하여 부하 역률을 개선한다.
  (전력용콘덴서=진상용콘덴서=스탁틱콘덴서=비동기조상기)

18 150[kW]의 수전설비에서 역률을 80[%]에서 95[%]로 개선하려고 한다. 이때 전력용 콘덴서의 용량은 약 몇 [kVA]인가?

① 63.2
② 126.4
③ 133.5
④ 157.6

해설 유효전력 : P=150[kW], $\cos\theta_1=0.8$을 $\cos\theta_2=0.95$로 개선시 콘덴서 용량을 구하면

콘덴서 용량 : $Q_C = P(\tan\theta_1 - \tan\theta_2) = P\left(\dfrac{\sin\theta_1}{\cos\theta_1} - \dfrac{\sin\theta_2}{\cos\theta_2}\right)$[kVA]

$Q_C = 150 \times \left(\dfrac{0.6}{0.8} - \dfrac{\sqrt{1-0.95^2}}{0.95}\right) = 63.2$[kVA]

19 역률 0.8, 유효전력 4,000[kW]인 부하의 역률을 100[%]로 하기 위한 콘덴서의 용량[kVA]은?

① 3,200
② 3,000
③ 2,800
④ 2,400

해설 역률을 100[%]로 개선할 경우 콘덴서 용량은 무효전력의 크기와 같으므로

콘덴서 용량 : $Q_C = P\tan\theta = P\left(\dfrac{\sin\theta}{\cos\theta}\right) = 4000 \times \dfrac{0.6}{0.8} = 3000$ [kVA]

정답 17 ② 18 ① 19 ②

20 설비용량 600[kW], 부등률 1.2, 수용률 0.6일 때 합성최대전력 [kW]은?

① 240[kW]   ② 300[kW]
③ 432[kW]   ④ 833[kW]

[해설] 부등률이 주어졌으므로 합성최대전력을 구하면

$$합성\ 최대전력(변압기용량) = \frac{수용률 \times 설비용량}{부등률} = \frac{0.6 \times 600}{1.2} = 300\,[\text{kW}]$$

21 어느 수용가의 설비용량이 각각 1[kW], 2[kW], 3[kW], 4[kW]인 부하설비가 있다. 그 수용률이 60[%]인 경우 그 최대 수용전력은 몇 [kW]인가?

① 3[kW]   ② 6[kW]
③ 30[kW]   ④ 60[kW]

[해설] 부등률이 주어지지 않았으므로 부등률 = 1로 계산할 경우 최대전력을 구하면

$$최대전력 = \frac{수용률 \times 설비용량}{부등률} = \frac{0.6 \times (1+2+3+4)}{1} = 6\,[\text{kW}]$$

22 $\dfrac{부하의\ 평균\ 전력(1시간\ 평균)}{최대\ 수용\ 전력(1시간\ 평균)} \times 100[\%]$의 관계를 가지고 있는 것은?

① 부하율   ② 부등률
③ 수용률   ④ 설비율

[해설] $부하율 = \dfrac{(부하의)\ 평균전력}{최대\,(수용)\ 전력} \times 100\ [\%]$

23 각 수용가의 최대 수용전력이 각각 5[kW], 10[kW], 15[kW], 22[kW]이고, 합성최대수용전력이 50[kW]이다. 수용가 상호 간의 부등률은 얼마인가?

① 1.04   ② 2.34
③ 4.25   ④ 6.94

[해설] $부등률 = \dfrac{개별\ 수용가\ 최대전력의\ 합}{합성\ 최대전력} = \dfrac{5+10+15+22}{50} = 1.04$

정답 20 ② 21 ② 22 ① 23 ①

24 무효전력을 조정하는 전기기계기구는?

① 조상설비
② 개폐설비
③ 차단설비
④ 보상설비

[해설] 조상설비 : 전력계통의 무효전력을 조정하는 설비

정답 24 ①

2 배전 설비

❶ 배전반 및 분전반 설치 장소

1) 조작, 점검 및 관리가 용이한 장소에 시설

2) 노출 장소로서 안전한 장소에 시설

3) 개폐기를 쉽게 조작할 수 있는 장소에 시설

4) 전기회로를 쉽게 조작할 수 있는 장소에 시설

❷ 배전반 두께 및 이격거리

1) 배전반 및 분전반 강판 두께 : 1.2[mm] 이상

2) 계측기 판독을 위한 배전반 앞면과 이격거리
① 저,고압 : 1.5[m] 이상
② 특고압 : 1.7[m] 이상

❸ 분전반 설치 기준

1) 분전반에서 분기회로를 위한 배관의 상승 또는 하강이 용이한 곳에 설치할 것.

2) 분전반에 넣는 금속제의 함 및 이를 지지하는 구조물은 접지를 할 것.

3) 각 층마다 하나 이상을 설치하나, 회로수가 6 이하인 경우 2개 층을 담당할 수 있을 것.

4) 분전반에서 최종 부하까지의 거리는 30[m] 이내로 할 것.

5) 강판제의 분전함은 두께 1.2[mm] 이상의 강판 또는 두께 1.5[mm] 이상의 난연성 합성수지로 제작할 것.

6) 분전반에 시설하는 배선과 기구는 모두 전면에 배치할 것.

❹ 부하 산정

건축물의 종류	표준부하[VA/m^2]
공장, 공회당, 사원, 교회, 극장, 영화관, 연회장 등	10
기숙사, 여관, 호텔, 병원, 학교, 음식점, 다방, 대중목욕탕	20
사무실, 은행, 상점, 이발소, 미용원	30
주택, 아파트	40

❺ 보호계전기

1) **보호계전기 시험**
   ① 직류, 교류 확인
   ② 영점 확인
   ③ 측정장비 오차 확인

2) **단락사고 보호용 계전기**
   ① 차동계전기 : 유입되는 전류와 유출되는 전류의 차에 의해 동작하는 계전기
   ② 비율차동계전기 : 고장시 불평형 차전류가 평형전류의 어떤 비율 이상으로 되었을 때 동작하는 계전기

   > ※ 발전기, 전동기, 변압기 내부고장 보호 : 차동계전기, 비율차동계전기

   ③ 과전류계전기(OCR) : 전류가 일정 값 이상으로 흐르면 동작하는 계전기

3) **지락사고 보호용 계전기**
   ① 지락계전기(GR) : 영상변류기와 조합하여 지락사고 보호
   ② 영상변류기(ZCT) : 지락(영상)전류 검출

문제 풀이 ✔

1 배전반 및 분전반의 설치장소로 적합하지 않는 곳은?

① 안정된 장소
② 밀폐된 장소
③ 개폐기를 쉽게 개폐할 수 있는 장소
④ 전기회로를 쉽게 조작할 수 있는 장소

[해설] 배전반 및 분전반 설치 장소
- 조작, 점검 및 관리가 용이한 장소에 시설
- 노출 장소로서 안전한 장소에 시설
- 개폐기를 쉽게 조작할 수 있는 장소에 시설
- 전기회로를 쉽게 조작할 수 있는 장소에 시설

2 배전반 및 분전반의 설치 장소로 적합하지 않은 곳은?

① 접근이 어려운 장소
② 전기회로를 쉽게 조작할 수 있는 장소
③ 개폐기를 쉽게 개폐할 수 있는 장소
④ 안정된 장소

[해설] 배전반 및 분전반 설치 장소
- 조작, 점검 및 관리가 용이한 장소에 시설
- 노출 장소로서 안전한 장소에 시설
- 개폐기를 쉽게 조작할 수 있는 장소에 시설
- 전기회로를 쉽게 조작할 수 있는 장소에 시설

3 분전반 및 배전반은 어떤 장소에 설치하는 것이 바람직한가?

① 전기회로를 쉽게 조작할 수 있는 장소
② 개폐기를 쉽게 개폐할 수 없는 장소
③ 은폐된 장소
④ 이동이 심한 장소

[해설] 배전반 및 분전반 설치 장소
- 조작, 점검 및 관리가 용이한 장소에 시설
- 노출 장소로서 안전한 장소에 시설
- 개폐기를 쉽게 조작할 수 있는 장소에 시설
- 전기회로를 쉽게 조작할 수 있는 장소에 시설

정답 1 ② 2 ① 3 ①

4 배전반 및 분전반을 넣은 강판제로 만든 함의 두께는 몇 [mm] 이상인가?(단, 가로 세로의 길이가 30[cm] 초과한 경우이다)

① 0.8
② 1.2
③ 1.5
④ 2.0

[해설] 배전반 및 분전반 강판 두께 : 1.2[mm] 이상

5 수전설비의 저압 배전반은 배전반 앞에서 계측기를 판독하기 위하여 앞면과 최소 몇 [m] 이상 유지하는 것을 원칙으로 하고 있는가?

① 0.6[m]
② 1.2[m]
③ 1.5[m]
④ 1.7[m]

[해설] 계측기 판독을 위한 배전반 앞면과 이격거리
- 저,고압 : 1.5[m] 이상
- 특고압 : 1.7[m] 이상

6 수전설비의 특별 고압 배전반은 배전반 앞에서 계측기를 판독하기 위하여 앞면과 최소 몇 [m] 이상 유지하는 것을 원칙으로 하고 있는가?

① 0.6[m]
② 1.2[m]
③ 1.5[m]
④ 1.7[m]

[해설] 계측기 판독을 위한 배전반 앞면과 이격거리
- 저,고압 : 1.5[m] 이상
- 특고압 : 1.7[m] 이상

7 배선설계를 위한 전등 및 소형 전기기계기구의 부하용량 산정 시 건축물의 종류에 대응한 표준부하에서 원칙적으로 표준부하를 20[VA/m^2]으로 적용하여야 하는 건축물은?

① 교회, 극장
② 학교, 음식점
③ 은행, 상점
④ 아파트, 미용원

[해설] 부하 산정

종류	표준부하[VA/m^2]
공장, 공회당, 사원, 교회, 극장, 영화관, 연회장 등	10
기숙사, 여관, 호텔, 병원, 학교, 음식점, 다방, 대중목욕탕	20
사무실, 은행, 상점, 이발소, 미용원	30
주택, 아파트	40

정답 4 ② 5 ③ 6 ④ 7 ②

8 자가용 전기설비의 보호 계전기의 종류가 아닌 것은?

① 과전류계전기　　　　　　　　② 과전압계전기
③ 부족전압계전기　　　　　　　④ 부족전류계전기

[해설] 과전류 계전기(OCR) : 전류가 일정 값 이상으로 흐르면 동작하는 계전기
과전압 계전기(OVR) : 전압이 일정한 값 이상으로 걸리면 동작하는 계전기
부족전압 계전기(UVR) : 전압이 일정한 값 이하로 걸리면 동작하는 계전기

9 보호를 요하는 회로의 전류가 어떤 일정한 값(정정값) 이상으로 흘렀을 때 동작하는 계전기는?

① 과전류 계전기　　　　　　　② 과전압 계전기
③ 차동 계전기　　　　　　　　④ 비율 차동 계전기

[해설] 과전류 계전기(OCR) : 전류가 일정 값 이상으로 흐르면 동작하는 계전기

10 옥내 분전반의 설치에 관한 내용 중 틀린 것은?

① 분전반에서 분기회로를 위한 배관의 상승 또는 하강이 용이한 곳에 설치한다.
② 분전반에 넣는 금속제의 함 및 이를 지지하는 구조물은 접지를 하여야 한다.
③ 각 층마다 하나 이상을 설치하나, 회로수가 6 이하인 경우 2개 층을 담당할 수 있다.
④ 분전반에서 최종 부하까지의 거리는 40[m] 이내로 하는 것이 좋다.

[해설] 분전반에서 최종 부하까지 거리는 30[m] 이내로 할 것.

11 분전반에 대한 설명으로 틀린 것은?

① 배선과 기구는 모두 전면에 배치하였다.
② 두께 1.5[mm] 이상의 난연성 합성수지로 제작하였다.
③ 강판제의 분전함은 두께 1.2[mm] 이상의 강판으로 제작하였다.
④ 배선은 모두 분전반 이면으로 하였다.

[해설] 분전반에 시설하는 배선과 기구는 모두 전면에 배치할 것.

정답　8 ④　9 ①　10 ④　11 ④

12 한 분전반에 사용전압이 각각 다른 분기회로가 있을 때 분기회로를 쉽게 식별하기 위한 방법으로 가장 적합한 것은?

① 차단기별로 분리해 놓는다.
② 차단기나 차단기 가까운 곳에 각각 전압을 표시하는 명판을 붙여놓는다.
③ 왼쪽은 고압 측 오른쪽은 저압 측으로 분류해 놓고 전압표시는 하지 않는다.
④ 분전반을 철거하고 다른 분전반을 새로 설치한다.

[해설] 한 분전반에 사용전압이 각각 다른 분기회로가 있을 때 분기회로를 쉽게 식별하기 위해 차단기나 차단기 가까운 곳에 각각 전압을 표시하는 명판을 붙여놓는다.

13 다음 중 배선기구가 아닌 것은?

① 배전반
② 개폐기
③ 접속기
④ 배선용차단기

[해설] 배선기구에는 개폐기, 차단기, 접속기 등이 있으며 배전반은 각종의 계기, 계전기, 제어 스위치 등을 집중 설치하여 기기의 상태를 파악하고 제어 조작하는 업무를 하는 것을 말한다.

정답 12 ② 13 ①

CHAPTER 7 조명 설비

1 조명 기초

❶ 용어 및 정의

용 어	기 호	단 위	정 의
광속	F	[lm] 루우멘	한 등에서 발산되는 빛의 양
광도	I	[cd] 칸덴라	빛이 멀리가는 정도 (빛의 밝기)
조도	E	[lx] 룩스	단위 면적당 빛의 양
휘도	B	[nt] 니트	광원 표면의 밝기 (눈부심의 정도)
광속발산도	R	[rlx] 레드룩스	물체 표면의 밝기

1) 광속 : F[lm]
  ① 구광원 : $F = 4\pi I$ [lm]
  ② 원통광원 : $F = \pi^2 I$ [lm]

2) 수평면 조도 : $E = \dfrac{I}{l^2} \cos\theta$ [lx]

  여기서, I : 광도[cd], l : 일직선상 거리[m]

3) 완전 확산면 : 어느 방향에서 보아도 휘도(눈부심)가 일정한 면

2 조명 설계

❶ 배치에 의한 분류

1) 전반 조명 : 등기구의 간격을 일정하게 배치하여 어느 곳에서나 조도양을 일정하게하는 조명 방식 (공장, 학교, 사무실 등)

2) 국부 조명 : 내가 비추고자하는 부분만 집중적으로 비추는 조명 방식

❷ 배광에 의한 분류

1) 직접 조명 : 빛이 대부분 작업면에 직접 조사되는 조명 방식으로 적은 전력으로 높은 조도를 얻을 수 있으나 방 전체에 균일한 조도를 얻기 어렵고, 눈부심이 일어나기 쉬워 빛에 의한 그림자가

강하게 나타나는 조명방식

2) 반직접조명 : 광원에서 나오는 빛의 60%~90% 정도를 원하는 면에 직접 비추고 나머지 빛은 위로 향하게 하여 천장에 반사되도록 하는 조명 방식. 일반 사무실이나 주택 조명에 많이 사용되는 조명방식

3) 간접조명 : 광원에서 나온 빛을 일단 벽이나 천장 따위에 비추고 반사시켜 부드럽게 만든 후 그 반사광을 이용하는 조명방식

4) 전반확산조명 : 하향광속으로 직접 작업면에 직사하고 상부방향으로 향한 빛이 천장과 상부의 벽을 부분 반사하여 작업면에 조도를 증가시키는 조명방식

구 분	직접 조명	반직접 조명	전반 확산	반간접 조명	간접 조명
하향 광속	90 ~ 100[%]	60 ~ 90[%]	40 ~ 60[%]	10 ~ 40[%]	0 ~ 10[%]
상향 광속	0 ~ 10[%]	10 ~ 40[%]	40 ~ 60[%]	60 ~ 90[%]	90 ~ 100[%]

❸ 조명설계 시 유의사항

1) 광색 및 조도가 적당해야 한다.

2) 적당한 그림자가 있어야 한다.

3) 휘도(눈부심)가 작아야 한다.

4) 균등한 광속 발산도 분포를 가져야 한다.

❹ 조명 계산

1) 실지수 : $K = \dfrac{ab}{H(a+b)}$

여기서, H : 높이(광원에서 피조면까지), a : 가로길이[m], b : 세로길이[m]

2) 등수 : $N = \dfrac{DES}{FU}$ [등]

여기서, F : 광속[lm], U : 조명률(이용률), N : 등수, D : 감광보상률,
E : 조도[lx], S : 면적[m²]

 문제 풀이 ✔

1 조명공학에서 사용되는 칸델라[cd]는 무엇의 단위인가?

① 광 도 ② 조 도
③ 광 속 ④ 휘 도

해설

용 어	기 호	단 위	정 의
광속	F	[lm] 루우멘	한 등에서 발산되는 빛의 양
광도	I	[cd] 칸델라	빛이 멀리가는 정도 (빛의 밝기)
조도	E	[lx] 룩스	단위 면적당 빛의 양
휘도	B	[nt] 니트	광원 표면의 밝기 (눈부심의 정도)
광속발산도	R	[rlx] 레드룩스	물체 표면의 밝기

2 구의 형태를 지닌 광원에서 나오는 광속 $F[\text{lm}]$의 계산식으로 옳은 것은?

① $F = 4\pi I[\text{lm}]$ ② $F = \dfrac{1}{4}\pi I[\text{lm}]$
③ $F = \pi I[\text{lm}]$ ④ $F = \pi^2 I[\text{lm}]$

해설 광속 : $F[lm]$ 루우멘 ⇨ 한 등당 빛의 양
- 구광원 : $F = 4\pi I[lm]$
- 원통광원 : $F = \pi^2 I[lm]$

3 60[cd]의 점광원으로부터 2[m]의 거리에서 그 방향과 직각인 면과 30° 기울어진 평면위의 조도[lx]는?

① 7.5 ② 10.8
③ 13.0 ④ 13.8

해설 수평면 조도 : $E = \dfrac{I}{l^2}\cos\theta = \dfrac{60}{2^2} \times \cos 30° = 13[l\text{x}]$

4 완전확산면은 어느 방향에서 보아도 무엇이 동일한가?

① 광 속 ② 휘 도
③ 조 도 ④ 광 도

해설 완전확산면 : 어느 방향에서 보아도 휘도(눈부심)가 일정한 면

정답 1 ① 2 ① 3 ③ 4 ②

5 실내전체를 균일하게 조명하는 방식으로 광원을 일정한 간격으로 배치하며 공장, 학교, 사무실 등에서 채용되는 조명방식은?

① 국부조명 ② 전반조명
③ 직접조명 ④ 간접조명

[해설] 전반 조명 : 등기구의 간격을 일정하게 배치하여 어느 곳에서나 조도양을 일정하게하는 조명 방식 (공장, 학교, 사무실 등)

6 조명기구를 배광에 따라 분류하는 경우 특정한 장소만을 고조도로 하기 위한 조명 기구는?

① 직접 조명기구 ② 전반확산 조명기구
③ 광천장 조명기구 ④ 반직접 조명기구

[해설] 직접조명 : 빛이 대부분 작업면에 직접 조사되는 조명 방식으로 적은 전력으로 높은 조도를 얻을 수 있으나 방 전체에 균일한 조도를 얻기 어렵고, 눈부심이 일어나기 쉬워 빛에 의한 그림자가 강하게 나타나는 조명방식

7 하향광속으로 직접 작업면에 직사하고 상부방향으로 향한 빛이 천장과 상부의 벽을 부분 반사하여 작업면에 조도를 증가시키는 조명방식은?

① 직접조명 ② 간접조명
③ 반간접조명 ④ 전반확산조명

[해설] 전반확산조명 : 하향광속으로 직접 작업면에 직사하고 상부방향으로 향한 빛이 천장과 상부의 벽을 부분 반사하여 작업면에 조도를 증가시키는 조명방식

8 조명기구를 반간접 조명방식으로 설치하였을 때 위(상방향)로 향하는 광속의 양[%]은?

① 0~10 ② 10~40
③ 40~60 ④ 60~90

[해설]

구 분	직접 조명	반직접 조명	전반 확산	반간접 조명	간접 조명
하향 광속	90 ~ 100[%]	60 ~ 90[%]	40 ~ 60[%]	10 ~ 40[%]	0 ~ 10[%]
상향 광속	0 ~ 10[%]	10 ~ 40[%]	40 ~ 60[%]	60 ~ 90[%]	90 ~ 100[%]

[정답] 5 ② 6 ① 7 ④ 8 ④

9 조명설계 시 고려해야 할 사항 중 틀린 것은?

① 적당한 조도일 것
② 휘도 대비가 높을 것
③ 균등한 광속 발산도 분포일 것
④ 적당한 그림자가 있을 것

[해설] 조명설계 시 유의사항
- 광색 및 조도가 적당해야 한다.
- 적당한 그림자가 있어야 한다.
- 휘도(눈부심)가 작아야 한다.
- 균등한 광속 발산도 분포를 가져야 한다.

10 가로 20[m], 세로 18[m], 천정의 높이 3.85[m], 작업면의 높이 0.85[m], 간접조명 방식인 호텔 연회장의 실지수는 약 얼마인가?

① 1.16　　　　　　　　　② 2.16
③ 3.16　　　　　　　　　④ 4.16

[해설] 실지수 : $K = \dfrac{ab}{H(a+b)} = \dfrac{20 \times 18}{(3.85-0.85) \times (20+18)} = 3.16$

11 실내 면적 100[m²]인 교실에 전광속이 2,500[lm]인 40[W] 형광등을 설치하여 평균조도를 150[lx]로 하려면 몇 개의 등을 설치하면 되겠는가?(단, 조명률은 50[%], 감광 보상률은 1.25로 한다)

① 15개　　　　　　　　　② 20개
③ 25개　　　　　　　　　④ 30개

[해설] 등수 : $N = \dfrac{DES}{FU} = \dfrac{1.25 \times 150 \times 100}{2500 \times 0.5} = 15[개]$

12 조명기구의 용량 표시에 관한 사항이다. 다음 중 F40의 설명으로 알맞은 것은?

① 수은등 40[W]　　　　　② 나트륨등 40[W]
③ 메탈 할라이드등 40[W]　④ 형광등 40[W]

[해설] 수은등 40[W] : H40, 메탈 할라이드등 40[W] : M40
　　　나트륨등 40[W] : N40, 형광등 40[W] : F40

정답　9 ②　10 ③　11 ①　12 ④

13 천장에 작은 구멍을 뚫어 그 속에 등기구를 매입시키는 방식으로 건축의 공간을 유효하게 하는 조명방식은?

① 코브방식 ② 코퍼방식
③ 밸런스방식 ④ 다운라이트방식

[해설] 다운라이트방식 : 천장에 작은 구멍을 뚫어 그 속에 등기구를 매입시키는 방식으로 건축의 공간을 유효하게 하는 조명방식

정답 13 ④

MEMO

부록

과년도 기출문제 모의고사(5회분)

[제1회 모의고사]

01 5[Ω], 10[Ω], 15[Ω]의 저항을 직렬로 접속하고 전압을 가하였더니 10[Ω]의 저항 양단에 30[V]의 전압이 측정되었다. 이 회로에 공급되는 전전압은 몇 [V]인가?

① 30[V]   ② 60[V]
③ 90[V]   ④ 120[V]

02 전압계의 측정 범위를 넓히는 데 사용되는 기기는?

① 배율기   ② 분류기
③ 정압기   ④ 정류기

03 전계의 세기 50[V/m], 전속밀도 100[C/m²]인 유전체의 단위 체적에 축적되는 에너지는?

① 2[J/m³]
② 250[J/m³]
③ 2,500[J/m³]
④ 5,000[J/m³]

04 1상의 $R = 12[\Omega]$, $X_L = 16[\Omega]$을 직렬로 접속하여 선간전압 200[V]의 대칭 3상 교류 전압을 가할 때의 역률은?

① 60[%]   ② 70[%]
③ 80[%]   ④ 90[%]

05 그림은 실리콘제어소자인 SCR을 통전시키기 위한 회로도이다. 바르게 된 회로는?

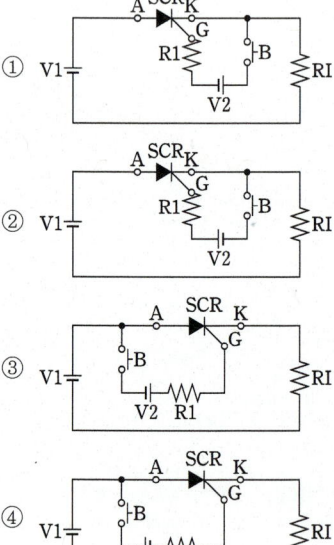

06 그림과 같이 $I[A]$의 전류가 흐르고 있는 도체의 미소부분 $\triangle l$의 전류에 의해 이 부분이 $r[m]$ 떨어진 점 P의 자기장 $\triangle H[AT/m]$는?

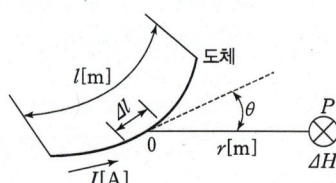

① $\triangle H = \dfrac{I^2 \triangle l \sin\theta}{4\pi r^2}$ ② $\triangle H = \dfrac{I \triangle l^2 \sin\theta}{4\pi r}$

③ $\triangle H = \dfrac{I^2 \triangle l \sin\theta}{4\pi r}$ ④ $\triangle H = \dfrac{I \triangle l \sin\theta}{4\pi r^2}$

07 PN 접합의 순방향 저항은 (㉠), 역방향 저항은 매우 (㉡). 따라서 (㉢)작용을 한다. 괄호 안에 들어갈 말로 옳은 것은?

① ㉠ 크고, ㉡ 크다, ㉢ 정류
② ㉠ 작고, ㉡ 크다, ㉢ 정류
③ ㉠ 작고, ㉡ 작다, ㉢ 검파
④ ㉠ 작고, ㉡ 크다, ㉢ 검파

08 $L=0.05$[H]의 코일에 흐르는 전류가 0.05[sec] 동안에 2[A]가 변했다. 코일에 유도되는 기전력[V]은?

① 0.5[V]　② 2[V]
③ 10[V]　④ 25[V]

09 자기회로의 길이 l[m], 단면적 A[m²], 투자율 μ[H/m]일 때 자기저항 R[AT/Wb]을 나타낸 것은?

① $R=\dfrac{\mu l}{A}$[AT/Wb]
② $R=\dfrac{A}{\mu l}$[AT/Wb]
③ $R=\dfrac{\mu A}{l}$[AT/Wb]
④ $R=\dfrac{l}{\mu A}$[AT/Wb]

10 2개의 자극 사이에 작용하는 힘의 세기는 무엇에 반비례하는가?

① 전류의 크기
② 자극 간의 거리의 제곱
③ 자극의 세기
④ 전압의 크기

11 자화력(자기장의 세기)을 표시하는 식과 관계가 되는 것은?

① NI　② μIl
③ $\dfrac{NI}{\mu}$　④ $\dfrac{NI}{l}$

12 2[Ω]의 저항에 3[A]의 전류를 1분간 흘릴 때 이 저항에서 발생하는 열량은?

① 약 4[cal]　② 약 86[cal]
③ 약 259[cal]　④ 약 1,080[cal]

13 평형 3상 △결선에서 선간전압 V_l과 상전압 V_P와의 관계가 옳은 것은?

① $V_l=\dfrac{1}{\sqrt{3}}V_P$　② $V_l=\dfrac{1}{3}V_P$
③ $V_l=V_P$　④ $V_l=\sqrt{3}V_P$

14 전류에 의해 만들어지는 자기장의 자기력선 방향을 간단하게 알아내는 방법은?

① 플레밍의 왼손법칙
② 렌츠의 자기유도법칙
③ 앙페르의 오른나사법칙
④ 패러데이의 전자유도법칙

15 5[mH]의 코일에 220[V], 60[Hz]의 교류를 가할 때 전류는 약 몇 [A]인가?

① 43[A]　② 58[A]
③ 87[A]　④ 117[A]

16 다음 중 1차 전지에 해당하는 것은?

① 망간 건전지
② 납축전지
③ 니켈-카드뮴 전지
④ 리튬 이온 전지

17 어떤 도체의 길이를 n배로 하고 단면적을 $\dfrac{1}{n}$로 하였을 때의 저항은 원래 저항보다 어떻게 되는가?

① n배로 된다.
② n^2배로 된다.
③ $\sqrt{n}$배로 된다.
④ $\dfrac{1}{n}$로 된다.

18 회로에서 검류계의 지시가 0일 때 저항 X는 몇 [Ω]인가?

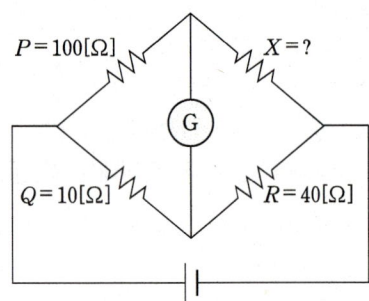

① 10[Ω]
② 40[Ω]
③ 100[Ω]
④ 400[Ω]

19 정전용량 C_1, C_2가 병렬 접속되어 있을 때의 합성 정전용량은?

① C_1+C_2
② $\dfrac{1}{C_1}+\dfrac{1}{C_2}$
③ $\dfrac{C_1C_2}{C_1+C_2}$
④ $\dfrac{1}{C_1+C_2}$

20 $e=100\sqrt{2}\sin\left(100\pi t-\dfrac{\pi}{3}\right)$[V]인 정현파 교류전압의 주파수는 얼마인가?

① 50[Hz]
② 60[Hz]
③ 100[Hz]
④ 314[Hz]

21 무부하 전압과 전부하 전압이 같은 값을 가지는 특성의 발전기는?

① 직권 발전기
② 차동복권 발전기
③ 평복권 발전기
④ 과복권 발전기

22 동기 전동기의 특징과 용도에 대한 설명으로 잘못된 것은?

① 진상, 지상의 역률 조정이 된다.
② 속도제어가 원활하다.
③ 시멘트 공장의 분쇄기 등에 사용된다.
④ 난조가 발생하기 쉽다.

23 동기 발전기의 병렬 운전 조건이 아닌 것은?

① 기전력의 주파수가 같을 것
② 기전력의 크기가 같을 것
③ 기전력의 위상이 같을 것
④ 발전기의 회전수가 같을 것

24 직류 발전기에서 브러시와 접촉하여 전기자권선에 유도되는 교류기전력을 정류해서 직류로 만드는 부분은?

① 계 자
② 정류자
③ 슬립링
④ 전기자

25 회전계자형인 동기 전동기에서 고정자인 전기자 부분도 회전자의 주위를 회전할 수 있도록 2중 베어링 구조로 되어 있는 전동기로 부하를 건 상태에서 운전하는 전동기는?

① 초동기 전동기
② 반작용 동기 전동기
③ 동기형 교류 서보전동기
④ 교류 동기 전동기

26 단상 전파정류 회로에서 교류 입력이 100[V]이면 직류출력은 약 몇 [V]인가?

① 45　　② 67.5
③ 90　　④ 135

27 기동 토크가 대단히 작고 역률과 효율이 낮으며 전축, 선풍기 등 수 10[kW] 이하의 소형 전동기에 널리 사용되는 단상 유도 전동기는?

① 반발 기동형　　② 셰이딩 코일형
③ 모노사이클릭형　　④ 콘덴서형

28 직류 전동기의 최저 절연저항값은?

① $\dfrac{정격전압[V]}{1,000 + 정격출력[kW]}$

② $\dfrac{정격출력[kW]}{1,000 + 정격입력[kW]}$

③ $\dfrac{정격입력[kW]}{1,000 + 정격전압[V]}$

④ $\dfrac{정격전압[V]}{1,000 + 정격입력[kW]}$

29 농형 회전자에 비뚤어진 홈을 쓰는 이유는?

① 출력을 높인다.
② 회전수를 증가시킨다.
③ 소음을 줄인다.
④ 미관상 좋다.

30 직류 전동기의 속도 제어 방법 중 속도제어가 원활하고 정 토크 제어가 되며 운전 효율이 좋은 것은?

① 계자제어
② 병렬 저항제어
③ 직렬 저항제어
④ 전압제어

31 60[Hz] 3상 반파 정류 회로의 맥동 주파수는?

① 60[Hz]　　② 120[Hz]
③ 180[Hz]　　④ 360[Hz]

32 변압기 V결선의 특징으로 틀린 것은?

① 고장 시 응급처치 방법으로도 쓰인다.
② 단상변압기 2대로 3상 전력을 공급한다.
③ 부하 증가가 예상되는 지역에 시설한다.
④ V결선 시 출력은 △결선 시 출력과 그 크기가 같다.

33 다음 회로에서 부하에 최대 전력을 공급하기 위해서 저항 R 및 콘덴서 C의 크기는?

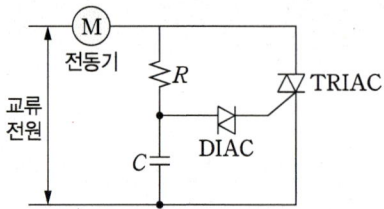

① R은 최대, C는 최대로 한다.
② R은 최소, C는 최소로 한다.
③ R은 최대, C는 최소로 한다.
④ R은 최소, C는 최대로 한다.

34 권선형 유도전동기의 회전자에 저항을 삽입하였을 경우 틀린 사항은?

① 기동전류가 감소된다.
② 기동전압은 증가한다.
③ 역률이 개선된다.
④ 기동 토크는 증가한다.

35 인견공업에 사용되는 포트 전동기의 속도제어는?

① 극수변환에 의한 제어
② 1차 회전에 의한 제어
③ 주파수 변환에 의한 제어
④ 저항에 의한 제어

36 보호 계전기의 배선 시험으로 옳지 않은 것은?

① 극성이 바르게 결선 되었는가를 확인한다.
② 내부 단자와 각부 나사 조임 상태를 점검한다.
③ 회로의 배선이 정확하게 결선되었는지 확인한다.
④ 입력 배선 검사는 직류 전압으로 시험한다.

37 직류 직권 전동기의 공급전압의 극성을 반대로 하면 회전방향은 어떻게 되는가?

① 변하지 않는다.
② 반대로 된다.
③ 회전하지 않는다.
④ 발전기로 된다.

38 전기자저항 0.1[Ω], 전기자 전류 104[A], 유도기전력 110.4[V]인 직류 분권 발전기의 단자전압[V]은?

① 110   ② 106
③ 102   ④ 100

39 단상 반파 정류 회로의 전원전압 200[V], 부하저항이 20[Ω]이면 부하 전류는 약 몇 [A]인가?

① 4   ② 4.5
③ 6   ④ 6.5

40 동기발전기의 전기자 반작용 현상이 아닌 것은?

① 포화 작용   ② 증자 작용
③ 감자 작용   ④ 교차자화 작용

41 합성수지관 공사에서 관의 지지점간 거리는 최대 몇 [m]인가?

① 1   ② 1.2
③ 1.5   ④ 2

42 터널·갱도 기타 이와 유사한 장소에서 사람이 상시 통행하는 터널 내의 배선방법으로 적절하지 않은 것은?(단, 사용전압은 저압이다)

① 라이팅덕트 배선
② 금속제 가요전선관 배선
③ 합성수지관 배선
④ 애자사용 배선

43 폴리에틸렌 절연 비닐시스케이블의 약호는?

① DV   ② EE
③ EV   ④ OW

44 옥내에 시설하는 사용전압이 400[V] 이상인 저압의 이동전선은 0.6/1[kV] EP 고무 절연 클로로프렌 캡타이어 케이블로서 단면적이 몇 [mm^2] 이상이어야 하는가?

① 0.75[mm^2]   ② 2[mm^2]
③ 5.5[mm^2]   ④ 8[mm^2]

45 전선의 식별에 따른 색상 표시에 포함되지 않는 색상은?

① 적색   ② 갈색
③ 흑색   ④ 회색

46 가요전선관 공사에서 가요전선관의 상호 접속에 사용하는 것은?

① 유니언 커플링   ② 2호 커플링
③ 콤비네이션 커플링   ④ 스플릿 커플링

47 과전류차단기로 저압전로에 사용하는 주택용 배선용 차단기가 63[A] 이하에서 60분 이내 동작하는 정격전류의 배수는?

① 1배   ② 1.2배
③ 1.3배   ④ 1.45배

48 다음 중 방수형 콘센트의 심벌은?

① E   ② (검정 원)
③ WP   ④ (반원)

49 가연성 가스가 새거나 체류하여 전기설비가 발화원이 되어 폭발할 우려가 있는 곳에 있는 저압 옥내전기설비의 시설 방법으로 가장 적합한 것은?

① 애자사용 공사
② 가요전선관 공사
③ 셀룰러 덕트 공사
④ 금속관 공사

50 분전반에 대한 설명으로 틀린 것은?

① 배선과 기구는 모두 전면에 배치하였다.
② 두께 1.5[mm] 이상의 난연성 합성수지로 제작하였다.
③ 강판제의 분전함은 두께 1.2[mm] 이상의 강판으로 제작하였다.
④ 배선은 모두 분전반 이면으로 하였다.

51 비교적 장력이 적고 다른 종류의 지선을 시설할 수 없는 경우에 적용하며 지선용 근가를 지지물 근원 가까이 매설하여 시설하는 지선은?

① Y지선　　② 궁지선
③ 공동지선　④ 수평지선

52 가공전선에 케이블을 사용하는 경우에는 케이블은 조가용선에 행거를 사용하여 조가한다. 사용전압이 고압일 경우 그 행거의 간격은?

① 50[cm] 이하　② 50[cm] 이상
③ 75[cm] 이하　④ 75[cm] 이상

53 절연전선을 동일 금속 덕트 내에 넣을 경우 금속 덕트의 크기는 전선의 피복절연물을 포함한 단면적의 총합계가 금속 덕트 내 단면적의 몇 [%] 이하로 하여야 하는가?

① 10　② 20
③ 32　④ 48

54 400[V] 이하 옥내배선의 절연저항 측정에 가장 알맞은 절연저항계는?

① 250[V] 메거
② 500[V] 메거
③ 1,000[V] 메거
④ 1,500[V] 메거

55 폭발성 분진이 있는 위험장소의 금속관 공사에 있어서 관 상호 및 관과 박스 기타의 부속품이나 풀박스 또는 전기기계기구는 몇 턱 이상의 나사 조임으로 시공하여야 하는가?

① 2턱　② 3턱
③ 4턱　④ 5턱

56 고압 가공 인입선이 일반적인 도로횡단 시 설치 높이는?

① 3[m] 이상　② 3.5[m] 이상
③ 5[m] 이상　④ 6[m] 이상

57 금속 전선관과 비교한 합성수지 전선관 공사의 특징으로 거리가 먼 것은?

① 내식성이 우수하다.
② 배관 작업이 용이하다.
③ 열에 강하다.
④ 절연성이 우수하다.

58 폭연성 분진이 존재하는 곳의 금속관 공사 시 전동기에 접속하는 부분에서 가요성을 필요로 하는 부분의 배선에는 방폭형 부속품 중 어떤 것을 사용하여야 하는가?

① 플렉시블 피팅
② 분진 플렉시블 피팅
③ 분진 방폭형 플렉시블 피팅
④ 안전 증가 플렉시블 피팅

59 권상기, 기중기 등으로 물건을 내릴 때와 같이 전동기가 가지는 운동에너지를 발전기로 동작시켜 발생한 전력을 반환시켜서 제동하는 방식은?

① 역전제동　② 발전제동
③ 회생제동　④ 와류제동

60 전선 접속 방법 중 트위스트 직선 접속의 설명으로 옳은 것은?

① 6[mm²] 이하의 가는 단선인 경우에 적용된다.
② 6[mm²] 이상의 굵은 단선인 경우에 적용된다.
③ 연선의 직선 접속에 적용된다.
④ 연선의 분기 접속에 적용된다.

[제2회 모의고사]

01 저항의 병렬접속에서 합성저항을 구하는 설명으로 옳은 것은?

① 연결된 저항을 모두 합하면 된다.
② 각 저항값의 역수에 대한 합을 구하면 된다.
③ 저항값의 역수에 대한 합을 구하고 다시 그 역수를 취하면 된다.
④ 각 저항값을 모두 합하고 저항 숫자로 나누면 된다.

02 2분간에 876,000[J]의 일을 하였다. 그 전력은 얼마인가?

① 7.3[kW] ② 29.2[kW]
③ 73[kW]   ④ 438[kW]

03 정전용량 C_1, C_2를 병렬로 접속하였을 때의 합성정전 용량은?

① $C_1 + C_2$ ② $\dfrac{1}{C_1 + C_2}$
③ $\dfrac{1}{C_1} + \dfrac{1}{C_2}$ ④ $\dfrac{C_1 C_2}{C_1 + C_2}$

04 $R[\Omega]$인 저항 3개가 △결선으로 되어 있는 것을 Y결선으로 환산하면 1상의 저항[Ω]은?

① $\dfrac{1}{3}R$ ② $\dfrac{1}{3R}$
③ $3R$ ④ R

05 다음 중 상자성체는 어느 것인가?

① 철   ② 코발트
③ 니켈   ④ 텅스텐

06 (㉠), (㉡)에 들어갈 내용으로 알맞은 것은?

"2차 전지의 대표적인 것으로 납축전지가 있다. 전해액으로 비중 약 (㉠)정도의 (㉡)을 사용한다."

① ㉠ 1.15~1.21 ㉡ 묽은 황산
② ㉠ 1.25~1.36 ㉡ 질산
③ ㉠ 1.01~1.15 ㉡ 질산
④ ㉠ 1.23~1.26 ㉡ 묽은 황산

07 어느 회로의 전류가 다음과 같을 때, 이 회로에 대한 전류의 실효값은?

$$i = 3 + 10\sqrt{2}\sin\left(\omega t - \dfrac{\pi}{6}\right) + 5\sqrt{2}\sin\left(3\omega t - \dfrac{\pi}{3}\right)[A]$$

① 11.6[A] ② 23.2[A]
③ 32.2[A] ④ 48.3[A]

08 100[V]의 전압계가 있다. 이 전압계를 써서 200[V] 전압을 측정하려면 최소 몇 [Ω]의 저항을 외부에 접속해야 하는가?(단, 전압계의 내부저항은 5,000[Ω]이다)

① 10,000 ② 5,000
③ 2,500   ④ 1,000

09 최대값이 110[V]인 사인파 교류 전압이 있다. 평균값은 약 몇 [V]인가?

① 30[V]　② 70[V]
③ 100[V]　④ 110[V]

10 단위 길이당 권수 100회인 무한장 솔레노이드에 10[A]의 전류가 흐를 때 솔레노이드 내부의 자장[AT/m]은?

① 10　② 100
③ 1,000　④ 10,000

11 정전기 발생 방지책으로 틀린 것은?

① 대전 방지제의 사용
② 접지 및 보호구의 착용
③ 배관 내 액체의 흐름 속도 제한
④ 대기의 습도를 30[%] 이하로 하여 건조함을 유지

12 $R=4[\Omega]$, $X_L=15[\Omega]$, $X_C=12[\Omega]$의 RLC 직렬 회로에 100[V]의 교류 전압을 가할 때 전류와 전압의 위상차는 약 얼마인가?

① 0°　② 37°
③ 53°　④ 90°

13 비오-사바르(Biot-Savart)의 법칙과 가장 관계가 깊은 것은?

① 전류가 만드는 자장의 세기
② 전류와 전압의 관계
③ 기전력과 자계의 세기
④ 기전력과 자속의 변화

14 2전력계법에 의해 평형 3상 전력을 측정하였더니 전력계가 각각 800[W], 400[W]를 지시하였다면, 이 부하의 전력은 몇 [W]인가?

① 600[W]　② 800[W]
③ 1,200[W]　④ 1,600[W]

15 20[Ω], 30[Ω], 60[Ω]의 저항 3개를 병렬로 접속하여 여기에 60[V]의 전압을 가했을 때, 이 회로에 흐르는 전체 전류는 몇 [A]인가?

① 3[A]　② 6[A]
③ 30[A]　④ 60[A]

16 자석의 성질로 옳은 것은?

① 자석은 고온이 되면 자력이 증가한다.
② 자기력선에는 고무줄과 같은 장력이 존재한다.
③ 자력선은 자석 내부에서도 N극에서 S극으로 이동한다.
④ 자력선은 자성체는 투과하고, 비자성체는 투과하지 못한다.

17 N형 반도체의 주반송자는 어느 것인가?

① 억셉터　② 전 자
③ 도 너　④ 정 공

18 자속밀도 B[Wb/m²]는 균등한 자계 내에 길이 l[m]의 도선을 자계에 수직인 방향으로 운동시킬 때 도선에 e[V]의 기전력이 발생한다면 이 도선의 속도는[m/s]는?

① $Ble\sin\theta$　② $Ble\cos\theta$
③ $\dfrac{Bl\sin\theta}{e}$　④ $\dfrac{e}{Bl\sin\theta}$

19 전선에 일정량 이상의 전류가 흘러서 온도가 높아지면 절연물을 열화하여 절연성을 극도로 악화시킨다. 그러므로 도체에는 안전하게 흘릴 수 있는 최대 전류가 있다. 이 전류를 무엇이라 하는가?

① 줄 전류 ② 불평형 전류
③ 평형 전류 ④ 허용 전류

20 코일이 접속되어 있을 때, 누설 자속이 없는 이상적인 코일 간의 상호 인덕턴스는?

① $M = \sqrt{L_1 + L_2}$
② $M = \sqrt{L_1 - L_2}$
③ $M = \sqrt{L_1 L_2}$
④ $M = \sqrt{\dfrac{L_1}{L_2}}$

21 상전압 300[V]의 3상 반파 정류 회로의 직류 전압은 약 몇 [V]인가?

① 520[V] ② 350[V]
③ 260[V] ④ 50[V]

22 전기기기의 냉각 매체로 활용하지 않는 것은?

① 물 ② 수 소
③ 공 기 ④ 탄 소

23 아크 용접용 변압기가 일반 전력용 변압기와 다른 점은?

① 권선의 저항이 크다.
② 누설 리액턴스가 크다.
③ 효율이 높다.
④ 역률이 좋다.

24 용량이 작은 전동기로 직류와 교류를 겸용할 수 있는 전동기는?

① 셰이딩전동기
② 단상반발전동기
③ 단상 직권 정류자전동기
④ 리니어전동기

25 그림과 같은 전동기 제어회로에서 전동기 M의 전류 방향으로 올바른 것은?(단, 전동기의 역률은 100[%]이고, 사이리스터의 점호각은 0°라고 본다)

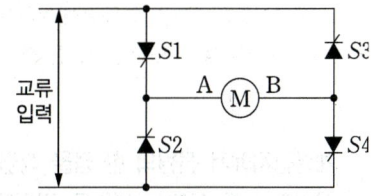

① 항상 "A"에서 "B"의 방향
② 항상 "B"에서 "A"의 방향
③ 입력의 반주기 마다 "A"에서 "B"의 방향, "B"에서 "A"의 방향
④ S1과 S4, S2와 S3의 동작 상태에 따라 "A"에서 "B"의 방향, "B"에서 "A"의 방향

26 P형 반도체의 전기 전도의 주된 역할을 하는 반송자는?

① 전 자 ② 정 공
③ 가전자 ④ 5가 불순물

27 단상 유도전동기에 보조권선을 사용하는 주된 이유는?

① 역률개선을 한다.
② 회전자장을 얻는다.
③ 속도제어를 한다.
④ 기동 전류를 줄인다.

28 동기 전동기의 부하각(Load Angle)은?

① 공급전압 V와 역기전압 E와의 위상각
② 역기전압 E와 부하전류 I와의 위상각
③ 공급전압 V와 부하전류 I와의 위상각
④ 3상 전압의 상전압과 선간 전압과의 위상각

29 동기 전동기의 계자 전류를 가로축에, 전기자 전류를 세로축으로 하여 나타낸 V곡선에 관한 설명으로 옳지 않은 것은?

① 위상 특성 곡선이라 한다.
② 부하가 클수록 V곡선은 아래쪽으로 이동한다.
③ 곡선의 최저점은 역률 1에 해당한다.
④ 계자 전류를 조정하여 역률을 조정할 수 있다.

30 계통접지에서 전원의 한 점을 직접 접지하고, 설비의 노출 도전성 부분을 전원계통의 접지극과 별도로 전기적으로 독립하여 접지하는 방식은?

① TT 계통
② TN-C 계통
③ TN-S 계통
④ TN-CS 계통

31 다음 중 전력 제어용 반도체 소자가 아닌 것은?

① LED
② TRIAC
③ GTO
④ IGBT

32 수전단 발전소용 변압기 결선에 주로 사용하고 있으며 한쪽은 중성점을 접지할 수 있고 다른 한쪽은 제3고조파에 의한 영향을 없애주는 장점을 가지고 있는 3상 결선 방식은?

① Y-Y
② △-△
③ Y-△
④ V

33 동기 발전기의 병렬운전 시 원동기에 필요한 조건으로 구성된 것은?

① 균일한 각속도와 기전력의 파형이 같을 것
② 균일한 각속도와 적당한 속도 조정률을 가질 것
③ 균일한 주파수와 적당한 속도 조정률을 가질 것
④ 균일한 주파수와 적당한 파형이 같을 것

34 단락비가 1.2인 동기발전기의 %동기 임피던스는 약 몇 [%]인가?

① 68
② 83
③ 100
④ 120

35 직류 전동기에서 무부하가 되면 속도가 대단히 높아져서 위험하기 때문에 무부하운전이나 벨트를 연결한 운전을 해서는 안 되는 전동기는?

① 직권전동기
② 복권전동기
③ 타여자전동기
④ 분권전동기

36 권선형 유도전동기 기동 시 회전자 측에 저항을 넣는 이유는?

① 기동 전류 증가
② 기동 토크 감소
③ 회전수 감소
④ 기동 전류 억제와 토크 증대

37 15[kW], 60[Hz], 4극의 3상 유도 전동기가 있다. 전부하가 걸렸을 때의 슬립이 4[%]라면 이때의 2차(회전자)측 동손은 약 [kW]인가?

① 1.2
② 1.0
③ 0.8
④ 0.6

38 보호를 요하는 회로의 전류가 어떤 일정한 값(정정값) 이상으로 흘렀을 때 동작하는 계전기는?

① 과전류 계전기
② 과전압 계전기
③ 차동 계전기
④ 비율 차동 계전기

39 변압기유가 구비해야 할 조건으로 틀린 것은?

① 점도가 낮을 것
② 인화점이 높을 것
③ 응고점이 높을 것
④ 절연내력이 클 것

40 직류 분권 발전기의 병렬운전 조건에 해당되지 않는 것은?

① 극성이 같을 것
② 단자전압이 같을 것
③ 외부특성곡선이 수하특성일 것
④ 균압모선을 접속할 것

41 금속전선관 공사에서 사용되는 후강전선관의 규격이 아닌 것은?

① 16 ② 28
③ 36 ④ 50

42 금속관 공사를 노출로 시공할 때 직각으로 구부러지는 곳에는 어떤 배선기구를 사용하는가?

① 유니온 커플링 ② 아웃렛 박스
③ 픽스쳐 히키   ④ 유니버설 엘보

43 일반적으로 과전류 차단기를 설치하여야 할 곳은?

① 접지공사의 접지선
② 다선식 전로의 중성선
③ 송배전선의 보호용, 인입선 등 분기선을 보호하는 곳
④ 저압 가공 전로의 접지측 전선

44 다음 중 금속 전선관 부속품이 아닌 것은?

① 로크 너트
② 노멀 밴드
③ 커플링
④ 앵글 커넥터

45 저압전로에 사용하는 5[A]용 퓨즈는 정격전류의 몇 배에서 용단되지 않아야 하는가?

① 1배   ② 1.1배
③ 1.3배 ④ 1.5배

46 저압 옥내 분기회로에 개폐기 및 과전류 차단기를 시설하는 경우 원칙적으로 분기점에서 몇 [m] 이하에 시설하여야 하는가?

① 3   ② 5
③ 8   ④ 12

47 옥내 배선에서 주로 사용하는 직선 접속 및 분기 접속방법은 어떤 것을 사용하여 접속하는가?

① 동선압착단자 ② 슬리브
③ 와이어 커넥터 ④ 꽂음형 커넥터

48 가스 차단기에 사용되는 가스인 SF_6의 성질이 아닌 것은?

① 같은 압력에서 공기의 2.5~3.5배의 절연내력이 있다.
② 무색, 무취, 무해 가스이다.
③ 가스 압력 3~4[kgf/cm^2]에서 절연내력은 절연유 이하이다.
④ 소호능력은 공기보다 2.5배 정도 낮다.

49 물체의 두께, 깊이, 안지름 및 바깥지름 등을 모두 측정할 수 있는 공구의 명칭은?

① 버니어 캘리퍼스
② 마이크로미터
③ 다이얼 게이지
④ 와이어 게이지

50 저압 가공인입선이 횡단보도교 위에 시설되는 경우 노면상 몇 [m] 이상의 높이에 설치되어야 하는가?

① 3　　② 4
③ 5　　④ 6

51 접지시스템을 구분할 때 포함되지 않는 것은?

① 계통접지　② 보호접지
③ 차단기접지　④ 피뢰시스템접지

52 설계하중 6.8[kN] 이하인 철근 콘크리트 전주의 길이가 7[m]인 지지물을 건주하는 경우 땅에 묻히는 깊이로 가장 옳은 것은?

① 1.2[m]　② 1.0[m]
③ 0.8[m]　④ 0.6[m]

53 60[cd]의 점광원으로부터 2[m]의 거리에서 그 방향과 직각인 면과 30° 기울어진 평면위의 조도[lx]는?

① 7.5　　② 10.8
③ 13.0　　④ 13.8

54 한 개의 전등을 두 곳에서 점멸할 수 있는 배선으로 옳은 것은?

①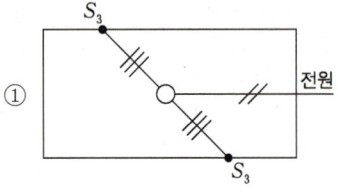

②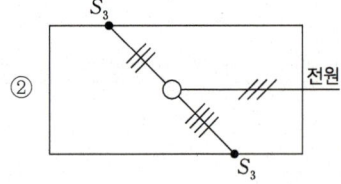

③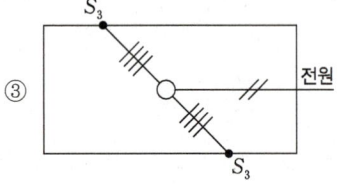

④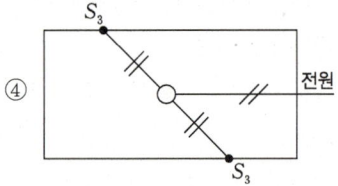

55 주로 저압 가공전선로 또는 인입선에 사용되는 애자로서 주로 앵글베이스 스트랩과 스트랩볼트 인류바인드선(비닐절연 바인드선)과 함께 사용하는 애자는?

① 고압 핀 애자
② 저압 인류 애자
③ 저압 핀 애자
④ 라인포스트 애자

56 다음 [보기] 중 금속관, 애자, 합성수지 및 케이블공사가 모두 가능한 특수 장소를 옳게 나열한 것은?

[보 기]
㉠ 화약고 등의 위험 장소
㉡ 부식성 가스가 있는 장소
㉢ 위험물 등이 존재하는 장소
㉣ 불연성 먼지가 많은 장소
㉤ 습기가 많은 장소

① ㉠, ㉡, ㉢
② ㉡, ㉢, ㉣
③ ㉡, ㉣, ㉤
④ ㉠, ㉣, ㉤

57 저압 옥내전로에서 전동기의 정격전류가 60[A]인 경우 전선의 허용전류[A]는 얼마 이상이 되어야 하는가?

① 66
② 75
③ 78
④ 90

58 전선의 공칭단면적에 대한 설명으로 옳지 않은 것은?

① 소선수와 소선의 지름으로 나타낸다.
② 단위는 [mm^2]로 표시한다.
③ 전선의 실제단면적과 같다.
④ 연선의 굵기를 나타내는 것이다.

59 하향광속으로 직접 작업면에 직사하고 상부방향으로 향한 빛이 천장과 상부의 벽을 부분 반사하여 작업면에 조도를 증가시키는 조명방식은?

① 직접조명
② 간접조명
③ 반간접조명
④ 전반확산조명

60 코드 상호 간 또는 캡타이어케이블 상호 간을 접속하는 경우 가장 많이 사용되는 기구는?

① T형 접속기
② 코드 접속기
③ 와이어 커넥터
④ 박스용 커넥터

[제3회 모의고사]

01 기전력 1.5[V], 내부저항이 0.1[Ω]인 전지 4개를 직렬로 연결하고 이를 단락했을 때의 단락전류[A]는?

① 10   ② 12.5
③ 15   ④ 17.5

02 다음 중 도전율을 나타내는 단위는?

① [Ω]   ② [Ω·m]
③ [℧·m]   ④ [℧/m]

03 $\omega L = 5\,[\Omega]$, $\dfrac{1}{\omega C} = 25\,[\Omega]$의 LC 직렬 회로에 100[V]의 교류를 가할 때, 전류[A]는?

① 3.3[A], 유도성
② 5[A], 유도성
③ 3.3[A], 용량성
④ 5[A], 용량성

04 단면적 5[cm²], 길이 1[m], 비투자율 10³인 환상 철심에 600회의 권선을 감고 이것에 0.5[A]의 전류를 흐르게 한 경우 기자력은?

① 100[AT]
② 200[AT]
③ 300[AT]
④ 400[AT]

05 다음 회로에서 $C_1 = 1\,[\mu F]$, $C_2 = 2\,[\mu F]$, $C_3 = 2\,[\mu F]$일 때 합성 정전용량은 몇 [μF]인가?

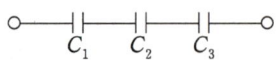

① 1/2   ② 1/5
③ 2   ④ 5

06 정전용량이 같은 콘덴서 2개를 병렬로 연결하였을 때의 합성 정전용량은 직렬로 접속하였을 때의 몇 배 인가?

① $\dfrac{1}{4}$ ② $\dfrac{1}{2}$
③ 2   ④ 4

07 어떤 물질이 정상 상태보다 전자수가 많아져 전기를 띠게 되는 현상을 무엇이라 하는가?

① 충 전   ② 방 전
③ 대 전   ④ 분 극

08 Y결선에서 선간전압 V_l 과 상전압 V_p 의 관계는?

① $V_l = V_p$ ② $V_l = \dfrac{1}{3} V_p$
③ $V_l = \sqrt{3}\, V_p$ ④ $V_l = 3 V_p$

09 자기회로에 기자력을 주면 자로에 자속이 흐른다. 그러나 기자력에 의해 발생되는 자속 전부가 자기회로 내를 통과하는 것이 아니라, 자로 이외의 부분을 통과하는 자속도 있다. 이와 같이 자기회로 이외 부분을 통과하는 자속을 무엇이라 하는가?

① 종속자속
② 누설자속
③ 주자속
④ 반사자속

10 자체 인덕턴스가 100[H]가 되는 코일에 전류를 1초 동안 0.1[A]만큼 변화시켰다면 유도기전력[V]은?

① 1[V]
② 10[V]
③ 100[V]
④ 1,000[V]

11 전기장 중에 단위 전하를 놓았을 때, 그것에 작용하는 힘은 어느 값과 같은가?

① 전장의 세기
② 전하
③ 전위
④ 전위차

12 정격전압에서 1[kW]의 전력을 소비하는 저항에 정격의 90[%] 전압을 가했을 때, 전력은 몇 [W]가 되는가?

① 630[W]
② 780[W]
③ 810[W]
④ 900[W]

13 $R[\Omega]$인 저항 3개가 △결선으로 되어 있는 것을 Y결선으로 환산하면 1상의 저항[Ω]은?

① $\frac{1}{3}R$
② R
③ $3R$
④ $\frac{1}{R}$

14 공기 중에서 5[cm] 간격을 유지하고 있는 2개의 평행 도선에 각각 10[A]의 전류가 동일한 방향으로 흐를 때, 도선 1[m]당 발생하는 힘의 크기[N]는?

① 4×10^{-4}
② 2×10^{-5}
③ 4×10^{-5}
④ 2×10^{-4}

15 단상 100[V], 800[W], 역률 80[%]인 회로의 리액턴스는 몇 [Ω]인가?

① 10
② 8
③ 6
④ 2

16 비사인파의 일반적인 구성이 아닌 것은?

① 순시파
② 고조파
③ 기본파
④ 직류분

17 다음 물질 중 강자성체로만 짝지어진 것은?

① 철, 니켈, 아연, 망간
② 구리, 비스무트, 코발트, 망간
③ 철, 구리, 니켈, 아연
④ 철, 니켈, 코발트

18 자기력선에 대한 설명으로 옳지 않은 것은?

① 자기장의 모양을 나타낸 선이다.
② 자기력선이 조밀할수록 자기력이 세다.
③ 자석의 N극에서 나와 S극으로 들어간다.
④ 자기력선이 교차된 곳에서 자기력이 세다.

19 RL 직렬회로에서 임피던스(Z)의 크기를 나타내는 식은?

① $R^2+X_L^2$ ② $R^2-X_L^2$
③ $\sqrt{R^2+X_L^2}$ ④ $\sqrt{R^2-X_L^2}$

20 $e=200\sin(100\pi t)$[V]의 교류 전압에서 $t=\dfrac{1}{600}$초일 때, 순시값은?

① 100[V] ② 173[V]
③ 200[V] ④ 346[V]

21 전기 철도에 사용하는 직류전동기로 가장 적합한 전동기는?

① 분권전동기
② 직권전동기
③ 가동 복권전동기
③ 차동 복권전동기

22 슬립이 0.05이고 전원 주파수가 60[Hz]인 유도전동기의 회전자 회로의 주파수[Hz]는?

① 1
② 2
③ 3
④ 4

23 다음 중 유도전동기에서 비례추이를 할 수 있는 것은?

① 출력
② 2차 동손
③ 효율
④ 역률

24 변압기 내부고장 시 급격한 유류 또는 Gas의 이동이 생기면 동작하는 부흐홀츠 계전기의 설치 위치는?

① 변압기 본체
② 변압기의 고압측 부싱
③ 컨서베이터 내부
④ 변압기 본체와 콘서베이터를 연결하는 파이프

25 변압기의 1차 권회수 80회, 2차 권회수 320회일 때 2차측의 전압이 100[V]이면 1차 전압[V]은?

① 15 ② 25
③ 50 ④ 100

26 전기기계에 있어 와전류손(Eddy Current Loss)을 감소하기 위한 적합한 방법은?

① 규소강판에 성층철심을 사용한다.
② 보상권선을 설치한다.
③ 교류전원을 사용한다.
④ 냉각 압연한다.

27 직류 발전기에서 전기자 반작용을 없애는 방법으로 옳은 것은?

① 브러시 위치를 전기적 중성점이 아닌 곳으로 이동시킨다.
② 보극과 보상 권선을 설치한다.
③ 브러시의 압력을 조정한다.
④ 보극은 설치하되 보상 권선은 설치하지 않는다.

28 3권선 변압기에 대한 설명으로 옳은 것은?

① 한 개의 전기회로에 3개의 자기회로로 구성되어 있다.
② 3차 권선에 조상기를 접속하여 송전선의 전압조정과 역률개선에 사용된다.
③ 3차 권선에 단권변압기를 접속하여 송전선의 전압조정에 사용된다.
④ 고압배전선의 전압을 10[%] 정도 올리는 승압용이다.

29 동기기에서 사용되는 절연재료로 B종 절연물의 온도상승한도는 약 몇 [℃]인가?(단, 기준 온도는 공기 중에서 40[℃]이다)

① 65 ② 75
③ 90 ④ 120

30 동기 전동기의 자기 기동법에서 계자권선을 단락하는 이유는?

① 기동이 쉽다.
② 기동권선으로 이용
③ 고전압 유도에 의한 절연파괴 위험 방지
④ 전기자 반작용을 방지한다.

31 어떤 변압기에서 임피던스 강하가 5[%]인 변압기가 운전 중 단락되었을 때, 그 단락전류는 정격전류의 몇 배인가?

① 5   ② 20
③ 50 ④ 200

32 주상변압기의 고압측에 탭을 여러 개 만든 이유는?

① 역률 개선
② 단자 고장 대비
③ 선로 전류 조정
④ 선로 전압 조정

33 동기발전기를 회전계자형으로 하는 이유가 아닌 것은?

① 고전압에 견딜 수 있게 전기자 권선을 절연하기가 쉽다.
② 전기자 단자에 발생한 고전압을 슬립링 없이 간단하게 외부회로에 인가할 수 있다.
③ 기계적으로 튼튼하게 만드는데 용이하다.
④ 전기자가 고정되어 있지 않아 제작비용이 저렴하다.

34 직권발전기의 설명 중 틀린 것은?

① 계자권선과 전기자권선이 직렬로 접속되어 있다.
② 승압기로 사용되며 수전 전압을 일정하게 유지하고자 할 때 사용된다.
③ 단자전압을 V, 유기기전력을 E, 부하전류를 I, 전기자저항 및 직권계자저항을 각각 r_a, r_s라 할 때 $V = E + I(r_a + r_s)$[V]이다.
④ 부하전류에 의해 여자되므로 무부하 시 자기여자에 의한 전압확립은 일어나지 않는다.

35 3상 동기전동기의 출력(P)을 부하각으로 나타낸 것은?(단, V는 1상의 단자전압, E는 역기전력, x_s는 동기 리액턴스, δ는 부하각)

① $P = 3VE\sin\delta$ [W]
② $P = \dfrac{3VE\sin\delta}{x_s}$ [W]
③ $P = \dfrac{3VE\cos\delta}{x_s}$ [W]
④ $P = 3VE\cos\delta$ [W]

36 동기전동기의 여자전류를 변화시켜도 변하지 않는 것은?(단, 공급전압과 부하는 일정하다)

① 동기속도 ② 역기전력
③ 역 률   ④ 전기자 전류

37 회전수 1,728[rpm]인 유도전동기의 슬립[%]은?(단, 동기속도는 1,800[rpm])

① 2 ② 3
③ 4 ④ 5

38 다음 그림에 대한 설명으로 틀린 것은?

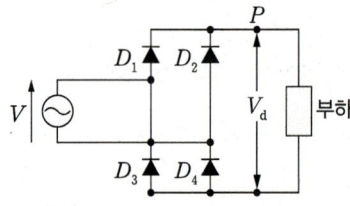

① 브리지(Bridge) 회로라고도 한다.
② 실제의 정류기로 널리 사용된다.
③ 반파 정류회로라고도 한다.
④ 전파 정류회로라고도 한다.

39 50[Hz], 6극인 3상 유도전동기의 전부하에서 회전수가 955[rpm]일 때, 슬립[%]은?

① 4   ② 4.5
③ 5   ④ 5.5

40 3상 380[V], 60[Hz], 4P, 슬립 5[%], 55[kW] 유도전동기가 있다. 회전자속도는 몇 [rpm]인가?

① 1,200 ② 1,526
③ 1,710 ④ 2,280

41 전기공사 시공에 필요한 공구사용법 설명 중 잘못된 것은?

① 콘크리트의 구멍을 뚫기 위한 공구로 타격용 임팩트 전기드릴을 사용한다.
② 스위치박스에 전선관용 구멍을 뚫기 위해 녹아웃 펀치를 사용한다.
③ 합성수지 가요전선관의 굽힘 작업을 위해 토치램프를 사용한다.
④ 금속 전선관의 굽힘 작업을 위해 파이프 벤더를 사용한다.

42 금속 전선관 작업에서 나사를 낼 때, 필요한 공구는 어느 것인가?

① 파이프 벤더
② 볼트 클리퍼
③ 오스터
④ 파이프 렌치

43 저압전로에 사용하는 주택용 배선용차단기는 몇 배의 전류까지는 동작하지 않고, 몇 배의 전류 이상이면 동작하는가?

① 1배, 1.5배
② 1.13배, 1.45배
③ 1.1배, 1.4배
④ 1.05배, 1.45배

44 특고압(22.9kV-Y) 가공전선로의 완금 접지시 접지도체는 어느 곳에 연결하여야 하는가?

① 변압기
② 전 주
③ 지 선
④ 중성선

45 단선의 직선 접속 시 트위스트 접속을 할 경우 적합하지 않은 전선규격[mm²]은?

① 2.5
② 4.0
③ 6.0
④ 10

46 특고압 전기설비용 접지도체의 단면적은 몇 [mm²] 이상이어야 하는가?

① 2.5
② 5
③ 6
④ 16

47 배전반 및 분전반의 설치 장소로 적합하지 않은 곳은?

① 접근이 어려운 장소
② 전기회로를 쉽게 조작할 수 있는 장소
③ 개폐기를 쉽게 개폐할 수 있는 장소
④ 안정된 장소

48 알루미늄전선과 전기기계기구 단자의 접속 방법으로 틀린 것은?

① 전선을 나사로 고정하는 경우 나사가 진동 등으로 헐거워질 우려가 있는 장소는 2중 너트 등을 사용할 것
② 전선에 터미널러그 등을 부착하는 경우는 도체에 손상을 주지 않도록 피복을 벗길 것
③ 나사 단자에 전선을 접속하는 경우는 전선을 나사의 홈에 가능한 한 밀착하여 3/4바퀴 이상 1바퀴 이하로 감을 것
④ 누름나사단자 등에 전선을 접속하는 경우는 전선을 단자 깊이의 2/3위치까지만 삽입할 것

49 계통접지에서 충전부 전체를 대지로부터 절연시키거나 한 점에 임피던스를 삽입하여 대지에 접속시키고 전기기기의 노출 도전성 부분 단독 또는 일괄적으로 접지 하거나 또는 계통접지로 접속하는 접지계통을 무엇이라 하는가?

① TT 계통
② IT 계통
③ TN-C 계통
④ TN-S 계통

50 저압 연접인입선의 시설과 관련된 설명으로 잘못된 것은?

① 옥내를 통과하지 아니할 것
② 전선의 굵기는 1.5[mm²] 이하일 것
③ 폭 5[m]를 넘는 도로를 횡단하지 아니할 것
④ 인입선에서 분기하는 점으로부터 100[m]를 넘는 지역에 미치지 아니할 것

51 라이팅덕트를 조영재에 따라 부착할 경우 지지점 간의 거리는 몇 [m] 이하로 하여야 하는가?

① 1.0
② 1.2
③ 1.5
④ 2.0

52 화약고 등의 위험장소에서 전기설비 시설에 관한 내용으로 옳은 것은?

① 전로의 대지전압은 400[V] 이하일 것
② 전기기계기구는 전폐형을 사용할 것
③ 화약고 내의 전기설비는 화약고 장소에 전용 개폐기 및 과전류차단기를 시설할 것
④ 개폐기 및 과전류차단기에서 화약고 인입구까지의 배선은 케이블 배선으로 노출로 시설할 것

53 고압전로에 지락사고가 생겼을 때, 지락전류를 검출하는데 사용하는 것은?

① CT ② ZCT
③ MOF ④ PT

54 인입용 비닐절연전선의 공칭단면적 8[mm²]되는 연선의 구성은 소선의 지름이 1.2[mm]일 때 소선수는 몇 가닥으로 되어 있는가?

① 3 ② 4
③ 6 ④ 7

55 접지도체에 큰 고장전류가 흐르지 않을 경우 접지도체의 단면적은 구리 도체인 경우 몇 [mm²] 이상이어야 하는가?

① 2.5[mm²] ② 5[mm²]
③ 6[mm²] ④ 16[mm²]

56 무대, 오케스트라박스 등 흥행장의 저압 옥내 배선 공사의 사용전압은 몇 [V] 이하인가?

① 200 ② 300
③ 400 ④ 600

57 안전을 위해 과부하 보호장치를 생략할 수 있는 경우가 아닌 것은?

① 회전기의 여자회로
② 전자석 크레인의 전원회로
③ 전동기의 전원회로
④ 전류변성기의 2차회로

58 고압 가공전선로의 지지물 중 지선을 사용해서는 안되는 것은?

① 목 주
② 철 탑
③ A종 철주
④ A종 철근콘크리트주

59 지지물의 지선에 연선을 사용하는 경우 소선 몇 가닥 이상의 연선을 사용하는가?

① 1 ② 2
③ 3 ④ 4

60 전선 접속 시 S형 슬리브 사용에 대한 설명으로 틀린 것은?

① 전선의 끝은 슬리브의 끝에서 조금 나오는 것이 바람직하다.
② 슬리브는 전선의 굵기에 적합한 것을 선정한다.
③ 열린 쪽 홈의 측면을 고르게 눌러서 밀착시킨다.
④ 단선은 사용가능하나 연선 접속 시에는 사용하지 않는다.

[제4회 모의고사]

01 콘덴서의 정전용량에 대한 설명으로 틀린 것은?

① 전압에 반비례한다.
② 이동 전하량에 비례한다.
③ 극판의 넓이에 비례한다.
④ 극판의 간격에 비례한다.

02 전류에 의해 만들어지는 자기장의 자기력선 방향을 간단하게 알아내는 방법은?

① 플레밍의 왼손 법칙
② 렌츠의 자기유도 법칙
③ 앙페르의 오른나사 법칙
④ 패러데이의 전자유도 법칙

03 그림과 같은 RL 병렬회로에서 $R = 25[\Omega]$, $\omega L = \dfrac{100}{3}[\Omega]$일 때, 200[V]의 전압을 가하면 코일에 흐르는 전류 I_L [A]은?

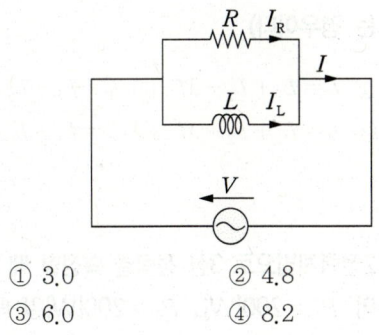

① 3.0 ② 4.8
③ 6.0 ④ 8.2

04 그림과 같은 회로의 저항 값이 $R_1 > R_2 > R_3 > R_4$일 때 전류가 최소로 흐르는 저항은?

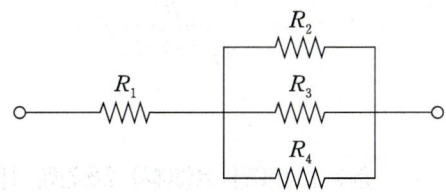

① R_1 ② R_2
③ R_3 ④ R_4

05 그림에서 a-b 간의 합성저항은 c-d 간의 합성저항보다 몇 배인가?

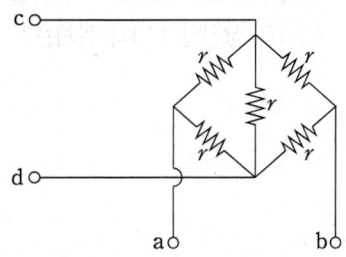

① 1배 ② 2배
③ 3배 ④ 4배

06 20분간에 876,000[J]의 일을 할 때 전력은 몇 [kW] 인가?

① 0.73 ② 7.3
③ 73   ④ 730

07 RL 직렬회로에 교류전압 $v = V_m \sin\theta$[V]를 가했을 때 회로의 위상각 θ를 나타낸 것은?

① $\theta = \tan^{-1}\dfrac{R}{\omega L}$

② $\theta = \tan^{-1}\dfrac{\omega L}{R}$

③ $\theta = \tan^{-1}\dfrac{1}{R\omega L}$

④ $\theta = \tan^{-1}\dfrac{R}{\sqrt{R^2+(\omega L)^2}}$

08 권수가 150인 코일에서 2초간에 1[Wb]의 자속이 변화한다면, 코일에 발생 되는 유도 기전력의 크기는 몇 [V] 인가?

① 50   ② 75
③ 100 ④ 150

09 평형 3상 교류회로에서 Y결선할 때 선간전압(V_l)과 상전압(V_p)의 관계는?

① $V_l = V_p$ ② $V_l = \sqrt{2}\,V_p$
③ $V_l = \sqrt{3}\,V_p$ ④ $V_l = \dfrac{1}{\sqrt{3}}V_p$

10 정전에너지 W[J]를 구하는 식으로 옳은 것은?(단, C는 콘덴서용량[μF], V는 공급전압[V]이다)

① $W = \dfrac{1}{2}CV^2$ ② $W = \dfrac{1}{2}CV$
③ $W = \dfrac{1}{2}C^2V$ ④ $W = 2CV^2$

11 $R = 5[\Omega]$, $L = 30$[mH]의 RL 직렬회로에 $V = 200$[V], $f = 60$[Hz]의 교류전압을 가할 때 전류의 크기는 약 몇 [A] 인가?

① 8.67   ② 11.42
③ 16.17 ④ 21.25

12 원자핵의 구속력을 벗어나서 물질 내에서 자유로이 이동할 수 있는 것은?

① 중성자   ② 양 자
③ 분 자   ④ 자유전자

13 복소수에 대한 설명으로 틀린 것은?

① 실수부와 허수부로 구성된다.
② 허수를 제곱하면 음수가 된다.
③ 복소수는 $A = a + jb$의 형태로 표시한다.
④ 거리와 방향을 나타내는 스칼라 양으로 표시한다.

14 자기 인덕턴스가 각각 L_1과 L_2인 2개의 코일이 직렬로 가동접속 되었을 때, 합성 인덕턴스는?(단, 자기력선에 의한 영향을 서로 받는 경우이다)

① $L = L_1 + L_2 - M$ ② $L = L_1 + L_2 - 2M$
③ $L = L_1 + L_2 + M$ ④ $L = L_1 + L_2 + 2M$

15 2전력계법으로 3상 전력을 측정할 때 지시값이 $P_1 = 200$[W], $P_2 = 200$[W]일 때 부하전력[W]은?

① 200   ② 400
③ 600   ④ 800

16 1[cm]당 권선수가 10인 무한 길이 솔레노이드에 1[A]의 전류가 흐르고 있을 때 솔레노이드 외부 자계의 세기[AT/m]는?

① 0
② 5
③ 10
④ 20

17 저항이 있는 도선에 전류가 흐르면 열이 발생한다. 이와 같이 전류의 열작용과 가장 관계가 깊은 법칙은?

① 패러데이의 법칙
② 키르히호프의 법칙
③ 줄의 법칙
④ 옴의 법칙

18 다음 중 1[V]와 같은 값을 갖는 것은?

① 1[J/C]
② 1[Wb/m]
③ 1[Ω/m]
④ 1[A·sec]

19 등전위면과 전기력선의 교차 관계는?

① 직각으로 교차한다.
② 30°로 교차한다.
③ 45°로 교차한다.
④ 교차하지 않는다.

20 전기분해를 통하여 석출된 물질의 양은 통과한 전기량 및 화학당량과 어떤 관계인가?

① 전기량과 화학당량에 비례한다.
② 전기량과 화학당량에 반비례한다.
③ 전기량에 비례하고 화학당량에 반비례한다.
④ 전기량에 반비례하고 화학당량에 비례한다.

21 슬립이 일정한 경우 유도전동기의 공급 전압이 $\frac{1}{2}$로 감소되면 토크는 처음에 비해 어떻게 되는가?

① 2배가 된다.
② 1배가 된다.
③ 1/2로 줄어든다.
④ 1/4로 줄어든다.

22 그림은 전력제어 소자를 이용한 위상제어 회로이다. 전동기의 속도를 제어하기 위해서 '가' 부분에 사용되는 소자는?

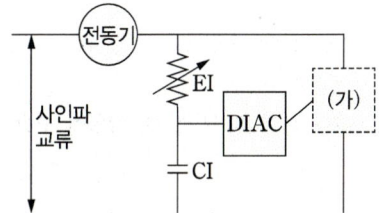

① 전력용 트랜지스터
② 제너 다이오드
③ 트라이악
④ 레귤레이터 78XX 시리즈

23 다음의 변압기 극성에 관한 설명에서 틀린 것은?

① 우리나라는 감극성이 표준이다.
② 1차와 2차권선에 유기되는 전압의 극성이 서로 반대이면 감극성이다.
③ 3상결선 시 극성을 고려해야 한다.
④ 병렬운전 시 극성을 고려해야 한다.

24 그림에서와 같이 ①, ②의 약 자극 사이에 정류자를 가진 코일을 두고 ③, ④에 직류를 공급하여 X, X′를 축으로 하여 코일을 시계 방향으로 회전시키고자 한다. ①, ②의 자극극성과 ③, ④의 전원극성을 어떻게 해야 하는가?

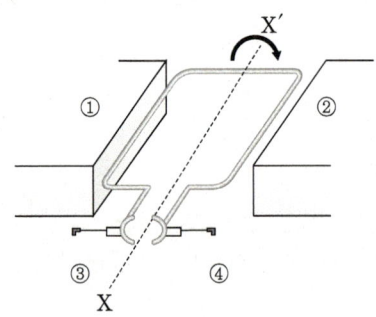

① ① N ② S ③ + ④ －
② ① N ② S ③ － ④ ＋
③ ① S ② N ③ － ④ －
④ ① S ② N ③ ④ 극성에 무관

25 정격이 10,000[V], 500[A], 역률 90[%]의 3상 동기발전기의 단락전류 I_s [A]는?(단, 단락비는 1.3으로 하고, 전기자저항은 무시한다)

① 450
② 550
③ 650
④ 750

26 그림과 같은 분상 기동형 단상 유도 전동기를 역회전시키기 위한 방법이 아닌 것은?

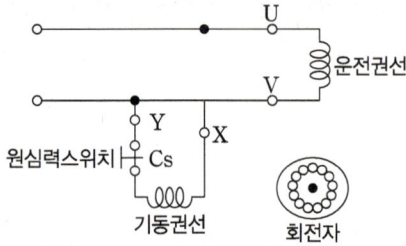

① 원심력스위치를 개로 또는 폐로 한다.
② 기동권선이나 운전권선의 어느 한 권선의 단자접속을 반대로 한다.
③ 기동권선의 단자접속을 반대로 한다.
④ 운전권선의 단자접속을 반대로 한다.

27 다음 중 병렬운전 시 균압선을 설치해야 하는 직류 발전기는?

① 분 권　　　② 차동복권
③ 평복권　　　④ 부족복권

28 2대의 동기 발전기 A, B가 병렬 운전하고 있을 때 A기의 여자 전류를 증가 시키면 어떻게 되는가?

① A기의 역률은 낮아지고 B기의 역률은 높아진다.
② A기의 역률은 높아지고 B기의 역률은 낮아진다.
③ A, B 양 발전기의 역률이 높아진다.
④ A, B 양 발전기의 역률이 낮아진다.

29 권선형에서 비례추이를 이용한 기동법은?

① 리액터 기동법　　② 기동 보상기법
③ 2차 저항기동법　　④ Y-△ 기동법

30 전력용 변압기의 내부 고장 보호용 계전 방식은?

① 역상 계전기
② 차동 계전기
③ 접지 계전기
④ 과전류 계전기

31 다음의 정류곡선 중 브러시의 후단에서 불꽃이 발생하기 쉬운 것은?

① 직선정류   ② 정현파정류
③ 과정류   ④ 부족정류

32 동기 발전기에서 역률각이 90° 늦을 때의 전기자 반작용은?

① 증자 작용   ② 편자 작용
③ 교차 작용   ④ 감자 작용

33 유도 전동기가 회전하고 있을 때 생기는 손실 중에서 구리손이란?

① 브러시의 마찰손
② 베어링의 마찰손
③ 표유 부하손
④ 1차, 2차 권선의 저항손

34 변압기의 임피던스 전압이란?

① 정격전류가 흐를 때의 변압기 내의 전압 강하
② 여자전류가 흐를 때의 2차 측 단자 전압
③ 정격전류가 흐를 때의 2차 측 단자 전압
④ 2차 단락 전류가 흐를 때의 변압기 내의 전압 강하

35 다음 그림의 직류 전동기는 어떤 전동기인가?

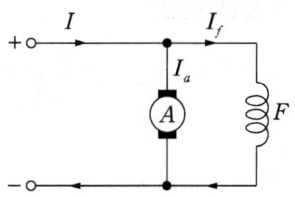

① 직권 전동기   ② 타여자 전동기
③ 분권 전동기   ④ 복권 전동기

36 애벌런치항복 전압은 온도 증가에 따라 어떻게 변화하는가?

① 감소한다.
② 증가한다.
③ 증가했다 감소한다.
④ 무관하다.

37 다음 그림은 단상 변압기 결선도이다. 1, 2차는 각각 어떤 결선인가?

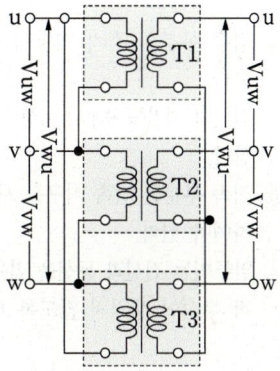

① Y - Y 결선   ② Δ - Y 결선
③ Δ - Δ 결선   ④ Y - Δ 결선

38 용량이 작은 유도 전동기의 경우 전부하에서의 슬립[%]은?

① 1~2.5　　② 2.5~4
③ 5~10　　④ 10~20

39 60[Hz], 20,000[kVA]의 발전기 회전수가 1,200[rpm]이라면 이 발전기의 극수는 얼마인가?

① 6극　　② 8극
③ 12극　　④ 14극

40 변압기를 △-Y 로 연결할 때 1, 2차 간의 위상차는?

① 30°　　② 45°
③ 60°　　④ 90°

41 전선을 접속할 경우의 설명으로 틀린 것은?

① 접속 부분의 전기 저항이 증가되지 않아야 한다.
② 전선의 세기를 80[%] 이상 감소시키지 않아야 한다.
③ 접속 부분은 접속 기구를 사용하거나 납땜을 하여야 한다.
④ 알루미늄 전선과 동선을 접속하는 경우, 전기적 부식이 생기지 않도록 해야 한다.

42 저압전로에 사용하는 퓨즈의 정격전류가 4[A] 이하인 경우 과전류에서 몇 분 이내에 용단 되어야 하는가?

① 20분　　② 30분
③ 40분　　④ 60분

43 전기 난방 기구인 전기담요나 전기장판의 보호용으로 사용되는 퓨즈는?

① 플러그퓨즈　　② 온도퓨즈
③ 절연퓨즈　　④ 유리관퓨즈

44 가공 전선로의 지지물에서 다른 지지물을 거치지 아니하고 수용장소의 인입선 접속점에 이르는 가공 전선을 무엇이라 하는가?

① 연접 인입선　　② 가공 인입선
③ 구대 전선로　　④ 구대 인입선

45 합성수지관공사의 설명 중 틀린 것은?

① 관의 지지점 간의 거리는 1.5[m] 이하로 할 것
② 합성수지관 안에는 전선에 접속점이 없도록 할 것
③ 전선은 절연전선(옥외용 비닐 절연전선을 제품 제외한다)일 것
④ 관 상호 간 및 박스와는 관을 삽입하는 깊이를 관의 바깥지름의 1.5배 이상으로 할 것

46 전선에 일정량 이상의 전류가 흘러서 온도가 높아지면 절연물을 열화하여 절연성을 극도로 약화시킨다. 그러므로 도체에는 안전하게 흘릴 수 있는 최대 전류가 있다. 이 전류를 무엇이라 하는가?

① 줄 전류　　② 불평형 전류
③ 평형 전류　　④ 허용 전류

47 배선설계를 위한 전등 및 소형 전기기계기구의 부하용량 산정 시 건축물의 종류에 대응한 표준부하에서 원칙적으로 표준부하를 20[VA/m²]으로 적용하여야 하는 건축물은?

① 교회, 극장
② 호텔, 병원
③ 은행, 상점
④ 아파트, 미용원

48 화약류 저장소에서 백열전등이나 형광등 또는 이들에 전기를 공급하기 위한 전기설비를 시설하는 경우 전로의 대지전압[V]은?

① 100[V] 이하
② 150[V] 이하
③ 220[V] 이하
④ 300[V] 이하

49 저압 연접 인입선의 시설규정으로 적합한 것은?

① 분기점으로부터 90[m] 지점에 시설
② 6[m] 도로를 횡단하여 시설
③ 수용가 옥내를 관통하여 시설
④ 지름 1.5[mm] 인입용 비닐절연전선을 사용

50 다음 중 버스 덕트가 아닌 것은?

① 플로어 버스 덕트
② 피더 버스 덕트
③ 트롤리 버스 덕트
④ 플러그인 버스 덕트

51 큰 건물의 공사에서 콘크리트에 구멍을 뚫어 드라이브 핀을 경제적으로 고정하는 공구는?

① 스패너
② 드라이브이트 툴
③ 오스터
④ 록 아웃 펀치

52 사람이 쉽게 접촉 하는 장소에 설치하는 누전차단기의 사용전압 기준은 몇 [V] 초과인가?

① 50
② 110
③ 150
④ 220

53 동전선의 직선접속에서 단선 및 연선에 적용되는 접속 방법은?

① 직선 맞대기용 슬리브에 의한 압착접속
② 가는단선(2.6[mm] 이상)의 분기접속
③ S형 슬리브에 의한 분기접속
④ 터미널 러그에 의한 접속

54 지중전선로를 직접 매설식에 의하여 시설하는 경우 차량, 기타 중량물의 압력을 받을 우려가 있는 장소의 매설 깊이[m]는?

① 0.6[m] 이상
② 1.0[m] 이상
③ 1.5[m] 이상
④ 2.0[m] 이상

55 접지저항 측정방법으로 가장 적당한 것은?

① 절연 저항계
② 전력계
③ 교류의 전압, 전류계
④ 콜라우시 브리지

56 전자접촉기 2개를 이용하여 유도전동기 1대를 정·역운전하고 있는 시설에서 전자접촉기 2개가 동시에 여자 되어 상간 단락되는 것을 방지하기 위하여 구성하는 회로는?

① 자기유지회로 ② 순차제어회로
③ Y-Δ 기동 회로 ④ 인터록회로

57 전압의 구분에서 고압에 대한 설명으로 가장 옳은 것은?

① 직류는 1.5[kV]를, 교류는 1[kV] 이하인 것
② 직류는 1.5[kV]를, 교류는 1[kV] 이상인 것
③ 직류는 1.5[kV]를, 교류는 1[kV]를 초과하고, 7[kV] 이하인 것
④ 7[kV]를 초과하는 것

58 저압전로에 사용하는 5[A]용 퓨즈는 정격전류의 몇 배에서 용단되지 않아야 하는가?

① 1배 ② 1.1배
③ 1.3배 ④ 1.5배

59 연피없는 케이블을 배선할 때 직각 구부리기(L형)는 대략 굴곡 반지름을 케이블의 바깥지름의 몇 배 이상으로 하는가?

① 3 ② 4
③ 6 ④ 10

60 접지시스템의 구성요소가 아닌 것은?

① 완철 ② 접지극
③ 접지도체 ④ 보호도체

[제5회 모의고사]

01 $R_1[\Omega]$, $R_2[\Omega]$, $R_3[\Omega]$의 저항 3개를 직렬접속했을 때의 합성저항[Ω]은?

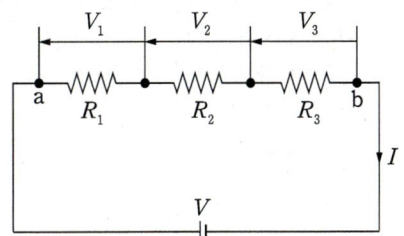

① $R = \dfrac{R_1 \cdot R_2 \cdot R_3}{R_1 + R_2 + R_3}$

② $R = \dfrac{R_1 + R_2 + R_3}{R_1 \cdot R_2 \cdot R_3}$

③ $R = R_1 \cdot R_2 \cdot R_3$

④ $R = R_1 + R_2 + R_3$

02 정상상태에서의 원자를 설명한 것으로 틀린 것은?

① 양성자와 전자의 극성은 같다.
② 원자는 전체적으로 보면 전기적으로 중성이다.
③ 원자를 이루고 있는 양성자의 수는 전자의 수와 같다.
④ 양성자 1개가 지니는 전기량은 전자 1개가 지니는 전기량과 크기가 같다.

03 2전력계법으로 3상 전력을 측정할 때 지시값이 $P_1 = 200$[W], $P_2 = 200$[W]이었다. 부하전력[W]은?

① 600　　② 500
③ 400　　④ 300

04 0.2[℧]의 컨덕턴스 2개를 직렬로 접속하여 3[A]의 전류를 흘리려면 몇 [V]의 전압을 공급하면 되는가?

① 12　　② 15
③ 30　　④ 45

05 어떤 교류회로의 순시값이 $v = \sqrt{2}\,V\sin\omega t$[V]인 전압에서 $\omega t = \dfrac{\pi}{6}$[rad]일 때 $100\sqrt{2}$[V]이면 이 전압의 실효값[V]은?

① 100　　② $100\sqrt{2}$
③ 200　　④ $200\sqrt{2}$

06 다음은 어떤 법칙을 설명한 것인가?

> 전류가 흐르려고 하면 코일은 전류의 흐름을 방해한다. 또, 전류가 감소하면 이를 계속 유지하려고 하는 성질이 있다.

① 쿨롱의 법칙
② 렌츠의 법칙
③ 패러데이의 법칙
④ 플레밍의 왼손법칙

07 그림과 같은 RC 병렬회로의 위상각 θ는?

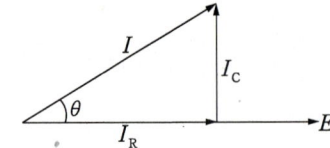

① $\tan^{-1}\dfrac{\omega C}{R}$ ② $\tan^{-1}\omega CR$
③ $\tan^{-1}\dfrac{R}{\omega C}$ ④ $\tan^{-1}\dfrac{1}{\omega CR}$

08 진공 중에 10[μC]과 20[μC]의 점전하를 1[m]의 거리로 놓았을 때 작용하는 힘[N]은?

① 18×10^{-1} ② 2×10^{-2}
③ 9.8×10^{-9} ④ 98×10^{-9}

09 그림과 같은 회로에서 a-b 간에 E[V]의 전압을 가하여 일정하게 하고, 스위치 S를 닫았을 때의 전전류 I[A]가 닫기 전 전류의 3배가 되었다면 저항 R_X의 값은 약 몇 [Ω]인가?

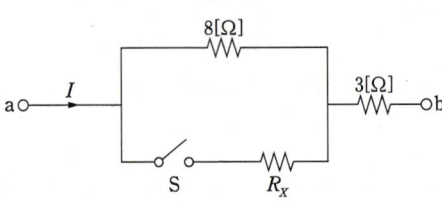

① 0.73 ② 1.44
③ 2.16 ④ 2.88

10 공기 중에서 m[Wb]의 자극으로부터 나오는 자속수는?

① m ② $\mu_0 m$
③ $\dfrac{1}{m}$ ④ $\dfrac{m}{\mu_0}$

11 평형 3상 회로에서 1상의 소비전력이 P[W]라면, 3상 회로 전체 소비전력[W]은?

① $2P$ ② $\sqrt{2}\,P$
③ $3P$ ④ $\sqrt{3}\,P$

12 영구자석의 재료로서 적당한 것은?

① 잔류자기가 적고 보자력이 큰 것
② 잔류자기와 보자력이 모두 큰 것
③ 잔류자기와 보자력이 모두 작은 것
④ 잔류자기가 크고 보자력이 작은 것

13 1차 전지로 가장 많이 사용되는 것은?

① 니켈·카드뮴전지
② 연료전지
③ 망간건전지
④ 납축전지

14 플레밍의 왼손법칙에서 전류의 방향을 나타내는 손가락은?

① 엄 지 ② 검 지
③ 중 지 ④ 약 지

15 3[kW]의 전열기를 1시간동안 사용할 때 발생하는 열량[kcal]은?

① 3 ② 180
③ 860 ④ 2,580

16 어느 회로의 전류가 다음과 같을 때, 이 회로에 대한 전류의 실효값 [A]은?

$$i = 3 + 10\sqrt{2}\sin\left(\omega t - \frac{\pi}{6}\right) + 5\sqrt{2}\sin\left(3\omega t - \frac{\pi}{3}\right)[A]$$

① 11.6
② 23.2
③ 32.2
④ 48.3

17 다음 설명 중 틀린 것은?

① 같은 부호의 전하끼리는 반발력이 생긴다.
② 정전유도에 의하여 작용하는 힘은 반발력이다.
③ 정전용량이란 콘덴서가 전하를 축적하는 능력을 말한다.
④ 콘덴서에 전압을 가하는 순간은 콘덴서는 단락상태가 된다.

18 비유전율 2.5의 유전체 내부의 전속밀도가 2×10^{-6} [C/m²]되는 점의 전기장의 세기는 약 몇 [V/m]인가?

① 18×10^4
② 9×10^4
③ 6×10^4
④ 3.6×10^4

19 전력량 1[Wh]와 그 의미가 같은 것은?

① 1[C]
② 1[J]
③ 3,600[C]
④ 3,600[J]

20 전기력선에 대한 설명으로 틀린 것은?

① 같은 전기력선은 흡입한다.
② 전기력선은 서로 교차하지 않는다.
③ 전기력선은 도체의 표면에 수직으로 출입한다.
④ 전기력선은 양전하의 표면에서 나와서 음전하의 표면에서 끝난다.

21 3상 유도 전동기의 정격전압을 V_n [V], 출력을 P [kW], 1차 전류를 I_1 [A], 역률을 $\cos\theta$ 라 하면 효율을 나타내는 식은?

① $\dfrac{P \times 10^3}{3 V_n I_1 \cos\theta} \times 100[\%]$

② $\dfrac{3 V_n I_1 \cos\theta}{P \times 10^3} \times 100[\%]$

③ $\dfrac{P \times 10^3}{\sqrt{3} V_n I_1 \cos\theta} \times 100[\%]$

④ $\dfrac{\sqrt{3} V_n I_1 \cos\theta}{P \times 10^3} \times 100[\%]$

22 6극 36슬롯 3상 동기 발전기의 매극 매상당 슬롯수는?

① 2
② 3
③ 4
④ 5

23 주파수 60[Hz]의 회로에 접속되어 슬립 3[%], 회전수 1,164[rpm]으로 회전하고 있는 유도 전동기의 극수는?

① 4
② 6
③ 8
④ 10

24 그림은 트랜지스터의 스위칭 작용에 의한 직류 전동기의 속도제어 회로이다. 전동기의 속도가 $N = k\dfrac{V - I_a R_a}{\phi}$ [rpm] 이라고 할 때, 이 회로에서 사용한 전동기의 속도제어법은?

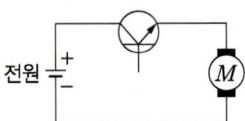

① 전압제어법 ② 계자제어법
③ 저항제어법 ④ 주파수제어법

25 직류 전동기의 최저 절연저항값[MΩ] 은?

① $\dfrac{정격전압[V]}{1,000 + 정격출력[kW]}$

② $\dfrac{정격출력[kW]}{1,000 + 정격입력[kW]}$

③ $\dfrac{정격입력[kW]}{1,000 + 정격출력[kW]}$

④ $\dfrac{정격전압[V]}{1,000 + 정격입력[kW]}$

26 동기 발전기의 병렬운전 중 기전력의 크기가 다를 경우 나타나는 현상이 아닌 것은?
① 권선이 가열된다.
② 동기화전력이 생긴다.
③ 무효순환전류가 흐른다.
④ 고압 측에 감자작용이 생긴다.

27 전압을 일정하게 유지하기 위해서 이용되는 다이오드는?
① 발광 다이오드   ② 포토 다이오드
③ 제너 다이오드   ④ 바리스터 다이오드

28 변압기의 무부하시험, 단락시험에서 구할 수 없는 것은?
① 동 손   ② 철 손
③ 절연 내력   ④ 전압변동률

29 대전류·고전압의 전기량을 제어할 수 있는 자기소호형 소자는?
① FET   ② Diode
③ Triac   ④ IGBT

30 1차 권수 6,000, 2차 권수 200인 변압기의 전압비는?
① 10   ② 30
③ 60   ④ 90

31 주파수 60[Hz]를 내는 발전용 원동기인 터빈 발전기의 최고속도[rpm]는?
① 1,800   ② 2,400
③ 3,600   ④ 4,800

32 변압기의 권수비가 60일 때 2차측 저항이 0.1[Ω]이다. 이것을 1차로 환산하면 몇 [Ω]인가?
① 310   ② 360
③ 390   ④ 410

33 직류기의 파권에서 극수에 관계없이 병렬회로수 a는 얼마인가?
① 1   ② 2
③ 4   ④ 6

34 단락비가 큰 동기 발전기에 대한 설명으로 틀린 것은?

① 단락전류가 크다.
② 동기 임피던스가 작다.
③ 전기자 반작용이 크다.
④ 공극이 크고 전압변동률이 작다.

35 변압기의 철심에서 실제 철의 단면적과 철심의 유효 면적과의 비를 무엇이라고 하는가?

① 권수비
② 변류비
③ 변동률
④ 점적률

36 교류 전동기를 기동할 때 그림과 같은 기동특성을 가지는 전동기는?(단, 곡선 (1)~(5)는 기동단계에 대한 토크특성 곡선이다)

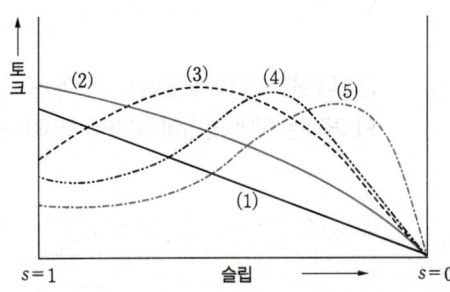

① 반발 유도 전동기
② 2중 농형 유도 전동기
③ 3상 분권 정류자 전동기
④ 3상 권선형 유도 전동기

37 고장 시의 불평형 차전류가 평형전류의 어떤 비율 이상으로 되었을 때 동작하는 계전기는?

① 과전압 계전기
② 과전류 계전기
③ 전압 차동 계전기
④ 비율 차동 계전기

38 단상 유도 전동기의 기동방법 중 기동토크가 가장 큰 것은?

① 반발 기동형
② 분상 기동형
③ 반발 유도형
④ 콘덴서 기동형

39 전압변동률 ε의 식은?(단, 정격전압 V_n [V], 무부하전압 V_0 [V]이다)

① $\varepsilon = \dfrac{V_0 - V_n}{V_n} \times 100 [\%]$

② $\varepsilon = \dfrac{V_n - V_0}{V_n} \times 100 [\%]$

③ $\varepsilon = \dfrac{V_n - V_0}{V_0} \times 100 [\%]$

④ $\varepsilon = \dfrac{V_0 - V_n}{V_0} \times 100 [\%]$

40 계자권선이 전기자와 접속되어 있지 않은 직류기는?

① 직권기
② 분권기
③ 복권기
④ 타여자기

41 450/750[V] 일반용 단심 비닐절연전선의 약호는?

① NRI ② NF
③ NFI ④ NR

42 최대사용전압이 220[V]인 3상 유도 전동기가 있다. 이것의 절연내력 시험전압은 몇 [V]로 하여야 하는가?

① 330 ② 500
③ 750 ④ 1,050

43 금속전선관 공사에서 사용되는 후강전선관의 규격이 아닌 것은?

① 16 ② 28
③ 36 ④ 50

44 금속관을 구부릴 때 그 안쪽의 반지름은 관 안지름의 최소 몇 배 이상이 되어야 하는가?

① 4 ② 6
③ 8 ④ 10

45 피뢰기의 약호는?

① LA ② PF
③ SA ④ COS

46 차단기 문자 기호 중 "OCB"는?

① 진공차단기 ② 기중차단기
③ 자기차단기 ④ 유입차단기

47 한국전기설비기준에서 교통신호등 회로의 사용전압이 몇 [V]를 초과하는 경우에는 지락 발생 시 자동적으로 전로를 차단하는 장치를 시설하여야 하는가?

① 50 ② 100
③ 150 ④ 200

48 케이블 공사에서 비닐 외장 케이블을 조영재의 옆면에 따라 붙이는 경우 전선의 지지점 간의 거리는 최대 몇 [m]인가?

① 1.0 ② 1.5
③ 2.0 ④ 2.5

49 누전차단기의 설치목적은 무엇인가?

① 단 락 ② 단 선
③ 지 락 ④ 과부하

50 금속덕트를 조영재에 붙이는 경우에는 지지점 간의 거리는 최대 몇 [m] 이하로 하여야 하는가?

① 1.5 ② 2.0
③ 3.0 ④ 3.5

51 절연물 중에서 가교폴리에틸렌(XLPE)과 에틸렌프로필렌고무혼합물(EPR)의 허용온도[℃]는?

① 70(전선)
② 90(전선)
③ 95(전선)
④ 105(전선)

52 완전확산면은 어느 방향에서 보아도 무엇이 동일한가?

① 광 속 ② 휘 도
③ 조 도 ④ 광 도

53 합성수지 전선관공사에서 관 상호간 접속에 필요한 부속품은?

① 커플링 ② 커넥터
③ 리 머   ④ 노멀밴드

54 배전반을 나타내는 그림 기호는?

① ◧ ② ⊠
③ ◼◼ ④ | S |

55 조명공학에서 사용되는 칸델라[cd]는 무엇의 단위인가?

① 광 도 ② 조 도
③ 광 속 ④ 휘 도

56 옥내 배선을 합성수지관 공사에 의하여 실시할 때 사용할 수 있는 단선의 최대 굵기 [mm²]는?

① 4   ② 6
③ 10 ④ 16

57 다음 중 배선기구가 아닌 것은?

① 배전반 ② 개폐기
③ 접속기 ④ 배선용차단기

58 한국전기설비기준에서 가공전선로의 지지물에 하중이 가하여지는 경우에 그 하중을 받는 지지물의 기초의 안전율은 얼마 이상인가?

① 0.5 ② 1
③ 1.5 ④ 2

59 흥행장의 저압 옥내배선, 전구선 또는 이동전선의 사용전압은 최대 몇 [V] 이하인가?

① 400 ② 440
③ 450 ④ 750

60 구리전선과 전기 기계기구 단자를 접속하는 경우에 진동 등으로 인하여 헐거워질 염려가 있는 곳에는 어떤 것을 사용하여 접속하여야 하는가?

① 정 슬리브를 끼운다.
② 평와셔 2개를 끼운다.
③ 코드 패스너를 끼운다.
④ 스프링 와셔를 끼운다.

모의고사 정답

[제1회 모의고사]

01	③	02	①	03	③	04	①	05	②
06	④	07	②	08	②	09	④	10	②
11	④	12	③	13	③	14	③	15	④
16	①	17	②	18	④	19	①	20	①
21	③	22	②	23	④	24	②	25	①
26	③	27	②	28	①	29	③	30	④
31	③	32	④	33	②	34	②	35	③
36	②	37	①	38	④	39	②	40	①
41	③	42	①	43	③	44	①	45	①
46	④	47	④	48	③	49	④	50	④
51	②	52	①	53	②	54	②	55	④
56	④	57	③	58	③	59	③	60	①

[제2회 모의고사]

01	③	02	①	03	①	04	①	05	④
06	④	07	①	08	②	09	②	10	③
11	④	12	②	13	①	14	③	15	②
16	②	17	①	18	④	19	④	20	③
21	②	22	④	23	②	24	③	25	①
26	②	27	②	28	①	29	②	30	①
31	①	32	③	33	②	34	②	35	①
36	④	37	④	38	①	39	③	40	④
41	④	42	③	43	①	44	④	45	④
46	①	47	②	48	④	49	①	50	①
51	③	52	①	53	③	54	①	55	②
56	③	57	①	58	③	59	④	60	②

[제3회 모의고사]

01	③	02	④	03	④	04	③	05	①
06	④	07	③	08	③	09	②	10	②
11	①	12	③	13	①	14	①	15	③
16	①	17	④	18	④	19	③	20	①
21	②	22	③	23	④	24	④	25	②
26	①	27	②	28	②	29	③	30	②
31	②	32	④	33	④	34	③	35	②
36	①	37	③	38	③	39	②	40	①
41	③	42	③	43	②	44	④	45	④
46	③	47	①	48	④	49	②	50	②
51	②	52	②	53	②	54	④	55	③
56	③	57	③	58	②	59	③	60	④

[제4회 모의고사]

01	④	02	③	03	③	04	②	05	②
06	①	07	②	08	②	09	③	10	①
11	③	12	④	13	④	14	④	15	②
16	①	17	③	18	①	19	①	20	②
21	③	22	③	23	②	24	②	25	②
26	①	27	③	28	①	29	②	30	②
31	②	32	④	33	④	34	①	35	③
36	②	37	②	38	③	39	①	40	①
41	②	42	②	43	②	44	②	45	④
46	④	47	②	48	④	49	①	50	②
51	②	52	①	53	①	54	②	55	④
56	④	57	③	58	④	59	③	60	①

[제5회 모의고사]

01	④	02	①	03	③	04	③	05	③
06	②	07	②	08	①	09	①	10	④
11	③	12	②	13	③	14	③	15	④
16	①	17	②	18	②	19	④	20	①
21	③	22	①	23	②	24	①	25	①
26	②	27	③	28	③	29	④	30	②
31	③	32	②	33	②	34	③	35	④
36	④	37	④	38	①	39	①	40	④
41	④	42	②	43	④	44	②	45	①
46	④	47	③	48	③	49	③	50	③
51	②	52	②	53	①	54	②	55	①
56	③	57	①	58	④	59	①	60	④

MEMO

MEMO

MEMO

MEMO

MEMO

MEMO

나눔 전기 기능사 필기　　　　　　　　　　　　ISBN 979-11-92105-13-0

발행일· 2020年　11月　18日　초 판　1쇄
　　　　 2021年　 2月　 5日　　　　 2쇄
　　　　 2022年　 1月　10日　개정판　1쇄

저　자·이인철, 박동철
발행인·이용중
발행처·도서출판 배움 | **주소**·서울시 영등포구 영등포로 400 신성빌딩 2층 (신길동)
주문 및 배본처 | Tel·02)813-5334 | Fax·02)814-5334

본서의 無斷轉載·複製를 禁함 | 본서의 무단 전제·복제행위는 저작권법 제136조에 의거 5년 이하의 징역 또는 5,000만 원 이하의 벌금에 처하거나 이를 병과할 수 있습니다. | 파본은 구입처에서 교환하시기 바랍니다.

정가 24,000원